"十二五"国家重点图书出版规划项目

电子与信息工程系列

TECHNOLOGY AND APPLICATION OF ELECTRONIC MEASUREMENT

电子测量技术与应用

（第2版）

主　编　徐　杰

副主编　祁红岩　杜艳秋

哈爾濱工業大學出版社

HARBIN INSTITUTE OF TECHNOLOGY PRESS

内容简介

本书系统地介绍了电子测量技术的基本原理及测量方法,内容包括:基础知识、测量误差与数据处理、时域测量、时频测量、信号发生器、电压测量、阻抗测量、频域测量、数据域测量、现代电子测量技术、无损检测技术、传感器的基本原理及课程设计,共 13 章,每章均附有思考题与习题。

本书按高等学校电子信息科学与工程类专业的教学特点与需求编写,注重理论与实践相结合,内容系统,深入浅出,实例清晰易懂,每章均详细介绍了不同的测量方法,并提供了测量不同参数的课程设计。本书可以作为高等学校理工类本科生与研究生教材或参考书,也可供相关领域的科技工作者阅读与参考。

图书在版编目(CIP)数据

电子测量技术与应用/徐杰主编. —2 版. —哈尔滨:哈尔滨工业大学出版社,2018.1(2022.1 重印)

ISBN 978-7-5603-7031-6

Ⅰ.①电…　Ⅱ.①徐…　Ⅲ.①电子测量技术-高等学校-教材　Ⅳ.①TM93

中国版本图书馆 CIP 数据核字(2017)第 274963 号

电子与通信工程
图书工作室

策划编辑　许雅莹　杨　桦　张秀华
责任编辑　许雅莹
封面设计　刘长友
出版发行　哈尔滨工业大学出版社
社　　址　哈尔滨市南岗区复华四道街 10 号　邮编 150006
传　　真　0451-86414749
网　　址　http://hitpress.hit.edu.cn
印　　刷　哈尔滨圣铂印刷有限公司
开　　本　787mm×1092mm　1/16　印张　20.75　字数　505 千字
版　　次　2013 年 8 月第 1 版　2018 年 1 月第 2 版
　　　　　2022 年 1 月第 2 次印刷
书　　号　ISBN 978-7-5603-7031-6
定　　价　34.00 元

第 2 版前言

PREFACE

随着电子技术和计算机技术的不断发展,电子测量技术的发展也突飞猛进。测量是通过实验方法对客观事物取得定量数据的过程。电子测量是测量领域的主要组成部分,是指以电子技术为基本手段的一种测量技术,是测量技术与电子技术相结合的产物。电子测量主要是运用科学的原理、方法和设备对各种电量、电信号及电路元器件的特性和参数进行测量,同时还可以通过各种传感器把非电量转换成电量进行测量。实际上,电子科学技术具有极快的速度,非常精细的分辨能力,很宽的作用范围,并具有很强大的信息处理能力,这些显著有效的特点使测量技术的发展有了不断进步。

全书共 13 章,主要分为四部分:第一部分是基础知识及理论,包括第 1 章和第 2 章,介绍了电子测量的基础知识和误差理论;第二部分是电子测量基本参数的测量,包括第 3 ~ 8 章,主要介绍了波形显示、时间、频率、电压、阻抗及频域特性等基本电参数的测量;第三部分主要介绍了现代电子测量的方法,包括第 9 ~ 12 章,主要介绍数据域的测量、现代电子测量技术、无损检测及测量中经常用到的检测器件传感器;第四部分由第 13 章组成,主要介绍电子测量中常用的传感器知识及现代测量中几种先进的测量技术,同时根据所学知识完成几种参数的实际测量,实现从理论到实践的学习过程。

本书根据作者多年从事电子测量技术的教学与研究经验编写而成,既注重理论分析,又重视学以致用,内容既有系统性,又具有先进性与实用性。可以作为高等学校理工类本科生与研究生教材或参考书,也可供相关领域的科技工作者阅读与参考。

本书的编写分工为:第 1 章、第 2 章、第 3 章、第 12 章由黑龙江科技大学徐杰编写,第 4 章、第 11 章、第 13 章由黑龙江科技大学祁红岩编写,第 10 章由黑龙江科技大学谢玉鹏编写,第 5 章由黑龙江科技大学王娟编写,第 6 章由黑龙江科技大学王安华编写,第 7 章由黑龙江科技大学赵晓炎编写,第 8 章、第 9 章由黑龙江科技大学杜艳秋编写。本书徐杰任主编,祁红岩、杜艳秋任副主编。徐杰统稿,黑龙江科技大学江晓林主审。

在本书编写过程中,参考了国内外大量的书籍与论文,在此向本书所引用论文与书籍的作者表示衷心的感谢。

书中难免有不当之处,敬请广大读者指正。

作　者
2017 年 10 月于哈尔滨

目　录

CONTENTS

第 1 章

基础知识

1.1　电子测量概述

1.1.1　电子测量及其特点

测量是通过实验方法对客观事物取得定量数据的过程。借助专门的设备和仪器,把被测对象直接或间接地与同类已知单位进行比较,取得用数值和单位共同表示的测量结果。通过大量观察和测量,人们能够准确地认识各种客观事物,并归纳、总结、建立各种定理和定律。因而测量是人类认识自然、改造自然的重要手段。

有人说,科学的进步和发展是离不开测量的。如果没有望远镜就没有天文学;如果没有显微镜就没有细胞学;如果没有指南针就没有航海事业 …… 科学家们在描述测量时曾说:"测量是认识世界的主要工具","没有测量,就没有科学,科学始于测量","当你能够测量你所关注的实物,而且能够用数量来描述的时候,你就对其有所认识"。这些足以说明测量在科学研究与发展中的重要地位。测量结果不仅用于验证理论,而且可以发现新问题,能够催生新的科学理论。同样,在社会生产实践、现代化的工业生产、高新技术和国防建设、医学生物领域和农业生产生活中,处处离不开测量。从产品的开发设计、生产调试、质量检测直至维护保养等各个阶段都有测量的身影。事实证明,测量技术是衡量一个国家,一个时期科学技术发展水平的重要标志。

电子测量是测量领域的主要组成部分,是指以电子技术为基本手段的一种测量技术,是测量技术与电子技术相结合的产物。电子测量主要是运用科学的原理、方法和设备对各种电量、电信号及电路元器件的特性和参数进行测量,同时还可以通过各种传感器把非电量转换成电量进行测量。实际上,电子科学技术具有极快的速度,非常精细的分辨能力,很宽的作用范围,并具有很强大的信息处理能力,这些显著有效的特点使电子测量技术有了飞速的发展。由于电子测量方法比其他测量方法更加方便、快捷、准确,所以电子测量不仅用于电学各个专业,例如,电压、电流、阻抗及频率等参数的测量,同时也广泛应用于物理学、化学、光学、机械学、热力学、生物学及日常生产生活的各个领域。例如,它可以通过压力型的传感器把非电量 —— 重量转换为电压信号进行测量研究,然后得出重量的测量结果。数字温度计、电子血压计、流量计等都是对非电量的测量。

电子测量技术具有以下几个显著的特点。

1. 高准确度及灵敏度

电子测量的准确度比其他测量方法的准确度要高得多。在用电子测量仪器对电阻、电压、频率、时间等参数的测量中,由于采用原子频标或恒温晶体振荡器等作为基准,可以使测量的准确度达到 10^{-15} 数量级,这是人类目前在测量准确度方面达到的最高标准。正因为电子测量的误差可以这么小,所以测量仪器的灵敏度很高。在测量的过程中,人们经常应用电子测量仪器将测量参数转换为频率信号后再进行测量。

2. 频率范围和量程范围宽

电子测量对象的频率覆盖范围很宽,其频率低可以达到 10^{-6} Hz 以下,高可以达到 10^{12} Hz 以上。当然不同的频率范围内,电子测量采用的原理和技术方法也不同,需要选择不同的测量仪器进行测量。例如,信号发生器就分为超低频、低频、高频和超高频等多种不同类型。

量程是指测量范围的上、下限值之比或上、下限值之差。由于被测量的值相差很大,因此测量量程要足够大。对于一台电子测量仪器,一般要求最高测量量程与最低测量量程相差几个或几十个数量级。例如,数字万用表对电阻的测量范围,小到 10^{-5},大到 10^8,量程达到 13 个数量级;而电子计数器的高低量程相差可达 17 个数量级。量程范围宽是电子测量仪器的一个突出优点。

3. 测量速度快

电子测量是基于电子运动和电磁波传播的,加上应用电子计算机的高速处理,使得电子测量无论在测量速度方面,还是在测量结果的传输处理方面,都能以极高的速度进行。通过电子及计算机等技术对测量手段的优化,测量的速度是其他测量方法不能比拟的。

4. 测量方便灵活

电子测量可以根据不同的对象、不同的要求、应用不同的方法完成测量任务。无论是电量还是非电量,无论是远距离还是近距离,无论是有线还是无线,即使是那些高速运动的,人类无法接触的地方,测量都成为可能。电子测量过程快速方便易行,测量结果显示方式灵活多样。利用传感器技术、自动化技术和计算机技术可以实现电子测量的自动化与智能化,为电子测量技术带来新的生机与活力。

1.1.2　电子测量的内容、方法及仪器

1. 电子测量的内容

电子测量的内容庞大、繁多,通常将电参数的测量分为电磁测量和电子测量两大类。电磁测量主要是指交直流电量(如交直流电流、电压)的指示测量法、比较测量法以及电磁量的测量方法等。电子测量主要是指以电子技术理论为依据,以电子测量仪器和设备为手段,以电量和非电量为测量对象的测量过程。电子测量的内容很广,小到基本粒子、物质结构,大到航天航空。电子测量内容按照具体测量对象主要包括以下几个方面。

(1)电能量的测量

电能量的测量包括各种频率、波形下的电压、电流、电场强度和功率等的测量。

(2)电路元件参数的测量

电路元件参数的测量包括电阻、电感、电容、阻抗、品质因数、损耗因数及电子器件参数等的测量。

（3）电信号特征的测量

电信号特征的测量包括信号的波形和失真度、频率、周期、相位、调幅度、调频指数、信号带宽、噪声及数字信号的逻辑状态等的测量。

（4）电子设备的性能测量

电子设备的性能测量包括放大倍数、衰减、通频带、灵敏度、幅频特性、性频特性、传输特性及信噪比等的测量。

（5）非电量的电测量

非电量的电测量包括位移、速度、温度、压力、流量等非电量的电测量。在实际的生产生活中经常需要对各种非电量进行测量，通过传感器将非电量转换为相应的电流、电压、频率等电量后再测量。

在上面的各种测量对象中，频率、电压、相位、阻抗等是基本测量参数，是其他参量测量的基础，其中电压测量是最基本、最重要的测量内容。例如，电流的测量有时不是很容易，因此经常通过电阻的作用将其转换成电压来进行测量。

2. 电子测量的一般方法

一个物理量的测量是可以通过不同的方法来实现的，其测量的方法很多。但只有采用正确的测量方法，合适的仪器设备，才会得到正确的测量结果。

测量过程实际是比较的过程。测量是通过实验的方法，将被测量与已知量进行比较，以求得被测量。按照测量结果获取的手段不同，可分为直接测量、间接测量和组合测量；根据测量结果读取的方式则可以分为直读法、微差法、零值法和置换法；按照被测量在测量期间的状态可以分为静态测量、稳态测量和动态测量；按照被测量的性质又可以分为时域测量、频域测量、数据域测量和随机测量。

（1）根据测量结果获取的手段分类

① 直接测量。直接测量是指在测量过程中，通过被测量与标准量进行比较，测量结果可以直接从测量仪器仪表中读取的方法，而且不再需要经过量值的变换或计算。这种直接测量的特点使测量过程简单迅速，广泛应用在实际工程测量中，例如应用电压表测量晶体管的工作电压，用欧姆表或直流电桥测量电阻阻值，用计数式频率计测量频率等。

② 间接测量。间接测量是指在不能够直接测量被测量的情况下，可以通过直接测量与被测量有函数关系（公式、曲线或表格）的量，再根据上述函数关系计算间接得到被测量值的测量方法。例如，应用伏安法测量电阻，首先利用电压表、电流表测量出电阻两端的电压和流过的电流，再根据欧姆定律间接计算出电阻的阻值；在测量导体的电阻率时，同样先测量导体的横截面积、长度、导体的电阻，经过计算才能间接地确定该导体的电阻率。间接测量费时费力，经常在直接测量不方便或直接测量不精确的情况下使用。

③ 组合测量。组合测量是指如果某被测量与多个未知量有关系，只通过依次测量无法求得被测量的值，可以通过改变测量条件进行多次测量，根据函数关系列出方程组求解，从而得到未知量的测量方法。这是一种将直接测量与间接测量组合的方法。组合测量方法具有测量复杂，用时较长的特点，但是组合测量得到的测量结果一般有较高的准确度，比较适合在科学研究与实验中使用。

（2）根据测量结果读取的方式分类

① 直读法。直读法指在测量过程中，能够直接从仪表刻度上或者从显示器上直接读取

被测量的方法,被测量的数值包括大小和单位。这种方法一般是在测量的过程中,用仪器仪表的指针的偏差来表示被测量的大小,有时又称偏差式测量方法。用这种方法测量时,作为比较的标准量实物并不在仪表内,而是在测量之前用标准量对仪器仪表进行了校验,实际测量时只是根据指针的偏差大小确定被测量。例如,用万用表测量电压、电流等,该方法简单方便,速度快。

②零值法。零值法又称零示法或平衡法,测量时用被测量与已知的标准量进行比较,使两种量对测量仪器的作用相互抵消,从而达到平衡,并且由指零的仪表进行判断。当指零仪表指示零值时,表明被测量与标准量相等,达到平衡,以此获得被测量的值。例如,应用直流电桥(惠斯登电桥)测量电阻就是采用该测量方法获取未知电阻的阻值。该方法具有测量精度高的特点。

③微差法。微差法又称差值法或虚零法,这种方法实际上是一种不完全的零值法。测量中通过被测量与标准量之间的微小差值来求取被测量的方法。这种方法具有直读法测量快的特点,又有零值法测量准确度高的优点,因此应用很广泛。

④置换法。置换法也称为替代法,该方法是将被测量与已知标准量先后置入同一测量系统中,如果两次测量时系统的工作状态保持一致,则认为之前接入的被测量与之后接入的标准量在数值上完全相等。

上面所述的零值法、微差法和置换法均是通过被测量与标准量直接进行比较而获得测量结果的方法,都属于比较法。

(3) 根据被测量在测量期间的状态分类

①静态测量。静态测量是指在测量期间,被测量的值可以认为是恒定不变的,输出值与输入值的对应关系上是不考虑时间变量的,一般指直流信号的测量。因此,静态测量过程不受时间的限制,测量的原理和方法简单。

②稳态测量。稳态测量是将一个波形恒定不变的周期性交流电信号作为电子测量系统的被测对象,这样的周期性交流电信号也称为稳态信号,因此该方法称为稳态测量。稳态测量是电子测量中使用最多的一种测量方法。

③动态测量。动态测量是指被测量在测量期间随时间瞬变,也称为瞬态测量。动态测量有两种方式,一种是测量有源量,测量幅值随时间呈周期性变化的电信号;另外一种是测量无源量,采用典型的脉冲或阶跃信号作为被测系统的激励,观测系统的输出响应,也就是研究其瞬态特性。实际科学应用中经常用到动态测量。例如,飞行导弹的弹道轨迹测量、飞机速度和加速度的测量等都属于动态测量。

(4) 根据被测量的性质分类

①时域测量。时域测量是指对以时间为函数关系的被测量的测量方法,主要测量被测对象的幅度与实践特性,以得到信号波形和瞬态响应。例如,电压、电流中的稳态值可以利用仪表直接测量;而它们中随时间变化的瞬时值则可以通过示波器等仪器显示其波形,得到变化的规律。

②频域测量。频域测量是指对以频率为函数关系的被测量的测量方法,目的是获得信号的频谱和系统的传递函数。例如,可以通过频谱分析仪测量物理量的幅频特性、相频特性、谐波等。时域测量与频域测量又称为模拟测量。

③数据域测量。数据域测量是指对数字量进行的测量。例如应用逻辑分析仪可以观

测某条数据线上的时序波形,还可以得到多条数据线上的逻辑状态。

④ 随机测量。随机测量是指对各类噪声及干扰信号等随机量的测量。

除了上述几种常见的分类方法,还可以按照被测量的属性分为电量测量和非电量测量,按照对测量结果的误差要求不同分为误差要求不高的工程测量和要求较高的精密测量,按照测量条件是否变化分为等权测量和不等权测量。

上述的各种测量方法各有特色,在应用时该选择哪种测量方法呢? 实际中,一般遵循的原则是:首先,应清楚地了解被测量的物理特性、测量所允许的时间、测量的环境,然后再根据实际情况选择满足精度要求的测量仪器,当然这应该是以对所选用的测量仪器的工作性能有一定的了解。其次,测量的方法应该在测量该物理量时是可行的,并且具有一定的数据处理能力,这样才能得到正确可靠的测量结果。

3. 电子测量仪器

用于检测或测量一个量,或为达到测量目的而提供的测量器具称为测量仪器,比如各种指示仪器、比较仪器、信号发生器等。凡是利用电子技术实现测量的仪器设备,统称为电子测量仪器。它能够实现对物理量的转换、完成信号处理与传输,并可以将测量结果进行各种方式的显示。其中,对电压、电流等电学量的测量,是通过测量各种电效应来实现的。根据电子测量仪器包含的基本功能,电子测量仪器的一般结构如图1.1所示。

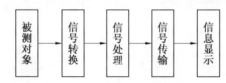

图 1.1　电子测量仪器的一般结构

（1）电子测量仪器的发展

电子测量仪器随着电子技术、计算机技术与自动化技术的发展有了翻天覆地的变化。围绕着如何实现自动测试这一核心技术,其发展大体上经历了模拟仪器、数字仪器、智能仪器和虚拟仪器四个阶段。

模拟仪器是早期的电子测量仪器,如指针式的电压表、电流表、频率计等,现在某种情况下依然可用。模拟仪器应用和处理的信号一般为模拟量,即使被测信号是数字量,也往往是先将其转换为与之成正比的模拟量,再用指针表头指示。这类仪器一般功能单一固定,体积大、测量速度较慢,精度相对较低,主要依靠人工操作。

数字仪器比较普及,它主要是将被测的模拟量转换为数字信号进行测量和处理,并以数字方式输出测量结果。例如,数字式电压表、数字式频率计、数字示波器等。数字仪器与模拟仪器相比具有速度快,精度高,测量结果处理方便,显示清晰直观易读,并且便于远距离传输的特点。

随着微处理器技术的进步和发展,数字仪器正在逐步地变为内部含有微处理器的智能电子仪器,使电子测量仪器朝着自动智能方向发展。

自动测试系统(Automatic Test System,AST)是在测量要求越来越高的情况下产生的,可以自动测量、传输、连续实时地显示与处理大量测试数据的现代化自动测量仪器,其中智能仪器和虚拟仪器都属于自动测试系统。智能仪器不同于传统电子测量仪器,其内含有微处理器和通用标准接口(General Purpose Interface Bus,GPIB),具体结构如图1.2所示。智能仪器既能实现自动测量又具有一定的数据处理能力,其功能模块以硬件和软件形式存在,例如,智能化数字电压表。

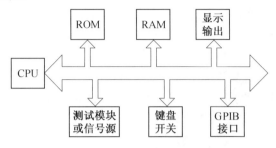

图1.2 智能仪器结构框图

虚拟仪器(Virtual Instruments,VI)是近年来出现的以计算机技术为核心,并将检测技术和通信技术有机结合的产物。它是指在计算机上添加一层软件和一些硬件模块,并强调软件的作用,提出软件就是仪器的概念,能使用户操作计算机就像操作真实仪器一样,如图1.3所示。虚拟仪器是以软件代替硬件,以图形代替代码,以组态代替编程,以虚拟仪器代替真实仪器,组件自动测试系统的技术得到迅速发展。此时的电子测量仪器具有性能优异、功能多,大部分都与计算机结合,实现智能化与自动化的特点。

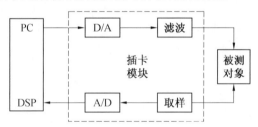

图1.3 虚拟仪器

崭新的一代智能仪器和自动测试系统,能够对若干电参数进行自动测量、自动量程选择、数据记录和处理、数据传输、误差修正、自检自校、故障诊断及在线测试等,不仅改变了若干传统测量的概念,更对整个电子技术和其他科学技术产生了巨大的推动作用。现在,电子测量技术已成为电子科学领域重要且发展迅速的分支学科。

随着科学技术的发展,电子测量技术也将不断的进步与发展,新的测量方法和理论、新的测量仪器也必将出现。

(2)电子测量仪器的分类

电子测量仪器的品种繁多,通常分为通用仪器和专用仪器两大类。专用电子测量仪器有特定的用途,只用于一个或几个专门目的而设计的电子测量仪器,例如彩色电视信号发生器及光纤测试仪器等。通用电子测量仪器的应用范围广泛,它们是为测量某一个或几个电参数而设计的,例如电子示波器等。

①按照电子测量仪器的功能划分,可分为以下几种:主要用于测量电压、电流和功率等电能量参数的电平测量仪器;测量各种元器件的参数及特性曲线等的电子元器件测量仪器;提供测量所需的各类信号,例如各种低频、高频信号发生器,产生函数的信号源测试仪器;用于测量电信号的频率、相位和时间间隔等特征的频率、时间、相位测量仪器;用于测量、观测、

分析、记录各种被测量的波形及随时间变化规律的波形测量仪器;用于测试电气系统的各种特性的模拟电路特性测试仪器;数据域测量中不可缺少的数字电路特性测试仪器。

② 按照被测量性质的测量方法的应用分类,主要分为时域测试仪器、频域测试仪器、调制域测试仪器、数据域测试仪器和随机域测量仪器。

时域测试仪器:用于测试电信号在时域中的各种特性。例如,示波器用来观察信号的时基波形;电压表、电流表用来测量电信号的电压、电流;计数器、频率计、相位计及时间计数器等可以用来测量信号的频率、周期、相位和时间间隔;还可以测量脉冲占空比、上升沿、下降沿及失真度等。

频域测试仪器:主要用于测量信号的频谱、功率谱、相位及噪声功率谱等,例如频谱分析仪。

调制域测试仪器:调制域主要描述信号的频率、周期、相位及时间间隔随时间变化的关系。主要仪器有调制域分析仪,用于测量频率漂移、调频和调相的线性及失真度,脉宽调制信号、锁相环路的捕捉等。

数据域测试仪器:主要用于测试各种二进制的数据流,这类仪器关心的不是信号波形、幅度、相位等信息,而是信号在某特定时刻的状态,是"1"还是"0",特定时刻指的是时钟、读/写、输入/输出、选通及芯片选择等信号的有效沿。该仪器可以实现多通道输入,当测试计算机的地址或者数据线时可多达 64 路。

随机域测量仪器:主要实现对各种噪声、干扰信号等随机量的测量。

(3) 电子测量仪器的性能指标

电子测量仪器的品种类别如此之多,如何评价一台仪器的优劣,主要依据电子测量仪器的性能指标。

① 不确定度。精度或准确度是指测量仪器的读数或测量结果与被测量的真值之间的一致程度。这是一个笼统的概念,一般用相对误差表示,意为精度高,相对误差小,准确度高。因此,在学术上一般不采用准确度来衡量评价测量仪器的性能,而是采用不确定度来评价。不确定度表示合理赋予被测量之值的分散性,表示对测量结果正确性的可疑程度。不确定度小也可理解为准确度高,但不确定度可以在不依赖先知道真值的条件下定量地求得,因此可以用来作为性能指标。

② 灵敏度。灵敏度又称为分辨力或分辨率,表示测量仪器对被测量变化的敏感程度,一般定义为测量仪器指示值增量与被测量的比值,指示值增量一般为指针的偏转角度、数码的变化、位移的大小等。在数字仪表中另一种定义的形式为测量仪表所能区分的被测量的最小变化量。例如,经常说数字电压表的分辨率为 1 μV,这种电压表能区分出最小 1 μV 的电压变化。因此,分辨率越小,灵敏度越高。

③ 稳定性。稳定性是指在规定的时间区间,其他外界条件恒定不变的情况下,保证仪器示值不变的能力,有时也称为稳定误差。造成示值变化的原因主要是仪器各个内部元器件的特性不同、参数不稳定和老化等因素。当然,由于电源电压、频率、环境温度、湿度、气压、震动等外界条件变化也会造成示值变化。

④ 线性度。线性度是测量仪器输入输出特性之一,表示仪器的输出量随输入量变化的规律。如果输出与输入在该平面上是一条过原点的直线,则称为线性刻度特性,否则称为非线性刻度特性。例如常用的模拟电压表具有上凸的非线性刻度特性曲线,而数字电压表具

有线性刻度特性,如图 1.4 所示。

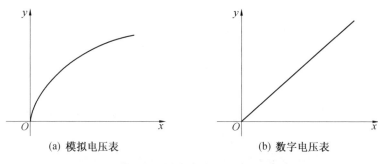

(a) 模拟电压表　　　　　　　　(b) 数字电压表

图 1.4　模拟电压表与数字电压表的刻度特性

⑤ 动态特性。动态特性是指仪器的输出响应随输入变化的能力。

以上所述的几种性能指标并不能用来评价所有的电子测量仪器,有些仪器除了这些指标还有其他的技术要求,例如,有些仪器需要考核输入阻抗、频率范围等。

1.1.3　电子测量与计量的关系

为了保证在不同的地方,用不同的手段测量同一量时,所得的结果是一致的,就要求有统一的单位以及体现这些单位的基准、标准及用基准和标准来校准的测量器具,并用法律的形式进行制定。一般把计量定义为:计量是利用技术和法制手段实现单位统一和量值准确可靠的测量。计量是一种特殊的测量,是测量工作发展的客观需要,是保证量值统一和准确一致的一种测量,它有三个主要的特征:统一性、准确性和法制性。计量把被测量与国家计量部门作为基准或标准的同类单位量进行比较,以确定合格与否,并给出具有法律效力的证书。因此,计量的范围主要包含了计量单位的统一,基准和标准的建立、保存、传递、复制和使用,测量方法和测量的准确度,计量器具及仪器设备,保证量值统一所采取的计量管理和法制规程等。

这样看来,计量与测量有联系,但又有区别。测量是通过实验方法对客观事物取得定量数据的过程,也就是利用实验手段把待测量直接或间接地与另一个同类已知量进行比较,从而得到待测量值的过程。测量过程中所使用的器具和仪器就直接或间接地体现了已知量。测量过程中认为被测量的真实数值是存在的,误差与采用的测量方法、实际操作和测量仪器及比较标准的已知量都有关系。计量要求在测量的过程中作为比较标准的各类量具、仪器仪表必须进行定期地检验和校准,这样才能保证测量结果的准确性、可靠性和统一性。计量认为误差来源于仪器,必须保证测量的仪器是标准的,也就是说在测量精度上计量仪器至少要比受检量具和仪器高出一个数量级,这样才能保证使用受检量具和仪器进行测量时得到的结果是可靠的。因此,计量的任务是确定测量结果的可靠性,它的主要内容是校准。

所以说计量是测量的基础和依据,没有测量,就谈不上计量,测量是联系生产实际的重要途径;没有计量,测量所得到的数据的准确性和可靠性得不到保证,测量就失去价值。计量工作是国民经济中一项极为重要的技术基础工作,在工农业生产、科学技术、国防建设、国内外贸易以及人民生活等各个方面都起着重要的作用。

1.2 测量标准

1.2.1 标准的定义和分类

计量基准器具简称计量基准,基准是指当代最先进的科学技术和工艺水平,以最高的准确度和稳定性建立起来的专门用以规定、保持和复现物理量计量单位的特殊量具或仪器装置。具有最高计量特性的计量器具,是统一量值的最高依据。

计量基准只用于鉴定各种量具的精度,不直接参与测量。计量基准分为主基准、副基准和工作基准。

主基准也称为原始基准或国家基准,用来复现和保存计量单位,是目前所能达到的最高准确度的计量器具,经国家批准,作为统一国家计量单位量值的最高依据。副基准指通过直接或间接与国家基准比对,确定其量值并经过国家鉴定批准的计量器具。它的地位仅次于国家基准,平时用来代替国家基准使用,并可验证国家基准的变化。工作基准是经与主基准或副基准校准或比对,并经国家鉴定批准,实际用以检定下属计量标准的计量器具。工作基准一般设置在国家计量机构中,也可视需要设置在工业发达的省级或部门的计量技术机构中。

计量标准器具简称计量标准,指准确度低于计量基准并根据工作基准复现出不同等级的便于经常使用的计量标准量具或仪器。也可以说是用来检定其他计量标准或工件计量器具的计量器具。计量标准的量值由计量基准传递而来,准确度低于计量基准,高于工作计量器具。按照准确度的等级进行分类,如天平测量中的标准砝码等级:1 级、2 级、3 级、4 级、5 级。也可以按照具有的法律地位分为三类:企事业单位使用的计量标准,是指企业、事业单位组织建立的作为本单位量值依据的各项计量标准;社会公用计量标准,是指县以上地方政府计量部门建立的作为统一本地区量值的依据,并对社会实施计量监督,具有公证作用的各项计量标准;部门使用的计量标准,是指省级以上政府有关主管部门组织建立的统一本部门量值依据的各项计量标准。计量标准通过标准的逐级传递,达到对日常工作计量器具的检定,以确保其量值的精度。

工作用计量器具不用于检定工作,不用于量值的传递,只用来直接测量被测量量值的计量工具。

1.2.2 计量单位制

在不同地方,采用不同的测量方法对同一量进行测量时,需要保证测量结果应该一致,因而出现了公认的统一单位。任何测量都要有一个统一的体现计量单位的量作为标准,这样的量称为计量标准。计量单位是有明确定义和名称并令其数值为 1 的固定量,并必须以严格的科学理论为依据进行定义。单位是表征测量结果的重要组成部分,又是对两个不同类量值进行比较的基础。法定计量单位是国家以法令形式规定使用的计量单位,是统一计量单位制和单位量值的依据和基础,因而具有统一性、权威性和法制性。我国的计量单位一律采用中华人民共和国法定计量单位,并且是以国际单位制为基础的。在国际单位制中,分为基本单位、导出单位和辅助单位。基本单位是指那些可以彼此独立地加以规定的物理量单位,共有 7 个,其物理量的名称、单位名称及单位符号见表 1.1。由基本单位通过定义、定律及其他函数关系派生出来的单位称为导出单位。例如,在电学量中,除了电流,其他物理量的单位都是导出单位。例如,频率的单位是赫兹(Hz),定义为周期为 1 s 的周期信号的频率,即 $Hz = 1/s$;电荷量库仑(C),定义为"1 安培的电流在 1 秒内传送的电荷量",即 $C = A \cdot s$;电压的单位伏特(V),定义为"在载有 1 安培恒定电流导线的两点间消耗 1 瓦特的功率",即 $V = W/A$。在国际单位制中既可以作为基本单位又可以作为导出单位的单位称为辅助单位,包含两个辅助单位,分别是平面角的单位弧度(rad)和立体角的单位球面度(sr)。由基本单位、导出单位和辅助单位构成的完整体系,称为单位制。

表 1.1　国际单位制的基本单位

量的名称	单位名称	单位符号
长度	米	m
时间	秒	s
质量	千克	kg
电流	安培	A
热力学温度	开尔文	K
发光强度	坎德拉	cd
物质的量	摩尔	mol

1.3　本课程的任务和学习方法

1.3.1　本课程的任务

本课程主要讨论以下几方面的内容:

1. 基础知识

主要阐述测量的定义与意义,电子测量的内容、特点与方法,电子测量仪器的发展、分类和主要技术指标。计量的概念、基准等定义。

2. 测量误差与数据处理

主要介绍测量的基本理论基础,包括测量误差的概念、分类、合成、分配和表示方法,测量数据的处理等方面。

3. 时域测量

主要介绍时域测量中示波管、波形显示的基本原理,通用示波器及数字示波器的使用方法。

4. 时频测量

该部分内容主要介绍时频关系、时频标准,频率测量的方法,电子计数法测频、测周原理及电子计数器的测量功能,还包括电子计数器的测量误差分析。

5. 信号发生器

信号发生器简称为信号源,是为电子测量提供符合一定技术要求电信号的仪器设备,是最基本的电子测量仪器之一。在该部分内容中主要介绍了信号发生器的分类、性能指标,各种不同种类信号发生器的组成原理、特点和应用,频率合成信号发生器的分类与组成原理。

6. 电压测量

电压测量是电子测量中最基本、最常见的一种测量,有很多电子参数都可以看作电压的派生量。主要介绍电压测量的重要性、电压测量的方法和分类、交流电压的测量;并研究数字电压表的组成原理、工作特性、误差和干扰,及数字多用表的组成原理。

7. 阻抗测量

阻抗测量一般指电阻、电容、电感基本参数以及表征电感器性能的品质因数、表征电容器损耗因数等参数的测量。主要介绍阻抗的基本定义和电路等效模型,着重介绍阻抗测量中的电桥法和谐振法的基本测量原理及相关技术,并介绍利用变换器测量阻抗的方法。

8. 频域测量

频域测量是观测信号幅度或能量与频率的关系,用于分析信号的频谱,测量电路的幅频特性、频带宽度等,是对频率特性参数进行测量。阐述数据域测试的概念、测试系统组成、数字信号发生器及逻辑分析仪。

9. 数据域测试与测量

数据域测量是对以离散时间或事件序列为自变量的数据流进行的测量。在数据流中,自变量可以是离散的等时间序列,也可以是事件的序列。其取值和时间都是离散的,因而其分析测试方法与时域及频域都不相同。

10. 现代电子测量技术

主要阐述自动检测量技术的发展史、智能仪器、VXI 总线技术、虚拟仪器等现代电子测量技术。

11. 无损检测

无损检测是指在不破坏被测对象的前提下,检查工件宏观缺陷或测量工件特征的各种技术方法的统称,包含无损监测(NDT)、无损检查(NDI)、无损评价(NDE) 三部分。

12. 传感器技术基础

针对电子测量技术的实际应用,该部分主要介绍常用传感器及工作基本特性。

通过本课程的学习,应该掌握测量误差的基本理论和测量数据处理的方法。掌握主要物理量电压、频率、时间及元件参数的基本测量原理和测量方法;熟悉常用的测量仪器(如示波器、信号发生器、计数器、频谱仪和扫频仪) 的工作原理、操作使用方法及注意事项等;初步具备在科学实验中具有制定先进、合理的测量和测试方案,正确选用测量仪器,严格处理测量数据,以获得最佳测试结果的能力。了解现代电子测量新技术与传感器技术的基本应用,并能够实现具有简单测量功能的电子测量仪器的设计。

13. 课程设计

课程设计是在理论学习的基础之上,结合实际应用,实现部分待测量的测量方案及电路设计。主要完成运算放大电路参数测量、函数信号发生器的设计和技术指标的测量、电容的测量、智能电子计数器的设计、电压的数字测量。

1.3.2　本课程的学习方法

电子测量涉及多种技术,要求知识面范围广而深,包括模拟和数字电子技术、检测和转换技术、数据采集技术、控制技术、接口技术及信息处理技术等各个方面。在学习的过程中要不断地巩固、扩展已经学过的专业知识,例如,先修课程模拟、数字电路、单片机等。当应用电子技术实现对某一对象的测量时,需要实现对以上各方面知识的统一应用,并要将其融会贯通,因此要有扎实的专业素养,较强的学习能力和实践动手能力。

学习的过程中,要重视对电子测量基本原理和方法的理解与应用,同时,本门课程是一种理论性和实践型相结合的课程,所以必须结合试验、课程设计等实践环节才能理论联系实际,提高综合应用能力;并可以学习"智能仪器"、"虚拟仪器"等相关课程,进一步巩固理论知识,提高应用水平。

思考题与习题

1.1　请解释名词:测量、电子测量、计量。

1.2　叙述电子测量的主要内容与特点。

1.3　举例说明直接测量、间接测量、组合测量的特点。

1.4　电子测量可以分为哪些类,有哪些具体测量的仪器?

1.5　选择测量方法时主要考虑的因素有哪些?

1.6　说明测量和计量的联系与区别。

1.7　请解释什么是计量基准,它又可以分成哪几种级别?

第 2 章

测量误差及数据处理

2.1 测量误差

2.1.1 测量误差的概念及分类

测量过程的本质是将被测量直接或间接地与某一同类标准量进行比较,获取测试结果。通过测量,可以得到某一客观事物某一特性的度量,事实上,只能得到这一特性在一定程度的近似,而无法获得它的绝对真实取值。也就是说,任何测量结果都与被测量的客观真实值存在差异,这种差异即为测量误差。

根据测量误差的性质,测量误差可分为随机误差、系统误差、粗大误差三类。

1. 随机误差

在同一测量条件下(指在测量环境、测量人员、测量技术和测量仪器都相同的条件下),多次重复测量同一量值时(等精度测量),每次测量误差的绝对值和符号都以不可预知的方式变化的误差,称为随机误差。

随机误差的新定义:测量结果 x_i 与在重复性条件下,对同一被测量进行无限多次测量所得结果的平均值 $\bar{x}$ 之差,即

$$\delta_i = x_i - \bar{x} \tag{2.1}$$

$$\bar{x} = \frac{x_1 + x_2 + \cdots + x_n}{n} = \frac{1}{n} \sum_{i=1}^{n} x_i \quad (n \to \infty) \tag{2.2}$$

随机误差是测量值与数学期望之差,它表明了测量结果的分散性。

2. 系统误差

在同一测量条件下,多次测量重复同一量时,测量误差的绝对值和符号都保持不变,或在测量条件改变时按一定规律变化的误差,称为系统误差。

系统误差(ε)的定量定义:在重复性条件下,对同一被测量进行无限多次测量所得结果 $x_1, x_2, \cdots, x_n (n \to \infty)$ 的平均值 $\bar{x}$ 与被测量的真值 A_0 之差,即

$$\varepsilon = \bar{x} - A_0 \tag{2.3}$$

在去掉随机因素(即随机误差)的影响后,平均值偏离真值的大小就是系统误差。

3. 粗大误差

粗大误差是一种显然与实际值不符的误差,又称疏失误差。

4. 系统误差和随机误差的表达式

测量中发现了粗大误差,数据处理时应将其剔除,这样要估计的误差就只有系统误差和随机误差两类。

将式(2.1)和式(2.3)等号两边分别相加,得

$$\varepsilon + \delta_i = \bar{x} - A + x_i - \bar{x} = x_i - A = \Delta x_i \quad (i = 1 \sim n) \tag{2.4}$$

即各次测得值的绝对误差等于系统误差 ε 和随机误差 δ_i 的代数和。

在任何一次测量中,系统误差和随机误差一般都是同时存在的,而且两者之间并不存在绝对的界限。

2.1.2 测量误差的来源

随机误差是由对测量值影响微小但却互不相关的大量因素共同造成的。这些因素主要是噪声干扰、电磁场微变、零件的摩擦和配合间隙、热起伏、空气扰动、大地微震、测量人员感官的无规律变化等。随机误差越小,精密度越高。

系统误差是由固定不变的或按确定规律变化的因素造成的,这些因素主要体现在以下几方面。

(1)测量仪器方面的因素。仪器机构设计原理的缺点;仪器零件制造偏差和安装不正确;电路的原理误差和电子元器件性能不稳定等。如把运算放大器当作理想运放,而忽略输入阻抗、输出阻抗等引起的误差。

(2)环境方面的因素。测量时的实际环境条件(温度、湿度、大气压、电磁场等)对标准环境条件的偏差,测量过程中温度、湿度等按一定规律变化引起的误差。

(3)测量方法的因素。采用近似的测量方法或近似的计算公式等引起的误差。

(4)测量人员方面的因素。由于测量人员的个人特点,在刻度上估计读数时,习惯偏于某一方向;动态测量时,记录快速变化信号有滞后的倾向。

系统误差越小,测量就越准确。所以,系统误差经常用来表征测量准确度的高低。

产生粗大误差的原因有以下几方面:

(1)测量操作疏忽和失误。如测错、读错、记错以及实验条件未达到预定的要求而匆忙实验等。

(2)测量方法不当或错误。如用普通万用表电压挡直接测高内阻电源的开路电压,用普通万用表交流电压挡测量高频交流信号的幅值等。

(3)测量环境条件的突然变化。如电源电压突然增高或降低,雷电干扰、机械冲击等引起测量仪器示值的剧烈变化等。

含有粗大误差的测量值称为坏值或异常值,在数据处理时,应剔除掉。

2.1.3 测量误差的表示方法

(1)准确度。表示系统误差的大小。系统误差越小,则准确度越高,即测量值与实际值符合的程度越高。

(2)精密度。表示随机误差的影响。精密度越高,表示随机误差越小。随机因素使测量值呈现分散而不确定,但总是分布在平均值附近。

（3）精确度。用来反映系统误差和随机误差的综合影响。精确度越高,表示正确度和精密度都高,意味着系统误差和随机误差都小。

根据式(2.4),在剔除坏值之后,可以将测量值一般地表示为

$$x = A \pm | \varepsilon | \pm | \delta | \tag{2.5}$$

误差在数轴上的分布情况用图 2.1 表示。

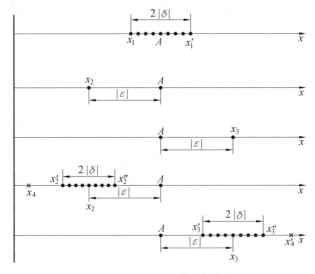

（a）仅存在随机误差 δ
$\varepsilon = 0, x = A \pm | \delta |$

（b）仅存在系统误差（$-\varepsilon$）
$\delta = 0, x_2 = A - | \varepsilon |$

（c）仅存在系统误差（$+\varepsilon$）
$\delta = 0, x_3 = A + | \varepsilon |$

（d）同时存在三种误差（x_4）
$x = A - | \varepsilon | \pm | \delta |$

（e）同时存在三种误差（x'_4）
$x = A + | \varepsilon | \pm | \delta |$

图 2.1　误差在数轴上的分布

图 2.2 为射击误差示意图,其中图 2.2(a) 为系统误差小,随机误差大,即准确度高,精密度低;图 2.2(b) 为系统误差大,随机误差小,即准确度低,精密度高;图 2.2(c) 为系统误差和随机误差都小,即精确度高。

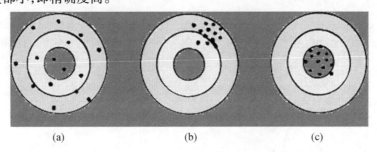

(a)　　　　　　　(b)　　　　　　　(c)

图 2.2　射击误差示意图

2.2　测量数据的处理

2.2.1　随机误差的统计特性及减少方法

在测量中,随机误差是不可避免的。多次测量,测量值和随机误差服从概率统计规律。可用数理统计的方法处理测量数据,从而减少随机误差对测量结果的影响。

1. 随机误差的分布规律

测量值和测量误差都是随机变量,下面使用概率论来讨论随机误差的分布规律及其数字特征。

(1) 随机变量的数字特征

随机变量的数字特征见表 2.1。

表 2.1　随机变量的数字特征

数字特征	意　义	定　义	
		离散型	连续型
数学期望 $E(X)$	反映平均特性	$\mu = E(X) = \sum_{i=1}^{\infty} x_i p_i$	$\mu = E(X) = \int_{-\infty}^{\infty} x p(x) \mathrm{d}x$
方差 $D(X)$	描述随机变量与数学期望的分散程度	$D(X) = E(X - E(X))^2$	
标准偏差 σ	描述随机变量与数学期望的分散程度	$\sigma = \sqrt{D(X)}$	

注:标准偏差与随机变量 X 具有相同量纲。

(2) 测量误差的正态分布

在很多情况下,测量中随机误差的分布及测量数据的分布大多接近于正态分布。

(3) 随机误差和测量数据正态分布

随机误差和测量数据正态分布时的数字特征见表 2.2。

表 2.2　随机误差和测量数据正态分布时的数字特征

数字特征	概率密度函数	数学期望	方　差	标准偏差
随机误差 Δ	$p(\delta) = \dfrac{1}{\sqrt{2\pi}\,\sigma}\exp\left(-\dfrac{\delta^2}{2\sigma^2}\right)$	0	σ^2	σ
测量数据 X	$p(x) = \dfrac{1}{\sqrt{2\pi}\,\sigma}\exp\left[-\dfrac{(x-\mu)^2}{2\sigma^2}\right]$	μ	σ^2	σ

从图 2.3 可以看出随机误差和测量数据的分布形状相同,因为它们的标准偏差相同(都为 σ),只是横坐标相差 μ 这一常数值。

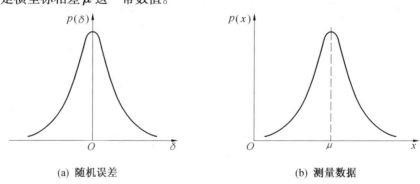

(a) 随机误差　　　　　　　　　　(b) 测量数据

图 2.3　随机误差和测量数据的正态分布曲线

随机误差具有以下规律:

① 对称性:绝对值相等的正误差与负误差出现的概率相同。

② 单峰性:绝对值小的误差比绝对值大的误差出现的概率大。

③ 有界性:绝对值很大的误差出现的概率接近于零,即随机误差的绝对值不会超过一定界限。

④ 抵偿性:当测量次数 $n \to \infty$ 时,全部误差的代数和趋于零。

标准偏差 σ 代表测量数据和测量误差分布离散程度的特征数。从图2.4可以看出,σ 越小,则曲线形状越尖锐,说明数据越集中;σ 越大,则曲线形状越平坦,说明数据越分散。

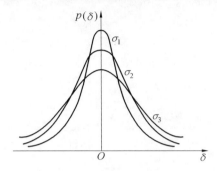

图 2.4　σ 对概率分布的影响

(4) 测量误差的非正态分布(表2.3)

表 2.3　几种常见测量误差的非正态分布表

分布类型	均匀分布	三角分布	反正弦分布
概率密度函数	$p(x) = \begin{cases} \dfrac{1}{b-a} & (a \leqslant x \leqslant b) \\ 0 & (x < a, x > b) \end{cases}$	$p(x) = \begin{cases} \dfrac{a+x}{a^2} & (-a \leqslant x \leqslant 0) \\ \dfrac{a-x}{a^2} & (0 < x \leqslant a) \end{cases}$	$p(x) = \begin{cases} \dfrac{1}{\pi\sqrt{a^2-x^2}} & (\lvert x \rvert \leqslant a) \\ 0 & (\lvert x \rvert > a) \end{cases}$
概率密度曲线			
数学期望	$\dfrac{a+b}{2}$ (若 $a=-b$,则为0)	0	0
标准偏差	$\dfrac{b-a}{2\sqrt{3}}$ (若 $a=-b$,则为 $\dfrac{b}{\sqrt{3}}$)	$\dfrac{b}{\sqrt{6}}$	$\dfrac{b}{\sqrt{2}}$
适用条件及应用举例	仪器中的刻度盘回差、调谐不准确及仪器最小分辨力引起的误差等;在测量数据处理中,"四舍五入"的截尾误差;当只能估计误差在某一范围 $\pm a$ 内,而不知其分布时,一般可假定该误差在 $\pm a$ 内均匀分布	两个具有相同误差限的均匀分布的误差之和,其分布服从三角分布。如在各种利用比较法的测量中,作两次相同条件下的测量,若每次测量的误差是均匀分布,那么两次测量的最后结果服从三角分布	若被测量 x 与一个量 θ 成正弦关系,即 $x = a\sin\theta$,而 θ 在 $0 \sim 2\pi$ 间是均匀分布的,那么 x 服从反正弦分布。如圆形刻度盘偏心而致的刻度误差,与具有随机相位的正弦信号有关的误差等

2. 有限次测量的数学期望和标准偏差的估计值

在实际测量中只能进行有限次测量,不能准确地求出被测量的数学期望和标准偏差。本节讨论如何根据有限次测量结果估计被测量的数学期望和标准偏差。

(1) 有限次测量的数学期望的估计值 —— 算术平均值

被测量 X 的数学期望就是当测量次数 $n \to \infty$ 时,各次测量值的算术平均值,即

$$E(X) = \sum_{i=1}^{m} x_i p_i = \sum_{i=1}^{m} x_i \frac{n_i}{n} \quad (当 n \to \infty 时) \tag{2.6}$$

实际等精度测量时,测量次数 n 为有限次,各次测量值为 $x_i (i = 1, 2, \cdots, n)$,规定使用算术平均值 $\bar{x}$ 为数学期望的估计值,并作为最后的测量结果,即

$$E(X) = \sum_{i=1}^{n} x_i \frac{1}{n} = \frac{1}{n} \sum_{i=1}^{n} x_i \tag{2.7}$$

算术平均值是数学期望的无偏估计值、一致估计值和最大似然估计值。

(2) 算术平均值的标准偏差

因为是等精度测量,并假定 n 次测量是独立的,那么这一系列测量就具有相同的数学期望和方差,又根据概率论中"几个相互独立的随机变量之和的方差等于各个随机变量方差之和"的定理,进行下面推导。

$$\sigma^2(\bar{x}) = \sigma^2\left(\frac{1}{n}\sum_{i=1}^{n} x_i\right) = \frac{1}{n^2}\sigma^2\left(\sum_{i=1}^{n} x_i\right) = \frac{1}{n^2}\left[\sigma^2(x_1) + \sigma^2(x_2) + \cdots + \sigma^2(x_n)\right] =$$
$$\frac{1}{n^2}n\sigma^2(X) = \frac{1}{n}\sigma^2(X)$$

则
$$\sigma(\bar{x}) = \frac{\sigma(X)}{\sqrt{n}} \tag{2.8}$$

式(2.8)说明,n 次测量值的算术平均值的方差比总体或单次测量值的方差小 n 倍,或者说算术平均值的标准偏差比总体或单次测量值的标准偏差小 $\sqrt{n}$ 倍。这是由于随机误差的抵偿性,在计算 $\bar{x}$ 的求和过程中,正负误差相互抵消;测量次数越多,抵消程度越大,平均值离散程度越小,这是采用统计平均的方法减弱随机误差的理论依据。

所以,用算术平均值作为测量结果,减少了随机误差。

(3) 有限次测量数据的标准偏差的估计值

以算术平均值代替真值,以测量值与算术平均值之差 —— 残差 v_i 来代替真误差,即

$$v_i = x_i - \bar{x} \tag{2.9}$$

显然,残差的代数和为零,即

$$\sum v_i = 0$$

测量值标准偏差的估计值,通常又称为实验偏差,即贝塞尔公式

$$s(x) = \sqrt{\frac{1}{n-1}\sum_{i=1}^{n} v_i^2} = \sqrt{\frac{1}{n-1}\sum_{i=1}^{n} (x_i - \bar{x})^2} \tag{2.10}$$

$s(\bar{x})$ 作为算术平均值标准偏差 $\sigma(\bar{x})$ 的估计值

$$s(\bar{x}) = \frac{s(x)}{\sqrt{n}} \tag{2.11}$$

小结：在对一被测量进行 n 次等精度测量，得到 n 个测量值 x_i，可求算术平均值及其标准偏差，测量结果用算术平均值表示。计算步骤如下：

① 算术平均值
$$\bar{x} = \frac{1}{n}\sum_{i=1}^{n} x_i$$

② 残差
$$v_i = x_i - \bar{x}$$

③ 实验标准偏差（测量值标准偏差的估计值），即贝塞尔公式

$$s(x) = \sqrt{\frac{1}{n-1}\sum_{i=1}^{n} v_i^2} = \sqrt{\frac{1}{n-1}\sum_{i=1}^{n}(x_i - \bar{x})^2}$$

④ 算术平均值标准偏差的估计值

$$s(\bar{x}) = \frac{s(x)}{\sqrt{n}}$$

【例 2.1】　用温度计重复测量某个不变的温度，得 11 个测量值 x_i 的结果（见表 2.4）。求测量值的平均值及其标准偏差。

表 2.4　11 个测量值

序号	1	2	3	4	5	6	7	8	9	10	11
x_i	533	532	531	529	527	531	529	530	530	531	528

解：① 平均值

$$\bar{x} = \frac{1}{n}\sum_{i=1}^{n} x_i =$$
$$\frac{1}{11}(528+531+530+530+529+531+527+529+531+532+533) =$$
$$530.1$$

② 用公式 $v_i = x_i - \bar{x}$ 计算各测量值残差，见表 2.5。

表 2.5　各测量值残差

序号	1	2	3	4	5	6	7	8	9	10	11
x_i	533	532	531	529	527	531	529	530	530	531	528
v_i	+ 2.9	+ 0.9	+ 0.9	- 1.1	- 3.1	+ 0.9	- 1.1	- 0.1	- 0.1	+ 0.9	- 2.1

③ 实验标准偏差　
$$s(x) = \sqrt{\frac{1}{n-1}\sum_{i=1}^{n} v_i^2} = 1.767$$

④ $\bar{x}$ 的标准偏差　
$$s(\bar{x}) = \frac{s(x)}{\sqrt{n}} = \frac{1.767}{\sqrt{11}} = 0.53$$

3. 测量结果的置信问题

（1）置信概率与置信区间

估计值以多大的概率包含在某一数值区间，该数值区间就称为置信区间。

置信区间的界限称为置信限。一般置信限为 σ 的若干倍，即

$$\Delta = \pm k\sigma$$

式中　k—— 置信系数（或置信因子）。

置信区间包含真值的概率称为置信概率，也称为置信水平。

$$p[\mid x - E(x) \mid < k\sigma] = p[\mid \delta \mid < k\sigma] = \int_{-k\sigma}^{k\sigma} p(\delta)\mathrm{d}\delta$$

置信概率就是图 2.5 中阴影部分面积。

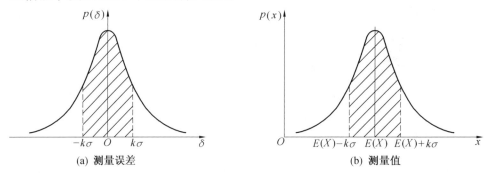

(a) 测量误差　　　　　　　　　　(b) 测量值

图 2.5　置信概率

测量结果的置信度用置信限和置信概率合起来表示。

① 对同一测量结果而言,置信区间越小,置信概率就越小。

② 对不同测量结果,若取相同置信概率,则标准偏差越小,置信区间就越小。

（2）正态分布的置信概率

正态分布不同置信系数下的置信概率见表 2.6,正态分布不同置信限的概率如图 2.6 所示。

表 2.6　正态分布不同置信系数下的置信概率

置信系数 k	1	2	3
置信概率 $p(\mid \delta \mid < k\sigma)$	0.683	0.954	0.997

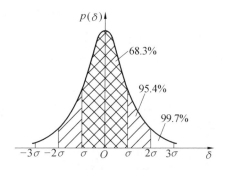

图 2.6　正态分布不同置信限的概率

误差超过 3σ 者为极少数,所以当误差为正态分布时,置信系数一般取 2 ～ 3,其置信区间对应置信概率为 95.4% ～ 99.7%。

（3）t 分布的置信限

t 分布与测量次数有关。当 $n > 20$ 以后,t 分布趋于正态分布。正态分布是 t 分布的极限分布。当 n 很小时,t 分布的中心值比较小,分散度较大,即对于相同的概率,t 分布比正态分布有更大的置信区间。

给定置信概率和测量次数 n,查表 2.7 得置信因子 k_t,自由度:$v = n - 1$。

表 2.7　t 分布的 k_t 值

$v = n - 1$	p		$v = n - 1$	p	
	0.99	0.95		0.99	0.95
2	9.92	4.30	12	3.05	2.18
3	5.84	3.18	14	2.98	2.14
4	4.60	2.78	16	2.92	2.12
5	4.03	2.57	18	2.88	2.10
6	3.71	2.45	20	2.85	2.09
7	3.50	2.36	30	2.75	2.04
8	3.36	2.31	40	2.70	2.02
9	3.25	2.26	60	2.66	2.00
10	3.17	2.23	∞	2.58	1.96

（4）非正态分布的置信因子（表 2.8）

表 2.8　几种非正态分布的置信因子 k

分布	三角	均匀	反正弦
$k(p = 1)$	$\sqrt{6}$	$\sqrt{3}$	$\sqrt{2}$

根据图 2.5 可得,被测量 X 的测量结果 A 应表示为

$$A = \bar{x} \pm ks(\bar{x})$$

其中,k 为置信因子,由概率分布和置信概率确定。

【例 2.2】　求例 2.1 中温度的测量结果,要求置信概率取 0.95。

解:① 平均值

$$\bar{x} = \frac{1}{n} \sum_{i=1}^{n} x_i =$$

$$\frac{1}{11}(528 + 531 + 529 + 527 + 531 + 533 + 529 + 530 + 532 + 530 + 531) = 530.1$$

② 用公式 $v_i = x_i - \bar{x}$ 计算各测量值残差,列于表 2.9。

表 2.9　各测量值残差

序号	1	2	3	4	5	6	7	8	9	10	11
x_i	528	531	529	527	531	533	529	530	532	530	531
v_i	-2.1	+0.9	-1.1	-3.1	+0.9	+2.9	-1.1	-0.1	+0.9	-0.1	+0.9

③ 实验偏差　　　$s(x) = \sqrt{\dfrac{1}{n-1} \sum_{i=1}^{n} v_i^2} = 1.767$

④ $\bar{x}$ 的标准偏差　　　$s(\bar{x}) = \dfrac{s(x)}{\sqrt{n}} = \dfrac{1.737}{\sqrt{11}} = 0.53$

⑤ 因为是小子样,测量次数为 11,应采用 t 分布。

$p = 0.95, v = 11 - 1 = 10$,查 t 分布表 2.7 得 $k_t = 2.23$,则

$$k_t s(\bar{x}) = 2.23 \times 0.53 = 1.1819$$

故测量结果为

$$A = \overline{x} \pm ks(\overline{x}) = 530.1 \pm 1.2$$

2.2.2 系统误差的判断及消除方法

1. 系统误差的特征

系统误差的特征是在同一条件下,多次测量同一量值时,误差的绝对值和符号保持不变,或者在条件改变时,误差按一定的规律变化,如图2.7、2.8所示。

在多次重复测量同一量值时,系统误差不具有抵偿性。

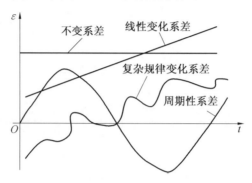

图2.7 多种系统误差的特征

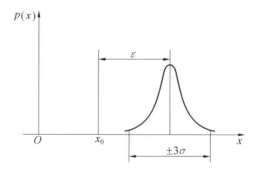

图2.8 系统误差与随机误差关系

2. 系统误差的发现方法

(1) 不变的系统误差

通常用标准仪器或标准装置来发现并确定恒定系统误差的数值,依据仪器说明书上的修正值,对测量结果进行修正。实验比对法是改变产生系统误差的条件进行不同的测量。

(2) 变化的系统误差

① 残差观察法。残差观察法是将所测得的数据及其残差按测得的先后次序列表或作图,观察各数据的残差值的大小和符号的变化情况,从而判断是否存在系统误差及其规律,如图2.9所示。但此方法只适用于系统误差比随机误差大的情况。

② 马利科夫判据。马利科夫判据是判别有无累进性系统误差的常用方法。把 n 个等精度测量值所对应的残差按测量先后顺序排列,把残差分成两部分求和,再求其差值 D。若 D 近似等于零,则上述测量数据中不含累进性系统误差,若 D 明显地不等于零(与 v_i 值相当或更大),则说明上述测量数据中存在累进性系统误差。

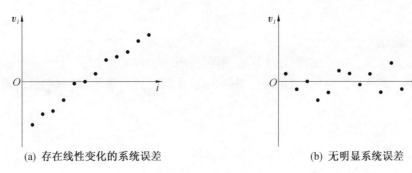

(a) 存在线性变化的系统误差　　　　　　　(b) 无明显系统误差

图 2.9　残差值的大小和符号的变化情况

当 n 为偶数时

$$D = \sum_{i=1}^{n/2} v_i - \sum_{i=\frac{n}{2}+1}^{n} v_i$$

当 n 为奇数时

$$D = \sum_{i=1}^{(n+1)/2} v_i - \sum_{i=(n+1)/2}^{n} v_i$$

③ 阿贝 - 赫梅特判据。通常用阿贝 - 赫梅特判据来检验周期性系差的存在。把测量数据按测量顺序排列,将对应的残差两两相乘,然后求其和的绝对值,再与实验标准方差相比较,若

$$\left| \sum_{i=1}^{n-1} v_i v_i + 1 \right| > \sqrt{n-1} \cdot s^2 \tag{2.12}$$

成立,则可认为测量中存在周期性系统误差。

3. 系统误差的削弱或消除方法

(1) 从产生系统误差根源上采取措施减小系统误差

① 在测量中,要从测量原理和测量方法尽力做到正确、严格;

② 必须对测量仪器进行定期检定和校准,注意仪器的正确使用条件和方法;

③ 减少周围环境对测量的影响;

④ 尽量减少或消除测量人员主观原因造成的系统误差。

(2) 用修正方法减少系统误差

修正方法是预先通过检定、校准或计算得出测量器具的系统误差的估计值,作出误差表或误差曲线,然后取与误差数值大小相同方向相反的值作为修正值,将实际测量结果加上相应的修正值,即可得到已修正的测量结果。

(3) 采用一些专门的测量方法

① 替代法;

② 交换法;

③ 对称测量法;

④ 减小周期性系统误差的半周期法。

系统误差可忽略不计的准则是:如果系统误差或残余系统误差代数和的绝对值不超过测量结果扩展不确定度的最后一位有效数字的一半,就认为系统误差可忽略不计。

2.2.3　粗大误差及其判断准则

粗大误差出现的概率很小,列出可疑数据,分析是否是粗大误差,若是,则将对应的测量

值剔除。

粗大误差的产生原因：

① 测量人员的主观原因：操作失误或错误记录；

② 客观外界条件的原因：测量条件意外改变、受较大的电磁干扰，或测量仪器偶然失效等。

1. 防止和消除粗大误差的方法

对粗大误差，除了设法从测量数据中发现和鉴别而加以剔除外，重要的是采取各种措施，防止产生粗大误差。

① 要加强测量者的工作责任心和以严格的科学态度对待测量工作；

② 保证测量条件的稳定，或者应避免在外界条件激烈变化时进行测量；

③ 在等精度条件下增加测量次数，或采用不等精度测量互相之间进行校核。

2. 粗大误差的判别准则

根据统计学的方法来判别可疑数据是否是粗大误差。这种方法的基本思想是：给定一置信概率，确定相应的置信区间，凡超过置信区间的误差就认为是粗大误差，并予以剔除。常用的方法有以下几种。

（1）莱特检验法

若 $|v_i| > 3s$，则该误差为粗大误差，所对应的测量值 x_i 为异常数据。

使用时要求测量次数充分大。

（2）格拉布斯检验法

最大残差 $|v_{max}| = \max(\bar{x} - x_{min}, x_{max} - \bar{x})$，若 $|v_{max}| > G \cdot s$，则判断对应测量值为粗大误差，其中 G 值按重复测量次数 n 及置信概率 p_c 确定（一般 $p_c = 95\%$ 和 $p_c = 99\%$），见表 2.10。

表 2.10　测量次数 n 及置信概率 p_c 确定 G 值

p_c	n								
	3	4	5	6	7	8	9	10	11
95%	1.15	1.46	1.67	1.82	1.94	2.03	2.11	2.18	2.23
99%	1.16	1.49	1.75	1.94	2.1	2.22	2.32	2.41	2.48

p_c	n								
	12	13	14	15	16	17	18	19	20
95%	2.29	2.33	2.37	2.41	2.44	2.47	2.5	2.53	2.56
99%	2.55	2.61	2.66	2.7	2.74	2.78	2.82	2.85	2.88

3. 应注意的问题

① 所有的检验法都是人为主观拟定的，至今尚未有统一的规定。这些检验法又都是以正态分布为前提的，当偏离正态分布时，检验可靠性将受影响。特别是测量次数少时更不可靠。

② 若有多个可疑数据同时超过检验所定置信区间，应逐个剔除，重新计算 $\bar{x}$ 和 s，再行判别。若有两个相同数据超出范围时，也应逐个剔除。

③ 在一组测量数据中，可疑数据应很少，反之，说明系统工作不正常。因此剔除异常数

据需慎重对待。要对测量过程和测量数据进行分析,尽量找出产生异常数据的原因。

4. 应用举例

【例 2.3】　对某电炉的温度进行多次重复测量,所得结果列于表 2.11,试检查测量数据中有无粗大误差(异常数据)。

表 2.11　某电炉的温度进行多次重复测量的数据

序号	测量值 x_i/℃	序号	测量值 x_i/℃
1	20.42	9	20.40
2	20.43	10	20.43
3	20.40	11	20.42
4	20.43	12	20.41
5	20.42	13	20.39
6	20.43	14	20.39
7	20.39	15	20.40
8	20.30		

解　① 计算得 $\bar{x} = 20.404$ ℃　　$s = 0.033$ ℃

各测量值的残差 $v_i = x_i - \bar{x}$,得到表 2.12,从表中看出 $v_8 = -0.104$ 最大,则 x_8 是一个可疑数据。

② 用莱特检验法

因 $|v_8| = 0.104$　　　　　　$3 \cdot s = 3 \times 0.033 = 0.099$ ℃

故　　　　　　　　　　　　　　$|v_8| > 3 \cdot s$

故可判断 x_8 是粗大误差,应予剔除。

再对剔除后的数据计算得:$\bar{x'} = 20.411$ ℃　　　$s' = 0.016$ ℃　　　$3 \cdot s' = 0.048$ ℃

各测量值的残差 $v_i = x_i - \bar{x'}$ 填入表 2.12,其余的 14 个数据的 $|v'_i|$ 均小于 $3s'$,故 14 个数据都为正常数据。

表 2.12　各测量值的残差

序号	测量值 x_i/℃	残差 v_i/℃	残差 v'_i/℃ (去掉 x_8 后)	序号	测量值 x_i/℃	残差 v_i/℃	残差 v'_i/℃ (去掉 x_8 后)
1	20.42	+ 0.016	+ 0.009	9	20.40	− 0.004	− 0.011
2	20.43	+ 0.026	+ 0.019	10	20.43	+ 0.026	+ 0.019
3	20.40	− 0.004	− 0.011	11	20.42	+ 0.016	+ 0.009
4	20.43	+ 0.026	+ 0.019	12	20.41	+ 0.006	− 0.001
5	20.42	+ 0.016	+ 0.009	13	20.39	− 0.014	− 0.021
6	20.43	− 0.026	+ 0.019	14	20.39	− 0.014	− 0.021
7	20.39	− 0.014	+ 0.029	15	20.40	− 0.004	− 0.011
8	20.30	− 0.104	—				

③ 用格拉布斯检验法

取置信概率 $p_c = 0.99$,以 $n = 15$ 查表 2.10 得 $G = 2.70$

$$Gs = 2.7 \times 0.033 = 0.09 < |v_8|$$

故同样可判断 x_8 是粗大误差,应予剔除。

剔除后计算同上,再取置信概率 $p_c = 0.99$,以 $n = 14$ 查表 2.10,得 $G = 2.66$,

$$Gs' = 2.66 \times 0.016 = 0.04$$

可见除 x_8 外都为正常数据。

2.2.4 测量结果的处理步骤

1. 等精度测量

① 利用修正值等方法,对测量值进行修正,将已经减弱不变系统误差影响的各数据 $x_i(i = 1, 2, \cdots n)$,依次列成表格;

② 求出算术平均值 $\bar{x} = \dfrac{1}{n} \sum\limits_{i=1}^{n} x_i$;

③ 列出残差 $v_i = x_i - \bar{x}$,并验证 $\sum\limits_{i=1}^{n} v_i = 0$;

④ 按贝塞尔公式计算标准偏差的估计值 $s = \sqrt{\dfrac{1}{n-1} \sum\limits_{i=1}^{n} v_i^2}$;

⑤ 按莱特准则 $|v_i| > 3s$,或格拉布斯准则 $|v_{max}| > G \cdot s$ 检查和剔除粗大误差;若有粗大误差,应逐一剔除后,重新计算 $\bar{x}$ 和 s,再判别直到无粗大误差;

⑥ 判断有无系统误差,如有系统误差,应查明原因,修正或消除系统误差后重新测量;

⑦ 计算算术平均值的标准偏差 $s_{\bar{x}} = \dfrac{s}{\sqrt{n}}$;

⑧ 写出最后结果的表达式,即 $A = \bar{x} \pm k \cdot s_{\bar{x}}$(单位)。

【例 2.4】 对某电压进行了 16 次等精度测量,测量数据 x_i 中已记入修正值,列于表 2.13。要求给出包括误差在内的测量结果表达式。

表 2.13 测量某电压 16 次等精度的数据

序号	测量值 x_i/V	序号	测量值 x_i/V
1	205.30	9	205.71
2	204.94	10	204.70
3	205.63	11	204.86
4	205.24	12	205.35
5	206.65	13	205.21
6	204.97	14	205.19
7	205.36	15	205.21
8	205.16	16	205.32

解 ① 求出算术平均值 $\bar{x} = \dfrac{1}{16} \sum\limits_{i=1}^{16} x_i = 205.30$ V。

② 计算 $v_i = x_i - \bar{x}$,列于表 2.14,并验证 $\sum\limits_{i=1}^{n} v_i = 0$。

③ 计算标准偏差

$$s = \sqrt{\frac{1}{16-1}\sum_{i=1}^{16} v_i^2} = 0.443\,4$$

④ 按莱特准则判断有无 $|v_i| > 3s = 1.330\,2$，查表中第 5 个数据 $v_5 = 1.35 > 3s$，将对应的 $x_5 = 206.65$ 视为粗大误差，加以剔除。现剩下 15 个数据。

⑤ 重新计算剩余 15 个数据的平均值：$\bar{x}' = 205.21$ 及重新计算 $v'_i = x_i - \bar{x}'$，列于表 2.14，并验证 $\sum_{i=1}^{n} v'_i = 0$。

表 2.14　各测量值的残差值

序号	测量值 x_i /V	残差 v_i	残差 v'_i	序号	测量值 x_i /V	残差 v_i	残差 v'_i
1	205.30	0.00	+ 0.09	9	205.71	+ 0.41	+ 0.50
2	204.94	− 0.36	− 0.27	10	204.70	− 0.60	− 0.51
3	205.63	+ 0.33	+ 0.42	11	204.86	− 0.44	− 0.35
4	205.24	− 0.06	+ 0.03	12	205.35	+ 0.05	+ 0.14
5	206.65	+ 1.35	—	13	205.21	− 0.09	0.00
6	204.97	− 0.33	− 0.24	14	205.19	− 0.11	− 0.02
7	205.36	+ 0.06	+ 0.15	15	205.21	− 0.09	0.00
8	205.16	− 0.14	− 0.05	16	205.32	+ 0.02	+ 0.11

⑥ 重新计算标准偏差

$$s' = \sqrt{\frac{1}{15-1}\sum_{i=1}^{15} v'^2_i} = 0.27$$

⑦ 按莱特准则再判断有无 $|v'_i| > 3s = 0.81$，现各 $|v'_i|$ 均小于 $3\,s$，则认为剩余 15 个数据中不再含有粗大误差。

⑧ 对 v'_i 作图，判断有无变值系统误差，如图 2.10 所示。从图中可见无明显累进性或周期性系统误差。

⑨ 计算算术平均值的标准偏差：

$$s_{\bar{x}} = s'/\sqrt{15} = 0.27/\sqrt{15} \approx 0.07$$

⑩ 写出测量结果表达式：

$$x = \bar{x}' \pm 3s_{\bar{x}} = 205.2 \pm 0.2\,(V)\quad（取置信系数 k = 3）$$

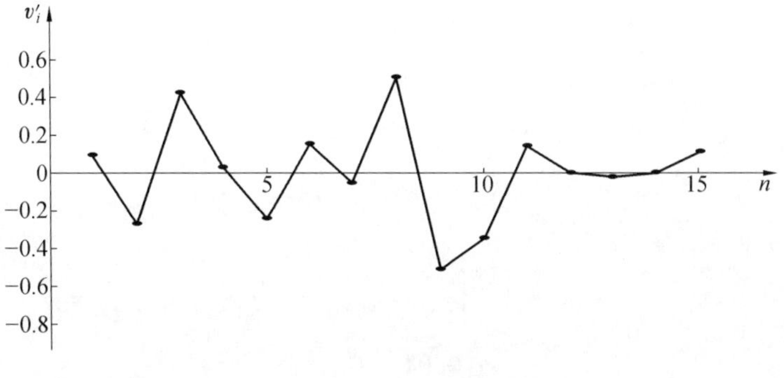

图 2.10　残差图

2. 不等精度测量

等精度测量是在相同地点、相同的测量方法和相同测量设备、相同测量人员、相同环境条件(温度、湿度、干扰等),并在短时间内进行的重复测量。在以上测量条件不相同时,进行的测量,则称为不等精度测量。

不等精度测量处理方法如下:

(1)权值与标准偏差的平方成反比 。权值

$$W_i = \frac{\lambda}{\sigma_i^2}$$

(2)测量结果为加权平均值

$$\bar{x} = \frac{\sum_{i=1}^{m} \frac{x_i}{\sigma_i^2}}{\sum_{i=1}^{m} \frac{1}{\sigma_i^2}} = \frac{\sum_{i=1}^{m} W_i x_i}{\sum_{i=1}^{m} W_i}$$

在等精度测量中,σ_i 相等,W_i 也相等,$\bar{x} = \frac{1}{m} \sum_{i=1}^{m} x_i$ 就是加权平均值的特例。

(3)加权平均值的标准偏差为

$$\sigma^2(\bar{x}) = \frac{1}{\sum_{i=1}^{m} \frac{1}{\sigma_i^2}} = \frac{\lambda}{\sum_{i=1}^{m} W_i}$$

【例2.5】 用两种方法测量某电压,第一种方法测量6次,其算术平均值 $V_1 = 10.3$ V,标准偏差 $\sigma(V_1) = 0.2$ V;第二种方法测量8次,其算术平均值 $V_2 = 10.1$ V,标准偏差 $\sigma(V_2) = 0.1$ V。求电压的估计值和标准偏差。

解 取 $\lambda = 1$,则两种测量值的权值为

$$W_1 = \frac{\lambda}{\sigma^2(V_1)} = \frac{1}{0.2^2} = \frac{1}{0.04}$$

$$W_2 = \frac{\lambda}{\sigma^2(V_2)} = \frac{1}{0.1^2} = \frac{1}{0.01}$$

电压的估计值为

$$V = \frac{W_1 V_1 + W_2 V_2}{W_1 + W_2} =$$

$$\frac{\frac{1}{0.04} \times 10.3 + \frac{1}{0.01} \times 10.01}{\frac{1}{0.04} + \frac{1}{0.01}} = 10.14 \text{ V}$$

电压估计值的标准偏差为:

$$\sigma(V) = \sqrt{\frac{\lambda}{\sum_{i=1}^{2} W_i}} = \sqrt{\frac{1}{\frac{1}{0.04} + \frac{1}{0.01}}} = \sqrt{0.008} = 0.089 (\text{V})$$

故测量结果为

$$10.14 \pm 3 \times 0.089 = 10.14 \pm 0.27 (\text{V}) \quad (\text{取置信系数 } k = 3)$$

2.2.5　测量误差的合成

$y = f(x_1, x_2, \cdots, x_n)$，并设各 x_i 间彼此独立，则

$$\Delta y = \frac{\partial f}{\partial x_1}\Delta x_1 + \frac{\partial f}{\partial x_2}\Delta x_2 + \cdots + \frac{\partial f}{\partial x_n}\Delta x_n = \sum_{i=1}^{n} \frac{\partial f}{\partial x_i}\Delta x_i \tag{2.13}$$

保守估算方法
$$\Delta y = \sum_{i=1}^{n} \left| \frac{\partial f}{\partial x_i}\Delta x_i \right|$$

【例 2.6】　电流流过电阻产生的热量 $Q = 0.24I^2Rt$，若已知测量电流、电阻、时间的相对误差分别是 $\gamma_I, \gamma_R, \gamma_t$，求热量的相对误差 γ_Q。

解　根据式 (2.13) 得

$$\Delta Q = \frac{\partial Q}{\partial I}\Delta I + \frac{\partial Q}{\partial R}\Delta R + \frac{\partial Q}{\partial t}\Delta t = 0.24(2IRt\Delta I + I^2t\Delta R + I^2R\Delta t)$$

$$\frac{\Delta Q}{Q} = \frac{2IRt\Delta I}{I^2Rt} + \frac{I^2t\Delta R}{I^2Rt} + \frac{I^2R\Delta t}{I^2Rt} = 2\frac{\Delta I}{I} + \frac{\Delta R}{R} + \frac{\Delta t}{t}$$

故
$$\gamma_Q = 2\gamma_I + \gamma_R + \gamma_t$$

2.3　测量不确定度

2.3.1　不确定度的概念

不确定度是说明测量结果可能的分散程度的参数，可用标准偏差表示，也可用标准偏差的倍数或置信区间的半宽度表示。

1. 术语

（1）标准不确定度

标准不确定度是用概率分布的标准偏差表示的不确定度。

①A 类标准不确定度：用统计方法得到的不确定度。

②B 类标准不确定度：用非统计方法得到的不确定度。

③ 合成标准不确定度：由各不确定度分量合成的标准不确定度。

（2）扩展不确定度

扩展不确定度是由合成标准不确定度的倍数表示的测量不确定度，即用包含因子 k 乘以合成标准不确定度得到一个区间半宽度，用符号 U 表示。

包含因子的取值决定了扩展不确定度的置信水平。扩展不确定度确定了测量结果附近的一个置信区间。

通常测量结果的不确定度都用扩展不确定度表示。

不确定度的分类如图 2.11 所示。

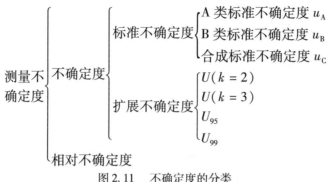

图 2.11 不确定度的分类

2. 不确定度的来源

① 被测量定义的不完善,实现被测量定义的方法不理想,被测量样本不能代表所定义的被测量。

② 测量装置或仪器的分辨力、抗干扰能力、控制部分稳定性等影响。

③ 测量环境的不完善对测量过程的影响以及测量人员技术水平等影响。

④ 计量标准和标准物质的值本身的不确定度,在数据简化算法中使用的常数及其他参数值的不确定度,以及在测量过程中引入的近似值的影响。

⑤ 在相同条件下,由随机因素引起的被测量本身的不稳定性。

2.3.2 不确定度的评定方法

1. 标准不确定度的 A 类评定方法

在同一条件下对被测量 x 进行 n 次测量,测量值为 $x_i(i = 1,2,\cdots,n)$。

① 计算样本算术平均值,作为被测量 x 的估计值,并作为测量结果

$$\bar{x} = \frac{1}{n} \sum_{i=1}^{n} x_i$$

② 计算实验偏差

$$S(x) = \sqrt{\frac{\sum_{i=1}^{n} (x_i - \bar{x})^2}{n - 1}} \quad (自由度为 v = n - 1)$$

③ A 类不确定度

$$u_A = S(\bar{x}) = \frac{S(x)}{\sqrt{n}}$$

自由度数值越大,说明测量不确定度越可信。

2. 标准不确定度的 B 类评定方法

B 类方法评定的主要信息来源是以前测量的数据,生产厂提供的技术说明书,各级计量部门给出的仪器检定证书或校准证书等。

B 类标准不确定度就是根据现有信息评定近似的方差或标准偏差以及自由度,分析判断被测量的可能值不会超出的区间$(\alpha, -\alpha)$,并假设被测量的值的概率分布,由要求的置信水平估计包含因子 k,则测量不确定度 u_B 为

$$u_B = \frac{\alpha}{k} \tag{2.14}$$

式中　α—— 区间的半宽度;

　　　k—— 置信因子,通常为 2 ~ 3。k 的选取与概率分布有关,假设为正态分布时,查表 2.15;假设为非正态分布,根据概率分布查表 2.16。

表 2.15　正态分布时概率与置信因子 k 的关系

概率 $p/(\%)$	50	68.27	90	95	95.45	99	99.73
置信因子 k	0.676	1	1.645	1.960	2	2.576	3

表 2.16　几种非正态分布的置信因子 k

分布	三角	梯形	均匀	反正弦
$k(p=1)$	$\sqrt{6}$	$\sqrt{6}/\sqrt{1+\beta^2}$	$\sqrt{3}$	$\sqrt{2}$

注:表中 β 为梯形的上底半宽度和下底半宽度之比。

当对被测量落在可能区间的情况缺乏具体了解时,一般假设为均匀分布。

【例 2.7】　校准证书说明的标称值为 10 Ω 的标准电阻 R_S 的值,在 23 ℃ 时为 (10.000 742 ±0.000 129),并说明其不确定度区间具有 99% 的置信水平。求解电阻的相对标准不确定度。

解　由校准证书的信息已知 $\alpha = 129~\mu\Omega,p = 0.99$,假设为正态分布,查表 2.15 得 $k = 2.58$。

电阻的标准不确定度为　$u_B(R_S) = 129~\mu\Omega/2.58 = 50~\mu\Omega$

相对标准不确定度为　　$\mu_B(R_S)/R_S = 50 \times 10^{-6}/10 = 5 \times 10^{-6}$

3. 合成标准不确定度的评定方法

合成标准不确定度可用各不确定度的分量合成得到,不论各分量是由 A 类评定还是 B 类评定得到。

(1) 协方差和相关系数的概念

如果有两个随机变量 X 和 Y,其中一个量的变化导致另一个量的变化,那么这两个量是相关的。如果两个随机变量的联合概率分布是它们每个概率分布的乘积,那么这两个随机变量是统计独立的。独立的变量之间肯定不相关,但不相关的变量间不一定独立。

① 方差　　　　　　　$C_{ov}(X,Y) = E\left[(x - \mu_x)(y - \mu_y)\right] \tag{2.15}$

协方差的估计值　　　$S_{xy} = \frac{1}{n-1}\sum_{i=1}^{n}(x_i - \bar{x})(y_i - \bar{y}) \tag{2.16}$

② 相关系数　　　　　　　$Q(X,Y) = \frac{C_{ov}(X,Y)}{\sigma(X)\sigma(Y)} \tag{2.17}$

相关系数的估计值 $r(x,y)$

$$r(x,y) = \frac{S_{xy}}{S(x) \cdot S(y)} = \frac{\sum\limits_{i=1}^{n}(x_i - \bar{x})(y_i - \bar{y})}{\sqrt{\sum\limits_{i=1}^{n}(x_i - \bar{x})^2 \sum\limits_{i=1}^{n}(y_i - \bar{y})^2}} = \frac{\sum\limits_{i=1}^{n}(x_i - \bar{x})(y_i - \bar{y})}{(n-1)S(x)S(y)}$$

$$\tag{2.18}$$

（2）输入量相关时，使用不确定度传播律

$$u_C(y) = \left\{ \sum_{i=1}^{N} \left[\frac{\partial f}{\partial x_i} \right]^2 u^2(x_i) + 2 \sum_{i=1}^{N-1} \sum_{j=i+1}^{N} \frac{\partial f}{\partial x_i} \frac{\partial f}{\partial x_j} r(x_i, x_j) u(x_i) u(x_j) \right\}^{1/2}$$

（3）输入量不相关时不确定度的合成

① 可写出函数关系式 $Y = f(X_1, X_2, \cdots, X_N)$，则

$$u_C(y) = \left[\sum_{i=1}^{N} \left(\frac{\partial f}{\partial x_i} \right)^2 u^2(x_i) \right]^{1/2}$$

式中　$\dfrac{\partial f}{\partial x_i}$——灵敏系数。

② 不能写出函数关系式，合成标准不确定度为各标准不确定度分量 u_i 的方和根值。

$$u_C = \sqrt{\sum_{i=1}^{N} u_i^2}$$

【例 2.8】　一台数字电压表出厂时的技术规范说明："在仪器校准后的两年内，1 V 的不确定度是读数的 14×10^{-6} 倍加量程的 2×10^{-6} 倍"。在校准一年后，在 1 V 量程上测量电压，得到一组独立重复测量的算术平均值为 $V = 0.928\ 571$ V，并已知其 A 类标准不确定度为 $u_A(\overline{V}) = 14$ μV，假设概率分布为均匀分布，计算电压表在 1 V 量程上测量电压的合成标准不确定度。

解　电压的合成标准不确定度如下计算：

已知 A 类标准不确定度为 $u_A(\overline{V}) = 14$ μV。

B 类标准不确定度可由已知的信息计算，首先计算区间半宽 α，即

$$\alpha = 14 \times 10^{-6} \times 0.928\ 571 + 2 \times 10^{-6} \times 1 = 15 \text{ μV}$$

假设概率分布为均匀分布，则 $k = \sqrt{3}$，那么，电压的 B 类标准不确定度为

$$u_B(\overline{V}) = 15 \text{ μV} / \sqrt{3} = 8.7 \text{ μV}$$

于是合成标准不确定度为

$$u_C(\overline{V}) = \sqrt{u_A^2(\overline{V}) + u_B^2(\overline{V})} = (14^2 + 8.7^2)^{1/2} \text{ μV} = 16 \text{ μV}$$

（5）不确定度分量的忽略

忽略任何一个分量，都会导致合成不确定度变小。当某些分量小到一定程度后，则可以忽略不计。

4. 扩展不确定度的确定方法

扩展不确定度 U 由合成标准不确定度 u_C 与置信因子 k 的乘积得到，即

$$U = k \cdot u_C$$

测量结果可表示为　　　　$Y = y \pm U$

包含因子时的选取方法有以下几种：

（1）如果无法得到合成标准不确定度的自由度，且测量值接近正态分布，则一般取 k 的典型值为 2 或 3，通常在工程应用时，按惯例取 $k = 3$。

（2）根据测量值的分布规律和所要求的置信水平，选取 k 值。例如，假设为均匀分布时，置信水平 $p = 0.95$，查表 2.17 得 $k = 1.65$。

（3）如果 $u_C(y)$ 的自由度较小，并要求区间具有规定的置信水平时，使用 t 分布，求包含因子时的方法如下：

① 计算合成标准不确定度 $u_C(y)$ 的有效自由度 v_{eff}

$$v_{eff} = \frac{u_C^4(y)}{\sum\limits_{i=1}^{N} \dfrac{C_i^4 u^4(x_i)}{v_i}} \tag{2.19}$$

② 根据要求的置信概率和计算得到的自由度 v_{eff}，查 t 分布的 k_t 值表 2.17，得 k_P。

表 2.17　均匀分布时置信概率与置信因子 k 的关系

$p/\%$	k
57.74	1
95	1.65
99	1.71
100	1.73

【例 2.9】　设某输出量 $y = f(x_1, x_2, x_3) = bx_1 x_2 x_3$，式中 x_1, x_2, x_3 是乘积关系，分别为 $n_1 = 10$ 次，$n_2 = 5$ 次，$n_3 = 15$ 次重复独立测量的算术平均值。其相对标准不确定度分别为

$$u(x_1)/x_1 = 0.25\%, \quad u(x_2)/x_2 = 0.57\%, \quad u(x_3)/x_3 = 0.82\%$$

求：测量结果 y 在 95% 置信水平时的相对扩展不确定度。

解　$\left[\dfrac{u_C(y)}{y}\right]^2 = \sum\limits_{i=1}^{n} \left[\dfrac{u(x_i)}{x_i}\right]^2 = 0.25\%^2 + 0.57\%^2 + 0.82\%^2 \approx (1.03\%)^2$

$$\frac{u_C(y)}{y} = 1.03\%$$

$$V_{eff} = \frac{[u_C(y)]^4}{\sum\limits_{i=1}^{3} \dfrac{[c_i u(x_i)]^4}{v_i}} = \frac{[u_C(y)/y]^4}{\sum\limits_{i=1}^{3} \dfrac{[u(x_i)/x_i]^4}{v_i}} = \frac{1.03^4}{\dfrac{0.25^4}{10-1} + \dfrac{0.57^4}{5-1} + \dfrac{0.82^4}{5-1}} = 19.0$$

根据 $p = 95\%$，$v_{eff} = 19$，查 t 分布的 k_t 值表 2.7 得

$$k_P = t_{0.95}(19) = 2.09$$

$$\frac{U_{95}}{y} = k_P u_C(y)/y = 2.09 \times 10.3\% = 2.2\%$$

2.3.3　测量不确定度的评定步骤

（1）明确被测量的定义及测量条件，明确测量原理、方法、被测量的数学模型，以及所用的测量标准、测量设备等；

（2）分析并列出对测量结果有明显影响的不确定度来源，每个来源为一个标准不确定度分量；

（3）定量评定各不确定度分量，特别注意采用 A 类评定方法时要剔除异常数据；

（4）计算合成标准不确定度；

（5）计算扩展不确定度；

（6）报告测量结果。

【例 2.10】　用电压表直接测量一个标称值为 200 Ω 的电阻两端的电压，以便确定该电阻承受的功率。测量所用的电压的技术指标由使用说明书得知，其最大允许误差为 ±1%，

经计量鉴定合格,证书指出它的自由度为10。当证书上没有有关自由度的信息时,就认为自由度是无穷大。标称值为200 Ω的电阻经校准,校准证书给出其校准值为199.99 Ω,校准值的扩展不确定度为0.02 Ω(置信因子 k 为2)。用电压表对该电阻在同一条件下重复测量5次,测量值分别为:2.2 V,2.3 V,2.4 V,2.2 V,2.5 V。测量时温度变化对测量结果的影响可忽略不计。求报告功率的测量结果及其扩展不确定度。

解 (1)数学模型 $$P = \frac{V^2}{R}$$

(2)计算测量结果的最佳估计值

①$\overline{V} = \left(\sum_{i=1}^{n} V_i \right) / n = \frac{2.2 + 2.3 + 2.4 + 2.2 + 2.5}{5}$ V $= 2.32$ V

②$P = \frac{(\overline{V})^2}{R} = \frac{(2.32)^2}{199.99}$ W $= 0.027$ W

(3)测量不确定度的分析

本例的测量不确定度主要来源为 ① 电压表不准确;② 电阻值不准确;③ 由于各种随机因素影响所致电压测量的重复性。

(4)标准不确定度分量的评定

① 电压测量引入的标准不确定度。

(a)电压表不准引入的标准不确定度分量 $u_1(V)$。已知电压表的最大允许误差为 $\pm 1\%$,且该表经鉴定合格,所以 $u_1(V)$ 按 B 类评定。测量值可能的区间半宽度为 $a_1 = 2.32$ V $\times 1\% = 0.023$ V。设在该区间内的概率分布为均匀分布,所以取置信因子 $k_1 = \sqrt{3}$,则

$$u_1(V) = \frac{a_1}{k_1} = \frac{0.023}{\sqrt{3}} = 0.013 \text{ V}$$

(b)电压测量重复性引入的标准不确定度分量 $u_2(V)$。已知测量值是重复测量 5 次的结果,所以 $u_2(V)$ 按 A 类评定。

$$\overline{V} = \frac{\sum_{i=1}^{n} V_i}{n} = 2.32 \text{ V}$$

$$S = \sqrt{\frac{\sum_{i=1}^{5} (x_i - \overline{x})^2}{5 - 1}} = \sqrt{\frac{0.12^2 + 0.02^2 + 0.08^2 + 0.12^2 + 0.18^2}{4}} \text{ V} = 0.13 \text{ V}$$

$$u_2(V) = S(\overline{x}) = \frac{S}{\sqrt{n}} = \frac{0.13}{\sqrt{5}} \text{V} = 0.058 \text{ V}$$

(c)由此可得:$u(V) = \sqrt{u_1(V)^2 + u_2(V)^2} = \sqrt{0.013^2 + 0.058^2}$ V $= 0.059$ V

电压的自由度为:$v_{\text{eff}(V)} = \frac{u_C^4(V)}{\frac{u_1^4(V)}{v_1} + \frac{u_2^4(V)}{v_2}} = \frac{0.0594^4}{\frac{0.013^4}{10} + \frac{0.058^4}{4}} = 4.3$

② 电阻不准引入的标准不确定度分量 $u(R)$。

由电阻的校准证书得知,其校准值的扩展不确定度 $U = 0.02$ Ω,且 $k = 2$,则 $u(R)$ 可由 B 类评定得到

$$u(R) = \frac{a_2}{k_2} = \frac{U}{k} = \frac{0.02\ \Omega}{2} = 0.01\ \Omega$$

（5）计算合成标准不确定度 $u_C(P)$

$P = \dfrac{V^2}{R}$，其中输入量 V（电压）和 R（电阻）不相关。所以

$$u_C(P) = \sqrt{c_1^2 u^2(V) + c_2^2 u^2(R)}$$

① 计算灵敏系数 c_1 和 c_2，得

$$c_1 = \frac{\partial P}{\partial V} = \frac{2V}{R} = \frac{2 \times 2.32}{199.99} = 0.023\ \text{V}/\Omega$$

$$c_2 = \frac{\partial P}{\partial R} = \frac{V^2}{R^2} = \frac{(2.32)^2}{(199.99)^2} = 0.000\ 13\ \text{V}^2/\Omega^2$$

② 计算 $u_C(P)$，得

$$u_C(P) = \sqrt{(0.023)^2 \times (0.059)^2 + (0.000\ 13)^2 \times (0.01)^2} = 0.001\ 4\ \text{W}$$

（6）确定扩展不确定度 U

① 要求置信水平 p 为 95%（即 $p = 0.95$）。

② 计算合成标准不确定度 $u_C(P)$ 的有效自由度 v_{eff}。

$u(V)$ 的自由度 $v(V) = 4.3$，$u(R)$ 的自由度 $v(R)$ 可设为 ∞，则

$$v_{\text{eff}} = \frac{u_C^4(P)}{\dfrac{c_1^4 u^4(V)}{v(V)} + \dfrac{c_2^4 u^4(R)}{v(R)}} = \frac{0.001\ 4^4}{\dfrac{0.023^4 \times 0.059^4}{4.3}} = 5.2$$

取 v_{eff} 的较低整数，则 v_{eff} 为 5。

③ 根据 $p = 0.95$，$v_{\text{eff}} = 5$，查 t 分布表 2.7，得

$$k_{0.95} = t_{0.95}(5) = 2.57$$

④ 扩展不确定度 $U_{0.95}$ 为

$$U_{0.95} = k_{0.95} u_C(P) = 2.57 \times 0.001\ 4 = 0.000\ 36\ \text{W} \approx 0.004\ \text{W}$$

（7）报告最终测量结果

功率　　　　　　$p = (0.027 \pm 0.004)\text{W}$　　　　（置信水平 $p = 0.95$）

正负号后的值为测量结果的扩展不确定度，置信水平为 0.95，包含因子为 2.57，有效自由度为 5。

2.3.4　合成不确定分配及最佳测量方案的选择

1. 合成不确定度的分配

合成不确定度的分配是指在进行测量工作前，根据测量准确度的要求来选择测量方案。确定每项不确定度的允许范围，即合理进行不确定度分配，以保证测量准确度。

（1）按等作用原则分配不确定度，等作用原则是各个不确定分量对合成不确定度的影响相等。

假设确定度互不相关，各个不确定度分量相等，$u_1 = u_2 = \cdots = u_n$，则

$$u_i = \frac{u_C}{\sqrt{n}}$$

（2）根据具体情况进行调整。

2. 最佳测量方案的选择

（1）选择最有利的函数公式。

（2）使各个测量值对函数的传递系数为零或最小。

思考题与习题

2.1 对某电感进行了 12 次等精度测量，测得的数值（mH）为 20.46，20.52，20.50，20.52，20.48，20.47，20.50，20.49，20.47，20.49，20.51，20.51，若要求在 $p = 95\%$ 的置信概率下，该电感真值应在什么置信区间内？

2.2 对某信号源的输出频率进行了 12 次等精度测量，结果为

110.105，110.090，110.090，110.070，110.060，110.055，

110.050，110.040，110.030，110.035，110.030，110.020（kHz）

试分别用残差观察法、马利科夫及阿贝 – 郝梅特判据判别是否存在变值系统误差。

2.3 对某电阻进行多次重复测量，所得结果列于表，试检查测得数据中有无异常数据。

序号	测得值 $x_i / \text{k}\Omega$	序号	测得值 $x_i / \text{k}\Omega$
1	10.32	6	10.33
2	10.28	7	10.55
3	10.21	8	10.30
4	10.41	9	10.40
5	10.25	10	10.36

2.4 设电压 V 的三个非等精度测量值分别为 $V_1 = 1.0$ V，$V_2 = 1.2$ V，$V_3 = 1.4$ V，它们的权分别为 6，7，5，求 V 的最佳估值。

2.5 扩展不确定度中的置信水平和置信因子与随机误差中的置信概率和置信系数是否意义相同？为什么？

2.6 为什么说测量不确定度理论比误差处理理论更科学、更严格？

（提示：（1）比较误差理论中的测量结果处理步骤和不确定度理论中的测量不确定度评定步骤。（2）比较误差理论中误差的合成公式和不确定度理论中的合成不确定度计算。）

2.7 用一电压表测量某电压，使用 0 ~ 10 V 量程档，在相同条件下重复测量 7 次，测量值分别为：7.53，7.52，7.49，7.50，7.59，7.56，7.45（单位 V）。检定证书给出电压表该量程的允许误差为 ± 0.5% F.S。要求报告该电压的测量结果及其扩展不确定度。

第 3 章

时域测量

3.1 时域测量引论

对于信号,通常可以从时域、频域和调制域进行分析和描述。时域描述信号各个参量与时间的关系,是对时间特性参量进行测量。频域描述信号参量与频率的关系,是对频率特性参量进行测量。调制域描述信号的频率、周期、时间间隔及相位随时间的变化关系。三者的关系如图 3.1 所示。

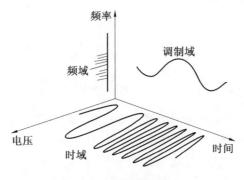

图 3.1　调频波频谱图

在时域测量中,常用的测量信号和待测信号是脉冲、方波及阶跃信号,因而也把时域测量称为脉冲测量。在时域测量中,信号波形的采集与分析是最根本的任务,使用的测试仪器主要是示波器。它不但能够将电信号作为时间的函数显示在屏幕上,从而让测量人员直观地看到电信号随时间变化的图形,能够直接获取正弦信号的波形、幅度、周期(频率)等基本参量,以及脉冲信号的前后沿、脉宽、上冲、下冲等参数;而且,更广义地说,示波器是一种能够表现两个互相关联的 X－Y 坐标图形的显示仪器。只要把两个有关系的变量转化为电参数,分别加至示波器的 X、Y 通道,就可以在荧光屏上显示这两个变量之间的关系。时域测量仪器 —— 电子示波器是当前电子测量领域中品种最多、数量最大、最常用的一类仪器。

3.1.1 示波器的特点及功用

作为通用的电子测量仪器,电子示波器的基本特点如下:

(1) 具有良好的直观性,既可用于显示信号波形,又可用来测量信号的瞬时值。

(2) 输入阻抗高,对被测信号影响小。测量灵敏度高,并有较强的过载能力,目前示波器的最高灵敏度可达到 10 μV/div(微伏／格)。

（3）工作频带范围宽，速度快，便于观察高速变化波形的细节。

（4）在示波器的荧光屏上可描绘出任意两个电压或电流量的函数关系，可作为比较信号用的高速 X – Y 记录仪。

由于示波器的上述特点，电子示波器除直接用于电量测量外，也可配以其他设备组成综合测量仪器。电子示波器的主要用途如下：

（1）定性观察电路的动态过程。例如，观测电压、电流或其他被测信号的波形。

（2）定量测量各种电参量。例如，定量测量被测信号波形参数的数值大小，参数可以是信号的幅值、频率以及上升时间，等等。

（3）通过传感器进行非电量测量。例如，测量温度、压力、振动、转速等。

（4）利用扫频技术观察线性系统的频率响应特性。

可见，示波器是一种基本的、应用广泛的时域测量仪器。电子测量中使用的频谱分析仪、扫频仪、晶体管伏安特性测试仪、逻辑分析仪，以及医学、生物科学、地质、力学、地震科学等领域使用的一些专用科学仪器，都是基于该原理构建而成的。因此，电子示波器不但是测量电子电路工作情况的不可或缺的重要工具，更是其他图式仪器的基础。

3.1.2　示波器的分类

根据示波器对信号的处理方式，可以分为模拟和数字两大类；从性能上，按示波器的带宽可分为中、低档示波器（带宽在 60 MHz 以下）和高档示波器（带宽在 60 MHz 以上，甚至达到 2 GHz）。其中模拟示波器又有多种类别。

1. 模拟示波器

（1）通用示波器。采用单束示波管作为显示器，能定性、定量地观察信号。根据其在荧光屏上显示出的信号的数目，又可以分为单踪、双踪、多踪示波器。

（2）多束示波器。采用多束示波管作为显示器，荧光屏上显示的每个波形都由单独的电子束扫描产生，能实时观测、比较两个或两个以上的波形。

（3）取样示波器。根据取样原理，对高频周期信号取样变换成低频离散时间信号，然后用普通示波管显示波形。由于信号的幅度未量化，这类示波器仍属模拟示波器。

（4）记忆示波器。记忆示波器采用记忆示波管，它能在不同地点观测信号，能观察单次瞬变过程、非周期现象、低频和慢速信号。随着数字存储示波器的发展，记忆示波器将逐渐消失。

（5）特种示波器。能满足特殊用途或具有特殊装置的专用示波器。例如，用于监视、调试电视系统的电视示波器，用于观察矢量幅值及相位的矢量示波器，用于观察数字系统逻辑状态的逻辑示波器，等等。

2. 数字示波器

数字示波器采用的是数字电路，输入信号经 A/D 转换器将模拟波形转换为数字信息，并存入存储器中；需要读数时，再通过 D/A 转换器将数字信息转换成模拟波形显示在示波管的屏幕上。同记忆示波器一样，通过它能观察单次瞬变过程、非周期现象、低频和慢速信号，并且能在不同地点观测信号。由于其具有存储信号的功能，又称为数字存储示波器（Digital Storage Oscilloscope，DSO）。根据取样方式不同，数字示波器又可分为实时取样示波器、随机取样示波器和顺序取样示波器三大类。

3.1.3　示波器的组成

示波器是以示波管为核心的电子仪器,其原理框图如图 3.2 所示。主要由示波管、垂直通道(即图中的 Y 放大器电路)和水平通道(即图中的扫描发生器)构成。示波管中 Y_1、Y_2 为一对 Y 偏转板;X_1、X_2 为 X 偏转板。垂直通道(或称 Y 通道)的电路是对被测信号 V_i 进行处理,以满足 Y 偏转板的需要。扫描发生器则产生能满足 X 偏转板要求的线性扫描电压。显示屏主要由阴极射线管组成,通常称为示波管。目前,平板显示屏和液晶显示屏已广泛应用于示波器。

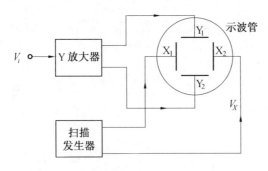

图 3.2　示波器的基本组成原理框图

一个较为实用的示波器基本组成如图 3.3 所示。垂直输入电路包括输入衰减器和前置放大器,对各种幅度的被测信号进行衰减或放大,垂直末级放大器对信号进一步放大,以满足 Y 偏转板的要求。时基发生器是扫描电路的核心,由它产生线性扫描电压。被测信号经过触发电路产生触发脉冲去启动时基发生器工作。水平末级放大器对扫描电压进行放大以满足 X 偏转板的要求。Z 电路用于控制示波管的 Z 电极,即控制电子束的有无、强弱,也就是控制荧光屏显示的亮暗程度(通常称为示波器的辉度)。

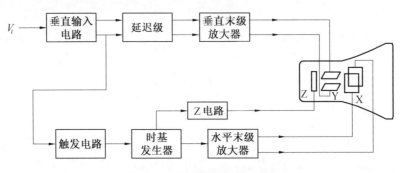

图 3.3　示波器的原理结构图

图 3.3 中设置延迟级是为了能在屏幕上观测到被测信号的起始部分。在通用示波器中,如果从被测信号产生触发脉冲,启动时基发生器,直至 X 偏转板得到扫描电压需要一段时间;另一方面,被测信号 V_i 经 Y 通道到达 Y 偏转板所需时间较少,即水平通道的延迟时间比垂直通道的延迟时间要长,以至信号的起始部分得不到显示。为了能观测到信号的起始部分,在 Y 通道加一延迟级以推迟被测信号到达 Y 偏转板的时间,使被测信号的起始部分能够得到显示。延迟级通常由延迟线及有关电路组成,延迟时间为 100 ~ 200 ns。

3.1.4　示波器的主要技术指标

1. 频带宽度 *BW* 和上升时间

示波器的频带宽度 *BW* 一般指 Y 通道的频带宽度,即 Y 通道输入信号上、下限频率 f_H 和 f_l 之差,即 $BW = f_H - f_l$。一般下限频率 f_l 可达直流(0 Hz),因此,频带宽度也可用上限频率 f_H 来表示。

上升时间 t_r 是一个与频带宽度 *BW* 相关的参数,它表示由于示波器 Y 通道的频带宽度的限制,当输入一个理想阶跃信号(上升时间为零)时,显示波形的上升沿的幅度从 10% 上升到 90% 所需的时间。它反映了示波器 Y 通道跟随输入信号快速变化的能力,Y 通道的频带宽度越宽,输入信号的高频分量衰减越少,显示波形越陡峭,上升时间就越小。

频带宽度 *BW* 与上升时间 t_r 的关系可近似表示为

$$t_r[\mu s] \approx \frac{0.35}{BW[MHz]} \text{ 或 } t_r[ns] \approx \frac{0.35}{BW[GHz]}$$

例如,对于带宽 100 MHz 的示波器,上升时间约为 3.5 ns。

2. 扫描速度

扫描速度是指荧光屏上单位时间内光点水平移动的距离,单位为"cm/s"。荧光屏上为了便于读数,通常用间隔 1 cm 的坐标线作为刻度线,每 1 cm 称为"1 格"(用 div 表示),因此扫描速度的单位也可表示为"div/s"。

扫描速度的倒数称为"时基因数",它表示单位距离代表的时间,单位为"μs/cm"或"ms/div"。在示波器的面板上,通常按"1、2、5"的顺序分成很多挡,当选择较小的时基因数时,可将高频信号在水平方向上展开。此外,面板上还有时基因数的"微调"(当调到最尽头时,为"校准"位置)和"扩展"(×1 或 ×5 倍)旋钮,当需要进行定量测量时,应置于"校准"、"×1"的位置。

3. 偏转因数

偏转因数是指在输入信号作用下,光点在荧光屏上的垂直方向移动 1 cm(即 1 div)所需的电压值,单位为"V/cm"、"mV/cm"(或"V/div"、"mV/div"),示波器面板上,通常也按"1、2、5"的顺序分成很多挡,此外,还有"微调"(当调到最尽头时,为"校准"位置)旋钮。偏转因数表示了示波器 Y 通道的放大/衰减能力,偏转因数越小,示波器观测微弱信号的能力越强。

偏转因数的倒数称为偏转灵敏度,单位为"cm/V"、"cm/mV"(或"div/V"、"div/mV")。灵敏度为 μV 量级示波器,主要用于观测微弱信号(如生物医学信号)这样的示波器称为高灵敏度示波器,但其带宽较窄,一般为 1 MHz。

4. 输入阻抗

当被检测信号接入示波器时,输入阻抗 Z_i 形成被测信号的等效负载。当输入直流信号时,输入阻抗用输入电阻 R_i 表示,通常为 1 MΩ;当输入交流信号时,输入阻抗用输入电阻 R_i 和输入电容 C_i 的并联表示,C_i 一般为 33 pF 左右。当使用有源探头时,$R_i = 10$ MΩ,$C_i < 10$ μF。

5. 输入方式

输入方式即输入耦合方式,一般有直流(DC)、交流(AC)和接地(GND)三种,可通过示波器面板选择。直流耦合即直接耦合,输入信号的所有成分都加到示波器上;交流耦合用于只需要观测输入信号的交流波形时,它将通过隔直流电容去掉信号中的直流和低频分量(如低频干扰信号);接地方式则断开输入信号,将 Y 通道输入直接接地,用于信号幅度测量时确定零电平位置。

6. 触发源选择方式

触发源是指用于提供产生扫描电压的同步信号来源,一般有内触发(INT)、外触发(EXT)、电源触发(LINE)三种。内触发即由被测信号产生同步触发信号;外触发由外部输入信号产生同步触发信号,通常该外部输入信号与被测信号具有某种时间同步关系;电源触发即利用 50 Hz 工频电源产生同步触发信号。

3.2　示波管

示波管也称为阴极射线管,是示波器的核心部件,它是一种整个被密封在玻璃壳内的大型真空电子器件,在很大程度上决定了整机的性能。

示波管由电子枪、偏转系统和荧光屏三部分组成,如图 3.4 所示。其用途是将电信号转变成光信号并在荧光屏上显示。电子枪的作用是发射电子并形成很细的高速电子束,偏转系统由 X 方向和 Y 方向两对偏转板组成,它的作用是决定电子束怎样偏转,荧光屏的作用则是显示偏转电信号的波形。

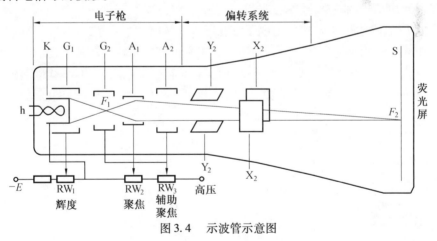

图 3.4　示波管示意图

3.2.1　电子枪

电子枪由灯丝(h)、阴极(K)、栅极(G_1)、前加速极(G_2)、第一阳极(A_1)和第二阳极(A_2)组成。灯丝用于对阴极加热,加热后的阴极发射电子。栅极电位比阴极低,对电子形成排斥力,使电子朝轴向运动,形成交叉点 F_1,并且只有初速度较高的电子能够穿过栅极奔向荧光屏,初速度较低的电子则返回阴极,被阴极吸收。如果栅极电位足够低,则可使发射出的电子全部返回阴极,因此,调节栅极的电位可控制射向荧光屏的电子流密度,从而改变荧光屏亮点的辉度。图 3.4 中辉度调节旋钮控制电位器 RW₁ 进行分压调节,即调节栅极的电位。控制辉度的另一种方法是以外加电信号控制栅极阴极间电压,使亮点辉度随电信号强弱而变化(像电视显像管那样),这种工作方式称为辉度调制。这个外加电信号的控制形成了除 X 方向和 Y 方向之外的三维图形显示,称为 Z 轴控制。

G₂、A₁、A₂ 构成一电子束的控制系统。这三个极板上都加有较高的正电位,并且 G₂ 与 A₂ 相连。穿过栅极交叉点 F₁ 的电子束由于电子间的相互排斥作用而散开。进入 G₂、A₁、A₂ 构成的静电场后,一方面受到阳极正电压的作用加速向荧光屏运动,另一方面由于 A₁ 与 G₂、A₁ 与 A₂ 形成的电子透镜的作用向轴线聚拢,形成很细的电子束。

如果电压调节得适当,则电子束恰好聚焦在荧光屏 S 的中心点 F₂ 处。图 3.4 中 RW₂ 和 RW₃ 分别是"聚焦"和"辅助聚焦"旋钮所对应的电位器,调节这两个旋钮使得具有较细的截面电子束射到荧光屏上,以便在荧光屏上显示出清晰的、聚焦很好的波形曲线。

3.2.2　偏转系统

偏转系统由水平偏转板 X₁、X₂ 和垂直偏转板 Y₁、Y₂ 两对相互垂直的偏转板组成。垂直偏转板 Y 在前,水平偏转板 X 在后,如果仅在 Y₁、Y₂ 偏转板间加电压,则电子束将根据所形成的电场强弱与极性在垂直方向上运动。如果 Y₁ 为正,Y₂ 为负,则电子束向上运动,电场强,运动距离大,电场弱,运动距离小;若 Y₁ 为负,Y₂ 为正,则电子束向下运动。同理,在 X₁、X₂ 间加电压,电子束将根据电场的强弱与极性在水平方向上运动,电子束最终的运动情况取决于水平方向和垂直方向电压的合成作用,当 X、Y 偏转板加不同电压时,荧光屏上的亮点可以移动到屏面的任一位置。

为了显示电信号的波形,通常在水平偏转板上加一线性锯齿波扫描电压 u_x,该扫描电压将 Y 方向所加信号电压 u_y 作用的电子束在屏幕上按时间沿水平方向展开,形成一条信号电压 – 时间曲线,即信号波形,如图 3.5 所示。水平偏转板 X 板上所加锯齿形电压称为时基信号或扫描信号。例如,当 u_y 信号为正弦波时,只有在扫描电压 u_x 的频率 f_x 与被观察的信号电压 u_y 的频率 f_y 相等或成整倍数 n 时,才能稳定地显示一个或 n 个正弦波形,如图 3.5(a)、(b)所示,具体讨论见 3.3 节。

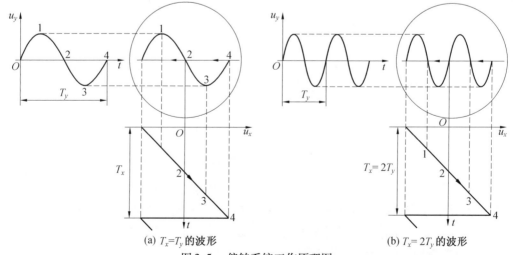

(a) $T_x = T_y$ 的波形　　　　　　　　　(b) $T_x = 2T_y$ 的波形

图 3.5　偏转系统工作原理图

3.2.3 荧光屏

在荧光屏的玻壳内侧涂上荧光粉,就形成了荧光屏,它不是导电体。当电子束轰击荧光粉时,激发产生荧光形成亮点。不同成分的荧光粉,发光的颜色不尽相同,一般示波器选用人眼最为敏感的黄绿色。荧光粉从电子激发停止时的瞬间亮度下降到该亮度的 10% 所经过的时间称为余辉时间。荧光粉的成分不同,余辉时间也不同,为适应不同需要,将余辉时间分为极长余辉(大于 1 s,通常是黄色)、长余辉(100 ms ~ 1 s,通常是黄色)、中余辉(1 ~ 100 ms,通常为绿色)、短余辉(10 μs ~ 10 ms,通常是蓝色)和极短余辉(< 10 μs)等不同规格。普通示波器需采用中余辉示波管,而慢扫描示波器则采用长余辉示波管。

3.3 波形显示原理

示波器显示图形或波形的原理是基于电子与电场之间的相互作用原理进行的。根据这个原理,示波器可显示随时间变化的信号波形和显示任意两个变量 x 与 y 的关系图形。

3.3.1 显示两个变量的关系

电子束进入偏转系统后,要受到 X、Y 两对偏转板间电场的控制,设 X 和 Y 偏转板间的电压分别为 u_x 和 u_y,它们对 X 和 Y 的控制作用有如下几种情况。

1. u_x 和 u_y 为固定电压的情况

(1) 设 $u_x = u_y = 0$,则光点在垂直和水平方向都不偏转,光点出现在荧光屏的中心位置如图 3.6 中 a 点所示。

(2) 设 $u_x = 0$,$u_y =$ 常量,则光点在水平方向不偏移,在垂直方向偏移。设 u_y 为正电压,则光点从荧光屏的中心往垂直方向上移,如图 3.6 中 b 点所示。若 u_y 为负电压,则光点从荧光屏的中心往垂直方向下移。

(3) 设 $u_x =$ 常量,$u_y = 0$,则光点在垂直方向不偏移,在水平方向偏移。若 u_x 正电压,则光点从荧光屏的中心往水平方向右移,如图 3.6 中 c 点所示。若 u_x 为负电压,则光点从荧光屏的中心往水平方向左移。

(4) 设 $u_x =$ 常量,$u_y =$ 常量,当两对偏转板上同时加固定的正电压时,应为两电压的矢量合成,得到光点位置如图 3.6 中 d 点所示。

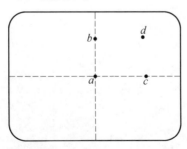

图 3.6 水平和垂直偏转板上加固定电压时显示的图形

2. X、Y 偏转板上分别加变化电压

（1）设 $u_x = 0, u_y = U_m \sin \omega t$，垂直偏转板间的电场随时间作正弦变化。由于 X 偏转板不加电压，光点在水平方向是不偏移的，则光点只在荧光屏的垂直方向来回移动，出现一条垂直线段（并不出现正弦波），如图 3.7（a）所示。

（2）设 $u_x = kt, u_y = 0$，由于 Y 偏转板不加电压，光点在垂直方向是不移动的，所加电压加在 X 偏转板上，电子束将在水平方向受锯齿波电场作用，则光点在荧光屏的水平方向上来回移动，出现的也是一条水平线段（并不出现锯齿波），如图 3.7（b）所示。

上述两种情况，虽然加上了信号波形，但荧光屏上并未显示与信号波形一致的图形。

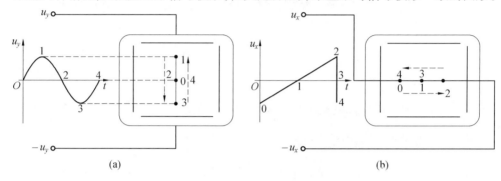

图 3.7　水平和垂直偏转板上分别加变化电压

3. X、Y 偏转板上加正弦电压

在示波管中，电子束同时受 X 和 Y 两个偏转板的作用。若两信号为同频率的正弦波，且两信号的初相位相同，则可在荧光屏上画出一条直线，若两信号在 X、Y 方向的偏转距离相同，这条直线与水平轴呈 45° 角；如果这两个信号相位相差 90°，则在荧光屏上面出一个正椭圆；若 X、Y 方向的偏转距离相同，则荧光屏上画出的图形为圆。示波器两个偏转板上都加正弦电压时显示的图形称为李沙育图形，如图 3.8 所示。这种图形在相位和频率测量中常会用到。利用这种特点就可以把示波器变为一个 X - Y 图示仪。X - Y 图示仪显示图形前，

f_Y / f_X \\ φ	0°	45°	90°	135°	180°
1					
$\dfrac{2}{1}$					
$\dfrac{3}{1}$					
$\dfrac{3}{2}$					

图 3.8　不同频率比和相位差的李沙育图形

先把两个变量转换成与之成比例的两个电压,分别加到 X、Y 偏转板上。屏幕上任一瞬间光点的位置都是由偏转板上两个电压的瞬时值决定的。由于荧光屏有余辉时间以及人眼的视觉暂留效应,从荧光屏上可以看到全部光点构成的曲线,它反映了两个变量之间的关系。这种 X - Y 图示仪可以在很多领域中得到应用。

3.3.2　显示随时间变化的波形

上述几种情况均不能显示被测电压信号 u_y 的波形。为了显示 u_y 的波形,必须在 Y 偏转板上加有 u_y 信号的同时,在 X 偏转板加随时间线性变化的扫描电压(锯齿波形电压)进行"扫描"。

1. 扫描的概念

设 Y 偏转板加正弦波信号电压 $u_y = U_m \sin \omega t$,X 偏转板加锯齿波电压 $u_x = kt$(k 为常数),即 X、Y 偏转板同时加电压,并假设 $T_x = T_y$,则电子束在两个电压的同时作用下,在水平方向和垂直方向同时产生位移,荧光屏上将显示出被测信号随时间变化的一个周期的波形曲线,如图 3.5(a) 所示。

以后,在被测信号的第二个周期、第三个周期等都将重复第一个周期的情形,光点在荧光屏上描出的轨迹也将重叠在第一次描出的轨迹上。因此,荧光屏显示的是被测信号随时间变化的稳定波形。

如上所述,如果在 X 偏转板上加一个随时间线性变化的电压 $u_x = kt$,垂直偏转板不加电压,那么光点在 X 方向做匀速运动,光点在水平方向的偏移距离为

$$x = S_x kt = h_x t$$

式中　　x——X 方向的偏转距离;

　　　　S_x—— 比例系数,称为示波管的 X 轴偏转灵敏度(单位为 cm/V);

　　　　h_x—— 比例系数(单位为 cm/s),即光点移动的速度。

这样,X 方向偏转距离的变化就反映了时间的变化。此时光点水平移动形成的水平亮线称为时间基线。

当锯齿波电压达到最大值时,荧光屏上的光点也达到最大偏转,然后锯齿波电压迅速返回起始点,光点也迅速返回屏幕最左端,再重复前面的变化。光点在锯齿波作用下扫动的过程称为扫描,能实现扫描的锯齿波电压称为扫描电压,光点自左向右的连续扫动称为扫描正程,光点自荧光屏的右端迅速返回左端起始点的过程称为扫描回程。理想锯齿波的回程时间为零。

2. 同步的概念

(1) $T_x = nT_y$(n 为正整数)

荧光屏上要显示稳定的波形,就要求每个扫描周期所显示的信号波形在荧光屏上完全重合,即波形形状相同,并有同一个起点。在图 3.5(a) 中,$T_x = T_y$,荧光屏上稳定显示了信号一个周期的波形;当 $T_x = 2T_y$ 时,其波形显示过程如图 3.5(b) 所示,每个扫描正程在荧光屏上都能显示出完全重合的两个周期的被测信号波形。

同理,假设 $T_x = 3T_y$,则荧光屏上稳定显示 3 个周期的被测信号波形。依此类推,当扫描电压的周期是被测信号周期的整数倍时,即 $T_x = nT_y$(n 为正整数),则每次扫描的起点都对

应在被测信号的同一相位点上,这就使得扫描的后一个周期描绘的波形与前一周期完全一样,每次扫描显示的波形重叠在一起,在荧光屏上可得到精晰而稳定的波形。

一般的,如果扫描电压周期 T_x 与被测电压周期 T_y 保持 $T_x = nT_y$(n 为正整数) 的关系,则称扫描电压与被测电压"同步"。如果增加 T_x(扫描频率降低) 或降低 T_y(信号频率增加)时,显示波形的周期数将增加。

(2) $T_x \neq nT_y$(n 为正整数)

即不满足同步关系时,则后一扫描周期描绘的图形与前一扫描周期的图形不重合,显示的波形是不稳定的,如图 3.9 所示。

在图 3.9 中,$T_x = \dfrac{5}{4}T_y(T_x > T_y)$。第一个扫描周期开始,光点 $0 \to 1 \to 2 \to 3 \to 4 \to 5$ 轨迹移动(实线所示)。当扫描结束时,锯齿波电压回到最小值,相应地,光点迅速回到屏幕的最左端,而此时被测电压幅位最大,所以光点从 5 点回到 6 点,接着,第二个扫描周期开始。这时光点沿 $6 \to 7 \to 8 \to 9 \to 10 \to 11$ 的轨道移动(虚线所示)。这样,第一次显示的波形为图中实线所示,而第二次显示的波形则为虚线所示,两次扫描的轨迹不重合,看起来波形好像从右向左移动,也就是说,显示的波形不稳定。可见保证扫描电压周期与被测信号的同步关系是非常重要的。

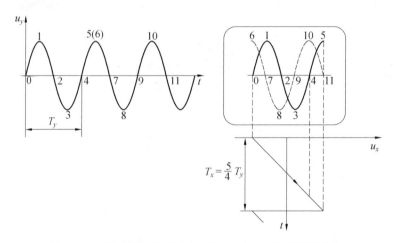

图 3.9　扫描电压和被测电压不同步时显示波形出现晃动

但实际上,扫描电压是由示波器本身的时基电路产生的,它与被测信号是不相关的。因此,常利用被测信号产生一个触发信号,去控制示波器的扫描发生器,迫使扫描电压与被测信号同步。也可以用外加信号产生同步触发信号,但这个外加信号的周期应与被测信号有一定的关系。

3. 连续扫描和触发扫描

前面所讨论的都是观察连续信号的情况,这时扫描电压是连续的,即扫描正程紧跟着回程,回程结束又开始新的正程。扫描是不间断的,这种扫描方式称为连续扫描。

当观测脉冲信号,尤其是占空比 τ/T_y 很小的脉冲,如图 3.10(a) 所示时,采用连续扫描存在一些问题:

(1) 若选择扫描周期等于脉冲重复周期,即 $T_x = T_y$。此时屏幕上出现的脉冲波形集中在时间基线的起始部分,即图形在水平方向被压缩,以致难以看清脉冲波形的细节,例如很难观测它的前后沿时间,如图3.10(b)所示。

(2)若选择扫描周期等于脉冲底宽τ,即$T_x = \tau$。为了将脉冲波形的一个周期显示在屏幕上,必须扫描一个周期,而此时占空比τ/T_y很小,即T_x比T_y小很多。因此,在一个脉冲周期内,光点在水平方向完成的多次扫描中,只有一次扫描到脉冲图形,其他的扫描信号幅度为零,结果在屏幕上显示的脉冲波形非常暗淡,而时间基线由于反复扫描却很明亮,如图3.10(c)所示。这样,观测者不易观察波形,而且扫描的同步很难实现。

触发扫描方式可以解决上述问题。触发扫描方式使扫描脉冲只有在被测脉冲到来时才扫描一次;没有被测脉冲时,扫描发生器处于等待工作状态。只要选择扫描电压的持续时间等于或稍大于脉冲底宽,则脉冲波形就可展宽得几乎布满横轴。同时由于在两个脉冲间隔时间内没有扫描,故不会产生很亮的时间基线,如图3.10(d)所示。实际上,现代通用示波器的扫描电路一般均可调节在连续扫描或触发扫描等多种方式下工作。

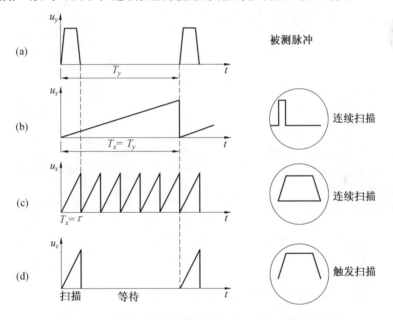

图3.10　连续扫描和触发扫描方式下对脉冲波形的观测

4. 扫描过程的增辉

在前面的讨论中假设扫描回程时间为零,但实际上,回扫总是需要一定时间的。这段时间内,回扫电压和被测信号共同作用,对即将显示的被测信号波形产生影响。

为了使回扫轨道不在荧光屏上显示,可以设法在扫描正程期间,使电子枪发射更多的电子,即给示波器增辉。这种增辉可以通过在扫描正程期间给示波管第一栅极加正脉冲或给阴极加负脉冲来实现。这样相对来说,扫描正程电子枪发射的电子远远多于扫描回程,则看到的就只有扫描正程显示的波形。

利用扫描期间的增辉还可以保护荧光屏。因为在被测脉冲出现的扫描期间,由于增辉脉冲的作用,显示波形较亮,便于观测;而在等待扫描期间,即波形为一个光点的情况下,由于没有增辉脉冲,光点很暗,避免了较亮的光点长久集中在荧光屏上一点的现象。

3.4 通用示波器

通用示波器是示波器中应用最广泛的一种。它通常泛指采用单束示波管组成的示波器,通用示波器的工作原理是其他大多数类型示波器工作原理的基础,只要掌握通用示波器的结构、特性及使用方法,就可以较容易地掌握其他类型示波器的原理与应用。

3.4.1 通用示波器的组成

通用示波器由主机、垂直系统和水平系统三大部分组成,图 3.11 是通用示波器的简化原理图。

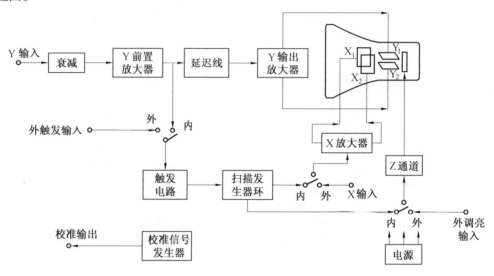

图 3.11 通用示波器简化组成框图

1. 主机

主机包括示波管、Z 通道、电源和校准信号发生器等。

2. 垂直系统

示波器既要观测小信号,又要观测大信号。而示波管垂直偏转板的偏转因数一般为 4 ~ 10 V/cm,为此专门设置了垂直系统(也称为 Y 通道),将被测信号进行放大或衰减,以满足示波管的垂直偏转板的要求,从而在屏幕上显示出大小适中的被测信号波形。

3. 水平系统

在用示波器观测随时间变化的波形时,水平系统(也称为 X 通道) 的主要任务是产生一个与被测信号同步的、随时间做线性变化的锯齿波电压(扫描电压);另外,X 放大器可直接输入一个任意信号,这个信号与 Y 通道的信号共同决定荧光屏上点的位置,构成一个 X – Y 图示仪,此时同步触发电路和扫描发生器环不起作用。

3.4.2 示波器的垂直(Y) 通道

示波器的垂直通道主要由探极、耦合开关、衰减器、Y 前置放大器、延迟线、Y 输出放大器(Y 后置放大器) 和触发放大器等组成。被测信号通过探级经耦合开关接入衰减器,衰减器将信号衰减后,送入 Y 前置放大器。Y 前置放大器将信号放大后,一方面将信号引至触发放大电路,作为同步触发信号;另一方面,信号经过延迟线后引至 Y 输出放大器,将信号加到Y 偏转板上。如图 3.12 所示。

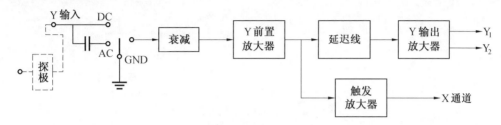

图 3.12　示波器垂直(Y) 通道的组成示意图

1. 探级

探级即测量探头,是连接在示波器外部的一个输入电路部件。它的作用是便于直接探测信号,提高示波器的输入阻抗,减少波形失真以及展宽示波器的实际使用频带。

普通示波器探极为一般的屏蔽导线,常用的探极是高频、高灵敏度示波器探级,它又有以下两种。

(1) 无源探极

无源探极由 RC 元件和同轴电缆构成,如图 3.13 所示。其中 R_i 为示波器的输入电阻,C_i 为示波器的输入电容,C 为补偿电容。一般示波器的输入电阻为 1 M 欧姆,输入电容约为数皮法至数十皮法。补偿电容用来提高探极的工作频率,扩展使用频带宽度。调整补偿电容,可得到最佳补偿。对探极进行最佳补偿调整时,可用方波试验法,将一个矩形方波输入探极,调整补偿电容后获得最佳补偿,在示波器荧光屏上将显示出不失真的波形。

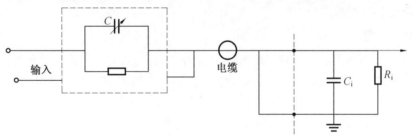

图 3.13　无源探极的原理电路图

无源探级有分压的作用,故具有 10∶1 或 100∶1 的衰减;而且由于它的分压作用,还扩展了示波器的量程上限,其输入阻抗也大为提高。

无源探级可以在较高频率下工作,有较大的过载能力,但是不宜用来探测小信号。

(2) 有源探极

为了测量高速小信号,必须采用有源探极。有源探极可以在无衰减的情况下,获得良好的高频工作性能(可达 1 000 MHz 以上)。现代有源探极大多采用源极跟随器,其基本电路由源极跟随器、电缆和放大器组成,如图 3.14 所示。

源极跟随器的制作一般采用反偏的结型场效应管,与绝缘栅场效应管相比,结型场效应

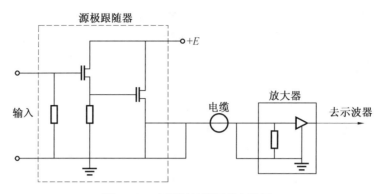

图 3.14　有源探极的原理电路图

管具有较低的噪声和较大的过载能力,输入阻抗高。

探极的放大器用来补偿源极跟随器和电缆的传输损耗,使整个探极的电压传输系数等于 1。它的过载能力和动态范围都较无源探级差,使用时要特别小心。

2.耦合开关

耦合开关的"AC"挡可用电容隔直流通交流,即隔离输入信号中的直流成分,耦合交流分量;"DC"挡使输入信号直接通过;"GND"挡使衰减器接地,这样不需移去施加的被测信号,就可提供接地参考电平。

3.衰减器

示波器的被测信号幅度变化范围较宽,小到几十毫伏,大到几百伏。为了保证垂直放大器正常工作,需要对大信号进行衰减,以保证显示在荧光屏上的信号不致因过大而失真。调节衰减器可改变示波器的偏转因数。对衰减器的基本要求是:要有足够的调节范围和宽的频带以及准确的分压系数,高而恒定的输入阻抗。一般的电阻 - 电容补偿式衰减器(阻容分压器)能满足这些要求。

4.Y 前置放大器

Y 前置放大器的作用是为了减轻触发放大器的负担,削弱干扰和噪声的影响,为通道转换器的工作提供较大信号,更重要的是保证给延迟线和 Y 输出放大器的激励信号提供足够的幅度,因此要求 Y 通道的 Y 前置放大器要有足够高的电压增益。

Y 前置放大器应采用高增益、宽频带、直接耦合、低噪声的多级平衡放大电路。Y 前置放大器通常由输入级和放大级组成。输入级采用平衡式源极 —— 射极跟随电路。输入级的作用为:提高示波器输入阻抗,减小示波器对被测电路的影响;降低输出阻抗,提高带负载的能力;减少噪声系数,提高信噪比。放大级由一级或几级差动反馈放大电路构成。放大级可以将单端输入信号变成双端对称输出信号,有利于提高共模抑制比,同时实现各种控制功能。通过改变差动电路的反馈阻抗实现增益微调;通过转换共射与共基差动电路可以实现 Y 轴的极性"+"、"-"变换;调节加在差动电路输入端的直流电位可以控制 Y 轴位移,也就是调节屏幕上波形在 Y 方向的位置。

5.延迟线

由于水平通道的时基电路自接受触发信号到开始扫描,有一段延迟时间 τ_T,在观测信号时,就可能出现被测信号已经到达示波管的垂直偏转板,而扫描信号尚未到达水平偏转板的情况,导致待测信号起始部分被抹掉而不能显示出来。因此要在 Y 通道设置延迟线,将被测信号延迟一段时间 τ_d,才能观测到包括信号起始部分的全部波形。例如,观测单次脉冲信号,若信号通过 Y 通道不被延时,有时会发生完全观测不到波形的情形。图 3.15 表示了延迟线的作用。示波器延迟线的延迟时间通常为 60 ~ 200 ns。为了防止延迟线传输信号时产生反射,导致波形失真,它的特性阻抗必须与电路的负载相匹配。

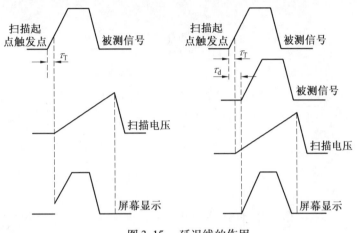

图 3.15　延迟线的作用

延迟线有两种:一种是分布参数式延迟线,常常采用双芯平衡螺旋导线、同轴射频电缆、椭圆双芯屏蔽延迟线等;另一种是集中参数式延迟线,由多节 LC 延迟网络组成。

6. Y 输出放大器

Y 输出放大器的作用是将延迟线送来的被测信号放大到足够大的幅度,为示波管的垂直偏转板提供推动电子束的偏转电压,使电子束在荧光屏垂直方向能获得满偏转。放大器除了应具有足够大的放大倍数外,还要考虑能保证波形无失真地放大,即放大器应具有足够的带宽。Y 输出放大器一般由几级射极跟随器和差动放大电路组成。改变负反馈的大小可以改变放大器的增益,许多示波器设有垂直偏转因数的扩展功能(面板上的"倍率"开关),如"×5"或"×10",可以把放大器的放大量提高 5 倍或 10 倍,屏幕上的波形从而可以在垂直方向拉伸 5 倍或 10 倍,这便于观测微弱信号或看清楚波形局部的细节。

7. 触发放大器

由 Y 通道的延迟线之前取出的被测信号作为内触发信号,用来触发扫描电路,使扫描电压与被测信号的波形同步,以便被观测的高速脉冲的前沿过程完整地显示在荧光屏上。触发放大器的作用就是将从延迟线前取得的被测信号放大,并使触发电路对垂直放大器的影响尽量小。

3.4.3　示波器的水平(X) 通道

示波器的水平通道由扫描发生器环、同步触发电路、X 放大器电路等组成,如图 3.16 所示。其中扫描发生器环由扫描闸门、积分器及比较和释抑电路组成,扫描发生器环又称为时基电路,是水平通道的核心,能产生线性度好、频率稳定、幅度相等的锯齿波电压。同步触发电路控制扫描发生器环的扫描闸门,实现与被测信号的严格同步。X 放大器的输入端有

"内"、"外"两个位置,故 X 放大器可以放大扫描信号,也可以放大直接输入的任意外接信号,产生对称输出至水平偏转板。

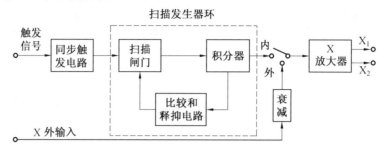

图 3.16　示波器的水平(X)通道

1. 扫描分类

线性时基电路的扫描方式可以分为连续扫描和触发扫描两类。这部分内容在 3.3.2 节已有详细的叙述。

2. 扫描发生器环

扫描发生器环(时基电路)由扫描闸门、积分器及比较和释抑电路组成,如图 3.17 所示。

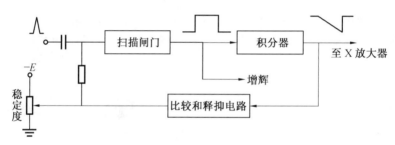

图 3.17　扫描发生器环的组成示意图

(1)扫描闸门

扫描闸门产生门控信号,控制锯齿波的起点和终点。其电路多采用施密特触发电路。扫描闸门的输入端接有来自三个方面的信号:稳定度电位器提供一个直流电平;从触发电路来的触发脉冲;比较和释抑电路来的释抑信号。

(2)积分器

积分器一般采用的是密勒积分器,它能产生高线性度的锯齿波电压,从而达到扫描时间准确的目的。

积分器产生的锯齿波电压就是扫描发生器环的输出电压,它被送入 X 放大器加以放大,再加至水平偏转板,由于这个电压与时间成正比,就可以用荧光屏上的水平距离来代表时间。

(3)比较和释抑电路

比较和释抑电路的作用是控制锯齿波的幅度,达到等幅扫描,保证扫描的稳定。

3. 同步触发电路

同步触发电路用来产生与被测信号有关的触发脉冲,这个脉冲被加至扫描闸门,其幅度和波形均应达到一定要求。同步触发电路的控制作用有:选择触发源、选择输入耦合方式、选择触发极性以及调节触发电平等,图 3.18 为其电路示意图。

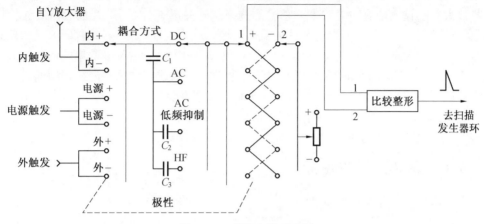

图 3.18　触发电路示意图

(1) 触发源

内触发(INT):触发信号来自于示波器垂直系统,一般情况下用被测信号作触发源。

外触发(EXT):用外接信号触发扫描,该信号由触发输入端输入。例如,当被测信号为复杂的调制波或者组合脉冲串,用内触发不易建立稳定显示时,常选用有同步关系的外触发信号来同步触发扫描。

电源触发(LINE):触发源为 50 Hz 交流正弦信号,用于观察与交流电源频率有关的信号。

(2) 输入耦合方式

为了适应不同频率的触发信号,可通过开关选择不同的输入耦合方式。

AC(交流耦合):用于观察由低频到高频的信号,用内触发或外触发均可。由于使用方便,所以常常使用这种耦合方式。

DC(直流耦合):用于接入直流或缓慢变化的信号,或频率低且有直流成分的信号。这种情况下一般采用外触发或连续扫描方式。

HF(高频耦合):触发信号经电容 C_1 及 C_3 接入,只允许通过频率高的信号,通常是大于 5 MHz 的信号。

AC 低频抑制:触发信号经电容 C_1 及 C_3 接入,用于抑制 2 kHz 以下的低频干扰。例如,观察有低频干扰的信号时,用这种方式最合适,可以避免波形晃动。

(3) 极性

用于控制触发时触发点位于触发源信号的上升沿还是下降沿。" + "表示上升沿触发," " - "表示下降沿触发。

(4) 比较整形

比较整形的作用是选择触发电平(即选择触发点位于触发源信号波形的上、中或下部),形成一个具有一定幅度、前沿陡峭、宽度适当的触发脉冲。比较整形电路实际上是一个电压比较器,一端是"电平"旋钮(可调直流电压),另一端接触发信号。当两个输入信号的差值达到某一数值时,比较整形电路的输出发生跳变,产生触发脉冲去驱动扫描闸门电路,开始扫描。

4. X 放大器

X 放大器的输入端有"内"、"外"信号的选择。开关置于"内"时,X 放大器放大扫描信号;开关置于"外"时,X 放大器放大由面板上 X 输入端直接输入信号,此时即可显示任意两个变量 x 与 y 的关系,如李沙育图形。X 放大器的基本作用是:将 X 轴的单端倍号放大并变成双端差分输出,去驱动示波管水平偏转板,以便使电子射线在水平方向得到满偏转;此外,X 放大器还可以实现扫描时基因数的校推、水平位移、扫描扩展等控制功能。为了无失真地放大扫描电压,X 放大器需要有一定的频带宽度和较大的动态范围,因此,X 放大器常由宽带多级直接耦合放大器构成,其工作原理与垂直通道的 Y 输出放大器类似。

3.4.4　通用示波器的主机

示波器的主机包括示波管、Z 通道、电源和校准信号发生器等。

1. 示波管

示波管用于显示被测信号的波形。

2. Z 通道

Z 通道是增辉电路,用于传输和放人调亮信号。无论是触发扫描还是连续扫描,在扫描正程,扫描闸门电路都输出正脉冲作为门控信号,这个正脉冲或扫描闸门的另一个输出端输出的负脉冲,恰好可以作为增辉脉冲。在扫描正程,一个与扫描时间相等的正向脉冲,加在示波管的控制栅极上,则控制栅极与阳极之间的电位差减小,通过控制栅极的电子束的电子流密度增加,从而达到增辉的目的;在扫描回程,一个负向脉冲加在控制栅极上,则控制栅极与阴极之间的电位差增大,通过控制栅极的电子束的电子流密度降低,光点的辉度降低,使得荧光屏上不显示回扫的痕迹,达到消隐的目的。这样,就实现了扫描正程增辉、扫描回程消隐。

3. 电源

电源用于为示波管和仪器电路提供所需的各种高、低压电源。其中高压供电电路为示波器提供直流高压;低压供电电路为示波器的各部分提供稳定的低压和中压,通常为数伏、数十伏和低于几百伏的不同的直流电压。

4. 校准信号发生器

校准信号发生器是主机中一个具有固定频率和幅度,并具有较高准确度的内部信号源,用来校准示波器的水平系统的扫描时基因数和垂直系统的偏转因数,它可以是方波、正弦波或脉冲波。通常采用方波信号发生器作为校准信号源,频率大多取为 1 kHz,峰－峰值为 1 V、500 mV、200 mV 或 100 mV,经分压器输出。使用方波还可以校准探极。

3.4.5　示波器的多波形显示

在电子测量中,可通过多踪示波和多线示波显示方式对同时需要观察的几个信号进行测量和比较。

1. 多线示波

多线示波是利用多枪电子管来实现的。如双线示波器,在示波管中有两个独立的电子枪产生两束电子,同时每束电子束都配备了独立的偏转系统,偏转系统各自控制电子束的运动,荧光屏共用。因此,测量时各通道、各波形之间产生的交叉干扰可以减少或消除,可获得较高的测量准确度。但由于双线示波器的制造工艺要求高,成本也高,所以应用不是十分普遍。

2. 多踪示波

多踪示波器的组成与普通示波器类似,是在单线示波的基础上增加了电子开关而形成的;电子开关按分时复用的原理,分别把多个垂直通道的信号轮流接到 Y 偏转板上,最终实现多个波形的同时显示。多踪示波器实现简单,成本也较低,因而得到了广泛使用。

3. 双时基示波

双时基示波器有两个独立的触发和扫描电路,两个扫描电路的扫描速度可以相差很多倍。这种示波器特别适用于在观察一个脉冲序列的同时,仔细观察其中一个或部分脉冲的细节。

3.5　取样技术在示波器中的应用

从示波器显示波形的过程可知,无论是连续扫描还是触发扫描,它们都是在信号经历的实际时间内显示信号波形,即测量时间(一个扫描正程)与被测信号的实际持续时间相等,故称实时测量方法。与此相应的示波器称为"实时示波器",一般通用示波器都属于实时示波器。随着被测信号频率的增加,被测脉冲的前沿越来越陡,通用实时示波器的带宽受垂直放大器和示波管频率响应的限制,已不能满足需要,取样示波器是扩展观测频率范围的有效途径之一。

3.5.1　取样示波器的基本原理

将高频(一般为 1 GHz 以上)的重复性周期信号经过取样(取样速率可调节)变换成低频的重复性周期信号,再运用通用示波器的原理进行显示和观测的示波器称为取样示波器。前面介绍的示波器都是"实时信号"显示的示波器,而取样示波器则经过频率转换,是一种"非实时取样"的示波器。这种非实时取样技术把一个高频或超高频的信号经过跨周期的取样,形成一个波形和相位完全相同、幅度相等或形成某种严格比例的低频(或中频)信号。对低频信号的测量,要比对高频或超高频信号的测量在技术上成熟得多,测量精度也易于得到保证。

图 3.19 是一个非实时取样保持电路的原理图。图中 S 为取样脉冲 $p(t)$ 控制的电子开关,也称取样门,在脉冲持续期 t_w 相当于开关 S 闭合,在脉冲间歇期 T_0 相当于开关 S 断开。开关 S 闭合时,取样电路的输出 $u_s(t)=u_i(t)$,由于脉冲宽度 t_w 很窄,因此可以认为在此期间 $u_i(t)$ 的电压幅度是不变的。$u_s(t)$ 是宽度与脉冲宽度 t_w 相同的离散取样信号,在脉冲间歇期 T_0 期间,开关 S 断开,输入信号 $u_i(t)$ 不能通过开关,则 $u_s(t)$ 输出信号幅度为0,这样通过取样脉冲的作用即将连续的输入信号 $u_i(t)$ 变成了离散的信号 $u_s(t)$。

非实时取样过程对于输入信号是进行跨周期采样。如图 3.20 所示,图(a) 为被测的高频信号 $u_i(t)$,图(b) 为取样脉冲,通常取样脉冲的间隔为输入信号 $u_i(t)$ 的周期 $T+\Delta t$(取样脉冲的间隔也可以是 $mT+\Delta t$,当被测信号频率特别高时,m 可取大于 1 的整数)。每次取样

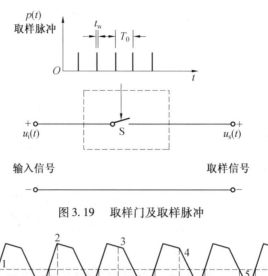

图 3.19　取样门及取样脉冲

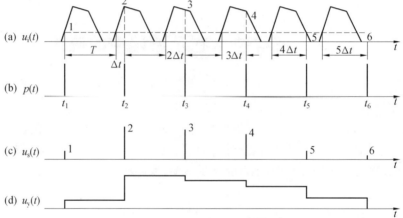

图 3.20　非实时取样过程

点相当于前一个取样点时间延迟 Δt,经过多次取样,最后将被测信号的波形展宽显示出来,如图 3.20(c)和(d)所示,图(c)为采样值,图(d)是经过保持及延长后形成的量化信号。这样,通过若干周期对波形的不同点的采样,就将高频信号转换成了低频信号,以通用示波器显示 $u_y(t)$ 的包络波形来反映和表现被测的实际高频信号波形,这就是取样示波器的基本原理。简言之,图(d)中的 $u_y(t)$ 波形即为展宽了的 $u_i(t)$ 波形的一个周期,当取样点足够多时,$u_y(t)$ 就能比较准确地反映 $u_i(t)$ 的波形。

3.5.2　取样示波器的基本组成

取样示波器的组成框图如图3.21所示。被测信号 u_i 通过取样门后,变成窄脉冲信号,经放大后,送入延长电路,形成信号包络。Y 通道由取样门、放大电路及延长电路组成,延长电路中有保持电容及直流放大器,以便将窄脉冲取样信号 $u_s(t)$ 展宽,得到量化的包络信号。

为了在屏幕上显示出由不连续的亮点构成的取样信号波形,必须采用与取样信号同步的阶梯波作扫描电压。其波形对应关系如图 3.22 所示。在量化信号(见图 3.22(a))与阶梯扫描信号(见图 3.22(b))的共同作用下,就可在荧光屏上显示出被测高频信号的波形如图(c)所示,当取样点足够密时,即图(c)中亮点足够密时,该波形便能无失真地表现被测高频波形。

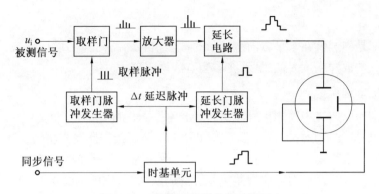

图 3.21　取样示波器的组成框图

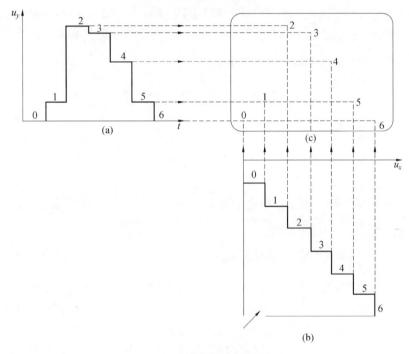

图 3.22　取样示波器显示过程

取样示波器的 X 通道中的时基单元,除了产生阶梯波电压外,还产生与扫描电压同步的 Δt 延迟脉冲,用以同步取样门及延长门脉冲发生器,使整个系统协调地工作。取样示波器是一种非实时取样过程,它只能观测重复信号,对非重复的高频信号或单次信号,只能用高速示波器进行观测。

3.5.3　取样示波器的参数

取样示波器除具有通用示波器的性能指标外,还具有其本身的技术参数。

1. 带宽

取样示波器的带宽主要决定于取样门,因为被测频率越高,要求取样脉冲越窄。当取样门所用元件工作频率足够高时,取样门的最高工作频率与取样脉冲底边宽度 τ 成反比。

2. 取样密度

取样密度是指屏幕在水平方向上显示的被测信号每格对应的取样点数,常用每厘米的亮点数表示。若取样密度太低,显示波形会有闪烁现象。

3. 等效扫描速度

等效扫描速度定义为被测信号经历时间与水平方向展宽的距离比。

应当指出,取样示波器是荷兰菲利浦(Philips)公司最先研制成功的,1969 年美国 HP 公司也研制生产了取样示波器,带宽已达 18 GHz,后来进展缓慢,以至停产。其主要原因是:

一是单纯的取样示波器只能观测重复性的周期信号,应用范围受限;

二是数字技术的发展,已将取样技术融合到数字示波器中,现代数字示波器不仅可以观测超高频重复性的周期信号,还可以观测瞬态的单次脉冲,并且还具有存储功能。

因此,现在市场上已很少见单纯的取样示波器,但取样示波器技术为现代数字示波器奠定了良好的基础。

3.6　数字示波器

数字存储示波器采用数字电路,将输入信号先经过 A/D 变换器,将模拟波形变换成数字信息存储于数字存储器中,需要显示时再从存储器中读出,通过 D/A 变换器将数字信息变换成模拟波形显示在示波管上。数字示波器具有存储时间长,能捕捉触发前的信号,可通过接口与计算机相连接等特点。数字示波器是一种可与计算机连成系统,分析复杂的单次瞬变信号的有效设备。

3.6.1　数字示波器的组成原理

数字存储示波器的基本框图如图 3.23 所示。图中,可选择开关 1 接通模拟信号显示方式,示波器与普通示波器工作原理相同;当选择开关 2 时,接通数字存储工作方式。在这种工作方式下,输入的被测信号通过 A/D 变换器变成数字信号,由地址计数脉冲选通存储器的存储地址,将该数字信号存入存储器,存储器中的信息每 256 个单元组成一页,即一个地址页面,当显示信息时,给出页面地址,地址计数器则从该页面的 0 号单元开始,读出数字信息,送到 D/A 变换器,变换成模拟信号送往垂直放大器进行显示,同时,地址信号亦经过 X 方向 D/A 变换器送入水平放大器,以控制 Y 方向信号显示的水平位置。

存储示波器的工作过程如图 3.24 所示。当被测信号接入时,首先对模拟量进行取样,图 3.24(a) 中的 $a_0 \sim a_7$ 点即对应于被测信号 u_y 的 8 个取样点,这种取样是"实时取样",是对一个周期内信号的不同点的取样,它与取样示波器的跨周期取样是不同的。8 个取样点得到的数字量(即二进制数字,01 数列)分别存储于地址以 00 开始的 8 个存储单元中,地址号为 00 ~ 07,其存储的内容为 $D_0 \sim D_7$。

在显示时,取出 $D_0 \sim D_7$ 数据,进行 D/A 变换,同时存储单元地址号从 00 ~ 07 也经过 D/A 变换,形成图 3.24(d) 所示的阶梯波,加到 X 水平系统,控制扫描电压,这样就将被测波形 u_y 重于荧光屏上,如图 3.24(e) 所示。只要 X 方向和 Y 方向的量化程度足够精细,图 3.24(e) 波形就能够准确地代表图 3.24(a) 的波形。

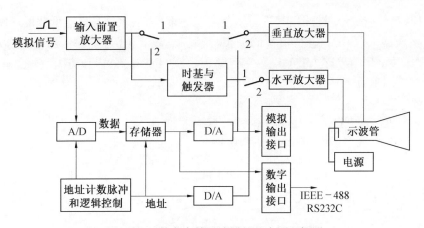

图 3.23　数字存储示波器的基本原理框图

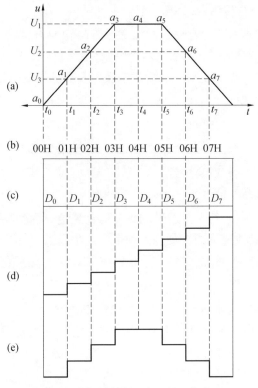

图 3.24　数字存储示波器的工作过程

3.6.2　信号的采集处理技术

对于数字示波器模拟量到数字量的变换至关重要,高的信号采样速率可以增大 DSO 的带宽,但事实上,DSO 的采样速率还受到采集存储器容量的限制。因此,高速信号采集技术是数字示波器的关键技术之一。世界各大仪器公司都推出自己的高速 A/D 技术,有的转换速度已超过 10 Gs/s 以上。当前在 DSO 中主要采用下面四种类型 A/D 转换技术。

1. CCD 器件和 A/D 相结合采集高速信号

信号采集波形系统如图 3.25 所示。其特点是重复取样和实时取样相结合,模拟存储和数字存储相结合。首先对被测信号进行重复非实时取样,实现从高频至低频的频率搬移,并借助电荷耦合器件(CCD)进行信号的模拟存储。然后将 CCD 中存储的信号读出并进行 A/D 转换,其数字化结果存入 RAM(数字存储)。荷兰 Philips 公司和美国 Tek 公司都已成功地将这种方案用于 DSO。

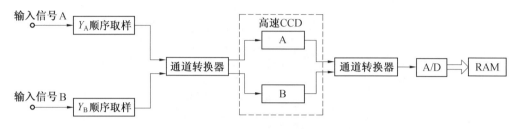

图 3.25 借助 CCD 器件采集高速信号

2. 扫描交换管和 A/D 相结合采集高速信号

这种采集过程是将高速信号存储在扫描交换管的靶面上,然后通过电子扫描靶面以图像信号输出的形式取出存储信号,并经 A/D 转换将数字化结果存入存储器。由于靶面存储信号的时间可以维持 30 s 时间,所以对 A/D 转换器及存储器的速率要求都较低。

3. 等效取样和 A/D 相结合采集高速信号

通常,大多数被测信号是重复的。对于重复信号可以采用等效取样的方法将高速信号变为低速信号,在 DSO 中只要对此低速信号进行采集、存储就可以完成测量任务。在等效取样中有顺序取样和随机取样,这两种取样技术都可以用于 DSO。

4. 多通道组合采集高速信号

在某些多通道示波器中,每一个通道均具有信号采集、存储的功能。如果这时只对一个被测信号进行采集,而其他通道的采集能力均用于这个通道,则称为多通道组合采集。多通道示波器通常为 2 通道或 4 通道,分别将采集速率提高 2 倍或 4 倍。

5. 插值显示技术

当被测信号不是频谱单纯的波形(例如非理想正弦波)而含有高频成分或较大失真的情况,经常发生漏采的现象,致使某些重要信息丢失,引起测量错误;即使对于正弦信号,一个周期中至少 25 个样点才能逼近原信号波形。为此可采用插值技术,插值是在相邻采样点之间插入适当的数据点,使屏幕上的显示逼近被测信号波形。换言之,采用插值技术可以降低对采样速率的要求。在数字存储示波器中,通常有两种插值方法,即线性插值和用公式编辑器输入 $\frac{\sin x}{x}$ 插值。

6. 峰值检波

数字存储示波器的存储长度是一定的,在高速采集时往往因为存储长度有限而不能采集到更多的信息。为此,有两种解决的方法:一种方法是间断地丢弃某些样点,然而在丢弃的样点中也许是重要的信息,例如高速信号中的毛刺;另一种方法是减低采集速度,这也会丢失重要信息。为此,在现代 DSO 中采用峰值检波技术,检测在采样间隙被丢失的信息,例如数字信号中的毛刺。目前,有两种实现峰值检波的方法,即模拟峰值检波法和数字峰值检波法,它们的区别在于前者是在模数转换之前对被测信号进行峰值检波,而后者是在被测信号进行模数转换之后进行峰值检波。

3.6.3　波形显示方式

由于数字存储示波器可以对被测信号存储,波形的采集和显示可以分开进行,与宽带示波器相比,采集速度与显示速度可不相同,因此,采集速度很高的数字存储示波器对其显示的速度要求不高。数字存储示波器的显示方式灵活多样,具有基本显示、抹迹显示、卷动显示、放大显示和 X－Y 显示等,可适应不同情况下波形观测的需要。

1. 存储显示

存储显示方式是数字存储示波器的基本显示方式,适于一般信号的观测。在一次触发形成并完成信号数据的存储后,经过显示前的缓冲存储,并控制缓冲存储器的地址顺序,依次将欲显示的数据读出并进行 D/A 变换,然后将信号稳定地显示在荧光屏上。

2. 抹迹显示

抹迹显示方式适于观测一长串波形中在一定条件下才会发生的瞬态信号。抹迹显示时,应先根据预期的瞬态信号,设置触发电平和极性;观测开始后仪器工作在末端触发和预置触发相结合的方式下,当信号数据存储器被装满但瞬态信号未出现时,实现末端触发,在荧光屏上显示一个画面,保持一段时间后,被新存入的数据更新。若瞬态信号仍未出现,再利用末端触发显示一个画面。这样一个个画面显示下去,如同为了查找某个内容一页页地翻书一样,一旦出现预期的瞬态信号则立即实现预置触发,将捕捉到的瞬态信号波形稳定地显示在荧光屏,并存入参考波形存储器中。

3. 卷动显示

卷动显示方式适于观测缓变信号中随机出现的突发信号。它包括两种方式,一种是用新波形逐渐代替旧波形,变化点自左向右移动;另一种是波形从右端推入向左移动,在左端消失,当异常波形出现时,可按下存储键,将此波形存储在荧光屏上或存入参考波形存储器中,以便做更细致的观测与分析。

4. 放大显示

放大显示方式适于观测信号波形细节,此方式是利用延迟扫描方法实现的。荧光屏一分为二,上半部分显示原波形,下半部分显示放大了的部分,其放大位置可用光标控制,放大比例也可调节,还可以用光标测量放大部分的参数。

5. X－Y 显示

X－Y 显示方式与通用示波器的显示方法基本相同,一般用于显示李沙育图形。

6. 显示的内插

数字存储示波器是将取样数据显示出来,由于取样点不能无限增多,能够做到正确显示的前提是必须有足够的点来重新构成信号波形。考虑到有效存储带宽问题,一般要求每个信号显示 20 ～ 25 个点。但是,较少的采样点会造成视觉误差,可能使人看不到正确的波形。数据点插入技术可以解决点显示中视觉错误的问题。数据点插入技术常常使用插入器将一些数据插在所有相邻的取样点之间,主要有线性插入和曲线插入两种方式。线性插入法仅按直线方式将一些点插入到取样点之间,在有足够的点可以用来插入时,这是一种令人满意的简单方法。曲线式插入法以曲线形式将点插入到取样点之间,这条曲线与仪器的带宽有关,曲线式插入法可以用较少的插入点构成非常圆滑的曲线。但必须注意,可供使用的点仅仅构成显示的实际点,使用曲线插入器必须注意形状特殊的波形和高频分量。

3.6.4 技术性能指标

1. 带宽

当示波器输入不同频率的等幅正弦信号时,屏幕上对应基准频率的显示幅度随频率变化而下跌 3 dB 时,其下限到上限的频率范围即频带宽度,单位一般是 MHz 或 GHz。在 DSO 中通常有两种带宽:

(1) 重复带宽是指用 DSO 测量重复信号时的带宽。由于一般使用了非实时等效采样(随机采样或顺序采样),故重复带宽(也称等效带宽)可以做得很宽,有的达几十 GHz。

(2) 单次带宽也称有效存储带宽,是用 DSO 测量单次信号时,能完整地显示被测波形的 3 dB 带宽。实际上一般 DSO 模拟通道硬件的带宽是足够的,主要受到波形上采样点数量的限制。因此,单次带宽一般只与采样速率和波形重组的方法有关。当 DSO 的采样速率足够高,即高于标称带宽的 4 ~ 5 倍以上时,它的单次带宽和重复带宽是一样的,称为实时带宽。

2. 最高采样速率

最高采样速率是指单位时间获取被测信号的样点数。目前,在 DSO 的 Y 通道中限制最高采样速率的因素主要是 A/D 的转换速度,例如 HP 公司的 HP54720D 型示波器采样速率高达 8 Gs/s。

在 DSO 中采样速率可以根据示波器的时基因数 $D_X(t/div)$ 进行选择,当时基因数确定之后,采样速率 f_y 为

$$f_y = \frac{n}{t}$$

式中　　n——每格的采样点数;

　　　　t——每格的扫描时间。

因此,DSO 的最高采样速率 f_{smax} 相应于示波器最快扫描速度档位。例如,最快时基因数为 1 ns/div 时,则 f_{smax} 应该是 100 点 /1 ns,或者为 10^{11} 点 /s。

3. 存储长度

它表示一次采样、存储过程中获取被测信号长度的能力。在 DSO 中,A/D 转换所得数据写入存储器,所以存储长度是以存储器的存储字的最大数量表示的。一个存储字相应于一个采样点的量化数据,如果 A/D 是 8 位的,则一个字为 8 位二进制数码,占 8 位存储器的一个单元,即存储长度为 1。实际上,在一次测量中为了获取更多的信息,希望具有较长的存储长度,DSO 的存储长度一般为 1 k 字、2 k 字、4 k 字、2M(兆) 字等。为了有较长的存储长度,在多通道示波器中,有时只有一个通道工作,这时将原属于各个通道的存储器叠加使用。

4. 测量分辨力

数字存储示波器由于采用了 A/D、D/A 转换器,与模拟示波器相比,其测量分辨力既高

又便于读出。目前 DSO 的电压分辨力为 8 位,时间分辨力达 10 位。

（1）电压分辨力

电压分辨力又可称为垂直分辨力,主要取决于量化器（A/D）的位数,通常以量化结果最低有效位所对应的电压表示其分辨力的高低。在 DSO 中一般以二进制码表示量化结果。例如,当测量的满度值为 10 V 时,8 位 A/D 测量分辨力为

$$\Delta V = V_f/2^8 = 10/256 \approx 40 \text{ mV}$$

式中　V_f——被测电压的满度值。

如果 A/D 是 10 位,则分辨力为 10 mV。显然,A/D 的位数越多,DSO 的分辨力越高;分辨力越高测量精度也相应提高。

分辨力也与 Y 通道的偏转因数 D_Y 有关。例如,A/D 为 10 位,当 D_Y 为 1 V/div 时,电压分辨力为

$$\Delta V = (1 \text{ V/div})/(2^{10}/10 \text{ div}) \approx 0.01 \text{ V}$$

如果 D_Y 为 0.1 V/div, 这时的分辨力为 0.001 V = 1 mV。在模拟示波器中要从 0.1 V/div 的偏转因数中辨认出 1 mV 的电压差异是困难的,而在 DSO 中则可以方便地实现。

实际上,DSO 的测量精度不只取决于 A/D 的量化误差,还与其他条件有关。在低频应用时 DSO 的系统噪声增加了测量误差;在高频应用时除了噪声以外 A/D 的孔径时间也会导致测量误差。所以,为了估计 DSO 的幅度测量误差,上述各种误差因素都要考虑。

（2）时间分辨力

时间分辨力又可称为水平分辨力,是指示波器 X 坐标上相邻两样点之间的时间间隔 Δt 的大小。在示波器中 X 方向的点数取决于水平通道 D/A_X 的位数和时基因数 D_X。

3.6.5　基本功能特点

1. 波形显示不受波形的采样和存储方式的限制

数字存储示波器在存储工作阶段,对快速信号采用较高的速率进行采样和存储,对慢速信号采用较低速率进行采样和存储;但在显示工作阶段,其读出速度可以采用一个固定的速率,不受采样速率的限制,因而可以获得清晰而稳定的波形。

2. 多种信号采集方式

数字存储示波器在对模拟输入信号进行采集时,通常有多种采集方式。主要的采集方式有三种:取样、峰值检测和平均。

在取样采集方式下,数字存储示波器以某一时间间隔对信号进行采样以建立信号波形数据。采用这样的信号采集方式,在大多数情况下可以精确地表示信号,但也可能会漏掉采样间隔中的窄脉冲。

在峰值检测采集方式下,数字存储示波器在每一个采样间隔中找到输入信号的最大值和最小值,并用这些值来显示波形。采用这种采集方式,可以采集并显示窄脉冲。

在平均采集方式下,数字存储示波器采集多个波形,并将它们进行平均,最后显示的是平均处理后的波形。使用这种采集方式,可以减少随机噪声的影响。

3. 具有预触发功能

普通示波器只能观察触发以后的信号,而利用数字存储示波器所具有的预触发功能,可

以方便地观察触发点以前的信号。因为在数字存储器中,信号已被存储下来,它的触发点只是存储器内的一个参考点,而不是第一个数据点。

4. 多种信号显示方式

信号波形的显示,实际上是由从存储器中取出信号数据的方式决定的。因此,信号数据的多种取出方式就导致了信号的多种显示方式。

5. 多种测量方式

数字存储示波器通常可采用多种测量方式对信号进行测量,如利用刻度进行测量、利用光标进行测量以及自动进行测量。

（1）刻度测量方式

利用显示屏上的刻度,可以快速地对信号进行简单地测量,但测量精度不高。

（2）光标测量方式

通过移动光标并根据显示屏上显示出的光标位置的读数来对信号进行测量。

光标有两类:电压光标和时间光标。电压光标在显示屏上以水平线出现,可测量垂直参数;时间光标在显示屏上以垂直线出现,可测量水平参数。

（3）自动测量方式

对选定的信号参数进行自动测试和计算,测量结果直接显示在显示屏上。由于这种测量方式使用波形的记录数据,因此测量结果比前两种方式测量的更精确。自动测量方式可自动测量多种信号参数,如测量信号的频率、周期、平均值、峰 – 峰值、均方根值、最大值、最小值、上升时间、下降时间等。

6. 便于对储存数据进行处理

在数字存储示波器中,输入波形是以数字形式存储的,因此能直接对信号进行各种处理分析。如信号的比较,对信号进行滤波处理,利用 FFT 分析信号的频谱、失真度、调制特性等。

数字存储示波器的上述特点,使其在对信号的测试方面具有明显的优势因而得到广泛应用。

3.7　数字示波器的应用

示波器的种类繁多,新产品日新月异。但对使用者来说,根据测量信号的特点,正确选择示波器是很重要的。在选择示波器时,首先对示波器的种类、原理及发展情况要有足够的了解,尤其要熟悉各种示波器的性能及用途。其次,应对被测试的电路及被测试的信号特性有清晰的概念。此外,还应设法减小示波器对所测电路的影响和干扰。

由于被观测的信号是多种多样的,而且对测量的要求也各不相同,所以要考虑的问题颇多。

1. 示波器的选择原则

通常根据被测信号的特点、测试目的和经济性综合指示,一般的选择原则如下:

（1）假如只定性观测一个低频正弦信号,或其他重复信号的波形,并要求在其扫描期间内能显示足够数目的信号周期,再从经济方面考虑可选用普通示波器或简易示波器。

（2）如果要观测和比较两个信号或观测信号脉冲时,应选用双踪或双线示波器等;如果需要同时观测多个被测信号,则应采用更多 Y 通道的示波器,例如四踪或八踪示波器等。

（3）如果观察低频缓慢变化的信号,可选用低频示波器或长余辉慢扫描示波器。

（4）如果希望对被测信号波形的局部突出显示,则可采用双时基示波器,利用延迟扫描功能来突出显示其重点部分。

（5）如果希望波形存储起来以便事后进行分析研究,就应选择存储示波器。

（6）如果观察快速变化的非周期性信号,则应选用高速示波器。

（7）如果观察非周期信号、宽度很窄的脉冲信号,应当选用具有触发扫描或单次扫描的宽频带示波器,扫描速度的选取应能使显示的脉冲信号占有足够的荧光屏面积。

2. 根据示波器的性能指标选用

如果按示波器的性能的适用范围来选择,应主要考虑三项指标:频带宽度、垂直灵敏度和扫描速度等。

示波器的垂直通道的频带越宽,测量信号的波形失真就越小。因此要求示波器频带的上限频率应大于测量信号频率的三倍以上。例如,若要观测频率为 50 MHz 正弦波形,则应选择通频带上限频率为 150 MHz 以上的示波器。

在选取合适的频带后,垂直灵敏度和扫描速度也应受到重视。垂直灵敏度高的示波器在垂直方向展开测量信号的能力就强,如要观测微弱的信号就应选择高灵敏度的示波器,扫描速度反映了水平方向上展开测量信号的能力,扫描速度越高,展开高频信号或窄脉冲波形的能力就越强。如果要观测从低频到高频的信号时,就应选用扫描速度范围很宽的示波器。

利用示波器可以实现电压、时间和频率、位相、调幅系数等诸多参数的测量,后续章节再详细论述。

思考题与习题

3.1 电子示波器有哪些特点?

3.2 电子示波器由哪几个基本部分组成? 各部分的作用是什么?

3.3 电子示波器的主要技术指标有哪些? 各表示什么意义?

3.4 示波管主要由哪几部分组成? 各部分的作用是什么?

3.5 电子枪的结构由几部分组成? 各部分的主要用途是什么?

3.6 在示波器的面板上,"辉度"、"聚焦"、"辅助聚焦"旋钮的作用是什么? 各与示波器的哪一部分有关? 荧光屏按显示余辉长短可分为几种? 各用于何种场合?

3.7 如果要达到稳定显示重复波形的目的,扫描锯齿波与被测信号间应具有怎样的时序和时间关系?

3.8 已知示波器的时基因数为 10 ms/cm,偏转灵敏度为 1 V/cm,扫描扩展为 10,探极的衰减系数为 10∶1,荧光屏的每格距离是 1 cm。求:

（1）如果荧光屏水平方向一周期正弦波形的距离为 12 格,它的周期是多少?

（2）如果正弦波的峰－峰间的距离为 6 格,其电压为何值?

3.9 在进行波形显示时,假设 $T_x = \dfrac{9}{8} T_y$,则在示波器荧光上看到的波形向哪个方向移动? 并给出具体的原因?

3.10 什么是连续扫描和触发扫描? 如何选择扫描方式?

3.11 通用示波器应包括哪些单元? 各有什么功能? 延迟线的作用是什么? 内触发信号可否在延迟线后引出触发时基电路? 为什么? 示波器 Y 通道内为什么既接入衰减器又接入放大器? 它们各起什么作用?

3.12 采用非实时等效取样技术的示波器能不能观察下列两种信号? 如果能,如何观察? 如果不能,为什么?

(1) 非周期性重复信号;

(2) 单次信号。

第4章

时频测量

4.1 概　述

4.1.1 时频关系及特点

1. 时间和频率的定义

"时间"的含义有两个:一个是指"时刻",即某个事件何时发生;另一个是指"时间间隔",即某个事件相对于一开始时刻持续了多久。

频率就是指周期信号在单位时间(1 s)内变化的次数。如果在一定时间间隔 T 内周期信号重复变化了 N 次,则其频率可表达为

$$f = \frac{N}{T} \tag{4.1}$$

由于周期和频率呈现式(4.1)所示的关系,所以对周期(时间间隔)的测量可转化为对频率的测量,然后再取倒数即可。

2. 时频测量的特点

(1) 时频测量具有动态性质。在时刻和时间间隔的测量中,时刻始终在变化,如上一次和下次的时间间隔是不同时刻的时间间隔,频率也是如此,因此,在时频的测量中,必须重视信号源和时钟的稳定性及其他一些反映频率和相位随时间变化的技术指标。

(2) 测量精度高。在时频的计量中,由于采用了以"原子秒"和"原子时"定义的量子基准,使得频率测量精度远远高于其他物理量的测量精度。对于不同场合的频率测量,测量的精度要求不同,可以找到相应的各种等级的时频标准,如石英晶体振荡器结构简单、使用方便,其精度在 10^{-10} 左右,能够满足大多数电子设备的需要,是一种常用的标准频率源;原子频标的精度可达 10^{-13},广泛应用于航天、测控等频率精确度要求较高的领域。利用时频测量精度高的特点,可将其他物理量转换为频率进行测量,使其测量精度得以提高,如数字电压表中双积分式 A/D 转换,就是将电压变换成与之成比例的时间间隔进行测量。

(3) 测量范围广。信号可通过电磁波传播极大地扩大时间频率的比对和测量范围。例如,GPS 卫星导航系统可以实现全球范围的最高准确度的时频比对和测量。

(4) 频率信息的传输和处理比较容易。例如,通过倍频、分频、混频和扫频等技术,可以对各种不同频段的频率实施灵活机动的测量。

4.1.2 时间与频率的原始标准

1. 天文时标

时间和频率测量的一个重要特点就是时间是一去不复返的,因此,寻找按严格相等的时间间隔重复出现的周期现象就成为制定时间和频率标准的首要问题。

长期以来,人们把地球自转当作符合上述要求的频率源,把由地球自转确定的时间计量系统称为世界时。它满足了当时人们的需要。随后人们又制定了根据太阳来计量时间的计时系统,称为平太阳时系统。这种计时系统的精度比世界时有了大幅度的提高。

各地通过天文观测直接测定的世界时称为地方时,记作 UT_0。在 UT_0 的基础上修正了地球极移的影响,产生了 UT_1;在 UT_1 的基础上修正了季节性变化的影响,产生了 UT_2。它的稳定度比世界时提高了两个数量级,达到了 $\pm 1 \times 10^{-9}$ 级。

1952 年 9 月,国际天文学会第八次大会通过了历书时的正式定义。这种计时系统采用 1900 年 1 月 1 日 0 时(UT)起的回归年长度作为计量时间的单位,定义"秒是按 1900 年起始时的地球公转平均角速度计算出的一个回归年的 315 569 259 747 分之一",称为历书秒。它在 1960 年的第十一届计量大会上得到认可。

2. 原子时标

天文时间标准具有一定的局限性。原子时是近年来建立起来并确定的一种新型计时系统,它利用原子从某种能量状态转变到另一种能量状态时,辐射或吸收的电磁波的频率作为标准频率来计量时间。它们受宏观世界的影响较小,因此频率准确度和稳定度都十分高,远远超过了天文标准。

1967 年 10 月的第十届国际计量大会正式通过了秒的新定义:"秒是 Cs^{133} 原子基态的两个超精细结构能级之间跃迁频率相应的射线束持续 9 192 631 770 个周期的时间"。这个定义已被全世界所接受,并且自 1972 年 1 月 1 日零时起,时间单位"秒"由天文秒改为原子秒。由于我们所说的时间包含着时刻和时段(时间间隔)双重概念,定义平太阳时和历书时的时候已考虑了时间的起点问题,因此,这两者都包含上述两个含义。而原子时只能提供准确的时间间隔。

4.1.3 频率测量方法

对于频率测量所提出的要求,取决于所测量频率范围和测量任务。例如,在实验室中研究频率对谐振回路、电阻值、电容的损耗角或其他被研究电参量的影响时,能将频率测到 $\pm 1 \times 10^{-2}$ 量级的精确度或稍高一点也就足够了;对于广播发射机的频率测量,其精确度应达到 $\pm 1 \times 10^{-5}$ 级;对于单边带通信机,则应优于 $\pm 1 \times 10^{-7}$ 量级;对于各种等级的频率标准,则应为 $\pm 1 \times 10^{-8} \sim \pm 1 \times 10^{-13}$ 量级。由此可见,对频率测量来讲,不同的测量对象与任务对其测量精确度的要求不同。测量方法是否可以简单,所使用的仪器是否可以低廉完全取决于测量精确度的要求。

根据测量方法原理,频率测量方法的分类如图 4.1 所示。

图 4.1　频率测量方法的分类

直读法又称利用无源网络频率特性测频法,包括电桥法和谐振法。比较法是将被测频率信号与已知频率信号相比较,通过观、听比较结果,获得被测信号的频率,包括拍频法、差频法和示波法。

计数法有电容充放电式和电子计数式两种。前者利用电子电路控制电容器充、放电的次数,再用磁电式仪表测量充、放点电流大小,从而指示出被测信号的频率值;后者是根据测量的定义进行测量的一种方法,它用电子计数器显示单位时间内通过被测信号的周期个数来实现频率的测量。由于数字电路的飞速发展和数字集成电路的普及,计数器的应用已十分广泛。利用电子计数器测量频率具有精确度高,显示醒目直观,测量迅速,以及便于实现测量过程自动化等一系列突出优点,所以该法是目前最好的,也是我们将要重点、详细讨论的测频方法。

4.1.4　电子计数器

1. 电子计数器的分类

电子计数器按照功能可以分为如下四类:

① 通用计数器。它可测量频率、频率比、周期、时间间隔以及进行累加计数等。

② 频率计数器。是指专门用来测量高频和微波频率的计数器,其功能限于测频和计数,其测频范围往往很宽。

③ 时间计数器。是以时间测量为基础的计数器,其测时分辨力和准确度都很高,已达皮秒(10^{-12})的数量级。

④ 特种计数器。包括可逆计数器、预置计数器、序列计数器、差值计数器等。

2. 主要技术指标

(1)测量范围。电子计数器按直接计数的最高频率 $f_{x\max}$ 分为: 低速计数器($f_{x\max} < 10\ \mathrm{MHz}$)、中速计数器($f_{x\max} = 10 \sim 100\ \mathrm{MHz}$)、高速计数器($f_{x\max} > 100\ \mathrm{MHz}$)、微波计数器($f_{x\max} = 1 \sim 80\ \mathrm{GHz}$ 或更高)。

(2)晶体振荡器的频率稳定度。一般为 $10^{-6} \sim 10^{-9}$。

(3)输入特性。① 触发电平及极性。触发电平和极性共同决定了输入信号的触发点,要求触发电平有一定的调节范围,触发极性可选择。② 输入电压范围。能保证正常工作的最小输入电压称为输入灵敏度,大多为 $10 \sim 100\ \mathrm{mV}$。

(4)测试性能。测试性能是指仪器所具备的测试功能,如仪器是否具有测量频率、周期、频率比、时间间隔、自校等功能。

（5）闸门时间和时标。根据测频率和测周期的范围不同,电子计数器提供多种闸门时间和时基信号。

（6）显示及工作方式。① 显示位数,是指电子计数器可以显示的数字的位数。② 显示时间,是指电子计数器两次测量之间显示测量结果的时间,一般可调。③ 显示方式,有记忆和不记忆两种显示方式。记忆显示方式只显示最终计数的结果,不显示正在计数的过程。实际上显示的数字是刚结束的一次的测量结果,显示的数字保留至下一次计数过程结束时再刷新。不记忆显示方式可以显示正在计数的过程。

（7）输出特性。是指电子计数器可输出的时标信号种类、输出数码的编码方式以及输出电平。

4.1.5 电子计数法测量原理

1. 基本原理

门控计数法可理解为:在规定的时间内打开闸门,让信号进入计数电路做累加计数,在已知的标准时间内累计未知的待测输入信号的脉冲个数,就实现频率测量;在未知的待测的时间间隔内累计已知的标准时间脉冲个数,就实现周期或时间间隔的测量。其原理如图4.2所示。

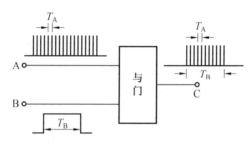

图4.2　主门电路

2. 通用计数器的基本组成

通用计数器的组成如图4.3所示。

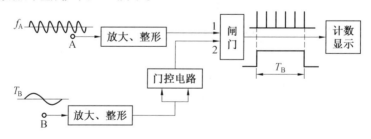

图4.3　通用计数器的组成框图

除主门、计数电路和数字显示器外,通用计数器还包括两个放大整形电路和一个门控双稳触发器。从A通道输入频率为f_A的A信号,经放大、整形变换为计数脉冲信号,接至闸门"1"端。从B通道输入频率为f_B的B信号,也经放大、整形变换为周期为T_B的矩形脉冲信号。这个矩形脉冲信号接至主门"2"端以触发门控双稳态触发器,使它输出一个宽度为T_B的门控时间脉冲信号(开门脉冲),控制闸门的开门时间。

4.2　电子计数器的组成原理和测量功能

4.2.1　电子计数器的组成

电子计数器的整机方框图如图 4.4 所示。根据测量的原理与实现的功能,电子计数器的组成应当包含以下几个功能部件。

1. 输入通道

通常包括 A、B 两个通道,它们均由放大和整形电路构成,变成符合主门要求的脉冲信号后,才能加到主门的输入端。有的计数器为了测量时间间隔增加了一个 C 通道,或者配置一个时间间隔测量的插件。

2. 时基产生电路

时基产生电路用来产生计数器所使用的标准频率或时间间隔。作为时间或频率的基准源应当是一个具有高稳定度(要求达 $10^{-6} \sim 10^{-10}$ 量级)的信号源。常用的标准单位时间(时标信号)T_0 有:1 ms、0.1 ms、10 μs、1 μs、0.1 μs、10 ns、1 ns;常用的标准单位频率(频标信号)f_0 有:1 kHz、100 Hz、10 Hz、1 Hz、0.1 Hz(相应的闸门时间为 1 ms、10 ms、100 ms、1 s、10 s)。晶体振荡器只能产生一个固定频率的信号,采用多级分频或者倍频的方法,可获得多种标准的量化单位值,如图 4.4 所示。

3. 计数与显示电路

计数与显示电路包括十进制计数器、寄存器和数字显示器等。

4. 控制电路

控制电路的作用是产生各种控制信号来控制各单元的工作,使整机按一定的工作程序完成自动测量的任务。

在控制电路的统一指挥下,电子计数器的工作按照"复零 – 测量 – 显示"的程序自动进行,其流程如图 4.5 所示。

测频时,电子计数器的工作过程如下:

(1)准备期。在开始进行一次测量之前应当做好的准备工作是:使各计数电路回到起始状态,并将读数清零,这一过程称为复零。

(2)测量期。通过频标信号选择开关,从时基电路选取适当的频标作为开门时间控制信号。门控双稳在所选频标信号的触发下产生单位长度的脉冲使主门准确地开启一段固定时间,以使输入信号通过主门到计数电路进行计数,这段时间称为测量时间。

(3)显示期。在一次测量完毕后关闭主门,把计数结果送到显示电路。为了便于读取或记录测量结果,显示的读数应当保持一定的时间,在这段时间内,应当关闭主门,这段时间称为显示时间。显示时间结束后,再做下一次测量的准备工作。

4.2.2　电子计数器的测量功能

通用电子计数器的基本功能是测量频率、周期、频率比、时间间隔和自检等。计数器输入通道所加信号的不同组合,决定了所实现的测量功能。

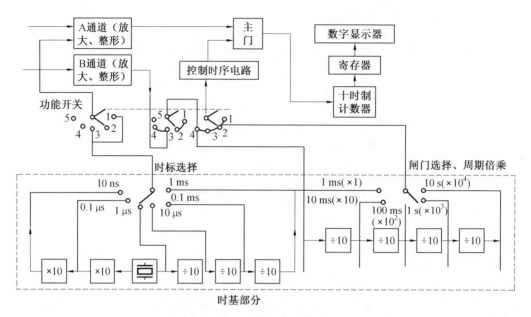

图 4.4　电子计数器的整机方框图

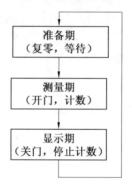

图 4.5　电子计数器的工作流程

1. 频率测量

电子计数器按照式(4.1)的定义进行频率测量,原理如图4.6所示,其对应点的工作波形如图4.7所示。在开门时间,被测信号通过闸门进入计数器计数并显示。若闸门开启时间为 T_c 和输入信号频率为 f_x,则计数值为

$$N = \frac{T_c}{T_x} = T_c \cdot f_x \tag{4.2}$$

闸门的宽度是由标准的时基经过分频得到的,通过开关选择分频比,是已知量。因此,只要得到计数器的计数值,就可以由式(4.2)得到被测信号的频率。

2. 频率比的测量

频率比 f_A/f_B 测量的原理如图4.8所示。两个信号中频率较低的信号(周期大的)需要加到门控电路输入端作为开门信号,得到的读数即为两个频率的比值。

虽然两个信号的频率对我们来说都是未知的,但是我们只关心频率的比值,其实际值对测量者来说是没有意义的。

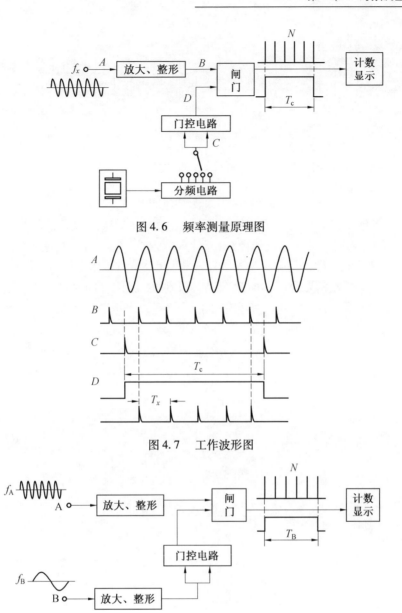

图 4.6 频率测量原理图

图 4.7 工作波形图

图 4.8 频率比的测量原理

3. 周期测量

原理如图 4.9 所示。被测信号从 B 输入端输入,经脉冲形成电路取出一个周期的方波信号,加到门控电路。若时标信号周期为 T_0,计数器读数为 N,被测信号周期的表达式应为

$$T_x = N T_0 \qquad (4.3)$$

需要注意的是:门控信号由被测信号经过整形获得,而被计数的信号则是标准的时基信号经过分频得到,其周期是已知的。通过时基信号在开门时间内的计数值就可由式(4.3)得到被测信号的周期。

4. 时间间隔测量

测量时间间隔的原理如图 4.10 所示,时间的起始和停止脉冲经 B 和 C 两个输入通道,

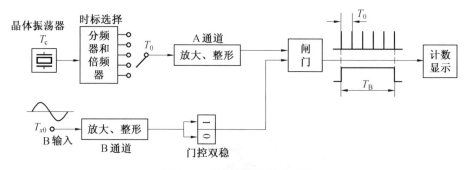

图 4.9　周期测量的原理框图

分别触发 R – S 触发器产生 $T_x = T_B - T_c$ 的闸门信号宽度。在时间间隔 T_x 所形成的开门时间内,对 A 通道输入的时标信号进行计数,其计数值 N 为: $T_x = NT_0$,通过选择两个输入通道的触发极性和触发电平可以完成两输入信号任意两点之间时间间隔的测量。如果需要测量同一个输入信号的任意两点之间的时间间隔,可以把被测信号同时送入 B、C 通道,分别选取其触发电平和触发极性以产生开始和停止信号。通过测量两个正弦波形上两个相应点之间的时间间隔,根据信号的频率可以求得两个正弦信号的相位差。

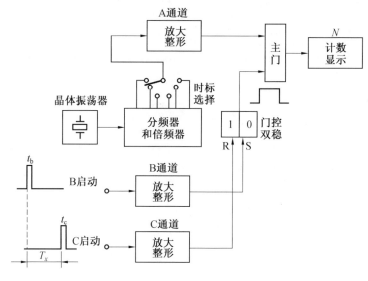

图 4.10　时间间隔测量原理图

5. 自检

自检原理如图 4.11 所示。自检是确认仪器工作状态是否正常的自我检查,时基信号经过 n 级 10 分频后控制闸门的开启时间,对时基本身进行计数。因为闸门信号和被计数脉冲来自同一个信号源,所以在理论上不存在 ± 1 量化误差。因此每次测量值和分频比相一致则表明仪器工作正常。

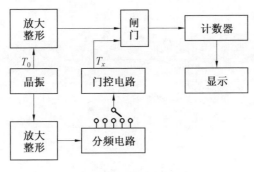

图 4.11　自检原理图

4.3　电子计数器的测量误差

4.3.1　测量误差的来源

1. 量化误差

量化误差就是指在进行频率的数字化测量时,被测量与标准单位不是整数倍,因此在量化过程中有一部分时间没有被计算在内而造成的误差,再加之闸门开启和关闭的时间与被测信号不同步(随机的),使电子计数器出现 ±1 误差。

2. 触发误差

触发误差就是指门控脉冲在干扰信号的作用下使触发提前或滞后所带来的误差。

3. 标准频率误差

标准频率误差是指由于电子计数器所采用的频率基准(如晶振等)受外界环境或自身结构性能等因素的影响产生漂移而给测量结果引入的误差。

4.3.2　频率测量误差分析

计数器直接测频的误差主要由两项组成,即 ±1 量化误差和标准频率误差。一般的,总误差可采用分项误差绝对值合成。

$$\frac{\Delta f_x}{f_x} = \pm \left(\frac{1}{T_s f_x} + \left| \frac{\Delta f_c}{f_c} \right| \right) \tag{4.4}$$

1. 量化误差

在测频时,由于闸门开启时间和被计数脉冲周期不成整数倍,在开始和结束时产生时间 Δt_1 和 Δt_2,如图 4.12 所示。

由于 Δt_1 和 Δt_2 在 $0 \sim T_x$ 之间任意取值,则可能有下列情况:

① 当 $\Delta t_1 = \Delta t_2$ 时,$\Delta N = 0$;

② 当 $\Delta t_1 = 0$,$\Delta t_2 = T_x$ 时,$\Delta N = -1$;

③ 当 $\Delta t_1 = T_x$,$\Delta t_2 = 0$ 时,$\Delta N = +1$。

即最大计数误差为 ±1 个数,故电子计数器的量化误差又称为 ±1 量化误差。

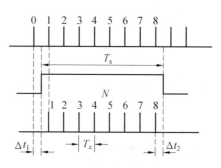

图 4.12　量化误差示意图

$$\frac{\Delta N}{N} = \frac{\pm 1}{N} = \pm \frac{1}{T_s f_x} \tag{4.5}$$

2. 标准频率误差

由于晶振输出频率不稳定引起闸门时间的不稳定,造成测频误差。

$$T_s = k \times T_c = \frac{k}{f_c}$$

而

$$\Delta T_s = \frac{\mathrm{d}(T_s)}{\mathrm{d}(f_c)} \Delta f_c = \frac{k \Delta f_c}{f_c^2}$$

所以

$$\frac{\Delta T_s}{T_s} = -\frac{\Delta f_c}{f_c}$$

3. 减小测频误差方法的分析

根据式(4.4)所表示的测频误差 $\Delta f_x / f_x$ 与 ± 1 量化误差和标频误差 $\Delta f_c / f_c$ 的关系,可画出如图 4.13 所示的误差曲线。

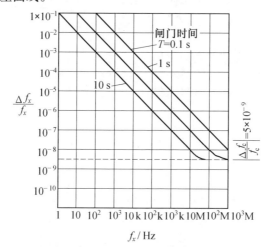

图 4.13　计数器测频时的误差曲线

从图中可以看出:当 f_x 一定时,增加闸门时间 T_s 可以提高测频分辨力和准确度。当闸门时间一定时,输入信号频率 f_x 越高则测量准确度越高。在这种情况下,随着 ± 1 误差减小到 $|\Delta f_c / f_c|$ 以下时,$|\Delta f_c / f_c|$ 的影响不可忽略。这时,可以认为 $|\Delta f_c / f_c|$ 是计数器测频的

准确度的极限。

【例 4.1】　设 $f_x = 20\ \text{MHz}$，选闸门时间 $T_s = 0.1\ \text{s}$，则由于 ± 1 量化误差而产生的测频误差为

$$\frac{\Delta f_x}{f_x} = \pm \frac{1}{T_s f_x} = \frac{\pm 1}{0.1 \times 2 \times 10^7} = \pm 5 \times 10^{-7}$$

若 T_s 增加为 1 s，则测频误差为 $\pm 5 \times 10^{-8}$，精度提高 10 倍，但测量时间是原来的 10 倍。

4.3.3　周期测量误差分析

1. 误差表达式

由式 $T_x = N T_0$ 可得

$$\frac{\Delta T_x}{T_x} = \frac{\Delta N}{N} + \frac{\Delta T_0}{T_0}$$

因为

$$N = \frac{T_x}{T_0} = T_x f_0$$

所以

$$\frac{\Delta T}{T_x} = \pm \frac{1}{T_x f_0} \pm \frac{\Delta T_c}{T_c} = \pm \left(\frac{1}{T_x f_0} + \frac{\Delta f_c}{f_c} \right) \tag{4.6}$$

2. 减小测量周期误差的方法

根据式 (4.4) 可以得到图 4.14 所示的测周期的误差曲线图。由图 4.14 可以看出：周期测量时信号的频率越低，测量周期的误差越小；周期倍乘的值越大，误差越小；另外可以通过对更高频率的时基信号进行计数来减小量化误差的影响。

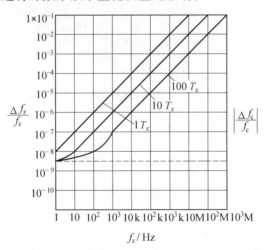

图 4.14　测周误差曲线图

3. 中界频率

当直接测频和直接测周的量化误差误差相等时，就确定了一个测频和测周的分界点，这个分界点的频率称为中界频率。

$$\frac{F_s}{f_{xm}} = \frac{T_0}{T_{xm}} = \frac{f_{xm}}{f_0} \tag{4.7}$$

$$f_{xm} = \sqrt{F_s \cdot f_0} \tag{4.8}$$

根据中界频率,可以选择合适的测量方法来减小测量误差。即当 $f_x > f_{xm}$ 时,应使用测频的方法;当 $f_x < f_{xm}$ 时,适宜用测量周期的方法。

4. 触发误差

在测量周期时,被测信号通过触发器转换为门控信号,其触发电平波动以及噪声的影响等,对测量精度均会产生影响。

在测量周期时,闸门信号宽度应准确等于一个输入信号周期。闸门方波是输入信号经施密特触发器整形得到的。在没有噪声干扰的时候,主门开启时间刚好等于一个被测周期 T_x。当被测信号受到干扰时(如图 4.15 所示,干扰为尖峰脉冲 V_n,V_B 为施密特电路触发电平),施密特电路本来应在 A_1 点触发,现在提前在 A_1' 处触发,于是形成的门方波周期为 T_x',由此产生的误差(ΔT_1)称为"触发误差"。可利用图 4.15 来近似分析和计算 ΔT_1。如图中直线 ab 为 A_1 点的正弦波切线,则接通电平处正弦波曲线的斜率为 $\tan \alpha$。

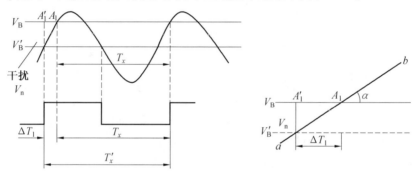

图 4.15 触发误差示意图

由图 4.15 可得:

$$\Delta T_1 = \frac{v_n}{\tan \alpha} \tag{4.9}$$

式中 v_n—— 干扰和噪声幅度。

$$\tan \alpha = \frac{dv_x}{dt}\bigg|_{v_x = v_B} = \omega_x V_m \cos \omega_x t_B = \frac{2\pi}{T_x} \cdot V_m \sqrt{1 - \sin^2 \omega_x t_B} = \frac{2\pi V_m}{T_x} \sqrt{1 - \left(\frac{V_B}{V_m}\right)^2}$$

将上式代入式(4.9),实际上一般门电路采用过零触发,即 $V_B = 0$,可得

$$\Delta T_1 = \frac{T_x}{2\pi} \times \frac{V_n}{V_m} \tag{4.10}$$

式中 V_m—— 信号振幅。

同样,在正弦信号下一个上升沿上(图中 A_2 点附近)也可能存在干扰,即也可能产生触发误差 ΔT_2:

$$\Delta T_2 = \frac{T_x}{2\pi} \times \frac{V_n}{V_m} \tag{4.11}$$

由于干扰或噪声都是随机的,所以 ΔT_1 和 ΔT_2 都属于随机误差,可按 $\Delta T_n =$

$\sqrt{(\Delta T_1)^2 + (\Delta T_2)^2}$ 来合成,于是可得

$$\frac{\Delta T_n}{T_x} = \frac{(\Delta T_1)^2 + (\Delta T_2)^2}{T_x} = \pm\frac{2}{\sqrt{2}\,\pi} \times \frac{V_n}{V_m} \qquad (4.12)$$

5. 多周期同步法

多周期测量减小转换误差的原理如图 4.16 所示。因为闸门信号是和被测信号同步后产生的,所以对周期个数的计数值不存在量化误差。而两相邻周期触发误差所产生的 ΔT 是相互抵消的,因此平均到一个周期上来说就相当于原来误差的 1/10。

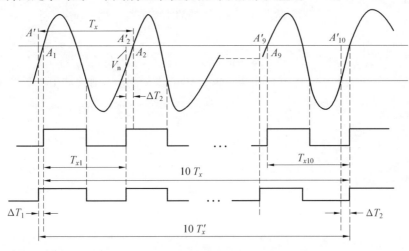

图 4.16　多周期同步法示意图

4.4　测量频率的其他方法

计数式频率计测量频率的优点是测量方便、快速、直观,测量精确度较高;缺点是要求较高的信噪比,一般不能测调制波信号的频率,测量精确度还达不到晶振的精确度,且计数式频率计造价较高。因此,在要求测量精确度很高或要求简单、经济的场合,有时采用本节介绍的几种测频方法。

4.4.1　直读法测频

1. 电桥法测频

电桥法测频是指利用电桥的平衡条件和被测信号频率有关这一特性来测频。交流电桥能够达到平衡,电桥的四个臂中至少有两个电抗元件,其具体的线路有多种形式。这里以常见的文氏电桥线路为例,介绍电桥法测频的原理。图 4.17 为文氏桥的原理电路。图中,PA 为指示电桥平衡的检流计,该电桥的平衡条件为

$$\left(R_1 + \frac{1}{j\omega_x C_1}\right)R_4 = \left(\frac{1}{\frac{1}{R_2} + j\omega_x C_2}\right)R_3 \qquad (4.13)$$

即

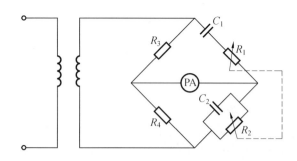

图 4.17 文氏电桥的原理电路

$$\left(R_1 + \frac{1}{j\omega_x C_1}\right)\left(\frac{1}{R_2} + j\omega_x C_2\right) = \frac{R_3}{R_4} \qquad (4.14)$$

令式(4.14)左端实部等于 R_3/R_4,虚部等于零,得该电桥平衡的两个实平衡条件,即

$$\frac{R_1}{R_2} + \frac{C_2}{C_1} = \frac{R_3}{R_4} \qquad (4.15(a))$$

$$R_1\omega_x C_2 - \frac{1}{R_2\omega_x C_1} = 0 \qquad (4.15(b))$$

由式(4.15(b))得

$$\omega_x = \frac{1}{\sqrt{R_1 R_2 C_1 C_2}}$$

或

$$f_x = \frac{1}{2\pi\sqrt{R_1 R_2 C_1 C_2}}$$

若 $R_1 = R_2 = R$,$C_1 = C_2 = C$,则有

$$f_x = \frac{1}{2\pi RC} \qquad (4.16)$$

如果调节 R(或 C),可使电桥对 f_x 达到平衡(检流计指示最小),在电桥面板用可变电阻(或电容)旋钮即可按频率刻度,测试者可直接读的被测信号的频率。

这种电桥法测频的精确度取决于电桥中个元件的精确度、判断电桥平衡的准确度(检流计的灵敏度及人眼观察误差)和被测信号的频谱纯度。它能达到的测频精确度约为 $\pm(0.5 \sim 1)\%$。在高频时,由于寄生参数影响严重,会使测量精确度大大下降,因此这种电桥法测量仅适用于 10 kHz 以下的音频范围。

2. 谐振法测频

谐振法测频就是利用电感、电容、电阻串联、并联谐振回路的谐振特性来实现测频,如图 4.18 所示。图中的电阻 R_L、R_C 为实际电感、电容的等效损耗电阻,在实际的谐振法测频电路中看不到这两个电阻的存在。

图 4.18(a)串联谐振电路的固有谐振频率为

$$f_0 = \frac{1}{2\pi\sqrt{LC}} \qquad (4.17)$$

当 f_0 和被测信号频率 f_x 相等时,电路发生谐振。此时,串联接入回路中的电流表将指示

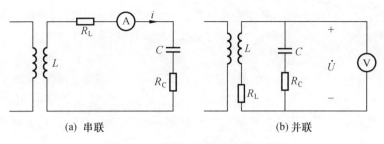

(a) 串联　　　　　　　　　　　　(b) 并联

图 4.18　谐振法测频的原理电路

最大值 I_0。当被测频率偏离 f_0 时,指示值下降,据此可以判断谐振点。

图 4.18(b) 并联谐振电路的固有谐振频率近似为

$$f_0 \approx \frac{1}{2\pi\sqrt{LC}} \tag{4.18}$$

当 f_0 和被测信号频率 f_x 相等时,电路发生谐振。此时,并联接于回路两端的电压表将指示最大值 U_0。被测频率偏离 f_0 时,指示值下降,据此判断谐振点。

图 4.18(a) 回路中电流 I 与频率 f 的关系,图 4.18(b) 回路中两端电压 U 与频率 f 的关系分别如图 4.19(a)、(b) 所示。

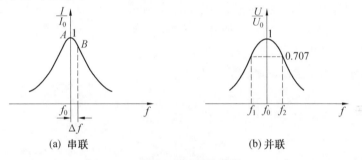

(a) 串联　　　　　　　　　　　　(b) 并联

图 4.19　谐振电路的谐振曲线

被测频率信号接入电路后,调节图 4.18(a) 或图(b) 中的 C(或 L),使图(a) 中电流表或图(b) 中电压表指示最大,表明电路达到谐振。由式(4.17) 或式(4.18) 可得

$$f_x = f_0 = \frac{1}{2\pi\sqrt{LC}} \tag{4.19}$$

其数值可从调节度盘上直接读出。谐振法测量频率的原理和测量方法都是比较简单的,应用较广泛。

这种测频方法的测量误差主要由下述几方面的原因造成:

(1) 式(4.17) 表述的谐振频率计算公式是近似计算公式,因此,用该式来计算,其结果会有误差是必然的,只不过是误差大、误差小的问题。回路中实际电感、电容的损耗越小,也可以说回路的品质因数 Q 越高,由此式计算的误差越小。

(2) 由图 4.19(a) 谐振曲线可以看出,当回路 Q 值不太高时,靠近谐振点处曲线较钝,不容易准确找出真正的谐振点 A。例如若由于调谐不准把 B 点误认为谐振点,则串联在回路的电流表读数 I 与真正谐振时的读数 I_0 就存在偏差 ΔI,由此也就引起频率偏差 Δf(见图 4.19(a))。用电压表判断谐振点时,也有类似的情况。

(3) 在用式(4.17) ~ (4.19) 计算回路谐振频率或被测频率时,是在认定 L、C 是标准元件的条件下进行的,面板上频率刻度是在标准元件值条件下经计算刻度的。当环境、温度、湿度以及可调元件磨损等因素变化时,将使电感、电容的实际元件值发生变化,从而使回路的固有频率发生变化,也就造成了测量误差。

(4)通常用改变电感的办法来改变频段,用可变电容作频率细调。由于频率刻度不能分得无限细,因此人眼读数常常有一定的误差,这也是造成测量误差的一种因素。综合以上各因素,谐振法测量频率的误差大约在 $\pm(0.25\% \sim 1\%)$ 范围内,常作为频率粗测或某些仪器的附属测频部件。

应当注意,利用谐振法进行测量时,频率源和回路的耦合应采取松耦合,以免两者互相牵引而改变谐振频率;同时作为指示器,电流表内阻要小,电压表内阻要大,并应采用部分接入方式,使谐振回路的 Q 值改变不大,当然这时也不能使电压表的灵敏度降低太多,所以部分接入系数要取得合适。当被测频率不是正弦波并且高次谐波分量强时,在较宽范围内调谐可变电容往往会出现几个频率成倍数的谐振点,一般被测频率为最低谐振频率或几个谐振指示点中电表指示最大的频率。

3. 频率 – 电压转换法测频

在直读式频率计里也可先把频率转换为电压或电流,然后用表盘刻度有频率的电压表或电流表来测频率。图 4.20(a)是一种频率 – 电压转换法测量频率的原理图。下面以测量正弦波频率 f_x 为例介绍它的工作原理。首先把正弦信号转换为频率与之相等的尖脉冲 u_A,然后加于单稳多谐振荡器,产生频率为 f_x、宽度为 τ、幅度为 U_m 的矩形脉冲列 $u_B(t)$,如图 4.20(b)所示。这一电压的平均值等于

$$U_0 = \frac{1}{T_x}\int_0^{T_x} u_B(t)\,\mathrm{d}t = \frac{U_m\tau}{T_x} = U_m\tau f_x \tag{4.20}$$

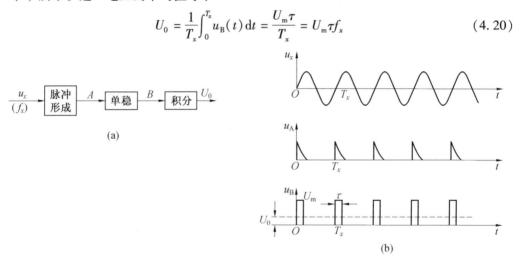

图 4.20 $f – V$ 转换法测量频率

当 U_m、τ 一定时,U_0 正比于 f_x,所以,经一积分电路求 $u(t)$ 的平均值 U_0,再由直流电压表指示就成为 $f – V$ 转换型直读式频率计,电压表直接按频率刻度。这种 $f – V$ 转换频率计的最高测量频率可达几兆赫兹。测量误差主要取决于 U_m、τ 的稳定度以及电压表的误差,一般为百分之几。可以连续监视频率的变化是这种测量法的突出优点。

4.4.2　比较法测频

1. 拍频法测频

将待测频率为 f_x 的正弦信号 u_x 与标准频率为 f_c 的正弦信号 u_c 直接叠加在线性元件上，其合成信号 u 为近似的正弦波，但其振幅随时间变化，而变化的频率等于两频率之差，这种现象称为拍频。待测频率信号与标准频率信号线性合成形成拍频现象的波形如图 4.21 所示。一般用如图 4.22 所示的耳机、电压表或示波器作为指示器进行检测。调整 f_c，f_x 越接近 f_c，合成波振幅变化的周期越长。当两个信号频率相差为 4 ~ 6 Hz 时，就分不出两个信号频率音调上的差别了，此时示为零拍，这时只听到一个介于两个音调之间的音调。同时，声音的响度都随时间做周期性的变化。用电压表指示时可看到指针有规律的来回摆动；若用示波器检测，则可看到波形幅度随着两频率逐渐接近而趋于一条直线。这种现象在声学上称为拍，因为听起来就好像在有节奏地打拍子一样，"拍频"、"拍频法"这些名词就来源于此。

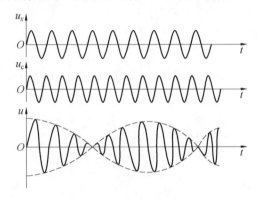

图 4.21　拍频现象波形图

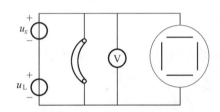

图 4.22　拍频现象检测示意图

拍频波具有如下特点：

（1）若 $f_x = f_c$，则拍频波的频率亦为 f_c，其振幅不随时间变化。这种情况下，当两信号的初相位差为零时，拍频波振幅最大，等于两信号振幅之和；当两信号的初相位差为 π 时，拍频波振幅最小，等于两信号振幅之差。

（2）若 $f_x \neq f_c$，则拍频波振幅随两信号的差频 $F = |f_c - f_x|$ 变化。因此，可以根据拍频信号振幅变化频率 F 以及已知频率 f_c 来确定被测频率 f_x，即

$$f_x = f_c \pm F \tag{4.21}$$

当 f_c 增加时，F 也增加，式(4.21)取负号，反之取正号。如测量精确度要求不高，则可尽量减小 F 值，近似地认为 $f_x = f_c$。对于一般人来说，拍频周期在 10 s 左右可以听出，即这一近似引入的误差为 0.1 Hz 量级。

为了使拍频信号的振幅变化大，便于辨认拍频的周期或频率，应尽量使两信号的振幅相等。这种测频方法要求相比较的两个频率的漂移不应超过零点几赫兹。如果频率的漂移过大，则很难分清拍频是由于两个信号频率不等引起的还是频率不稳定所致。在相同的频稳度条件下，因高频信号频率的绝对变化大，故该法大多使用在音频范围。

拍频法测频的误差主要取决于标准频率 f_c 的精确度，其次是测量 F 的误差，而测量 F 的

误差又取决于拍频数 n 的计数误差 Δn 和 n 个拍频相应的时间 t 的测量误差 Δt。将 $F = n/t$ 代入式(4.21),有

$$f_x = f_c \pm \frac{n}{t} \tag{4.22}$$

对式(4.22)两端微分得

$$\mathrm{d}f_x = \mathrm{d}f_c \pm \frac{c\mathrm{d}n - n\mathrm{d}t}{c^2} \tag{4.23}$$

所以

$$\frac{\mathrm{d}f_x}{f_x} = \frac{\mathrm{d}f_c}{f_x} \pm \frac{\mathrm{d}n/t - n\mathrm{d}t/t^2}{f_x} \tag{4.24}$$

用增量符号代替式(4.24)中的微分符号,并考虑相对误差的定义,再联系 $F = n/t$,得

$$\frac{\Delta f_x}{f_x} = \frac{\Delta f_c}{f_x} \pm F\left(\frac{\Delta n/n - \Delta t/t}{f_x}\right) \tag{4.25}$$

若认为 $\Delta f_x/f_x \approx \Delta f_c/\Delta f_c$,则式(4.25)可近似改写为

$$\frac{\Delta f_x}{f_x} \approx \frac{\Delta f_c}{f_c} \pm F\left(\frac{\Delta n/n - \Delta t/t}{f_x}\right) \tag{4.26}$$

由式(4.26)可以看出:要提高此种方法测量频率的精确度,除了选用高稳定度的频率标准外,还必须使拍频计数值 n 大,因而相应的时间 t 也大。目前拍频法测量频率的绝对误差约为零点几赫兹。若测量 1 kHz 左右的频率,其相对误差为 10^{-4} 量级;若被测量频率为 10 kHz,则相对误差可以小至 10^{-5} 量级。

2. 差频法测频

差频法也称外差法,该法的基本原理图如图 4.23 所示。待测频率 f_x 信号与本振频率 f_l 信号加到非线性元件上进行混频,输出信号中除了原有的频率 f_x、f_l 分量外,还有它们的谐波 nf_x、mf_l 及其组合频率 $nf_x \pm mf_l$,其中 m、n 为整数。当调节本振频率 f_l 时,可能有一些 n 和 m 值使差频为零,即

$$nf_x - mf_l = 0 \tag{4.27}$$

所以,被测频率为

$$f_x = \frac{m}{n}f_l \tag{4.28}$$

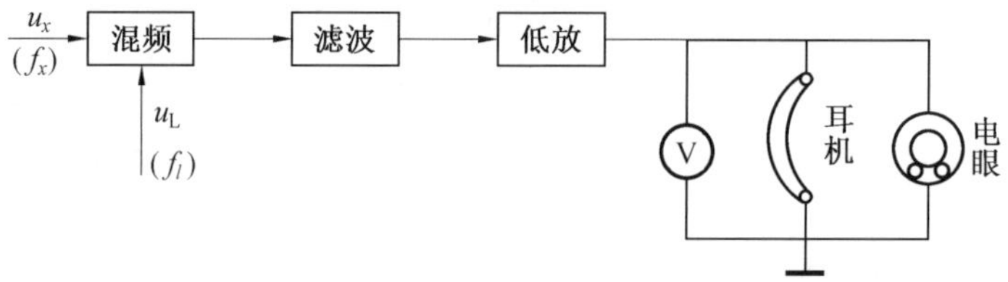

图 4.23　差频法测频的原理图

为了判断式(4.28)的存在,借助于混频器后的低通滤波网络选出其中的差频分量,并将其送入耳机、电压表或电眼检测。为了叙述方便,这里设 $m = n = 1$,即以两个基波频率之差为例说明其工作原理。调节 f_l 使输入到混频器的两信号基频差为零,于是有 $f_x = f_l$。由于两信号经非线性器件混频后,基波分量的振幅比谐波分量要大得多,其差频信号的振幅也最

大,因此检测判断最容易。在实际测量时是采用如下方法判断零差频点的:由低到高调整标准频率 f_l,当 $f_x \sim f_l$ 进入音频范围时,在耳机中即发出声音,音调随 f_l 的变化而变化,声音先是尖锐($f_x \sim f_l$ 在 10 kHz 以上、16 kHz 以下),逐渐变得低沉(数百赫兹到几十赫兹),而后消失(差频小于 20 Hz,人耳听不出)。当 f_l 继续升高时,$f_l \sim f_x$ 变大,差频又进入音频区,音调先是低沉,而后变尖锐,直到差频大于 16 kHz 人耳听不出。上述过程可用图 4.24 表示。纵轴表示差频的绝对值大小,V 形线为差频随 f_l 变化的情况,虚线表示声音强度。可以看出,随着 f_l 单调变化,在两个对称的可闻声区域中间即为零差频点($f_x = f_l$)。但是由于人耳不能听出频率低于 20 Hz 的声音,因此用耳机等发声设备来判断零差频点时有一个宽度 $\Delta f \approx 40$ Hz 的无声哑区,使判断误差很大,必须用电表或电眼作为辅助判别。以电表为例,当差频较大时,表针来不及随差频频率摆动,只有当差频小于几赫兹时,表针摆动才跟得上差频信号的变化,当差频为零时表针又不动。图 4.24 中,m 形状线表示电表偏转随 f_c 变化的情况。在电表两次偏转中间的静止点就是零差频点,这时哑区可以缩小到零点几赫兹。这个哑区是差频法测量频率的误差来源之一。

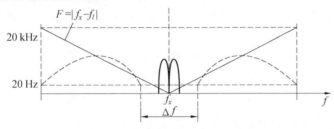

图 4.24　零差频点识别过程

以上讲述了 $m = n = l$ 两信号基频差频的情况。如果只是利用基波与基波的差频,那么标准频率源的变化范围就应与被测频率可能的范围相一致。频率变化范围极宽的振荡器难以达到很高的稳定度,而且频率调谐的读数精确度也很难做到足够高,为此要考虑 $m \neq n \neq l$ 的情况。当连续调节 f_l 时,将出现许多零差频点,即出现许多满足式(4.28)的点,在耳机中表现为一系列强度不同的"吱喔吱喔"声。由于上述诸多零差频点所对应的 m、n 往往难以确定,因此需要辅以粗测设备(如谐振式频率计等),以便在精确测量之前首先对被测频率做到心中有数。基于上述差频原理制成的实用外差式频率计框图如图 4.25 所示。为了测量精确,对本地振荡频率 f_l 的稳定度和准确度要求较高。f_l 频率覆盖范围并不宽,主要靠它的 m 次谐波与被测频率混频,使被测频率 f_x 的范围相当大。为了读数方便,本振的刻度盘直接用 mf_l 刻度,晶振用来校正它的刻度。输入电路为一耦合电路,把待测信号耦合到混频器。

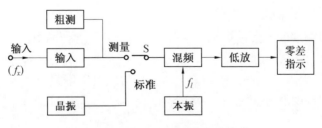

图 4.25　实用外差式频率计框图

测量时,先用粗测频率计测出 f_x 的大致数值,把开关 S 打在"测量"位置,调本振度盘在粗测值附近找到零趋频点。然后,把开关打向"标准"位置,用晶振谐波与本振谐波混频,由差频点校正本振频率读数是否准确(这时应调到离被测频率最近的校正点)。如果刻度盘刻度不准,则微调指针位置使其读数准确。经上述校准后就可把开关再打向"测量"位置行精测。只要在粗测值附近调节 f_l 得到零差频点,刻度盘读数就是被测频率的精确测量值。

差频法测量误差来源有如下三个:

(1)晶振频率误差。在测量过程中先用晶振频率 f_c 校正本振频率刻度,如晶振频率存在误差 Δf_c,则将造成测量误差。

(2)偏校误差。由于 f_c 是固定的,校正只能在 f_c 的谐波即频率为 nf_c 的若干个离散点进行,而被测频率一般不等于 nf_c,这将造成称之为偏校的误差。显然,晶振频率越低,校正点间隔越小,测量精确度越高。在实际测量时校正应在最靠近 f_x 的校正点进行。

(3)零差指示器引起的误差。零差指示器灵敏度的限制及人的感觉器官(眼、耳等)性能的不完善也会造成测量误差。例如,放大器的低频失真使极低的差频信号有严重的衰减,以至推动不了后级指示器;人耳或放声设备的哑区限制等都可能引起几十赫兹的绝对误差。

为了有效地减小差频法测频的误差,可采用改进的差频法,即双重差拍法,该法能避免差频法由于听不到哑区的频率变化所引起的误差。双重差拍法测频的原理是:先将待测频率 f_x 信号与本振频率 f_l 信号通过混频器形成其频率为二者差频 F 的音频信号,再将该信号与一个标准的音频振荡器输出信号在线性元件上进行叠加。通过"拍"现象准确地测出 F 值,从而可得

$$f_x = f_l \pm F \tag{4.29}$$

其中,F 前的符号可这样来判断,即若增加一点 f_l 时 F 亦增加,则说明原来 $f_l > f_x$,故 $f_x = f_l - F$,反之亦然。

双重差拍法是先差后拍,实际上它也是一种微差法。只要高低两个振荡器频率和被测频率的稳定度高,其测量精确度就可以很高,该法通常用于精密测量和计量工作中,对此法也可做某些推广,当差出 F 后,不一定非用拍频法测量 F,也可用其他方法来测量(如电子计数器法等)。事实上,这种方法也是构成频率计数器扩展量程的基础。

总之,差频法测量频率的误差是很小的,一般可优于 10^{-5} 量级。特别是采用有恒温装置的晶振作基准信号并用双重差拍,测量误差还可大大减小。与其他测频方法相比,该法还有一个突出优点,即灵敏度非常高,最低可测信号电平达 $0.1 \sim 1~\mu V$,这对微弱信号频率的测量是很有利的。

3. 用示波器测量频率和时间间隔

用示波器测量频率的方法很多,本书只介绍比较简单、方便的李沙育图形测频法。在示波器的 Y 通道和 X 通道分别加上不同信号时,示波管屏幕上光点的径迹将由两个信号共同决定。如果这两个信号是正弦波,则屏幕上的图形将取决于不同的频率比以及初始相位差而表现为形状不同的图形,这就是李沙育图形。图 4.26 画出了几种不同频率比、不同初相位差的李沙育图形。

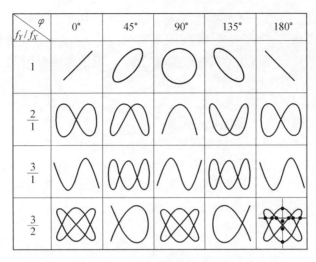

图 4.26　不同频率比和相位差的李沙育图形

由图 4.26 可见,屏幕上光迹的运动规律反映了偏转系统所加信号的变化规律。如果两个信号的频率比,即 $f_Y:f_X = m:n$(m、n 为整数),那么在某一相同的时间间隔内垂直系统的信号改变 m 个周期时,水平系统的信号恰好改变 n 个周期,荧光屏上呈现稳定的图形。由于垂直偏转系统信号改变一周与水平轴有两个交点,因此 m 个周期与水平轴有 $2m$ 个交点。与此相仿,水平系统信号的 n 个周期与垂直轴有 $2n$ 个交点。于是可以由示波器荧光屏上的李沙育图形与水平轴的交点 n_X 以及与垂直轴的交点 n_Y 来决定频率比,即

$$\frac{f_Y}{f_X} = \frac{n_X}{n_Y} \tag{4.30}$$

若已知频率信号交于 X 轴,待测频率信号交于 Y 轴,则由式(4.30)可得

$$f_Y = \frac{n_X}{n_Y} \cdot f_X = \frac{m}{n} f_X \tag{4.31}$$

例如,图 4.26 右下角李沙育图形与水平轴交点数 $n_X = 6$,与垂直轴交点数 $n_Y = 4$,因此 $f_Y = (6/4)f_X = (3/2)f_X$。

当两个信号频率之比不是准确地等于整数比时,例如 $f_Y = (m/n)(f_X + \Delta f)$,且 Δf 很小,这种情况的李沙育图形与 $f_Y = (m/n)f_X$ 时的李沙育图形相似。不过由于存在 Δf,等效于 f_Y、f_X 两信号的相位差不断随时间而变化,将造成李沙育图形随时间 t 慢慢翻动。当满足 $(m/n)\Delta f \cdot t = N$ 时,完成 N 次翻转($N = 0, 1, \cdots$),因此数出翻转 N 次所需要的时间 t 就可确定 Δf,即

$$\Delta f = \frac{nN}{mt} = \frac{n_Y}{n_X} \cdot \frac{N}{t} \tag{4.32}$$

Δf 的取值符号可通过改变已知频率 f_x 进行多次重复测量来决定。若增加 f_x 时,李沙育图形转动变快,表明 $(m/n)f_X > f_Y$,则 Δf 应取负号;反之,则应取正号。在特殊情况下($f_X \approx f_Y$,$m = n$ 时),李沙育图形是一滚动的椭圆,这时仍按式(4.32)计算 Δf,则被测频率为

$$f_Y = f_X \pm \Delta f \tag{4.33}$$

顺便说明,当两信号频率比很大时,屏幕上的图形将变得非常复杂,光点的径迹线密集(由图 4.26 可看出此规律),难以确定图形与垂直或水平直线的交点数,尤其是存在 Δf 图形

转动的情况更是如此。所以，一般要求被测频率和已知频率之比最大不超过 10∶1，最小不低于 1∶10，此外还要求 f_x、f_y 都十分稳定才便于测量操作，使测量精确度较高。李沙育图形测频法一般仅用于测量音频到几十兆赫兹范围的频率，测量的相对误差主要取决于已知的标准频率的精确度和计算 Δf 的误差。

时间间隔（周期是特殊的时间间隔）是一个时间量，用示波法来测量，非常直观。这里以内扫描法测时间间隔为例介绍其测试原理。

在未接入被测信号前，先将扫描微调置于校正位，用仪器本身的校正信号对扫描速度进行校准。接入被测信号，将图形移至屏幕中心区，调节 Y 轴灵敏度及 X 轴扫描速度，使波形的高度和宽度均较合适，如图 4.27 所示。在波形上找到要测时间间隔所对应的两点，如 A 点、B 点。读出 A、B 两点间的距离 $x(\mathrm{m})$，由扫描速度 $v(\mathrm{t/cm})$ 标称值及扩展倍率 k 即可算出被测的时间间隔为

$$T_x = \frac{x \times v}{k} \tag{4.34}$$

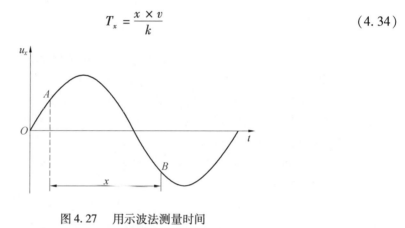

图 4.27　用示波法测量时间

4.5　电子计数器性能的改进方法

电子计数器性能改进的主要内容有：如何减小测量误差，尤其是量化误差；如何提高测时分辨率，增加测频的频带范围，以至可测量更高波宽的频率。

4.5.1　平均测量技术

这种测量技术的原理很简单。在普通的计数器中，无论是测频率还是测时间，单次测量时，误差绝对值为 ±1 个量化单位。如果读数为 N，则相对误差的范围为 $-\dfrac{1}{N} \sim +\dfrac{1}{N}$。由于闸门开启和被测信号脉冲时间关系的随机性，单次测量结果的相对误差在 $-\dfrac{1}{N} \sim +\dfrac{1}{N}$ 范围内出现，其值可大可小，可正可负，但某一个误差值的出现，对于所有的单次测量来说，机会相等，即其分布是均匀的。显然，由于这种误差单次出现的随机性，在多次测量的情况下，其平均值必然随着测量次数的无限增多而趋于零，即这种误差的总和具有抵偿性。原则上说，若随机误差 δ 的值分别为 $\delta_1, \delta_2, \cdots, \delta_n$，则

$$\lim_{n \to \infty} \frac{1}{n} \delta_n \to 0$$

即 δ_n 的数学期望为零。

实际上，有意义的测量为有限多次，因此，n 总是有限的。尽管如此，利用多次测量取其平均值作为测量结果，由于其误差的部分抵偿性，将会使测量精度大大提高。这种方法由于近代自动快速测试和数据处理技术的实现，逐渐在工程测量中得到广泛应用。

考虑到实际测量的困难性，往往以有限次 n 的测量来逼近式(4.19)。由于误差的随机性，按随机误差的积累定律，得平均测量时的误差限，即

$$\frac{\Delta T_x}{T_x} = \frac{\Delta f_x}{f_x} = \pm \frac{\sqrt{\sum_{i=1}^{n}\left(\frac{1}{N_1}\right)^2}}{n} \tag{4.35}$$

对于 ± 1 量化误差而言，有

$$\frac{1}{N_1} = \frac{1}{N_2} = \cdots = \left(\frac{1}{N_n}\right) = \frac{1}{N}$$

故式(4.35)可改写为

$$\frac{\Delta T_x}{T_x} = -\frac{\Delta f_x}{f_x} = \pm \frac{1}{\sqrt{n}} \cdot \frac{1}{N} \tag{4.36}$$

可见，由于测量次数的增加，其误差为单次误差的 $1/\sqrt{n}$。

要将这种方法付诸实践，必须保证闸门开启时刻和被测信号脉冲之间具有真正的随机性。如图 4.28 所示是一个实用测量方案，图中用齐纳二极管产生的噪声对时基脉冲进行随机相位调制，使时基脉冲具有随机的相位抖动。

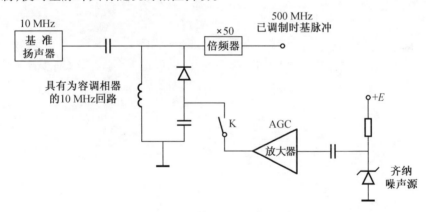

图 4.28　时基脉冲的随机调制

4.5.2　内插技术

内插法是以测量时间间隔为基础的计数方法，它要解决的问题是要测出量化单位以下的尾数，如图 4.29 所示。内插法实际上要进行三项测量，即：

① T_N 为起始脉冲后的第一个时基脉冲或钟脉冲和终止脉冲后的第一个钟脉冲之间的时间间隔。

② T_1 为起始脉冲和第一个进入计数器的钟脉冲之间的时间间隔。

③ T_2 为终止脉冲和后随钟脉冲之间的时间间隔。

T_N 的测量和通用电子计数器测量时间间隔的方法没有区别，都是简单地积累被测时间

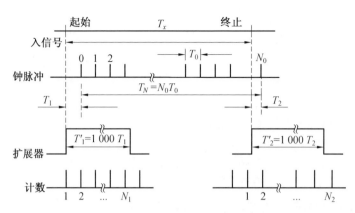

图 4.29　内插法测量时间间隔

间隔内计得的 N_0 个时钟脉冲的时间,即 $T_N = N_0 T_0$;T_1 和 T_2 的测量,是首先用内插器(扩展器)将它们扩大 1 000 倍,用"起始"扩展器测量 T_1,在 T_1 时间内,用一个恒流源将一个电容器充电,随后以充电时间 T_1 的 999 倍的时间放电至电容器原电平。内插扩展器控制门由起始脉冲开启,在电容器 C 恢复至原电平时关闭。如图 4.30 所示是内插时间扩展器原理示意图。扩展器控制的开门时间为 T_1 的 1 000 倍,即 $T'_1 = T_1 + 999 T_1$;在 T'_1 时间内计得钟脉冲数为 N_1,得 $T'_1 = N_1 T_0$,故

$$T_1 = \frac{N_1 T_0}{1\ 000}$$

类似地,终止内插器将实际测量时间 T_2 扩展 1 000 倍,这时 $T'_2 = N_2 T_0$,故

$$T_2 = \frac{N_2 T_0}{1\ 000}$$

由图 4.30 可见,$N_0 T_0$ 和被测时间间隔 T_x 的区别仅在于多计了 T_2 而少计了 T_1,故

$$T_x = \left(N_0 + \frac{N_1 - N_2}{1\ 000} T_0 \right)$$

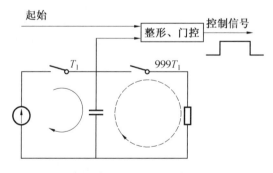

图 4.30　内插时间扩展器原理图

由此可见,用模拟内插技术,虽然测 N_1、N_1 时 ± 1 误差依然存在,但其相对大可缩小 1 000 倍,使计数器的分辨力提高了三个量级。例如,$T_0 = 100$ ns,则普通计数器的分辨力不会超过 100 ns。内插后其分辨力提高到 0.1 ns,这相当于普通计数器用 10 GHz 时钟时的分辨力。

利用上述原理,可以测量周期或频率,这时,计数器计得的仍然是时间间隔。在这种情

况下,除了测量 T_N、T_1、T_2 之外,还要确定在这个时间间隔内被测信号有多少个周期 N_x。这样,就可以通过计算得到周期 T_x 和频率 f_x,即

$$T_x = \frac{\left(N_0 + \dfrac{N_1 - N_2}{1\ 000}\right)T_0}{N_x} = \frac{1\ 000N_0 + N_1 - N_2}{1\ 000N_x}T_0 \tag{4.37}$$

$$f_x = \frac{1\ 000N_x}{(1\ 000N_0 + N_1 - N_2)T_0} \tag{4.38}$$

4.5.3　数字内插技术 —— 游标法计数器

用游标法测量时间间隔的原理,与用游标卡尺测量机械长度的原理是相同的。它使用两个时钟信号,其频率分别为 $f_1 = 1/T_1$,$f_2 = 1/T_2$。f_1 和 f_2 非常靠近,频率较低的 f_1 是主时钟,频率较高的 f_2 是游标时钟。两个时钟信号均由冲击式振荡器产生,即在外信号的触发下,才开始振荡,振荡的初始相位取决于触发信号。用位于被测时间起点的起始脉冲触发主时钟振荡器,用位于终点的停止脉冲触发游标时钟振荡器。开始时,主时钟信号将超前于游标时钟信号。但因为 $f_1 < f_2$,故游标时钟信号将逐渐追上主时钟信号,如图 4.31 所示。

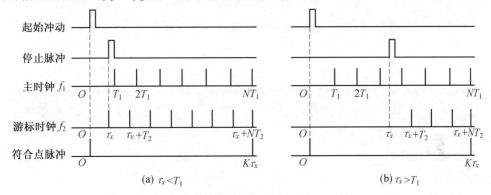

图 4.31　游标法测时原理图

如图 4.31(a)所示是被测时间间隔 $\tau_x < T_1$ 的情况。在符合点(即游标时钟信号刚好赶上主时钟信号的那一瞬间)以前,两个时钟振荡器产生的脉冲数相等,即 $N_1 = N_2 = N$,则

$$NT_1 = \tau_x + NT_2 = K\tau_x \tag{4.39}$$

或

$$\tau_x = N(T_1 - T_2) = N\Delta T \tag{4.40}$$

式(4.40)表明,被测时间 τ_x 被时间差 ΔT 所量化。当两个时钟频率足够接近时,量化的分辨率是可以做得很高的。

由式(4.39)可知,游标法事实上是用数字量化的方法把被测时间间隔 τ_x 扩展了 K 倍,K 称为扩展倍率或内插系数,其值为

$$K = \frac{NT_1}{\tau_x} = \frac{T_1}{\Delta T} = \frac{f_2}{\Delta f} \tag{4.41}$$

如图 4.31 所示是被测时间间隔 $\tau_x > T_1$ 的情况,此时 $N_1 \neq N_2$,故被测时间间隔为

$$\tau_x = N_1 T_1 - N_2 T_2 = (N_1 - N_2)T_1 + N_2 \Delta T \tag{4.42}$$

扩展倍率为

$$K = \frac{N_1 T_1}{\tau_x} = \frac{1}{1 - \frac{N_1 T_1}{N_2 T_2}} \qquad (4.43)$$

在这种情况下,需用两个计数器分别计出 N_1、N_2。

典型的游标时间间隔测量电路的方框图如图 4.32 所示。冲击振荡器在起始或停止信号触发下开始振荡,分别产生与起始、停止信号同步的钟脉冲。当两个钟脉冲相位符合时,符合电路输出一个信号,使振荡器停振,用两个计数器分别记下两个时钟振荡器输出的周期数 N_1、N_2。

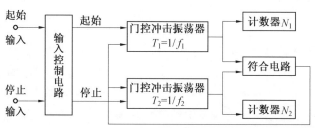

图 4.32 游标法测时方框图

游标法的原理简单,但用这种方法来实现精密时间间隔测量时,在技术上需要解决以下几个问题。

① 钟频率和频率的稳定度要求极高,要想实现扩展系数为 K 的测量,那么考虑一切因素在内的频率稳定度(包括长期和短期稳定度)必须达到 $1/K^2$ 的数量级。由式(4.41)可得 $\Delta\tau_x/\tau_x = -K\Delta f_1/f_1 = K\Delta f_2/f_2$。若要 $\Delta\tau_x$ 值不超过一个字,即要 $\Delta\tau_x/\tau_x \leqslant 1/K$,则要求 $\Delta f_1/f_1$,$\Delta f_2/f_2$ 必须达到 $1/K^2$ 的数量级。

② 分辨率很高时,Δf 应当很小,因此两个时钟电路必须进行严格屏蔽,否则可能因频率牵引而不能正常工作。

③ 要实现高精度和高分辨率,符合电路的工作速度也应该是很高的。

由于存在上述一些技术上的困难,游标法长期未得到实际应用。近年来提出的相位锁定型同步触发振荡器,解决了上述一些困难。它巧妙地把触发振荡器与锁相环结合起来,使冲击振荡器的信号既能与外触发信号同步,又有很高的频率稳定度。

4.5.4 多周期同步测频

1. 工作原理

如图 4.33(a) 所示给出了多周期同步测量频率的原理框图,图 4.34(b) 是对应的工作波形图。其工作过程是:单片机预置一定宽度(如 1 s)的闸门脉冲信号,加至 D 触发器以形成同步闸门信号 T;被测信号频率 f_x 分两路加入,一路加至 D 触发器作为 CP 时钟,和预置闸门一起作用,在 Q 端形成同步闸门(见图 4.33(b) 中的 T 波形),并分别加到主门 1 和主门 2,将主门 1、2 同时打开,这时,被测频率 f_x 通过主门 1 进入计数器 1,对进入的 f_x 周期数进行计数,得结果设为 N_x;同时,晶振标准频率 f_0 通过主门 2 进入计数器 2,得计数值 N_0,其波形如图 4.33(b) 所示,由图可得

$$N_x T_x = N_0 T_0 \qquad (4.44)$$

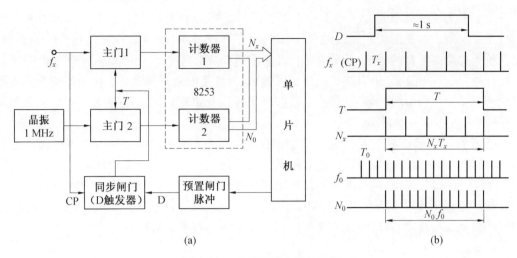

(a)　　　　　　　　　　　　　　　　　(b)

图 4.33　多周期同步测频原理

因此

$$f_x = \frac{N_x}{N_0} \times f_0 \tag{4.45}$$

由于实际上是通过测 T_x，而求其倒数而得，所以也称其为倒数计数器。

2. 误差分析

由以上工作过程和波形图可以看出，N_x 对被测信号 T_x 的计数是与闸门同步的，故不存在 ± 1 量化误差。这样，用该计数器测频，不管频率高低，其精度是相同的。这时，误差仅发生在计数器 2 对 f_0 的计数 N_0 上，因为主门 2 与 f_0 之间并无同步关系，故仍存在量化误差。不过，通常 $f_0 \gg f_x$，故 ± 1 误差相对小得多。

【例 4.2】　分别用通用计数器和多周期同步计数器对 50 Hz 正弦信号频率进行测量，计算其 ± 1 误差。设闸门时间为 1 s，晶振标准频率为 1 MHz。

解　通用计数器测频 ± 1 误差为

$$\frac{\Delta N}{N} = \frac{\pm 1}{N} = \frac{0.02 \text{ s}}{1 \text{ s}} = 2 \times 10^{-2}$$

多周期同步计数器测频 ± 1 误差为

$$\frac{\Delta N}{N} = \frac{\pm 1}{N} = \frac{1 \times 10^{-6} \text{ s}}{1 \text{ s}} = 1 \times 10^{-6}$$

这里为计算方便，从原理概念出发来进行计算，因为在 1 s 的闸门时间内，非同步的通用计数器 ± 1 误差是 1 个 50 Hz 信号的周期 0.02 s，而采用多周期同步计数器 ± 1 误差是 1 个 1 MHz 晶振频率的周期 1×10^{-6} s，所以得上述计算结果。并由此可知，采用多周期同步计数器对测频和测周都是等精度的，误差均为 1×10^{-6}，故称多周期同步计数器为等精度计数器，也称为智能计数器。

4.5.5　微波计数器

最高计数频率是计数器的主要技术指标之一。若要提高计数器的计数速度，主要考虑下列两个因素。

① 计数器的基本计数单元是双稳态触发器。要提高计数速度,首先必须提高触发器的最高工作频率。对于饱和开关式触发器来说,由于存储效应、电路电容充放电时间的影响,以及抗干扰性等方面的考虑,其最高工作频率在 100 MHz 左右。计数频率高于 100 MHz 的高速计数器中的触发器,可以使用隧道二极管、非饱和型电流开关等。晶体管电流开关克服了饱和存储效应所引起的延迟时间,其计数频率可达 1 500 MHz 以上;隧道二极管触发器的工作频率也可达 1 000 MHz。

② 计数器由多级触发器组成。根据不同的编码,计数器各级触发器之间可能加有反馈,也可能要求加反馈。反馈总伴随着延迟,因此,计数器的反馈方案意味着计数速度的降低。为了提高计数速度,应该考虑不加反馈的计数方案,对计数器的前级更应特别注意。通用计数器能直接计数的频率在 1.5 GHz 以下。要对微波波段的信号频率进行数字测量,必须采用频率变换技术,将微波频率变换成 1 GHz 以下的频率,以便直接计数。

1. 变频法

变频法(或称外差法)是将被测微波信号经差频变换成频率较低的中频信号,再由电子计数器计数。变频法的方框图如图 4.34 所示。它把电子计数器主机内送出的标准频率 f_s,经过谐波发生器产生高次谐波,再由谐波滤波器选出所需的谐波分量 Nf_s,与被测信号 f_x 混频出差频 f_1。若由电子计数器测出 f_1,则被测频率 f_x 为

$$f_x = Nf_s \pm f_1 \tag{4.46}$$

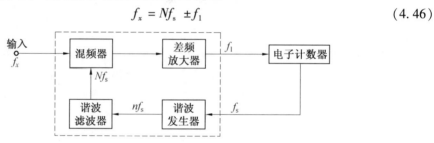

图 4.34 变频法方框图

自动变频式微波计数器的原理方框图如图 4.35 所示。谐波发生器采用阶跃恢复二极管,以产生丰富的谐波。谐波滤波器采用 YIG(钇铁石榴石,一种单晶铁氧化体材料)电调谐滤波器,其谐振频率可在很宽范围内实现可调。扫描捕获电路产生的阶梯波电流,控制 YIG 的外加磁场,使 YIG 的谐振频率从低到高步进式地改变,从而可逐次地选出标准频率的各次谐波。当某次谐波 Nf_s 与待测频率 f_x 的差额 $f_1 = (f_x - Nf_s)$ 落在差频放大器的带宽110 MHz)范围内时,差频信号经放大、检波后输出一直流电压,使扫描捕获电路自动停止扫描,因而 YIG 固定地调谐在 N 次谐波上。与此同时,通过控制电路将谐波频率 Nf_s 预置在显示器里,而计数器对差频放大器输出的差频信号进行计数,这样,在显示器上就可直接读出被测频率 f_x,即

$$f_x = Nf_s + f_1 \tag{4.47}$$

由于是从低到高地选择谐波与 f_x 差频,故在式(4.46)中,f_1 前应取加号,即得上式。

【例 4.3】 某被测频率 $f_x = 6\ 980.034\ 752$ MHz,设标频 $f_s = 100$ MHz,故选择 69 次谐波($N = 69$)与 f_x 差频,得差频 $f_1 = (f_x - Nf_s) = 80.034\ 752$ MHz。它由电子计数器直接测出。最终显示数字

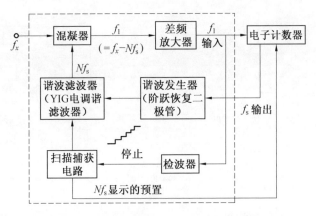

图 4.35　自动变频式微波计数器原理方框图

$$f_x = Nf_s + f_1 = 6\ 900\ \text{MHz} + 80.034\ 752\ \text{MHz} = 6\ 980.034\ 752\ \text{MHz}$$

其中,数字 69 是直接预置到显示器的数字,80.034 752 是计数得到的数字。

全自动变频式微波频率计数器的关键部件是电调谐滤波器和谐波发生器,此外,还包括自动控制、数据处理、D/A 转换器等电路。这种方案的优点是分辨率高,在 1 s 的测量时间有 1 Hz 的分辨率。但是由于到达混频器的高次谐波信号 Nf_s 的幅度较低,因此仪器的灵敏度较低,一般只能达到 100 mV 左右。

2. 置换法

置换法的原理是利用一个频率较低的压控振荡器的 N 次谐波,与被测频率 f_x 进行分频式锁相,从而把 f_x 转换到较低的频率 f_L(通常为 100 MHz 以下)。置换法的简化方框图如图 4.36 所示。当锁相环锁定时,被测频率为

$$f_x = NF_L \pm f_s \tag{4.48}$$

式中　　f_L —— 压控振荡器(也称置换振荡器)的频率;

　　　　f_s —— 计数器的标准频率。

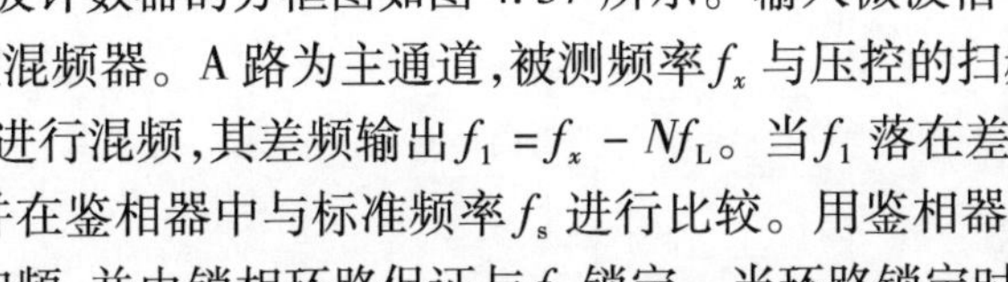

图 4.36　置换法的简化方框图

全自动置换法微波计数器的方框图如图 4.37 所示。输入微波信号通过功率分配器分成 A、B 两路进入谐波混频器。A 路为主通道,被测频率 f_x 与压控的扫频振荡器频率 f_L 的谐波 Nf_L 在混频器 A 中进行混频,其差频输出 $f_1 = f_x - Nf_L$。当 f_1 落在差频放大器的通频带内时,它将通过放大器并在鉴相器中与标准频率 f_s 进行比较。用鉴相器的输出电压去控制压控振荡器,使它停止扫频,并由锁相环路保证与 f_x 锁定。当环路锁定时,则得到式(4.48)所示的频率关系式。f_L 可由计数器直接计数,故只要确定谐波次数 N,就可知被测频率 f_x。

为了确定谐波次数 N 附加了 B 路(辅助通道)。在混频器 C 中,标频发生器产生的标频信号 F_0(1 kHz)与 f_L 进行混频,取出差额分量 $f_L - F_0$;在混频器 B 中,被测频率 f_x 与差额 $(f_L - F_0)$ 的 N 次谐波混频,其差频输出为

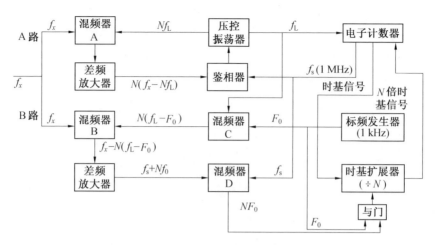

图 4.37　全自动置换法微波计数器的方框图

$$f_x - N(f_L - F_0) = N[(f_x - f_s)/N - F_0] = f_s + NF_0$$

在混频器 D 中,差频放大器输出的 $(f_s + NF_0)$ 与标频 f_s(1 MHz)混频,其差频输出为 NF_0。将 NF_0 与 F_0 加至与门比较,则可确定出谐波次数 N。为了做到直读,把电子计数器输出的时基信号相应的扩展 N 倍,因而闸门时间延长 N 倍,并在计数器中预置入 f_s(1 MHz)的初始值,则计数器显示的读数为 $NF_L + f_s$。

由于置换法应用了锁相电路,环路增益高,因此整机灵敏度高。但闸门时间需要延长 N 倍,因而在同样测量时间的情况下,与变频法相比较,其分辨率较差。此外,由于受锁相环路的限制,被测信号的调频系数不能过大。

3. 预分频法

预分频法是将被测微波频率预先进行 N 分频,使被测频率降低至 $1/N$ 后,再用电子计数器直接计数,计数值乘以分频系数 N,便得所测的频率 f_x。

实现分频的方法很多,有二进位或十进位分频法、采样分频法和自动分频法等。图4.38 所示为 $\div 10$ 的预分频电路的方案。通过开关 S1 的选择,它能测量输入信号本身的频率,也能测量经过分频后的被测频率。在时基电路后面增加一个 $\div 10$ 分频器,增加了主门的开门时间,可提高分辨率。这样可使频率计数器在增加了 $\div 10$ 预分频电路后,通过 $S2$ 开关选择时基 $\div 10$ 预分频后可使测频分辨力不降低,但测量时间增加了 10 倍。

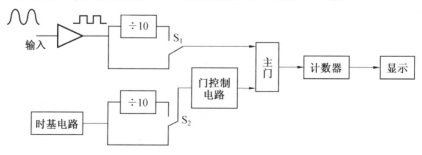

图 4.38　分频法测频原理框图

思考题与习题

4.1　解释时间与时刻的不同点。

4.2　数字化测量的优点有哪些?

4.3　简述直接法的测量原理。

4.4　根据通用计数器的简化框图,如果闸门时间在 0.1 ~ 1 s 可调,计数器为 8 位的计数器,试计算此通用计数器可测量的最高频率和最低频率。

4.5　为什么标准时间单位为 1 ms、0.1 ms、10 μs、1 μs、0.1 μs、10 ns、1 ns 等,都呈现 10 的倍数关系?

4.6　区分对应于电子计数器的 5 种测量功能,其输入通道、输入信号的差别。

4.7　试述测量脉冲宽度的方法。

4.8　分析通用计数器测量频率和周期的误差,以及减小误差的方法。

4.9　用电子计数式频率机测量 1 kHz 的信号,当闸门时间分别为 1 s 和 0.1 s 时,试比较两种方法由 ±1 误差引起的相对误差。

4.10　利用计数器测频,已知内部晶振频率 $f_c = 1$ MHz,$\Delta f_c / f_c = \pm 1 \times 10^{-7}$,被测频率 $f_x = 100$ kHz,若要求"±1"误差对测频的影响比标准频率误差低一个量级(即为 $\pm 1 \times 10^{+6}$),则闸门时间应取多大? 若被测频率 $f_x = 1$ kHz,且闸门时间保持不变,上述要求能否满足?

第 5 章

信号发生器

5.1 信号发生器概述

5.1.1 信号发生器的功能

在研究、生产、使用、测试和维修各种电子器件、部件以及整机设备时,都需要有信号源提供不同频率、不同波形的电压、电流信号,并将其作为激励信号加到被测器件或设备上,再用其他测量仪器观察、测量被测对象的输出响应,以分析确定它们的性能参数,如图 5.1 所示。在电子测量领域,这种提供测试信号的电子设备,统称为信号发生器。信号发生器输出信号的频率、幅度和波形可以调节,并能读出精确数值。

图 5.1 信号发生器的功能

信号发生器是电子测量领域中最基础、应用最广泛的一类电子仪器,其应用主要包括以下三个方面。

1. 激励源

激励源作为某些电气设备的激励信号。例如,激励扬声器发出声音。

2. 信号仿真

当研究某个电气设备在某种环境下所受影响时,需要产生模拟实际环境特性的信号。例如,研究高频干扰信号时,就要对干扰信号进行仿真。

3. 校准源

校准源用于产生一些标准信号,对一般信号源进行校准或比对。

此外,信号发生器在其他领域也有广泛应用,例如机械部门的超声波探伤,医疗部门的长声波诊断、频谱治疗仪等。

5.1.2 信号发生器的分类

信号发生器应用广泛、种类繁多、性能各异,分类方法也不尽一致,下面介绍几种常见的分类方法。

1. 按频率范围分类

按照输出信号的频率范围对信号发生器进行分类是较为传统的分类方法,见表 5.1。

表 5.1　按频率范围分类的信号发生器

类　　　别	频率范围	应　　　用
超低频信号发生器	1 kHz 以下	地震测量,声纳、医疗、机械测量等
低频信号发生器	1 Hz ~ 1 MHz	音频、通信设备、家电等测试、维修
视频信号发生器	20 Hz ~ 10 MHz	电视设备测试、维修
高频信号发生器	300 kHz ~ 30 MHz	短波等无线通信设备、电视设备测试、维修
甚高频信号发生器	30 ~ 300 MHz	超短波等无线通信设备、电视设备测试、维修
特高频信号发生器	300 ~ 3 000 MHz	UHF 超短波、微波、卫星通信设备测试、维修
超高频信号发生器	3 GHz 以上	雷达、微波、卫星通信设备测试、维修

表 5.1 中频段的划分不是绝对的。比如电子仪器的门类划分中,“低频信号发生器”指 1 Hz ~ 1 MHz 频段,波形以正弦波为主,或兼有方波及其他波形的信号发生器;“射频信号发生器”则指能产生正弦信号,频率范围部分或全部覆盖30 kHz ~ 1 GHz(允许向外延伸),并且具有一种或几种调制功能的信号发生器。可见,这里两类信号发生器的频率范围有重叠,而所谓“射频信号发生器”包含了表5.1 中视频以上各种类信号发生器。即使是完全按照表5.1中频段术语进行分类,频率范围也不尽相同。如有些文献就将表5.1 中6 个频段的范围分别定义为:1 kHz 以下、1 MHz 以下、20 Hz ~ 10 MHz、100 kHz ~ 300 MHz、4 ~ 300 MHz 和 300 MHz 以上。

2. 按输出波形分类

根据使用要求,信号发生器可以输出不同波形的信号,如图5.2 所示。

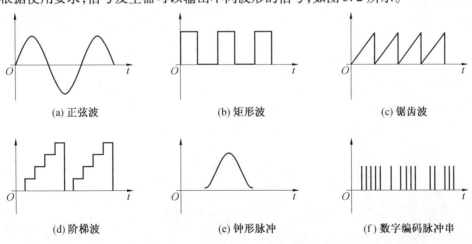

(a) 正弦波　　　　　　(b) 矩形波　　　　　　(c) 锯齿波

(d) 阶梯波　　　　　　(e) 钟形脉冲　　　　　(f) 数字编码脉冲串

图5.2　几种典型的信号波形

按照输出信号的波形特性,信号发生器可分为正弦信号发生器和非正弦信号发生器。

非正弦信号发生器又包括脉冲信号发生器、函数信号发生器、扫频信号发生器、数字序列信号发生器、图形信号发生器、噪声信号发生器等。在实际应用中,正弦信号发生器应用最为广泛。脉冲信号发生器主要用来测量脉冲数字电路的工作性能。函数信号发生器也比较常用,因为它不仅可以输出各种波形,而且信号频率范围也较宽且可调。噪声信号发生器用来产生实际电路和系统中的模拟噪声信号,借以测量电路的噪声特性。

3. 按性能指标分类

按照信号发生器的性能指标可分为一般信号发生器和标准信号发生器。前者是指对其输出信号的频率、幅度的准确度和稳定度以及波形失真等要求不高的一类发生器;后者是指输出信号的频率、幅度、调制系数等在一定范围内连续可调,并且读数准确、稳定、屏蔽良好的中、高档信号发生器。

4. 按使用范围分类

根据使用范围的不同,信号发生器可以分为通用信号发生器和专用信号发生器两类。常见的专用信号发生器有调频立体声信号发生器、电视信号发生器以及矢量信号发生器等。

5. 按调制方式分类

按照调制方式的不同,信号发生器可以分为调幅(AM)、调频(FM)、调相(PM)、脉冲调制、$I-Q$ 矢量调制等类型。

6. 按照产生方法分类

按照频率产生方法的不同,信号发生器又可以分为谐振信号发生器、锁相信号发生器以及合成信号发生器等。

上面所述仅是常用的几种分类方式,而且是大致的分类。随着电子技术水平的不断发展,信号发生器的功能越来越齐全,性能越来越优良,同一台信号发生器往往具有相当宽的频率覆盖范围,又具有输出多种波形信号的功能。例如国产 EE1631 型函数信号发生器的频率覆盖范围为 0.005 Hz ~ 40 MHz,跨越了超低频、低频、视频、高频到甚高频几个频段,可以输出包括正弦波、三角波、方波、锯齿波、脉冲波、调幅波、调频波等多种波形的信号。

5.1.3 信号发生器的组成

虽然不同类型的信号发生器其性能、用途各不相同,但基本组成都是类似的。如图 5.3 所示,信号发生器一般由振荡器、变换器、输出电路、指示器及电源五个部分组成。

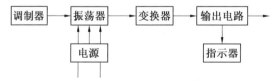

图 5.3 信号发生器基本组成框图

图中各组成部分的功能说明如下:

1. 振荡器

振荡器是信号发生器的核心部分,由它产生不同频率、不同波形的信号,通常是正弦波振荡器或自激脉冲发生器。振荡器决定了信号发生器的一些重要工作特性,如工作频率范围、频率的稳定度等。产生不同频率、不同波形信号的振荡器,其原理和结构差别很大。

2. 变换器

变换器可以是电压放大器、功率放大器、调制器或整形器等。一般情况下,振荡器输出的信号都较微弱,需要在该部分对其进行放大或变换,进一步提高信号的电平并给出所要求的波形。此外,调幅、调频等信号也需在这部分由调制信号对载频加以调制。而像函数发生器,振荡器输出的是三角波,需要在这里由整形电路整形成方波或正弦波。

3. 输出电路

输出电路包括调整信号输出电平和输出阻抗的装置,可以是衰减器、匹配用阻抗变换器、射极跟随器等电路。输出电路的基本功能是调节输出信号的电平和输出阻抗,为被测设备提供所要求的输出信号电平或信号功率。

4. 指示器

指示器用来监视输出信号,可以是电子电压表、功率计、频率计、调制度表等,有些脉冲信号发生器还附带简易示波器。使用时可通过指示器来调整输出信号的频率、幅度及其他特性。通常情况下指示器接于衰减器之前,并且由于指示仪表本身精确度不高,其显示值仅供参考,从输出端输出信号的实际特性需用其他更准确的测量仪表来测量。

5. 电源

电源提供信号发生器各部分的工作电源电压。通常是将 50 Hz 交流电整流成直流电压并采取良好的稳压措施。

5.1.4　信号发生器的性能指标

若将信号发生器作为测量系统的激励源, 则被测器件或设备各项参数的测量质量将直接取决于信号发生器的性能。在各类信号发生器中,正弦信号发生器是最普通、应用最广泛的一类,几乎渗透到所有的电子实验及测量中。这是由于正弦信号易于产生和描述,又是应用最广泛的载波信号,并且任何线性二口网络的特性都可以用它对正弦信号的响应来表征。

衡量正弦信号发生器工作性能的三大指标通常为频率特性、输出特性和调制特性,其中又包括 30 余项具体指标。信号发生器的性能指标比较多,由于各种仪器的用途和精度等级不同,并非每类每台产品都需要用全部指标进行考核。此外,各生产厂家出厂检验标准及技术说明书中的术语也不尽一致。因此,本节仅介绍信号发生器中几项最基本、最常用的性能指标。

1. 频率特性

通常用以下 4 项性能指标来描述信号发生器的频率特性。

（1）频率范围

频率范围指信号发生器各项指标均能得到保证的输出频率范围。该范围内既可由连续,又可由若干频段或一系列离散频率覆盖,在此范围内应满足全部误差要求。 例如,国产 XD1 型信号发生器的输出信号频率为 1 Hz ~ 1 MHz,分六挡即六个频段。 为了保证有效频率范围连续,两相邻频段间有相互衔接的公共部分即频段重叠。 又如,美国 HP 公司 HP − 8660C 型频率合成器产生的正弦信号的频率为 10 kHz ~ 2 600 MHz,可提供间隔为 1 Hz 总共近 26 亿个分立频率。

（2）频率准确度

频率准确度是指信号发生器输出信号频率的实际值 f 与其标称值 f_0 的相对偏差,其表达式为

$$\alpha = \left(\frac{f - f_0}{f_0}\right) \times 100\% = \frac{\Delta f}{f_0} \times 100\% \tag{5.1}$$

式中　　f_0——标称频率(度盘或数字显示数值,也称预调值);

　　　　f——输出信号频率的实际值。

频率准确度实际上是输出信号频率的工作误差。用度盘读数的信号发生器频率准确度约为 ±(1% ~ 10%),精密低频信号发生器频率准确度可达 ±0.5%。例如,调谐式 XPC − 6 型标准信号发生器的频率准确度优于 ±1%,而一些采用频率合成技术带有数字显示的信号发生器,其输出频率具有基准频率(晶振)的准确度,若机内采用高稳定度的晶体振荡器,则输出频率的准确度可达到 10^{-8} ~ 10^{-10}。

（3）频率稳定度

频率稳定度是指其他外界条件恒定不变的情况下,在规定时间内,信号发生器输出频率相对于预调值变化的大小,它表征信号发生器维持工作于恒定频率的能力。按照国家标准,频率稳定度又分为短期频率稳定度和长期频率稳定度。

短期频率稳定度定义为信号发生器经过规定的预热时间后,信号频率在任意 15 min 内所发生的最大变化,表示为

$$\delta = \frac{f_{max} - f_{min}}{f_0} \times 100\% \tag{5.2}$$

式中　　f_0——预调频率;

　　　　f_{max} , f_{min}——任意 15 min 内信号频率的最大值和最小值。

长期频率稳定度定义为信号发生器经过规定的预热时间后,信号频率在任意 3 h 内所发生的最大变化,表示为

$$\delta = (x \times 10^{-6} + y) \text{ Hz} \tag{5.3}$$

式中　　$x \text{、} y$——由厂家确定的性能指标值。

（4）非线性失真和频谱纯度

在理想情况下,正弦信号发生器的输出应为单一频率的正弦波,但由于信号发生器内部放大器等元器件的非线性,会使输出信号产生非线性失真,除了所需要的正弦波频率外,还有其他谐波分量。

通常用非线性失真来说明低频信号发生器的输出波形接近正弦波的程度,记为

$$\gamma = \frac{\sqrt{U_2^2 + U_3^2 + \cdots + U_n^2}}{U_1} \times 100\% \tag{5.4}$$

式中　　U_1——输出信号基波有效值;

　　　　$U_2 , U_3 , \cdots , U_n$——各次谐波有效值。

由于 $U_2 , U_3 , \cdots , U_n$ 等较 U_1 小得多,为了测量上的方便,也用下面公式定义非线性失真

系数

$$\gamma = \frac{\sqrt{U_2^2 + U_3^2 + \cdots + U_n^2}}{\sqrt{U_1^2 + U_2^2 + \cdots + U_n^2}} \times 100\% \tag{5.5}$$

　　一般低频正弦信号发生器的非线性失真为 $0.1\% \sim 1\%$，高档正弦信号发生器的非线性失真可低于 0.005%，而高频信号发生器对这项指标的要求较低，作为工程测量用仪器，其非线性失真小于等于 5%，即以眼睛观察不到明显的波形失真即可。

　　此外，人们通常只用非线性失真系数来评价低频信号发生器输出波形的好坏，而用频谱纯度来评价高频信号发生器输出波形的质量。频谱不纯的主要因素为由非线性失真产生的高次谐波、混频器输出的组合波和干扰噪声。通常要求高频信号发生器的频谱纯度为

$$20\lg \frac{U_s}{U_n} = 80 \sim 100 \text{ dB} \tag{5.6}$$

式中　　U_s——信号幅度；

　　　　U_n——高次谐波及干扰噪声的幅度。

故要求频谱纯度的取值越大越好。

2. 输出特性

（1）输出阻抗

作为信号源，输出阻抗的概念在"电路"或"电子电路"课程中都有说明。信号发生器的输出阻抗视其类型不同而异。低频信号发生器电压输出端的输出阻抗一般为 600 Ω（或 1 kΩ），功率输出端由输出匹配变压器的设计而定，通常有 50 Ω、75 Ω、150 Ω、600 Ω 和 5 kΩ 等档。高频信号发生器一般仅有 50 Ω 或 75 Ω 档。当使用高频信号发生器时，要特别注意阻抗的匹配。

（2）输出电平

输出电平是指输出信号幅度的有效范围，即由产品标准规定的信号发生器的最大输出电压和最大输出功率在其衰减范围内所得到输出幅度的有效范围。低频和高频信号发生器的输出电压通常用电压电平表示，微波信号发生器则用功率电平表示。输出电平可用电压（V，mV，V）或分贝表示，例如 XD-1 低频信号发生器在 1 Hz ~ 1 MHz 范围内的最大电压输出大于 5 V，在 10 Hz ~ 700 kHz（50 Ω、75 Ω、150 Ω、600 Ω）范围内的最大功率输出大于 4 W。

（3）输出电平稳定度和平坦度

输出电平稳定度是指信号发生器经过规定时间预热后，输出电平随时间变化的情况。例如，HG1010 信号发生器的电平稳定度为 0.01%/小时。输出电平平坦度是指在有效频率范围内调节频率时输出电平幅度的变化情况，例如，HP8640B 的平坦度为 ±0.5 dB。

（4）输出电平准确度

输出电平准确度是指输出电平实际值对标称值的相对偏差，一般为 ±3% ~ ±10%。

3. 调制特性

（1）调制类型

高频信号发生器在输出正弦波的同时，一般还能输出一种或一种以上的已调信号。调制频率在多数情况下是调幅信号和调频信号，有些还带有调相和脉冲调制等功能。例如，调

幅（AM）适用于整个射频频段但主要用于高频段；调频（FM）主要用于甚高频或超高频段；脉冲调制（PM）主要用于微波波段。

（2）调制方式

调制方式可以是内调制或外调制。当调制信号由信号发生器内部产生时，称为内调制；当调制信号由外部加到信号发生器进行调制时，称为外调制。这类带有输出已调波功能的信号发生器，是测试无线电收发设备等场合不可缺少的仪器。例如 XFC – 6 标准信号发生器就具备内外调幅、内外调频，进行内调幅时同时进行外调频，同时进行外调幅与内调频等功能。

（3）调制频率及范围

调制频率可以是固定的或连续可调的，调幅的调制频率通常为 400 Hz、1 000 Hz，而调频的调制频率通常为 10 Hz ~ 110 kHz。此外，调制特性的性能指标还有调幅系数或最大频偏以及调制线性度等。

以上各项性能指标主要是对正弦信号发生器而言的，由于电子测量领域及其他部门对各类信号发生器的广泛需求及电子技术的迅速发展，促使信号发生器种类日益增多，性能日益提高，尤其随着微处理器处理速度的提高，存储容量的扩大，更促使信号发生器向着自动化、智能化方向发展。现在，许多信号发生器带有微处理器，因而除了具备自校、自检、自动故障诊断和自动波形形成及修正等功能外，还带有 IEEE – 488 或 RE232 总线，可以和控制计算机及其他测量仪器以其方便地构成自动测试系统。当前信号发生器总的趋势是向着宽频率覆盖、高精度、多功能、多用途、自动化和智能化方向发展。本书将在后面各节介绍当前各类有代表性信号发生器的性能指标。

5.2　低频信号发生器

由于被测对象的性质不同就需要不同频段的信号发生器。几乎所有的电子实验、测量和维修中都需要低频信号发生器。事实上，低频是从音频（20 Hz ~ 20 kHz）的含义演化而来的，故又称为音频信号发生器。现在的低频信号发生器一般用来产生频率范围为 1 Hz ~ 1 MHz 的低频正弦波信号、三角波信号、方波信号和其他波形信号。

5.2.1　低频信号发生器的组成原理

1. 波段式低频信号发生器

如图 5.4 所示，波段式低频信号发生器主要包括主振器、缓冲放大器、电平调节器、功率放大器、输出衰减器、阻抗变换器和输出指示器等部分。

（1）主振器

主振器是低频信号发生器的核心部分，产生频率可调的正弦信号，它决定了信号发生器的有效频率范围和频率稳定度。低频信号发生器中产生振荡信号的方法有多种，现代低频信号发生器中，主振器常采用 RC 文氏电桥振荡电路，其特点是频率稳定、易于调节、易于稳幅且波形失真小。

如图 5.5 所示，文氏电桥振荡器由两级 RC 网络和放大器组成。R_1、C_1、R_2、C_2 组成 RC 反

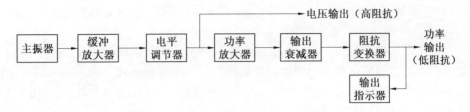

图 5.4　波段式低频信号发生器组成框图

馈网络,它跨接于放大器的输入端和输出端形成正反馈;R_3、R_4 组成负反馈臂,从而稳定输出信号幅度和减小失真;A 为两级放大器。该电路输出信号的振荡频率取决于 RC 反馈网络的谐振频率

$$f_0 = \frac{1}{2\pi\sqrt{R_1 C_1 R_2 C_2}} \tag{5.7}$$

可见,调节 $R(R_1$ 或 $R_2)$ 或 $C(C_1$ 或 $C_2)$ 可以改变输出信号的振荡频率,通常 R 用于粗调频率,使得换挡时频率变化 10 倍;而 C 用于在一个波段内进行频率细调。输出信号的幅度由电位器和衰减器调节输出。

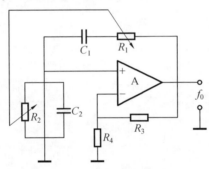

图 5.5　RC 文氏电桥振荡电路

当谈到正弦振荡时,很容易想到用 L、C 构成谐振电路和晶体管放大器来实现。实际上基本不用这种电路作为低频信号发生器的主振器。这是因为对于 LC 振荡电路来说,其振荡频率为

$$f_0 = \frac{1}{2\pi\sqrt{L \cdot C}} \tag{5.8}$$

当频率较低时,L、C 的数值都相当大,品质因数 Q 值降低很多,谐振特性变坏且频率调节困难。而在 RC 振荡器中,频率降低时,增大电阻容易做到且功耗也可减小。

其次,由于 f_0 与 $\sqrt{L \cdot C}$ 成反比,因而同一频段内的频率覆盖范围很小。频率覆盖范围大小通常用频率覆盖系数表示

$$K = \frac{f_{max}}{f_{min}} \tag{5.9}$$

例如 L 固定,调节电容 C 改变振荡频率,设电容调节范围为 40 ~ 450 pF,则频率覆盖系数为

$$K = \frac{f_{max}}{f_{min}} = \sqrt{\frac{C_{max}}{C_{min}}} = \sqrt{\frac{450}{40}} \approx 3 \tag{5.10}$$

若用 RC 振荡器,由式(5.7)可知,f_0 与 RC 成反比,则频率覆盖系数为

$$K = \frac{f_{max}}{f_{min}} = \frac{C_{max}}{C_{min}} = \frac{450}{40} \approx 11 \tag{5.11}$$

可见,RC 桥式振荡器在一个波段内具有较大的频率覆盖系数。事实上,以 RC 文氏桥电路构成振荡器的 XD – 1 型低频信号源的信号频率范围为 1 kHz ~ 1 MHz,分为 6 个频段,每个频段内的频率覆盖系数均为 10。

（2）缓冲放大器

缓冲放大器兼有缓冲和电压放大的作用。缓冲是为了将后级电路与主振器隔离,防止后级电路影响主振器的工作。放大是将主振器产生的微弱振荡信号进行放大,以达到电压输出幅度的要求。保证主振频率稳定,一般采用射极跟随器或运放组成的电压跟随器。

（3）电平调节器

电平调节器用于调节缓冲放大器输出电压的大小。

（4）功率放大器

由于这种信号发生器带负载能力较弱,只能提供电压输出,故用功率放大器来对电平调节器送来的电压信号进行功率放大,使之达到额定的功率输出,驱动低阻抗负载。通常采用电压跟随器或 BTL 电路等。

（5）输出衰减器

输出衰减器将放大器输出信号的幅度进行衰减后输出,以满足不同的输出要求。通常分为连续调节和步进调节。连续调节由电位器实现,也称细调;步进调节由电阻分压器实现,并以分贝值为刻度,也称为粗调。

图 5.6 所示电路为低频信号发生器中最常用的输出衰减器。由电位器 R_P 取出一部分信号电压加于 $R_1 \sim R_8$ 组成的步进衰减器,调节电位器或调节波段开关 S 所接的挡位,均可使衰减器输出不同电压。

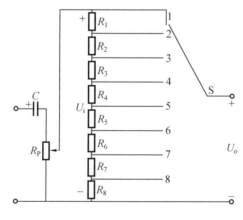

图 5.6　输出衰减器

（6）阻抗变换器

阻抗变换器用于匹配不同阻抗的负载,以便在负载上获得最大输出功率。

（7）输出指示器

输出指示器用来指示输出电压或输出功率的幅度,或对外部信号电压进行测量,可以是

指针式电压表、数码 LED 或 LCD 电压表。输出指示器一般用开关 S 进行转换,当它置"1"时,电压表指示电压放大器的输出电压幅度;当它置"2"时,电压表指示功率放大器的输出电压幅度;当它置"外"时,则对外部信号电压进行测量。

2. 差频式低频信号发生器

差频式低频信号发生器的基本组成如图 5.7 所示,框图中可变频率振荡器和固定频率振荡器分别产生可变频率的高频振荡 f_1 和固定频率的高频振荡 f_2,经过混频器 M 产生两者差频信号 $f = f_1 - f_2$,由低通滤波器滤除混频器输出中含有的高频分量。当可变频率振荡器频率从 f_{1max} 变成 f_{1min} 时,低通滤波器后就得到了 $f_{max} \sim f_{min}$ 的低频信号,再经放大器和输出衰减器后就得到了所需要的低频信号。

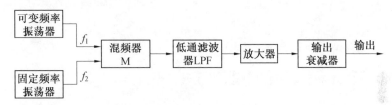

图 5.7　差频式低频信号发生器组成图

这种方法的主要缺点是电路复杂,频率准确度、稳定度较差,波形失真较大;最大的优点是频率覆盖范围大,容易做到在整个低频段内频率可连续调节而不用更换波段,输出电平也较均匀,所以常用在扫频振荡器中。相对来说,差频式低频信号发生器比波段式信号发生器的频率覆盖范围大得多,故波段式信号发生器通常做成多波段的。

5.2.2　低频信号发生器的性能指标

1. 一般性能指标

通常,低频信号发生器的主要工作特性如下:

(1) 频率范围:一般为 1 Hz ~ 1 MHz,均匀连续可调;

(2) 频率准确度:±(1% ~ 3%);

(3) 频率稳定度:优于 0.1%;

(4) 输出电压:0 ~ 10 V 连续可调;

(5) 输出功率:0.5 ~ 5 W 连续可调;

(6) 非线性失真范围:0.1% ~ 1%;

(7) 输出阻抗:50 Ω、75 Ω、600 Ω、5 kΩ;

(8) 输出形式:平衡输出与不平衡输出。

2. 典型实例分析

由于低频信号发生器应用非常广泛,将以 XD - 1 型低频信号发生器为例,介绍其主要的技术指标。

(1) 频率范围:1 Hz ~ 1 MHz。分成 1 ~ 10 Hz、10 ~ 100 Hz、100 Hz ~ 1 kHz、1 ~ 10 kHz、10 ~ 100 kHz、100 kHz ~ 1 MHz 六个频段(六挡)。

(2) 频率漂移:预热 30 min 后,第一小时内,I 挡,≤ 0.4%;VI 挡,≤ 0.2%;II ~ V 挡,≤ 0.1%。其后 7 h 内,I 挡,≤ 0.8%;VI 挡,≤ 0.4%;II ~ V 挡,≤ 0.2%。

（3）频率特性（输出信号幅频特性）：电压输出 < ±1 dB。功率输出，10 Hz ~ 100 kHz（50 Ω、75 Ω、150 Ω、600 Ω、5 kΩ），≤ ±2 dB；100 ~ 700 kHz（50 Ω、75 Ω、150 Ω、600 Ω、5 kΩ），≤ ±3 dB；100 ~ 200 kHz（5 kΩ），≤ ±3 dB。

（4）输出：电压输出，1 Hz ~ 1 MHz，>5 V。最大功率输出，10 Hz ~ 700 kHz（50 Ω、75 Ω、150 Ω、600 Ω），10 Hz ~ 200 kHz（5 kΩ），>4 W。

（5）非线性失真：电压输出，20 Hz ~ 20 kHz，< 0.1%；功率输出，20 Hz ~ 20 kHz，< 0.5%。

（6）衰减器：电压输出，1 Hz ~ 1 MHz，衰减 ≤（80 ±1.5）dB；功率输出，10 Hz ~ 100 kHz，衰减 ≤（80 ±3）dB，100 ~ 700 kHz，衰减 ≤（80 ±3.5）dB。

（7）交流电压表：5 V、15 V、50 V、150 V 四档，≤±5%，电压表输入电阻 ≥ 100 kΩ，输入电容 ≤ 50 pF。

（8）电源：220 V ±10%，50 Hz，50 V·A。

5.2.3 低频信号发生器的使用方法

1. 一般使用方法

低频信号发生器的型号很多，但是它们的基本使用方法是类似的。在使用仪器前应结合面板文字符号及使用说明对各开关、旋钮的功能及使用方法进行全面细致的了解。低频信号发生器的使用步骤如下：

（1）开机准备

正确选择符合要求的电源电压，把输出幅度调节旋钮置于起始位置（最小），开机预热 2 ~ 3 min 后方可使用。

（2）输出频率调节

先将频段选择开关置于相应的档位，再调节频率旋钮（粗调）于相应的频率上。在通常情况下，频率微调旋钮置于零位。

（3）输出阻抗配接

根据外接负载阻抗的大小，将输出阻抗选择开关置于相应的挡位，使其与负载阻抗相匹配，以获得最佳负载输出；否则信号发生器输出功率小、输出波形失真大。

（4）输出电路选择

根据负载电路的接入方式，用短路片变换信号发生器输出接线柱的接法以选择相应的平衡输出或不平衡输出。

（5）输出电压调节

调节输出电压幅度旋钮，同时观察电压表指示，可以得到相应大小的输出电压。在使用衰减器时，输出电压的大小需要根据指示电压表的读数来换算，具体的换算关系为

$$输出电压 = 指示值／电压衰减的倍数 \tag{5.12}$$

例如，低频信号发生器输出电压指示读数为 20 V，衰减分贝数 60 dB 时，输出电压为

$$\frac{20\ V}{10^{60/20}} = 0.02\ V \tag{5.13}$$

当低频信号发生器为不均衡输出时，输出电压指数读数即为实际输出电压值；当低频信号发生器为均衡输出时，输出电压为电压指数读数的两倍。

2.典型实例分析

如图 5.8 所示,下面以 XD－1 型低频信号发生器为例,简要介绍其具体的使用方法。

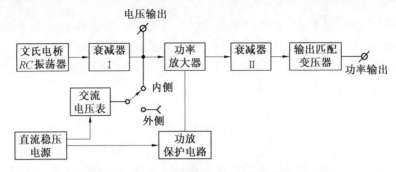

图 5.8　XD－1 型低频信号发生器组成框图

（1）频率选择

根据所需要频段按下"频率范围"按钮,然后再用按键开关上面的"频率调节"1、2、3 旋钮按照十进制原则进行细调。例如,"频率范围"指 10 ~ 100 Hz 挡,"频率调节×1"指 4,"频率调节×0.1"指 8,"频率调节×0.01"指 7,则此时输出频率为 48.7 Hz。

（2）电压输出

用电缆直接从"电压输出"插口引出。通过调节输出衰减旋钮和输出细调旋钮,可以得到较好的非线性失真(< 0.1%)、较小的电压输出(< 200 μV)和小电压下较高的信噪比。最大电压输出 5 V,输出阻抗随输出衰减的分贝数变化而变化。为了保证衰减的准确性及输出波形不变坏,电压输出端钮上的负载应大于 5 kΩ。

（3）功率输出

将功率开关按下,用电缆直接从功率输出插口引出。为了获得大功率输出,因考虑阻抗匹配,当负载为高阻抗,且输出频率接近低高两端,即接近 10 Hz 或几百千赫时,为保证有足够的功率输出,应将面板右侧"内负载"键按下,接通内负载。

（4）过载保护

刚开机时,过载保护指示灯亮,5 ~ 6 s 后熄灭,表示进入工作状态。若负载阻抗过小,过载指示灯会再次闪亮,表示已经过载,机内过载保护电路动作,此时应加大负载阻抗值(即减轻负载),使灯熄灭。

（5）交流电压表

该电压表可做"内测"与"外测"。测量开关拨向"外测"时,它作为一般交流电压表测量外部电压大小;当开关拨向"内测"时,它作为信号发生器输出指示,由于它位于输出衰减器之前,因此实际输出电压应根据电压表指示值与输出衰减分贝数按表 5.2 计算。

表 5.2　衰减分贝值和电压衰减倍数

衰减分贝值/dB	电压衰减倍数	衰减分贝值/dB	电压衰减倍数
10	3.16	60	1 000
20	10	70	3 160
30	31.6	80	10 000
40	100	90	31 600
50	316		

5.3 高频信号发生器

高频信号发生器是指能产生正弦信号，频率范围部分或全部覆盖 300 kHz ~ 300 MHz（允许向外延伸），广泛应用在高频电路测试中，也称为射频信号发生器。按照 GB 12114—89《高频信号发生器技术条件》的规定，射频信号发生器分为调谐信号发生器、锁相信号发生器及合成信号发生器三类。

出于对各类通信设备性能测试的需要，高频信号发生器应具有一种或一种以上调制或组合调制（正弦调幅、正弦调频、断续脉冲调制）的功能，以输出所需的已调高频信号。和低频信号发生器相比，高频信号发生器的输出幅度调节范围较大，并具有输出微弱信号（可小于 1 μV）的能力，同时就要求该类信号发生器具有良好的屏蔽特性，以免信号泄漏而影响测量准确性。

5.3.1 高频信号发生器的组成原理

1. 调谐高频信号发生器

调谐高频信号发生器的组成框图如图 5.9 所示，主要包括振荡器、缓冲级、调制级、输出级、内调制振荡器、频率调制器、监测指示电路等。

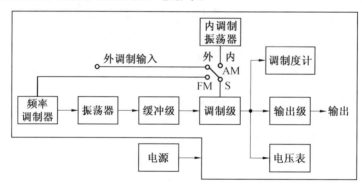

图 5.9 调谐高频信号发生器组成框图

（1）振荡器

振荡器是信号发生器的核心，用于产生高频振荡信号并实现调制功能，信号发生器输出频率的准确度、稳定度、频谱纯度主要由它确定，而输出电平及其稳定度和调制性能在很大程度上也是由振荡器决定。振荡电路结构简单，输出功率不大，一般在几毫瓦到几十毫瓦之间，且要求具有较宽的频率范围、较高的准确度（优于 10^{-3}）和稳定度（优于 10^{-4}）。

不同类别高频信号发生器的主要区别在于振荡器，即产生高频正弦波的方法不同。调谐高频信号发生器的振荡器为 LC 振荡器，根据反馈方式的不同又可分为变压器反馈式、电感反馈式（也称电感三点式或哈特莱式）及电容反馈式（也称电容三点式或考毕兹式）三种振荡形式，如图 5.10 所示。

在 LC 振荡器中，一般通过改变电感 L 或改变电容 C 来调整振荡频率。但这时频率覆盖范围是有限的，即

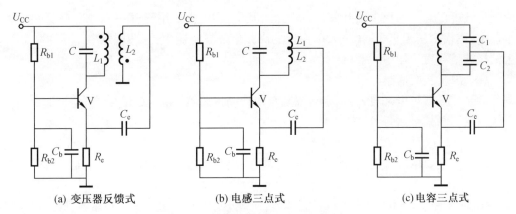

(a) 变压器反馈式   (b) 电感三点式   (c) 电容三点式

图 5.10 *LC* 振荡器电路的三种构成形式

$$k = \frac{f_{max}}{f_{min}} = \frac{\dfrac{1}{2\pi\sqrt{LC_{min}}}}{\dfrac{1}{LC_{max}}} = \sqrt{\frac{C_{max}}{C_{min}}} \tag{5.14}$$

通常,电容 $C_{min} = 5 \sim 30$ pF,$C_{max} = 100 \sim 500$ pF,带入到式(5.14) 中可得

$$k = \sqrt{\frac{C_{max}}{C_{min}}} = 2 \sim 3 \tag{5.15}$$

可见,若要扩大频率覆盖范围,必须要改变电感 *L*,可以像收音机那样采用多波段的工作方式来实现。

【**例5.1**】 XFC - 6 型高频信号发生器 $f = 4 \sim 300$ MHz,试问应该划分为几个波段?

解
$$k_{\sum} = k^n = \frac{300}{4} = 75$$

$$\lg k_{\sum} = \lg k^n = n\lg k$$

则
$$n = \frac{\lg k_{\sum}}{\lg 0.9k} = \frac{\lg 75}{\lg 1.9} = \frac{1.97}{0.254} \approx 7.36 \approx 8$$

上式中,$0.9k$ 表示让单回路的覆盖系数 k 取小一些,这里取 $k = 2$,以保证各波段能衔接覆盖。由于相邻波段的频率存在以下关系

$$f_n = kf_{n-1} \quad f_n = \frac{1}{2\pi\sqrt{L_n C}} \quad f_{n-1} = \frac{1}{2\pi\sqrt{L_{n-1} C}}$$

故相邻波段的电感值可按下式计算

$$\frac{L_{n-1}}{L_n} = k^2$$

(2) 缓冲级

缓冲级主要起隔离放大的作用,用来隔离调制级对振荡器可能产生的不良影响,以保证振荡器工作稳定,并将振荡信号放大到一定的电平。在某些频率较高的信号发生器中,还可以采用倍频器、分频器或混频器,使振荡器输出频率的范围更宽。

(3) 调制级

调制级实现调制信号对振荡信号的调制,具体包括调幅、调频和脉冲调制等调制方式,

调制方式可以通过面板上的开关进行选择。其中,调频主要用于 30 ~ 1 000 MHz 的信号发生器中,调幅多用于 300 kHz ~ 30 MHz 的高频信号发生器中,脉冲调制多用于 300 MHz 以上的微波信号发生器中。

（4）内调制振荡器

调制信号既可以来自外部,也可以来自内调制振荡器,由它负责供给符合调制级要求的音频正弦调制信号。

（5）输出级

输出级主要由放大器、滤波器、输出微调、输出衰减器等组成,并要求满足以下三方面的要求:

① 输出信号的幅度大小可以任意调节,使最小输出电压达到 μV 数量级,因此必须具备输出微调和步进衰减电路,常采用电位器和电压分压器进行调节;

② 有足够的输出功率输出,因此输出级一般包括功率放大电路;

③ 在输出端有准确且固定的输出阻抗,保证其工作在负载匹配的条件下。否则,不仅要引起衰减系数误差,而且还可能影响前级电路的正常工作,减少信号发生器的输出功率,并在输出电缆中出现驻波。因此,必须在输出端与负载之间加入阻抗变换器,进行阻抗匹配。

（6）监测指示电路

监测指示电路一般由调制计和电子电压表组成,用于监测指示输出信号的载波幅度和调制系数。

2. 锁相高频信号发生器

随着通信及电子测量水平的发展与提高,需要信号发生器有足够宽的频率覆盖范围、足够高的频率准确度和稳定度。上述由 *LC* 振荡电路或 *RC* 振荡器为主振器的信号发生器已不能适应更高的要求。

锁相高频信号发生器是在高性能的调谐式信号发生器中增加频率计数器,并将信号源的振荡频率利用锁相原理锁定在频率计数器的时基上,而频率计数器又以高稳定度的石英晶体振荡器为基准,从而使锁相信号发生器的输出频率的稳定度和准确度大大提高,信号频谱纯度等性能特性也得到了很大的改善。

锁相环路的基本组成框图如图 5.11 所示,主要由晶体振荡器、鉴相器(简称 PD)、压控振荡器(简称 VCO)、低通滤波器(简称 LPF)等部分构成。锁相环的电路形式有多种,根据不同的电路结构,锁相环可以完成频率的加、减、乘、除运算。

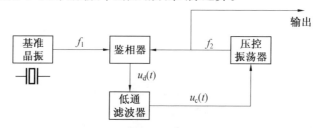

图 5.11　锁相环路基本组成框图

图中,压控振荡器的振荡频率可由偏置电压改变,比如改变变容二极管两端的直流电压就可改变其等效电容,从而改变由它构成的振荡器的频率。鉴相器输出端的直流电压随其两个输入信号的相位差而改变。低通滤波器在这里的作用是滤除高频成分,留下随相位差变化的直流电压。

当压控振荡器输出频率 f_2 由于某种原因变化时,相应相位也随之产生变化,该相位变化在鉴相器中与基准晶振频率 f_1 的稳定相位相比较,使鉴相器输出一个与相位差成比例的电压 $u_d(t)$,经过低通滤波器滤出其直流分量 $u_c(t)$,并用 $u_c(t)$ 控制压控振荡器中的压控元件数值(如变容二极管电容),从而调整压控振荡器的输出频率 f_2,使其不但频率和基准晶振一致,相位也保持同步,这时称为相位锁定。可见,最终压控振荡器输出频率的稳定度是由晶振频率 f_1 所决定。

5.3.2　高频信号发生器的性能指标

1. 一般性能指标

高频信号发生器的主要性能指标概括如下:

(1) 频率范围:100 kHz ~ 30 MHz,共分八个波段;

(2) 频率准确度:±1%;

(3) 输出电压:0 ~ 1 V(有效值);

(4) 输出阻抗:40 Ω(0 ~ 1 V 输出孔)、8 Ω(0 ~ 0.1 V 输出孔);

(5) 电压表刻度误差:±5%(载波为 1 MHz,1 V 电压时);

(6) 内调制信号频率:400 Hz、1 000 Hz,误差为 ±5%;

(7) 外调制信号频率:50 Hz ~ 8 kHz;

(8) 调幅范围:当 $m < 60\%$ 时,误差为 ±5%;当 $m > 60\%$ 时,误差为 ±10%;

(9) 谐波电平: < 25 dBc。

高频信号发生器应根据测量要求的频率范围、调制方式、输出电平及输出阻抗等主要性能指标来进行选择。

2. 典型实例分析

表 5.3 列出了当前几类高频信号发生器代表性产品的主要性能,以供参考。

表 5.3　高频信号发生器典型产品的性能指标

(1) 调谐信号发生器主要性能		
性能指标	(美) HP8654	(中国) QF1076
频率范围	10 ~ 520 MHz	10 ~ 520 MHz
频率精度	±3%	6 位数显,示值 $\times 10^{-3}$ + 1 kHz
频率稳定度	$\pm 20 \times 10^{-6}$/5 min ± 1 kHz	$\pm 50 \times 10^{-6}$/5 min + 1 kHz
输出电平范围	+ 10 ~ − 130 dBm	+ 10 ~ − 120 dBm
输出电平误差	≤ ±1 dB	≤ + 1 dB
相对谐波含量	≤ − 20 dBc	≤ − 20 dBc
非谐波含量	≤ − 100 dBc	≤ − 50 dBc
调幅深度	0 ~ 90%	0 ~ 80%
调频频偏	0 ~ 100 kHz	0 ~ 100 kHz

续表 5.3

(2) 锁相信号发生器主要性能		
性能指标	（美）HP8640B	（中国）QF1090
频率范围	500 kHz ~ 1 024 MHz	50 kHz ~ 1 024 MHz
频率稳定度	$5 \times 10^{-8}/h$	$2 \times 10^{-9}/$ 天
频率分辨率	1 Hz ~ 10 kHz	5 ~ 100 kHz
输出电平范围	+ 19 ~ - 145 dBm	+ 17 ~ - 143 dBm
输出电平误差	± 1.5 ~ ± 4.5 dB	± 1.7 ~ ± 3.5 dB
谐波含量	0.5 ~ 512 MHz，< - 30 dBc > 512 MHz，< - 12 dBc	- 30 ~ - 40 dBc
调幅深度	0 ~ 100%	0 ~ 100%
调频频偏	5 ~ 520 kHz	200 kHz

5.3.3 高频信号发生器的使用方法

1. 一般使用方法

高频信号发生器是无线电调试和维修的重要仪器，尤其是在收音机的生产和调试中。高频信号发生器的型号虽然很多，但是它们的基本使用方法是类似的。高频信号发生器主要是调节输出频率和幅度，在使用仪器前应结合面板文字符号及使用说明对各开关、旋钮的功能及使用方法进行全面细致的了解，这样才能正确读数。

（1）输出频率的读数

高频信号发生器的振荡器大多为 LC 振荡器，可以通过改变电感 L 来更换波段，通过调节电容 C 来改变输出频率。由于可变电容是通过机械齿轮减速来转动动片的，调节频率时来回转动齿轮的回差会给频率读数带来误差。

（2）输出幅度的读数

高频信号发生器的输出阻抗应尽可能做成纯电阻，一般常取 50 Ω、75 Ω、150 Ω、600 Ω。有的信号源还备有几种输出电阻进行切换，用户可以根据自己的需求来进行选择。当高频信号发生器的输出电阻与外部负载相等时称为阻抗匹配，而其很多性能指标都是在阻抗匹配的条件下给出的。例如当阻抗不匹配时，实际输出电压与设置的标称值往往不相等，此时面板显示的输出电压就会不准确，需要用电压表进行实际测量。

高频信号发生器的输出幅度通常有两种形式，一种采用电压值（V、mV、μV）表示，另外一种采用分贝电平（dBm（分贝毫瓦）、dBV（分贝伏））表示。电压表示时，按国际及国家标准输出电压的读数是在匹配负载的条件下按正弦波有效值标定的。分贝表示时，通常又分功率电平和电压电平。输出幅度标称值的准确度常用输出幅度的绝对误差与标称值之比来衡量，也可以把这个比值转化为用 dB 表示。

（3）输出阻抗变换器

高频信号发生器只有在匹配的情况下才能正常工作，所以在使用时要特别注意阻抗匹配的问题。如果信号发生器的输出阻抗不等于负载阻抗，会引起信号反射从而出现驻波，使衰减系数产生误差，还可能影响前级电路的工作，降低输出功率。

在实际应用中，当遇到负载失配的状态时，应在信号发生器的输出端和负载之间增加一个阻抗变换器。由于对称的四端网络具有阻抗变换作用,常用它作为阻抗变换器。

2. 典型实例分析

下面以 AS1051S 型高频信号发生器为例,简要介绍其具体的使用方法。

（1）开机预热

先将电源线插入仪器的电源输入插座,然后将电源线的插头插入电源插座,打开电源开关指示灯亮,预热 3 ~ 5 min。

（2）音频信号的使用

将频段选择开关置于"1",调制开关置于"载频（等幅）",音频信号由音频输出插座拔出,根据需要选择信号幅度开关的"高、中、低"挡,如低挡调节范围自微伏到 2 mV;中挡自毫伏到几十毫伏;高档自几十毫伏到 2.5 V。

（3）调频立体声信号发生器的使用

将频段选择开关置于"1",调制开关置于"载频",切忌不要置于"调频",否则就要影响立体声发生器的分离度。

（4）调频调幅高频信号发生器的使用

将频段选择开关按照需要置于选定频段,调制开关按需选择"调频、调幅和载频（等幅）",高频信号输出幅度调节由电平选择开关和输出调节旋钮配合完成,高频信号由插座输出。

（5）频宽调节

在中频放大器和鉴频器正常工作的条件下,将高频信号发生器的频率调在中频频率上,调节"频宽调节"从小按顺时针旋转到大,使示波器的波形不失真,这就是观察波形法。若将频宽调节从小调到最响时就调不大了,应稍微调小一点即可,这就是听声音法。

5.4　函数信号发生器

在工程实际尤其是中、低频领域,电子系统中的信号形式多种多样,单一的正弦波是无法满足要求的,函数信号发生器这种多波形信号源便应运而生。为满足不同的测试需要,函数信号发生器在输出正弦波的同时,还可以输出同频率的三角波、方波、锯齿波等波形,由于其输出波形均可用数学函数来描述,故得名为函数信号发生器。

传统的函数信号发生器一般采用多谐振荡器来产生三角波,然后通过某种函数变换电路（例如二极管整形网络）对三角波进行变换。由于多谐振荡电路不易得到很高的振荡频率,所以函数信号发生器的输出信号频率通常较低,一般为 0.000 5 Hz ~ 50 MHz。

一般的函数信号发生器都具有频率计数和显示功能,既能显示自身输出信号的频率,也能测量外来信号的频率,有些函数信号发生器还具有调制和扫描的功能,因而它正在逐步取代传统的正弦波信号发生器,广泛应用于生产测试、仪器维修和实验应用等领域。

5.4.1　函数信号发生器的组成原理

1. 脉冲式函数信号发生器

脉冲式函数信号发生器的组成框图如图 5.12 所示,它由脉冲发生器、施密特触发器、积分器、正弦波转换器及放大器组成。在触发脉冲的作用下,施密特触发器产生方波信号,并由积分器将方波积分形成三角波信号,正弦波转换器可以将三角波转换成正弦波信号,最后由放大器选择波形输出,可以单独输出一个波形,也可以同时输出三个波形。

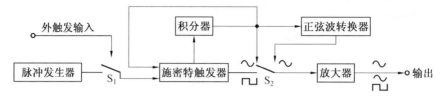

图5.12　脉冲式函数信号发生器组成框图

（1）三角波产生电路

三角波振荡电路如图5.13所示,利用恒流源对电容的充电和放电获得三角波的线性斜升和斜降电压。图中,电流源I_1、I_2分别对积分器的积分电容C进行两个方向的充、放电,电流源的控制信号由幅度控制电路产生。

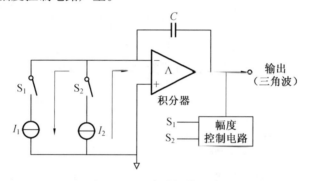

图5.13　三角波振荡电路

假设开始工作时开关S_1接通,电流源I_1向积分电容C充电,电流由右向左流过电容C,运算放大器A的反向输入端为虚地点,输出电压上升,形成三角波的斜升过程,则积分器的输出电压为

$$U_0 = \frac{1}{C}\int_0^t i\mathrm{d}t = \frac{I_2}{C}t \qquad (5.16)$$

由于充电电流I_1为恒定电流,因此输出电压线性上升。当U_0上升到幅度控制电路的上限值电平$+E$时,该电路将发出控制信号,使开关S_1断开S_2接通。此时,三角波的斜升过程就此结束,充电电流倒换,其斜升时间为

$$T_1 = \frac{2\mid E\mid C}{I_1} \qquad (5.17)$$

由于S_2接通,电流源I_2向积分电容C充电,电流由左向右流过电容C,输出电压下降,形成三角波的斜升过程,则积分器的输出电压为

$$U_0 = -\frac{I_2}{C}t \qquad (5.18)$$

当U_0下降到幅度控制电路的上限值电平$-E$时,该电路将再次发出控制信号使开关倒换,即开关S_2断开S_1接通,并重复前面的过程。斜降时间为

$$T_2 = \frac{2\mid E\mid C}{I_2} \qquad (5.19)$$

则三角波的周期为

$$T = T_1 + T_2 = \frac{2 \mid E \mid C}{I_1} + \frac{2 \mid E \mid C}{I_2} \qquad (5.20)$$

式(5.20)中,若$\mid + E \mid = \mid - E \mid$,$\mid I_1 \mid = \mid I_2 \mid = \mid I \mid$,则$T_1 = T_2 = T$,即

$$T = 4 \frac{\mid E \mid C}{I} \qquad (5.21)$$

则三角波的频率为

$$f = \frac{1}{T} \frac{1}{4 \mid E \mid C} \qquad (5.22)$$

由以上分析可以得到以下结论:

① 当$I_1 = I_2$时,可以产生对称三角波;而当$I_1 \neq I_2$时,三角波的斜升和斜降时间不等。当$I_1 \gg I_2$时,产生负斜率的锯齿波;当$I_1 \ll I_2$时,产生正斜率的锯齿波。则通过改变电流源I_1、I_2,可以使三角波的斜升和斜降时间不等,从而得到不同占空比的锯齿波信号。

② 改变电流源I、积分电容C、限制电平E可以改变三角波的频率,通常通过C实现频率的粗调,通过I实现频率的细调。在积分电容C恒定的情况下,I越小则输出信号的频率越低,尤其是小电流恒流源容易实现。这时降低信号频率已经不像正弦信号发生器那样受调谐元件的限制,只要I的量值适合,就可以使频率的下限很低。例如 HP8165 函数信号发生器的频率下限达到 mHz 数量级,这也是函数信号发生器能输出很低频率的原因。

③ 三角波的幅度取决于上限电平$+ E$和下限电平$- E$,若$\mid + E \mid = \mid - E \mid$,则可得正、负幅度对称的波形。

(2)正弦波产生电路

函数信号发生器中能将三角波变换成正弦波的电路种类很多,可采用频域方式进行变换,通过利用滤波器滤除三角波中的高次谐波,即可得到其正弦基波。但频域变换电路难以在很宽的频率范围内对不同频率的信号进行较高精度的变换,因此常用的方法是进行时域变换。例如利用非线性网络对三角波进行幅值拟合变换。其基本原理是利用二极管、三极管等元件组成一定的网络,其增益与输入电压的大小之间存在一定的函数关系,输入信号在不同幅值状态下得到不同的增益,其输出电压就具有增益函数所确定的形式。

图 5.14 所示为典型的二极管网络变换电路,可将对称的三角波转换成正弦波。正弦波可看成是由许多斜率不同的直线段组成的,斜率不同的直线段可由三角波经电阻分压得到,各段相应的分压系数不同。只要直线段足够多,由折线构成的波形就可以近似为正弦波。因此,只要将三角波u_i通过一个分压网络,根据u_i的大小改变分压网络的分压系数,便可以得到近似的正弦波输出。

如图 5.14(b)所示的二极管整形网络便可实现这种功能。图中,U_1、U_2、U_3及$- U_1$、$- U_2$、$- U_3$等为由正负电源$+ E$和$- E$通过分压电阻R_7、R_8、$\cdots$、R_{14}分压得到的不同电位,和各二极管串联的电阻R_1、R_2、$\cdots$、R_6及R_0都比R_7、R_8、$\cdots$、R_{14}大得多,因而它们的接入不会影响U_1、U_2等值。

在开始阶段$(t < t_1)$,$u_i < U_1$,二极管$V_1 \sim V_6$全部截止,输出电压u_o等于输入电压u_i;$t_1 < t < t_2$阶段,$U_1 < u_i < U_2$,二极管V_3导通,此阶段u_o等于u_i经R_0和R_3分压输出,u_o上升斜率减小;在$t_2 < t < t_3$阶段,$U_2 < u_i < U_3$,此时V_3、V_2都导通,u_o等于u_i经R_0和

($R_2 /\!/ R_3$) 分压输出, 上升斜率进一步减小; 在 $u_i > E_3$ 即 $t > t_3$ 后, V_3、V_2、V_1 全部导通, u_o 等于 u_i 经 R_0 和 ($R_3 /\!/ R_2 /\!/ R_1$) 分压输出, 上升斜率最小; 当到达 $t = t_3$ 后, u_i 逐渐减小, 二极管 V_1、V_2、V_3 依次截止, u_o 下降斜率又逐步增大, 完成正弦波的正半周近似。负半周情况类似, 不再赘述。通常将正弦波一个周期分成 22 段或 26 段, 用 10 个或 12 个二极管组成整形网络, 只要电路参数选择得合理、对称, 就可以得到非线性失真小于 0.5% 的波形良好的正弦波。

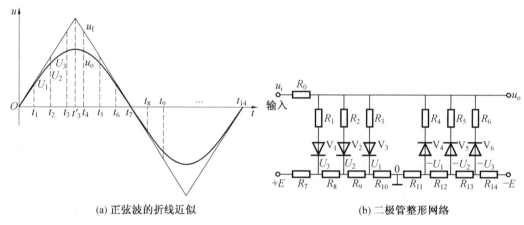

(a) 正弦波的折线近似   (b) 二极管整形网络

图 5.14   由三角波整形成正弦波

由此可见, 电路输出的波形实际上是由若干条线段拟合的正弦波, 因此只能是正弦波的逼近, 网络的级数越多, 逼近的程度就越好。实践证明, 由 6 级网络拟合出的 26 条线段逼近正弦波可以得到干扰优于 0.25% 的正弦波非线性失真。

2. 正弦式函数信号发生器

正弦式函数信号发生器的组成框图如图 5.15 所示, 它由正弦振荡器、缓冲级、方波形成、积分器、放大器和输出级等部分组成。其中, 正弦振荡器输出正弦波, 经缓冲级隔离后分成两路信号, 一路送至放大器输出正弦波, 另外一路作为方波形成电路的触发信号。方波形成电路通常为施密特触发器, 它也将输出两路信号, 一路送放大器经放大后输出方波, 另外一路作为积分器的输入信号。积分器一般为密勒积分电路, 将方波积分后形成三角波, 再通过放大器放大后输出。三种波形的选择由放大器中的选择开关来控制。

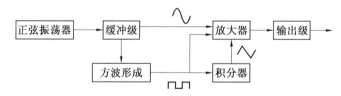

图 5.15   正弦式函数信号发生器的组成框图

5.4.2   函数信号发生器的性能指标

1. 一般性能指标

(1) 输出波形: 通常输出波形有正弦波、方波、脉冲和三角波等波形, 有的还具有锯齿波、斜波、TTL 同步输出及单次脉冲输出等。

（2）频率范围：函数发生器的整个工作频率范围一般分为若干频段，如 1 ~ 10 Hz、10 ~ 100 Hz、100 Hz ~ 1 kHz、1 ~ 10 kHz、10 ~ 100 kHz、100 kH ~ 1 MHz 等波段。

（3）输出电压：对正弦信号一般指输出电压的峰 – 峰值，通常可达 $10U_{P-P}$ 以上；对脉冲数字信号，则包括 TTL 和 CMOS 输出电平。

（4）波形特性：不同波形有不同的表示法。正弦波的特性一般用非线性失真系数表示，一般要求小于等于 3%；三角波的特性用非线性系数表示，一般要求小于等于 2%；方波的特性参数是上升时间，一般要求小于等于 100 ns。

（5）输出阻抗：函数输出 50 Ω；TTL 同步输出 600 Ω。

随着微电子技术的发展，现代函数发生器可以用单片集成电路（如三角函数发生器 5G8038，输出频率为 1 mHz ~ 300 kHz）和数字合成（DDS）技术来产生，并在函数信号发生器和任意信号的产生方面有了很大发展。例如 HP 公司采用 DDS 技术设计的 HP33120A 型函数波形发生器能提供 10 种标准波形，频率可达 150 MHz，可设置任意波形和多种调制方式。

2. 典型实例分析

图 5.16 为 XD8B 超低频函数信号发生器的组成框图，它由积分器、比较器、正弦波成形网络、功率放大器及稳压电源等部分组成。

比较器把恒定的正负极性电位（±6 V）交替地送到积分器，从而得到三角波，三角波又反馈到比较器使它交替翻转形成振荡环路，从积分器得到三角波，从比较器得到方波。三角波经过由 10 只二极管组成的电阻网络和缓冲放大器组成的正弦折线成形网络变换成正弦波。如果将二极管并接在积分电阻 R 上，则由于二极管正、反向电阻的巨大差异而使正负积分时间常数不同，可以获得锯齿波和脉冲信号。方波、三角波、正弦波等七种波形经过功率放大器输出，输出幅度可通过衰减器调节。

XD8B 函数信号发生器的主要性能指标可以概括如下：

（1）输出波形：可以产生方波、三角波、正弦波、锯齿波、正负极性的矩形脉冲等多种波形信号，同时具有 0° 和 180° 双相输出；

（2）频率范围：频率范围为 0.01 Hz ~ 100 kHz；

（3）输出电压：最大输出电压为 15 V，分 15 V、1.5 V、150 mV、15 mV 四挡且连续可调；

（4）波形特性：正弦波失真 < 1%；三角波非线性失真 < 1%；方波上升时间 < 0.3 μs；

（5）幅度稳定度：正弦波幅度稳定度 < 0.3%/h。

5.4.3　函数信号发生器的使用方法

1. 一般使用方法

函数信号发生器的一般使用方法可以概括为以下几点：

（1）预热 15 min 再使用；

（2）按下相应波形键得到所需波形；

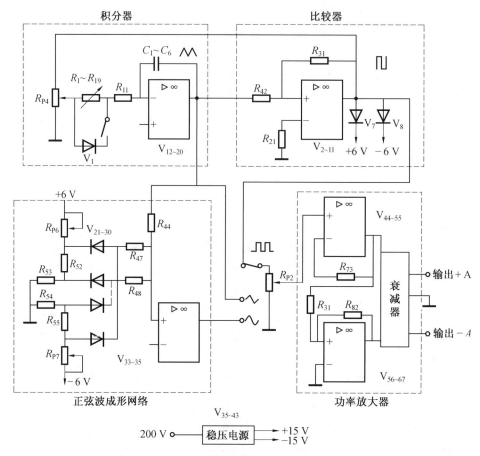

图 5.16　XD8B 超低频函数信号发生器组成框图

（3）选择合适"频率倍乘"、调节"频率调节"刻度盘得到所需的信号频率；

（4）调节"幅度调节"旋钮改变输出信号的幅度；

（5）调节"占空比"旋钮使输出波形的占空比为 1∶1。

2. 典型实例分析

SG1645 是一种多功能、6 位数字显示的函数信号发生器，它能直接产生正弦波、三角波、方波、对称可调脉冲波和 TTL 脉冲波。其中正弦波具有最大为 10 W 的功率输出，并具有短路报警保护功能。下面以 SG1645 型功率函数信号发生器为例，简要介绍其面板的具体使用方法。

面板中各标志及功能说明如下：

（1）衰减（dB）：按下此按钮可产生 - 20 dB 或 - 40 dB 的衰减；若两只按钮同时按下，则可产生 - 60 dB 的衰减。

（2）波形选择：可以进行输出波形的选择，当波形选择脉冲波时，与（17）配合使用可以改变脉冲占空比。

（3）频率倍乘（FREQMULT）：此按键组与（11）、（12）配合选择工作频率，外侧频率时选择闸门时间。

（4）计数：频率计内测和外测频率信号的选择。外测频率信号衰减选择，按下时信号衰减 20 dB。

　　(5)"Hz"、"kHz":指示频率单位,灯亮时有效。

　　(6)闸门:频率计正常工作时此灯闪烁。

　　(7)溢出:当频率超过 6 个 LED 所显示范围时灯亮。

　　(8)数字 LED:所有内部产生信号或外测信号的频率均由此 LED 显示。

　　(9)电源:按下开关电源接通。

　　(10)计数输入:外测频率时,信号由此输入。

　　(11)频率调节:与(3)配合选择工作频率。

　　(12)频率微调:与(11)配合微调工作频率。

　　(13)压控输入:外接频率控制电压输入端。

　　(14)同步输出:输出波形为 TTL 脉冲,可作同步信号。

　　(15)直流偏置:拉出此旋钮可设定任何波形电压输出的直流工作点,顺时针方向为正,逆时针方向为负,将此旋钮推进则直流电位为零。

　　(16)电压输出(OUTPUT):电压信号由此输出,阻抗为 50 Ω。

　　(17)占空比(DUTY/INV):输出波形形状由占空比控制,若输出为方波则调节占空比波形变为矩形波,若输出为三角波则调节占空比可将波形变成锯齿波,若输出为正弦波则调节占空比可改变上升时间和下降时间。当(2)选择脉冲时,调整此旋钮可以改变脉冲的占空比。

　　(18)幅度调节(AMPL):调节此旋钮可同时改变电压输出和正弦波功率输出信号的幅度。

　　(19)正弦波功率输出:当波形选择为正弦波时,有正弦波输出;当选择其他波形时输出为零;当 $f > 200$ kHz 时,电路会保护而无输出。

5.5　合成信号发生器

5.5.1　合成信号发生器简介

1. 频率合成技术的定义

　　前面介绍的信号发生器是以传统的 RC 或 LC 振荡电路为基础,这类发生器可以通过调节振荡电路元件参数来实现对振荡频率的调节,实现较为简单、调节较为方便。但是 RC 或 LC 振荡电路的选频特性较差,输出信号频率的稳定性和准确度不高,通常频率稳定度可达到 $10^{-3} \sim 10^{-4}$ 数量级,而频率准确度只能达到 10^{-2} 数量级。

　　随着科学技术的发展,现代电子测量对信号频率的稳定度和准确度的要求越来越高。例如蜂窝移动通信系统的实用频段为 912 MHz 左右,频段间隔为 30 kHz,要求信号频率的稳定度必须优于 10^{-6} 数量级;而在卫星发射中的要求更高,信号频率的稳定度必须优于 10^{-8} 数量级。由于传统的信号发生器无法满足这样的应用要求,所以促进了频率合成技术的快速发展。频率合成器是把一个(或少数几个)高稳定度基准频率 f_s,经过加、减、乘、除及其组合运算,以产生在一定频率范围内、按一定的频率间隔(或称频率跳步)的一系列离散频率,这种频率变换技术称为频率合成技术,此类信号发生器称为合成信号发生器。为了保证良好的性能,合成信号发生器的电路一般都相当复杂,但其核心是频率合成器。

合成信号发生器是用频率合成器代替信号发生器中主振荡器,频率合成器一般采用石英晶体振荡器产生基准频率f_s,它能够产生稳定度和准确度都非常高的输出信号(优于10^{-8}数量级)。但是输出频率取决于石英晶体的结构参数,一旦晶体制造完成,其频率特性就完全确定,基本无法通过改变电路参数进行调节,这时电路的输出频率是固定的。为此,以石英晶体振荡器为基础构成的合成信号发生器中必须含有特定的频率变换电路,实现对一个或若干个高稳定度和准确度的基准频率f_s进行变换,得到各种输出信号频率。频率的代数运算是通过倍频、分频及混频技术来实现的。其中,分频可以实现频率的除运算,即输入频率是输出频率的某一整数倍;倍频可以实现频率的乘运算,即输出频率为输入频率的整数倍;频率的加运算和减运算则是通过混频来实现的。

合成信号发生器既有信号发生器良好的输出特性和调制特性,又有频率合成器的高稳定度、高分辨力的优点,同时输出信号的频率、电平、调制深度等均可程控,是一种先进高档次的信号发生器。

2. 合成信号发生器的性能指标

作为信号发生设备,合成信号发生器同样具有信号发生器各种基本的性能指标。同时,由于合成信号源的各种特点,某些指标与传统信号源有些差别,还有一些特有的性能指标。

(1)频率标准度和稳定度

合成信号源的频率准确度和稳定度取决于内部基准源,一般能达到10^{-8}/日或更好的水平。

(2)频率分辨率

合成信号源的频率稳定度高,分辨率也较好,可达$0.01 \sim 10 \text{ Hz}$。

(3)相位噪声与相位杂散

相位噪声定义为信号相位的随机变化,它会引起频率稳定度下降。相位杂散指频率合成的过程中产生的各种寄生频率分量。相位杂散是频域中信号谱两旁呈对称的离散谱线分布,相位噪声则在两旁呈连续分布。这两个指标都会影响输出信号频谱纯度。由于合成信号源的频率稳定度较高,因此对相位噪声和杂散的要求很严格。

(4)频率转换速度

与传统信号源不同,合成信号源通常具有很高的智能水平,常常需要自动切换输出频率,因此对频率的转换速度有一定要求。频率转换速度通常用转换时间表示,即信号源输出从一个频率变换到另一个频率所需要的时间。

3. 频率合成技术的分类

频率合成技术就是把一个或者多个高稳定度、高准确度的参考频率,经过各种信号处理技术,生成具有同等稳定度和准确度的各种离散频率。参考频率可由晶体振荡器产生,合成的离散频率与参考频率有严格的比例关系,并具有同等的稳定度和准确度。频率合成技术是实现高性能频率源的重要手段。频率源的性能是影响雷达、电子对抗、仪器仪表等系统性能的关键问题。

频率合成的方法大致可以分为模拟合成技术和数字合成技术,其中,模拟合成技术又分为直接合成和间接合成两种方法。

（1）直接合成技术

直接合成技术的输出信号频率可达到超高频段甚至微波，其中直接合成的优点是转换速度快，其转换时间可达微秒数量级，但其频谱纯度难以提高，也不易实现集成化。

（2）间接合成技术

利用锁相环的间接合成技术可以得到非常高的频谱纯度，尤其是在频率非常高的场合，输出信号的质量也很高。但是锁相环的响应速度限制了频率合成的转换速度，转换时间只能达到毫秒量级。

（3）数字合成技术

数字合成技术是基于大规模集成电路和计算机技术发展起来的，其输出频率比模拟合成技术要低一些，有待进一步发展。

实际上，在一个信号源中可能同时采用多种合成方法，下面将分别介绍这三种合成方法的实现原理及基本特点。

5.5.2 直接合成技术

直接合成技术是利用晶体振荡器产生的标准频率信号，再利用倍频器、分频器、混频器及滤波器等进行一系列四则运算以获得所需要的频率输出。基于直接合成技术的合成器又包括非相干式直接合成器和相干式直接合成器两种。若用多个石英晶体振荡器产生基准频率，产生混频的两个基准频率之间相互独立，就称为非相干式直接合成器。如果只用一个石英晶体产生基准频率，然后通过分频、倍频等，使送入混频器的频率之间是相关的，就称为相干式直接合成器。相干式直接合成器的原理图如图 5.17 所示。图中晶振产生 1 MHz 基准信号，并由谐波发生器产生相关的 1 MHz 、2 MHz 、… 、9 MHz 等基准频率，然后通过十进制分频器（完成 ÷ 10 运算）、混频器和滤波器（完成加法或减法运算），最后产生 4.628 MHz 输出信号。只要选取不同次谐波进行合适的组合，就能得到所需频率的高稳定度信号，频率间隔可以做到 0.1 Hz 以下。直接合成技术简单易行、频率转换时间短、相位噪音低，但因采用了大量的分频、混频、倍频和滤波等模拟元件，使合成器的体积大、易产生杂散分量、元件的非线性影响难以抑制。目前多用于实验室、固定通信、电子对抗和自动测试等领域。

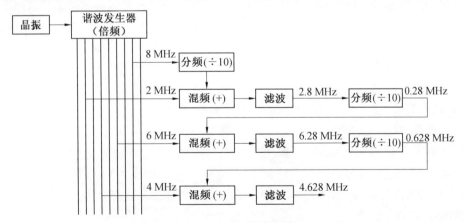

图 5.17 相干式直接合成器的原理图

5.5.3 间接合成技术

间接合成法即锁相环路法,图 5.18 是它的原理框图。图中压控振荡器输出频率经分频后得到 f/n_1 频率的信号送往鉴相器,与采自晶振输出经 n_2 次分频的频率 f_0/n_2 的信号进行相位比较,由前面的锁相环路的介绍可知,当 $f/n_1 = f_0/n_2$,即

$$f = \frac{n_1}{n_2}f_0 \tag{5.23}$$

时,相位锁定,输出信号按式(5.23)的频率输出,且具有与 f_0,即晶振信号同样的稳定度。为了有效地锁相,需要鉴相器两输入信号频率足够接近。如果两信号频率相差较大,可先进行鉴频,用鉴频器输出控制 VCO 实现频率粗调,而后利用鉴相器输,出控制 VCO 实现频率细调。间接式频率合成器的优点是省去了滤波器和混频器,因而电路简单,价格便宜,但频率转换速度较慢。

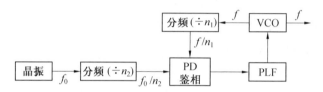

图 5.18　间接式频率合成器原理框图

实际应用的合成信号发生器往往是多种方案的组合,以解决频率覆盖、频率调节、频率跳步、频率转换时间及噪声抑制等问题。当前合成信号发生器的发展趋势仍是宽频率覆盖、高频率稳定度和准确度、数字化、自动化、小型化和高可靠性。

5.5.4　数字合成技术

直接数字合成(DDS)是采用数字化技术,通过控制相位的变化速度来直接产生各种频率的信号。在带宽、频率分辨率、频率转换时间、相位连续性(相位变化连续)、调制输出(对输出信号易实现多种调制)和集成化等方面,都远远超过传统的频率合成技术。图 5.19 为直接数字合成器原理框图。因为 DDS 技术把幅度和相位信息都用数字量表示,所以必然会产生量化精度和量化噪音,从而造成输出信号的幅度失真和相位失真,使得 DDS 的输出信号杂散较大(杂散频率多);同时 DDS 的输出信号频带有限(为了有效分开输出频率和镜像频率,最高频率应该 $< 0.5f_s$,更高的 f_s 要求器件的工作频率更高),这是限制 DDS 技术发展的主要问题之一。然而,由于 DDS 是全数字化结构,易于集成、功耗低、体积小、重量轻、可靠性高、易于程控、使用灵活,性价比很高,故广为采用。

为了发挥 DDS 技术的长处、克服其缺点,往往把 DDS 技术和其他频率合成技术结合起来使用。通常是采用 DDS 技术与 PLL 技术结合(DDS + PLL)的方案,这既可克服 DDS 技术的输出信号频率的杂散和频带受限,同时又可改善 PLL 技术的频率分辨率不高、频率转换时间较长的问题,并且这种组合式频率合成器的制作成本较低、结构简单,是目前高性能频率合成器的主要发展趋势。

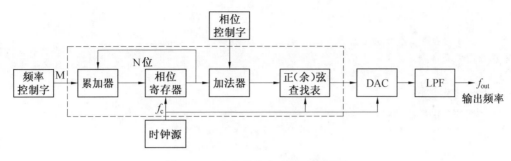

图 5.19　直接数字合成器原理框图

思考题与习题

5.1　信号发生器的基本组成有哪几部分？其技术指标有哪些？其含义是什么？

5.2　根据输出信号频率、输出波形种类的不同,信号发生器分为哪几类？

5.3　低频信号发生器一般包括哪几部分？各部分的作用是什么？其主振级常采用什么电路？

5.4　差频式振荡器作低频信号发生器振荡源的原理和优点是什么？

5.5　文氏桥振荡器中常采用热敏电阻组成负反馈支路来稳定振幅,试简述其基本工作原理。

5.6　试画出进行低频放大器的电压放大倍数测量的测试方框图。

5.7　高频信号发生器主要由哪些电路组成？各部分的作用是什么？

5.8　调谐式高频振荡器主要有哪三种类型？如何确定和调节振荡频率？

5.9　高、低频信号发生器的输出阻抗一般是多少？使用时,如果阻抗不匹配,会产生什么影响？

5.10　正弦信号发生器的调制方式一般有哪几种？

5.11　函数信号发生器能输出哪几种波形的信号？其一般有哪几种构成方式？

5.12　合成信号发生器的实现方法有哪几种？各有什么特点？

5.13　什么是DDS？什么是频率合成器？说明它们各自的优缺点。

5.14　基本锁相环由哪些部分组成？其作用是什么？

5.15　已知图 5.20 所示的混频倍频混合式锁相环中, $f_{r1} = 10 \text{ kHz}$, $f_{r2} = 40 \text{ MHz}$,其输出频率 $f_o = 73 \sim 101.1 \text{ MHz}$,步进频率 $\Delta f = 10 \text{ kHz}$,试求 N。

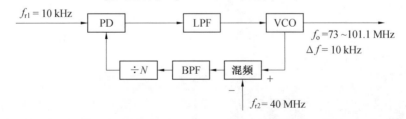

图 5.20　混频倍频混合式锁相环

第 6 章

电压测量

6.1　概　述

电压是一个基本物理量,是集总电路中表征电信号能量的三个基本参数(电压、电流、功率)之一,电压测量是电子测量中的基本内容。在电子电路中,电路的工作状态如谐振、平衡、截止、饱和以及工作点的动态范围,通常都以电压形式表现出来。电子设备的控制信号、反馈信号及其他信号,也主要表现为电压量。在非电量的测量中,也多利用各类传感器或装置,将非电量参数转换成电压参数。电路中其他电参数,包括电流和功率,以及信号的调幅度、波形的非线性失真系数、元件的 Q 值、网络的频率特性和通频带、设备的灵敏度等,都可以视作电压的派生量,通过电压测量获得。

6.1.1　电压测量的重要性和特点

电压测量直接、方便,将电压表并接在被测电路上,只要电压表的输入阻抗足够大,就可以在几乎不对原电路工作状态有所影响的前提下获得较满意的测量结果。相比而言,电流测量就不具备这些优点。首先必须把电流表串接在被测支路中,很不方便,其次电流表的接入改变了原来电路的工作状态,测得值不能真实地反映出原有情况。由此不难得出结论:电压测量是电子测量的基础,在电子电路和设备的测量调试中,电压测量是不可缺少的基本测量。

电压测量具有频率范围宽、测量范围大、信号波形复杂、被测电路的输出阻抗影响大、测量精度差异大以及存在干扰影响等特点。针对电压测量的特点,选择电压表作为测量电压的主要仪器应满足以下性能要求。

1. 频率范围

电子电路中电压信号的频率范围相当广,除直流外,交流电压的频率从 10^{-6} Hz(甚至更低)到 10^9 Hz。频段不同,测量方法也各异。

2. 测量范围

电子电路中待测电压的大小,低至 10^{-9} V,高到几十伏、几百伏甚至上千伏。信号电压电平低,就要求电压表分辨力高,而这些又会受到干扰、内部噪声等的限制。信号电压电平高,就要考虑在电压表输入级中加接分压网络,而这又会降低电压表的输入阻抗。

3. 信号波形

电子电路中待测电压的波形,除正弦波外,还包括失真的正弦波以及各种非正弦波(如脉冲电压等),不同波形电压的测量方法及对测量准确度的影响是不同的。

4. 被测电路的输出阻抗

由被测电路端口看去的等效电路,可以用图 6.1 表示,其中 Z_o 为电路的输出阻抗,Z_i 为电压表输入阻抗。在实际的电子电路中,Z_o 的大小不一,有些电路 Z_o 很低,可以小于几十欧,有些电路 Z_o 很高,可能大于几百千欧。前面已经讲过,电压表的负载效应对测量准确度有影响,尤其是对输出阻抗 Z_o 比较高的电路。

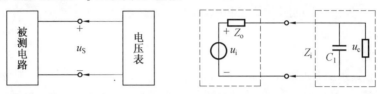

图 6.1　电压表测量电压及其等效电路

5. 测量精度

由于受到被测电压的频率、波形等因素的影响,电压测量的准确度有较大差异。电压值的基准是直流标准电压,直流测量时分布参数等的影响也可以忽略,因而直流电压测量的精度较高。目前利用数字电压表可使直流电压测量精度优于 10^{-7} 量级。但交流电压测量精度要低得多,因为交流电压需经交流 / 直流(AC/DC)变换电路变成直流电压,交流电压的频率和电压大小对 AC/DC 变换电路的特性都有影响,同时高频测量时分布参数的影响很难避免和准确估算,因此目前交流电压测量的精度一般在 10^{-2} ~ 10^{-4} 量级。

6. 干扰

电压测量易受外界干扰的影响,当信号电压较小时干扰往往成为影响测量精度的主要因素,相应要求高灵敏度电压表(如数字式电压表、高频毫伏表等)必须具有较高的抗干扰能力,测量时也要特别注意采取相应措施(例如正确的接线方式,必要的电磁屏蔽),以减少外界干扰的影响。

6.1.2　电压测量的方法和分类

测量电压的主要仪器就是电压表,在一般工频(50 Hz)和要求不高的低频(低于几十千赫)电压测量时,可使用一般万用表电压挡,其他情况大都使用电子电压表。但电压表的种类繁多,性能各异,下面详细介绍电压表的分类方法。

1. 按显示方式分类

按显示方式的不同,电子电压表分为模拟式电子电压表和数字式电子电压表。前者以模拟式电表显示测量结果,后者用数字显示器显示测量结果。模拟式电压表准确度和分辨力不及数字式电压表,但由于结构相对简单,价格较为便宜,频率范围也宽,另外在某些场合,并不需要准确测量电压的真实大小,而只需要知道电压大小的范围或变化趋势,例如作为零示器或者观测谐振电路调谐时的峰值、谷值的观测,此时用模拟式电压表反而更为直观。数字式电压表的优点有:测量准确度高,测量速度快,输入阻抗大,过载能力强,抗干扰能力和分辨率优于模拟式电压表。此外,由于测量结果是数字形式输出、显示,除读数直观外,还便于和计算机及其他设备联用组成自动化测试仪器或自动测试系统。目前由于微处理器的运用,高中档数字式电压表已普遍具有数据存储、计算及自检、自校和自动故障诊断功能,并配有 IEEE – 488 或 RS232C 接口,很容易构成自动测试系统。数字式电压表当前存在的不足是频率范围不及模拟式电压表。

2. 模拟式电压表分类

(1) 按测量功能分类

分为直流电压表、交流电压表和脉冲电压表。其中脉冲电压表主要用于测量脉冲间隔很长(即占空系数很小)的脉冲信号和单脉冲信号,一般情况下脉冲电压的测量已逐渐被示波器测量所取代。

(2) 按工作频段分类

可分为超低频电压表(低于 10 Hz)、低频电压表(低于 1 MHz)、视频电压表(低于 30 MHz)、高频或射频电压表(低于 300 MHz)和超高频电压表(高于 300 MHz)。

(3) 按测量电压量级分类

分为电压表和毫伏表。电压表的主量程为伏(V)量级,毫伏表的主量程为毫伏(mV)量级。主量程是指不加分压器或外加前置放大器时电压表的量程。

(4) 按电压测量准确等级分类

分为 0.05、0.1、0.2、0.5、1.0、1.5、2.5、5.0 和 10.0 等级,其满度相对误差分别为 0.05%,0.1%,…,10.0%。

(5) 按刻度特性分类

可分为线性刻度、对数刻度、指数刻度和其他非线性刻度。

按现行国家标准,模拟电压表的主要技术指标有固有误差、电压范围、频率范围、频率特性误差、输入阻抗、峰值因数(波峰因数)、等效输入噪声、零点漂移等共 19 项。

3. 数字式电压表分类

(1) 按测量功能分类

分为直流数字电压表和交流数字电压表。

(2) 按 AC/DC 变换原理分类

分为峰值交流数字电压表、平均值交流数字电压表和有效值交流数字电压表。

数字式电压表的技术指标较多,包括准确度、基本误差、工作误差、分辨力、读数稳定度、输入阻抗、输入零电流、带宽、串模干扰抑制比(SMR)、共模干扰抑制比(CMR)、波峰因数等30 项指标。

6.2 交流电压的测量

6.2.1 表征交流电压的基本参量

交流电压除用具体的函数关系式表达其大小随时间的变化规律外,通常还可以用峰值、幅值、平均值、有效值等参数来表征。

1. 峰值

周期性交变电压 $u(t)$ 在一个周期内偏离零电平的最大值称为峰值,用 U_p 表示,正、负

峰值不等时分别用 $U_{\mathrm{p+}}$ 和 $U_{\mathrm{p-}}$ 表示,如图 6.2(a)所示。$u(t)$ 在一个周期内偏离直流分量 U_0 的最大值称为幅值或振幅,用 U_{m} 表示,正、负幅值不等时分别用 $U_{\mathrm{m+}}$ 和 $U_{\mathrm{m-}}$ 表示,如图 6.2(b)所示,图中 $U_0 = 0$,且正、负幅值相等。

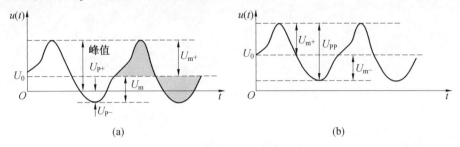

(a)　　　　　　　　　　　　　　　　　(b)

图 6.2　交流电压的峰值与幅值

2. 平均值

$u(t)$ 的平均值 $\overline{U}$ 的数学定义为

$$\overline{U} = \frac{1}{T} \int_0^T u(t) \,\mathrm{d}t \tag{6.1}$$

按照这个定义,$\overline{U}$ 实质上就是周期性电压的直流分量 U_0,如图 6.2(a)中虚线 U_0 所示。在电子测量中,平均值通常指交流电压检波(也称整流)以后的平均值,又可分为半波整流平均值(简称半波平均值)和全波整流平均值(简称全波平均值),如图 6.3 所示,其中图 6.3(a)为全波平均值波形,图 6.3(b)、(c)分别为正半波平均值和负半波平均值的波形。全波平均值定义为

$$\overline{U} = \frac{1}{T} \int_0^T |u(t)| \,\mathrm{d}t \tag{6.2}$$

如不另加说明,本章所指平均值均为式(6.2)所定义的全波平均值。

3. 有效值

在电工理论中曾定义:某一交流电压的有效值等于直流电压的数值 U,当该交流电压和数值为 U 的直流电压分别施加于同一电阻上时,在一个周期内两者产生的热量相等。用数学式可表示为

$$U = \sqrt{\frac{1}{T} \int_0^T u^2(t) \,\mathrm{d}t} \tag{6.3}$$

式(6.3)实质上即数学上的均方根定义,因此电压有效值有时也写作 U_{rms}。

4. 波形因数、波峰因数

交流电压的有效值、平均值和峰值间有一定的关系,可分别用波形因数(或称波形系数)及波峰因数(或称波峰系数)表示。

波形因数 K_{F} 定义为该电压的有效值与平均值之比,即

$$K_{\mathrm{F}} = \frac{U}{\overline{U}} \tag{6.4}$$

波峰因数 K_{P} 定义为该电压的峰值与有效值之比,即

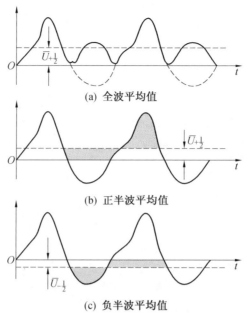

(a) 全波平均值

(b) 正半波平均值

(c) 负半波平均值

图 6.3　半波和全波平均值

$$K_P = \frac{U_P}{U} \tag{6.5}$$

不同电压波形,其 K_F、K_P 不同。

虽然电压量值可以用峰值、有效值和平均值表征,但基于功率的概念,国际上一直以有效值作为交流电压的表征量,例如电压表,除特殊情况外,几乎都按正弦波的有效值来定度。当用以正弦波的有效值定度的交流电压表测量电压时,可应用查表的方法获得不同波形交流电压的参数。

6.2.2　交流电压的测量

在实际应用中,交流电压大多采用电子电压表来测量,它通过 AC/DC 变换器将交流电压转换成直流电压,然后再接到直流电压表上进行测量。这里,变压器实际上就是检波器。按检波器的响应特性可分为平均值、峰值和有效值三种。

电子电压表按电路的组成形式又可分为三种类型:放大 - 检波式、检波 - 放大式和外差式。下面分别进行讨论。

1.均值电压表

(1) 均值电压表的组成

均值电压表是放大-检波式电子电压表,简称均值表。均值表一般可以做到 mV 量级,频率范围为 20 Hz ~ 10 MHz,故又称为视频毫伏表。它由阻抗变换器、可变量程衰减器、宽带放大器、平均值检波器和微安表等组成,如图 6.4 所示。

图 6.4 中,阻抗变换器是均值表的输入级。通常,采用射极跟随器或源极跟随器来提高均值表的输入阻抗。它的低输出阻抗还便于与以后的衰减器相匹配。可变量程衰减器通常为阻容分压电路,用来改变均值表的量程,以适应不同幅度的被测电压。宽带放大器通常采

图6.4 均值电压表结构

用多级负反馈电路,其性能的好坏往往是决定整个电压表质量的关键。平均值检波器通过整流和滤波(即检波)提取宽带放大器输出电压的平均值,并输出与它成正比的直流电流,最后驱动微安表指示电压的大小。

(2) 均值检波器

图6.5所示为平均值检波的常见电路,其中,图(a)和图(c)分别为常见的半波整流式电路和全波整流式电路,图(b)和图(d)则分别是图(a)和图(c)的简化形式。由于用电阻 R 代替二极管,因此必然使检波器的损耗增加,并使流进微安表的电流减小。其中,图(b)中 R 应选择适当,保证充放电的时间常数相等。微安表两端并联的电容,用来滤掉整流后的交流成分,并可避免它在电表动圈上的损耗。

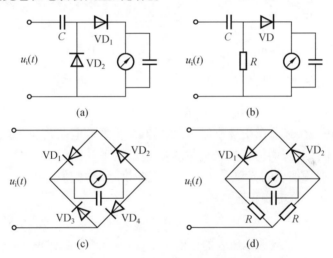

图6.5 平均值检波的常用电路

下面以图6.5(c)为例,讨论均值检波器的工作特性。

设被测电压为 $u_i(t)$,电表内阻为 r_m,$VD_1 \sim VD_4$ 的正、反向电阻分别为 R_d 和 R_r。一般,R_d 为 $100 \sim 500\ \Omega$,r_m 为 $1 \sim 3\ k\Omega$(个别专用电表 r_m 可小到几十 Ω)。由于 $R_r \gg R_d$,忽略反方向电流的作用,则流过电表的平均电流为

$$\bar{I} = \frac{1}{T} \int_0^T \frac{|u_i(t)|}{2R_d + r_m} dt = \frac{\overline{u_i(t)}}{2R_d + r_m} = \frac{\bar{U}}{2R_d + r_m} \tag{6.6}$$

式(6.6)表明,流过表头的电流的平均值只与被测电压的平均值有关,而与波形无关,且与平均值成正比。可见,全波均值检波器响应被测电压的均值。

灵敏度是平均值检波器的一个重要参数,其定义为

$$S_d = \frac{\bar{I}}{U_m} \tag{6.7}$$

对于全波均值检波器,$\bar{U} = \dfrac{2}{\pi} U_m$,可推导出

$$S_\mathrm{d} = \frac{\bar{I}}{U_\mathrm{m}} = \frac{\pi}{2} \times \frac{1}{2R_\mathrm{d} + r_\mathrm{m}} \tag{6.8}$$

因此,欲提高灵敏度,应减小 R_d 和 r_m 的值。可以证明,全波均值检波器的输入阻抗为

$$R_\mathrm{i} = 2R_\mathrm{d} + \frac{8}{\pi^2} r_\mathrm{m} \tag{6.9}$$

式(6.9)中,若取 $R_\mathrm{d} = 500\ \Omega$,$r_\mathrm{m} = 2\ \mathrm{k}\Omega$,可得 $R_\mathrm{i} \approx 2.6\ \mathrm{k}\Omega$。可见,均值检波器的输入阻抗很低,用它做成的电子电压表,应在检波前加高输入阻抗的放大器。因此,均值表一般都是放大 - 检波式电子电压表。

(3) 刻度特性

根据正弦波及有效值的实际意义,均值电压表的读数 α 都用正弦有效值进行定度,即

$$\alpha = U_\sim = K\bar{U}_\sim = K\bar{U}_x \tag{6.10}$$

式中　　α—— 平均值电压表的指示值;

　　　　K—— 定度系数,或称为刻度系数;

　　　　$\bar{U}_x$—— 被测电压的均值;

　　　　角标" $\sim$ "—— 正弦波。

取 $K = K_\mathrm{F} = 1.1$,取 $\dfrac{1}{K_\mathrm{F}} = \dfrac{1}{1.11} \approx 0.9$,则

$$\bar{U} = 0.9\alpha \tag{6.11}$$

由于均值电压表中还有阻抗变换器、衰减器和放大器等电路,它们的传输系数直接反映在各量程的刻度中,因此,均值电压表的读数间接反映了被测量(均值) 的大小,式(6.11) 反映了这种关系,即均值表的读数乘以 0.9 等于被测电压的均值。

同理,对于半波均值电压表有

$$\bar{U} = 0.45\alpha \tag{6.12}$$

式(6.12) 表明,半波均值电压表的读数乘以 0.45 就等于被测电压的均值。

(4) 波形误差

用均值电压表测量非正弦电压是,其读数应进行修正。

$$U_x = K_\mathrm{F} \bar{U}_x = 0.9 K_\mathrm{F} \alpha \tag{6.13}$$

式中　　K_F—— 被测电压的波形因数。

如果不进行修正,把读数当成有效值,将产生波形误差,即

$$\gamma_\mathrm{w} = \frac{\alpha - U_x}{\alpha} \times 100\% \tag{6.14}$$

联立式(6.13) 和式(6.14),有

$$\gamma_\mathrm{w} = \frac{\alpha - 0.9 K_\mathrm{F} \alpha}{\alpha} \times 100\% = (1 - 0.9 K_\mathrm{F}) \times 100\% \tag{6.15}$$

显然,测正弦波时,$\gamma_\mathrm{w} = 0$。由于各波形的波形因数与正弦波的相差不大,因此,均值电压表的波形失真小。但是,当用均值电压表测量失真正弦波的有效值时,其测量误差不仅取决于各谐波的幅度,而且也与它们的相位有关。

【例6.1】 用平均值电压表测量一个三角波电压,读得测量值为 10 V,试求有效值为多

少伏？波形误差是多少？（三角波 $K_F = 1.15$）

解 对于均值表，读数乘以 0.9 就是均值。因此，三角波的均值为

$$\overline{U} = 0.9\alpha = 0.9 \times 10 = 9 \text{ V}$$

被测三角波的有效值为

$$U_x = K_F \overline{U_x} = 1.15 \times 9 \approx 10.4 \text{ V}$$

又由式(6.15)知，测得的波形误差为

$$\gamma_w = (1 - 0.9K_F) \times 100\% = (1 - 1.035) \times 100\% \approx -4\%$$

均值检波器电路简单，灵敏度高，波形失真小，因此得到了广泛应用。DA16 型、DA12 型、GB - 9 型、GB - 10 型毫伏表均属此类。常用的 DA16 型的频率范围为 20 Hz ~ 2 MHz，测得范围为 100 μV ~ 300 V，最小量程 1 mV，误差 ±3%，输入电阻 1.5 MΩ。而 DA12 型的频率范围为 30 Hz ~ 10 MHz，最小量程 1 mV。

指针式万用表属于电工仪器。它的交流电压测量挡应用了半波均值检波器，并以正弦波有效值刻度，也可用于交流电压的测量。由于指针式万用表依据直接测量原理工作，且灵敏度低，因此，主要用于工频(50 Hz)及要求不高的低频(一般为几到几十 kHz 以下)电压的测量。

2. 峰值电压表

峰值电压表的工作频率范围宽，输入阻抗较高，有较高的灵敏度，但存在非线性失真。

（1）峰值电压表的组成

峰值电压表，简称峰值表，属检波 - 放大式电子电压表，又称为超高频毫伏表。它由峰值检波器（置于机箱外探头中）、分压器、直流放大器和微安表等组成（置于电压表机箱中），如图 6.6 所示。

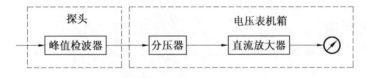

图 6.6 峰值电压表结构

（2）峰值检波器

峰值检波器是指检波输出的直流电压与输入交流信号峰值成比例的检波器。常见的峰值检波器有串联式和并联式两种，如图 6.7 所示。其中，串联式峰值检波器无隔直能力；而并联式峰值检波器具有隔直能力，且用得较多。

图 6.7 中，检波元件 R_L，C 的值选得不同时，可以适应不同频率的电压的测量。但对其基本要求是，使检波器的充电时间常数远小于放电时间常数，同时，放电时间常数也要远大于输入信号最大的周期 T_{max}，即

$$\tau_1 \ll \tau_2 \quad \tau_2 \gg T_{max} \tag{6.16}$$

式中 τ_1—— 充电时间常数；

τ_2—— 放电时间常数。

而且，被测回路的内阻 R_S 应较小，而负载电阻 R_L 要大（R_L 常取 $10^7 \sim 10^8$ Ω），以保证式(6.16)成立，这样，输出的直流电压（R_L 两端的电压）正比于被测电压的峰值。图 6.7(a)、(b) 中的输入电阻分别为

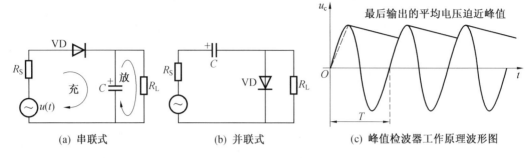

(a) 串联式　　　　(b) 并联式　　　　(c) 峰值检波器工作原理波形图

图 6.7　峰值检波器

$$R_{i串} = \frac{1}{2}R_L$$

$$R_{i并} = \frac{1}{3}R_L \qquad (6.17)$$

由于 R_L 取值很大,峰值检波器作为输入级也可使电压表具有很高的输入电阻,它常被做在仪器的探头内,以减小引线的长度,输入电容可小到 1 ～ 3 pF,因此,峰值表适合于高频电压的测量。

峰值检波器的工作原理可以通过图 6.7(c) 来说明。在上述电路参数式(6.16) 的条件下,当交流电压 $u(t)$ 波形正半周加向二极管时,$u(t)$ 对电容 C 快速充电,如图 6.7(c) 中虚线所示;当 $u(t)$ 波形峰值过后,C 上的电压大于 $u(t)$,这时二极管截止,C 慢速放电,如图 6.7(c) 中实线所示;当 $u(t)$ 第 2 个周正半周加向二极管时,在 $u(t)$ 高于 C 上电压期间,$u(t)$ 继续向 C 充电。如此重复几周,最后处于动态平衡状态时,电容 C 上电压的平均值接近 $u(t)$ 的峰值。

在实际应用中,为了提高检波效率,常采用双峰值检波电路。为了保证峰值检波,需要选则足够大的电容和电阻 R_L。双峰值检波器在 R_L 上的直流电压 $U_L = 2U_P$,但输入电阻比图 6.7 中的要低。

峰值检波器中,流经负载电压 R_L 的电流非常小,无法推动磁电式电流表。因此,直流放大器是检波–放大式电压表中必不可少的部分。

峰值电压表中的直流放大器多做成斩波式(调制波) 放大器,即将直流转换成交流,放大后,再转换成直流。其特点是增益高,漂移小,灵敏度可达几十 μV。因此,常称峰值电压表为超高频毫伏表。

(3) 刻度特性

峰值电压表响应被测电压的峰值按正弦有效值定度,则

$$\alpha = KU_{Px} = U_\sim = \frac{U_{P\sim}}{K_{P\sim}} = \frac{U_{Px}}{\sqrt{2}} \qquad (6.18)$$

式中　　α—— 峰值表的指示值;

　　　　K—— 定度系数,$K = \frac{\sqrt{2}}{2}$;

　　　　U_{Px}—— 被测电压的峰值。

由式(6.18) 可得

$$U_{Px} = \sqrt{2}\,a \tag{6.19}$$

式(6.19)表明,峰值电压表的读数乘以$\sqrt{2}$后所得的就是输入电压的峰值。

（4）波形误差

由于峰值电压表的读数没有直接的物理意义,测量非正弦波时,如果不进行换算,将产生波形误差。其定义为

$$\gamma_w = \frac{\alpha - U}{\alpha} \times 100\% \tag{6.20}$$

即

$$\gamma_w = \left(1 - \frac{K_{P\sim}}{K_P}\right) = \left(1 - \frac{\sqrt{2}}{K_P}\right) \times 100\% \tag{6.21}$$

式中　K_P——输入电压的波峰因数。

【例6.2】　用峰值电压表测量一个三角波电压,读得测量值为10 V,三角波$K_P = \sqrt{3}$,试求有效值是多少? 波形误差是多少?

解　对于峰值表,读数乘以$\sqrt{2}$就等于被测电压的峰值,因此,三角波的峰值为

$$U_{Px} = \sqrt{2}\,a = 1.414 \times 10 = 14.14 \text{ V}$$

被测三角波的有效值为

$$U_x = \frac{U_{Px}}{\sqrt{3}} = \sqrt{2}\,a = \frac{14.14}{1.732} \approx 8.2 \text{ V}$$

由式(6.20),测得波形误差为

$$\gamma_w = \left(1 - \frac{K_{P\sim}}{K_P}\right) = \left(1 - \frac{\sqrt{2}}{\sqrt{3}}\right) \times 100\% \approx 18\%$$

可见,用峰值表测量失真的正弦电压或非正弦电压时,若将读数当做输入电压的有效值,就会产生波形误差,而且,峰值电压表的波形失真较大。但用峰值表测量正弦电压时,读数就是有效值。

DA－1型、DA－4型、HFJ－8型、DYC－5型等超高频毫伏表都是峰值电压表。其中,DA－1型频率范围为10 kHz ～ 1 000 MHz,测量范围为0.3 mV ～ 3 V,误差优于±1%（3 mV 档）。HFJ－8型频率范围为5 kHz ～ 300 MHz,测量范围为1 mV ～ 3 V。HFJ－8A型频率范围为5 Hz ～ 1 GHz,测量范围为1 mV ～ 3 V,可扩展到300 V。

3. 有效值电压表

在实际测量中,遇到的往往是失真的正弦波,且难以知道其波形参数（K_F 和 K_P）,因此,电压表若能响应有效值,测量其有效值就变得比较容易,而且还不必像均值电压表或峰值电压表那样进行换算。

有效值电压表属于放大－检波式电子电压表,其交流－直流变换电路主要有热电偶式和计算式两种。

热电偶式是依据有效值的物理定义来实现测量的。热电偶式在非电测量或传感器课程中已介绍过,图6.8给出了热电偶式的结构图。若将被测电压变成热能加在热电偶上,热电偶将产生相应的电势 $E = kU^2$。但由于热电偶具有非线性的转换关系,利用热电偶进行AD/DC 变换时,应进行线性化处理,如图6.9所示。它由宽带放大器、测量热电偶 T_1、平衡

热电偶 T_2 和高增益的直流放大器 A 等部分组成,其测量和线性化过程如下。

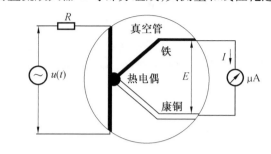

图 6.8   热电偶结构图

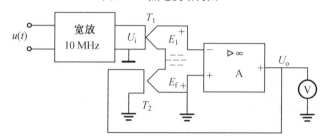

图 6.9   热电偶式有效值电压表

输入信号 $u(t)$ 经宽带放大器放大后送测量热电偶 T_1,并产生电势 $E_1 = k_1 U_i^2$。E_1 经直流放大器 A 放大后加热平衡热电偶 T_2,T_2 产生电势 $E_f = k_2 U_o^2$。作为负反馈电压与 E_1 仪器加到放大器 A 的输入端。这个过程将一直持续,直至 E_1 与 E_f 之差 $\Delta E = (E_1 - E_f) \to 0$,A 输出稳定的直流电压为止。此时,$E_f = E_1$,直流放大器 A 的使出电压 U_o 保持恒定,电路平衡。这个平衡一旦被破坏,T_2 的负反馈将再次作用,直到电路再次平衡为止。

若 T_1 和 T_2 的特性完全相同,在电路平衡时必有 $E_f = E_1$,则 $k_2 U_o^2 = k_1 U_i^2$,故 $U_o = U_i$,实现了有效值的测量与转换关系的线性化。

显然,在这个过程中,并不涉及是否知道 U_i 的波形,以及热电偶 T_1 与 T_2 有何种转换特性。但是,应考虑宽带放大器电路的带宽和动态范围。由于放大器频率宽度的限制,电压中的高次谐波将被抑制;动态范围的限制将使信号产生波形失真。由于这两个特性不够宽等原因,将造成信号损失有效成分,从而带来波形误差。

一般认为有效值表的读数就是被测电压的有效值,即有效值表示响应信号有效值。因此,在有效值表中,$\alpha = U_1$,并称这种表为真有效值表。

用有效值电压表测量失真正弦波的有效值时,波形误差就是信号的失真度。用它测量非正弦信号时,波形误差的大小主要取决于宽带放大器的特性。

DA – 24 型热电偶式有效电压表的最小量程为 1 mV,最大量程为 300 V,频率范围为 10 Hz ～ 10 MHz,准确度 1.5 级,刻度线性,波形误差小。其主要缺点是有热惯性,易过载,使用时应注意。

均值、峰值和有效值三种电子电压表的结构及特性各不相同,现将这三种电压表的主要特性归纳于表 6.1 中。

表 6.1　三种电子电压表主要特性

电压表	组成原理	主要适用场合	实测	读数 α	读数 α 的物理意义	
					正弦波	非正弦波
均值	放大 – 均检	低频信号视频信号	均值 $\overline{U}$	$1.11\overline{U}$	有效值 U	$U = K_F\overline{U}$
峰值	峰检 – 放大	高频信号	峰值 U_P	$0.707U_P$	有效值 U	$U = U_P/K_P$
有效值	热电偶式计算式	非正弦信号	有效值 U	U	真有效值 U	

6.3　数字电压表概述

6.3.1　DVM 的组成原理及主要工作特性

数字电压表(Digital Voltmeter,DVM)是一种利用模数(A/D)转换原理,将被测电压(模拟量)转换为数字量,并将测量结果以数字形式显示出来的电子测量仪器。一台典型的直流数字电压表主要由输入电路、A/D 转换器、控制逻辑电路、计数器(或寄存器)、显示器,以及电源电路等几部分组成,如图 6.10 所示。输入电路和 A/D 转换器统称为模拟电路部分,而计数器(寄存器)、显示器和控制逻辑电路统称为数字电路部分。因此一台数字电压表除供电电源外,主要由模拟和数字两部分组成。

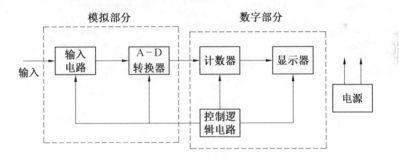

图 6.10　直流数字电压表的基本方框图

A/D 转换器是数字电压表的核心。由于在数字电压表中使用的 A/D 转换器的目的是把被测电压转换成与之成正比的数字量,因而是一个电压-数字(A/D)转换器。由于电压是一个最基本的电量,且其他许多物理量都能方便地转换成电压,因此电压-数字转换是一种最基本、最常用的 A/D 转换方式。由于实现电压-数字转换的原理和方案有很多种,因而相应地,也有各种不同类型的数字电压表。

数字电压表与指针式电压表相比,具有精度高、速度快、输入阻抗大、数字显示、读数准确方便、干扰能力强、测量自动化程度高等优点。它的数字输出可由打印机记录,也可送入计算机进行数据处理。它与计算机及其他数字测量仪器、外围设备(扫描仪、计时器、绘图仪等)配合,可构成各种快速测试系统。目前,数字电压表广泛用于电压的测量和校准。数字电压表中最通用、最常见的直流数字电压表,在此基础上,配合各种适当的输入转换装置(如交流 – 直流转换器、电流 – 电压转换器、欧姆 – 电压转换器、相位 – 电压转换器、温度 –

电压转换器等),可以构成能测交流电压的交流数字电压表,能测电压、电流、电阻的数字多用表,以及能测相位、温度、压力等多种物理量的多功能仪器。

现将数字电压表的工作特性总结如下:

1. 测量范围

测量范围包括量程的划分、各量程的测量范围(从零到满刻度的显示位数)及超量程能力,此外,还应写明量程的选择方式(如手动、自动和遥控等)。

(1)量程

量程的扩大借助于分压器和输入放大器来实现,不经衰减和放大的量程称为基本量程。基本量程也是测量误差最小的量程。例如,DS – 14 的量程分为 500 V、50 V、5 V、0.5 V 四档,其中 5 V 档为基本量程(不经过放大 / 衰减,直接加到 A/D 转换器上)。

(2)位数

位数是表征数字电压表性能的一个最基本的参量。通常用 1 位整数加分数的形式表示:能显示 0 ~ 9 所有数字的位数为整数值,分数位的数值以最大显示值中最高位数字为分子,以满量程时最高位数字为分母。例如,1 999 ≈ 2 000,称 $3\frac{1}{2}$ 位;39 999 ≈ 40 000,称 $4\frac{3}{4}$ 位;499 999 ≈ 500 000,称 $5\frac{4}{5}$ 位。

(3)超量程能力

超量程能力是数字电压表的一个重要性能指标。最大显示为9999的4位表没有超量程能力的,而最大显示为19999的4位表则有超量程能力,允许有 100% 的超量程。

有了超量程能力,当被测量超过正规的满度量程时,读取的测量结果就不会降低精度和分辨率。例如,满量为 10 V 的 4 位数字电压表,当其输入电压从 9.999 V 变成 10.001 V 时,若数字电压表没有超量程能力,则必须换用 100 V 量程档,从而得到“10.00 V”的显示结果,这样就丢失了 0.001 V 的信息。

此外,也常用百分数来表示超量程能力,例如,$3\frac{1}{2}$ 位(≈ 2000)比 3 位(≈ 1000)有 100% 的超量程能力。

2. 分辨率

分辨率是数字电压表能够显示的被测电压的最小变化值,也就是使显示器末位跳一个字所需的输入电压值。显然,在不同的量程上,数字电压表的分辨率是不同的。在最小量程上,数字电压表具有最高的分辨率,常把最高分辨率作为数字电压表的分辨率指标。分辨率可以用量程除以最大显示值来求取。例如,$3\frac{1}{2}$DVM,2 V 量程的分辨率为 2 V/1 999 ≈ 1/1 000 V =1 mV。有时也用百分比表示,例如,$3\frac{1}{2}$DVM 的分辨率为 0.05% 。

由于分辨率与数字电压表中 A/D 转换器的位数有关,位数越多,分辨率越高,故有时称具有多少位的分辨率。例如,称12 位 A/D 转换器具有 12 位分辨率,有时也可用最低有效位 LSB 的步长表示,把分辨率称为分辨率 $1/2^{12}$ 或 1/4 096。同时,分辨率越高,被测电压表越灵敏,故有时把分辨率称为灵敏度。

应当指出,DVM 的分辨率(或分辨力)不同于准确度。分辨率与准确度属于两个不同的概念。前者表征仪表的"灵敏性",即对微小电压的"识别"能力;后者反映测量的"准确性",即测量结果与真值的一致程度。二者无必然的联系,因此不能混为一谈,更不得将分辨率误以为是类似于准确度的一项指标。实际上,分辨率仅与仪表显示位数有关,而准确度则取决于 A/D 转换器等的总误差。从测量角度看,分辨率是理想的"虚"指标(与测量误差无关),准确度才是"实"指标(表征测量误差的大小)。

因此,分辨率只是理想情况下测量准确度的上限。例如,选用分辨率为 24 位的 A/D 转化器,由于噪声干扰的因素的影响并不能保证实现 24 位的准确度。通常在设计上,分辨率应高于准确度,保证分辨率不会制约可获得的准确度,以保证从读数中能检测出微小的变化量。

3. 测量速率

测量速率是每秒对被测电压的测量次数或者测量一次所需要的时间,它主要取决于 DVM 中所采用的 A/D 转化器的转化速率。A/D 转化器可在内部或外部的启动信号触发下工作。DVM 内部有一个触发振荡器(称为取样速率发生器),以提供内触发信号,改变该信号的触发频率,则可改变测量速率。

4. 输入阻抗与输入电流

目前,多数数字电压表的输入级用场效应管组成。在小量程时,其输入阻抗可高达 10^4 MΩ 以上;在大量程时(如 100 V、1 000 V 等),由于使用了分压器,输入阻抗一般为 10 MΩ。

数字电压表的输入等效电路不能只用一个简单的无源电阻 R_i 来代表,而应用有源网络来等效。因为数字电压表采用场效应管作为输入级时,管中有漏电流 I_o(在 25 ℃ 时,通常为 10 pA 以下),这个电流将通过被测信号源,从而在被测信号源内阻 R_S 上建立一个附加的电压 $I_o R_S$。这个电压与被测电压 U_x 叠加,会引起测量误差。由于被测源 R_S 不同,$I_o R_S$ 之值也不同,因此 I_o 的影响不能用调零的方法来消除。为了减小其影响,必须减小 I_o 的数值,例如,DS – 14 型电压表规定 $I_o < 5 \times 10^{-10}$ A。

此外,在测量交流电压时,输入阻抗中不仅有电阻成分,而且包含并联电容部分。当测量更高频率(几 MHz 以上)的交流信号时,还可能包含电感部分。

5. 响应时间

响应时间是 DVM 跟踪输入电压突变所需时间。响应时间与量程有关,故可按量程分别确定或规定最长响应时间。响应时间可分为三种,即阶跃响应时间、极性响应时间和量程响应时间。

6. 抗干扰能力 —— 串模抑制比和共模抑制比

数字电压表的内部干扰有漂移及噪声,外部干扰有串模干扰及共模干扰。

6.3.2　A/D 转换原理

数字电压表包含 A/D 转换单元。实现 A/D 转换的方法有很多,按转换原理不同可将 A/D 变换器分为积分式和比较式两大类,具体分类如图 6.11 所示。下面就介绍几种常用的转换器。

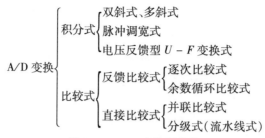

图 6.11　A/D 变换器分类

1. 双斜积分式 A/D 转换器

基本的双斜积分式 A/D 转换器方框图如图 6.12 所示,包括模拟电路和数字电路两部分。模拟部分由基准电压源 $+U_r$ 和 $-U_r$、模拟开关 $K_1 \sim K_4$、积分器和比较器组成;数字部分由控制逻辑电路、时钟发生器、计数器和寄存器组成。

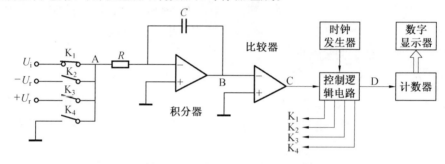

图 6.12　双斜积分式 A/D 转换器

积分器的第一次积分是对输入电压 U_i 做定时(T_1)积分,第二次积分是对基准电压作定值积分。通过两次积分得到与输入电压的平均值成正比的时间间隔 T_2,即实现 $U - T$ 变换。在 T_2 的时间内对时间脉冲进行计数,最后完成电压 – 数字转换。在控制逻辑电路的控制下,实现一次转换的过程如图 6.13 所示。

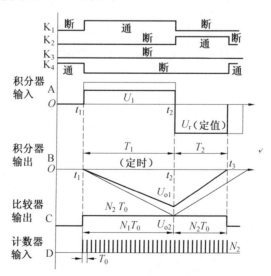

图 6.13　$U - T$ 转换过程

（1）准备期

K_4 接通,积分器的输入为零,输出也为零,即积分器处于保持状态。同时,计数器复零,整个电路处于休止状态。

（2）取样期(第一次积分)

在 t_1 时刻,K_4 断开,K_1 接通,积分器对输入电压 U_i 积分,经固定时间 T_1 后,在 T_2 时刻把 K_1 断开,终止对 U_i 积分。

（3）比较(第二次积分)

在 t_2 时刻,S_1 断开,S_2 或 S_3 接通(取决于输入电压极性),把输入电压极性相反的基准电压接入积分器,积分器往相反方向积分,输出从 U_{o1} 逐渐趋向于 0。在 t_3 时刻,积分器输出电压为 0,比较器检测出过 0 点,并输出一个跳变信号,经控制逻辑电路,使积分器停止积分。

通过此转换过程可知,这是一种间接转换,是先将电压转换为相应的时间量,再通过测量时间获得数字量。双斜积分式 A/D 转换器具有抗串模干扰能力强、对积分元件及时钟信号的稳定性和准确度要求低、测量灵敏度较高等优点,但同时存在测量速度慢、积分器和比较器中运放的零点漂移导致转换误差等缺点。

2. 逐次逼近比较式 A/D 转换器

逐次逼近比较式 A/D 转换器的基本思想是用被测电压和一可变的已知电压(基准电压)进行比较,直至达到平衡,测出被测电压。逐次逼近比较就是将基准电压分成若干基准码,未知电压按指令与最大的一个码(通过 D/A 转换)进行比较,逐次减小,比较时舍大留小,直至逼近被测电压。逐次逼近式 A/D 转换器如图 6.14 所示。

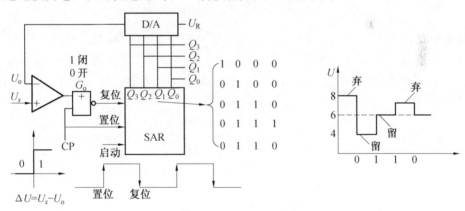

图 6.14　逐次逼近式 A/D 转换器

逐次逼近比较式 A/D 的工作原理类似于天平称质量的过程(因而逐次比较又称称量法)。它利用对分搜索原理,依次按二进制递减规律减小,从数字码的最高位(LMB 或 MSB,相当于满度值 FS 的一半)开始,逐次比较到低位,使 U_o 逐次逼近 U_x。现以一个简单的 3 比特(3 位二进制)逐次比较过程说明其原理。设基准电压 $U_s = 8$ V,输入电压 $U_x = 5$ V,3 比特 SAR 的输出为 $Q_2Q_1Q_0$。三位逐次比较流程图如图 6.15 所示。

控制电路首先置 SAR 的输出 $Q_2Q_1Q_0 = 100$,即从最高位 MSB 开始比较,100 经 D/A 转换成 $U_o = U_s/2 = 4$ V,加至比较器,$U_x \geqslant U_o$,比较器输出 $U_c = 1$,使 Q_2 维持"1"(留码)。在此基础上再令 $Q_1 = 1$,即 $Q_2Q_1Q_0 = 110$,加至 D/A,使输出 $U_o = 6$ V,因为 $U_x < U_o$,$Q_c = 0$,所

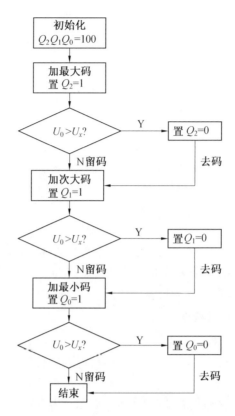

图 6.15　三位逐次比较流程图

以使得刚加上的码 $Q_1 = 1$ 改 $Q_1 = 0$（去码）。接着再令 $Q_0 = 1$，即 $Q_2 Q_1 Q_0 = 101$，加至 D/A，使 $U_0 = 5$ V，因为 $U_x \geqslant U_0$，比较器 $Q_c = 1$，所以使 Q_0 维持"1"。至此，三位码都已顺序加过，转换结束，最终 SAR 的输出 $Q_2 Q_1 Q_0 = 101$，即为输入电压 U_x 的数字码，经缓冲寄存器输出至译码电路，显示出十进制数 5 V。该过程见表 6.2。

表 6.2　三位逐次比较过程（$U_s = 8$ V，$U_x = 5$ V）

比较顺序	前次保留码	本次增加码	合并码	D/A 输出 U_0	比较器输出 Q_c	去留判断
1（MSB）	000	100	100	4 V	$1(U_x \geqslant U_0)$	留码
2	100	010	110	6 V	$0(U_x < U_0)$	去码
3（LSB）	100	001	101	5 V	$1(U_x \geqslant U_0)$	留码

现在 A/D 变换器一般都是用大规模集成电路制作的，如 ADC0809、ADC0816、AD7574 等都是 8 位（二进制）逐次逼近型 A/D 变换器，ADC1210 是 12 位逐次比较型 A/D 变换器。

3. 并联比较式 A/D 转换器

并联比较式是转换速度最快的一种 A/D 转换器，最高采样速率可达 1 000 MS/s，就像"闪烁"那样快，因此也被称为闪烁型。图 6.16 就是简单的并联比较式 A/D 转换电路，可见，它由 4 个电阻组成的分压电路、三个比较器及编码器构成。被测的模拟电压 U_i 同时输入到三个比较器的同相输入端，分压电路提供的基准电压分别加到各比较器的反相输入端。设比较器 C_1、C_2 和 C_3 的基准电压分别为 0.25 V、0.5 V 和 0.75 V。当 U_i 小于基准电压时，对应的比较器输出低电平"0"；反之，输出高电平"1"。由此可得，U_i 的范围和各比较器的输出电平的关系见表6.3。

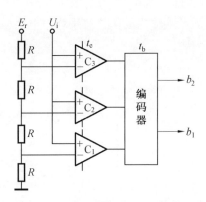

图 6. 16 并联比较式 A/D 转换器

表 6.3 输入电压与比较器输出电平的关系

输入模拟电压	比较器			编码器	
U_i/V	C_3	C_2	C_1	b_2	b_1
$U_i < 0.25$	0	0	0	0	0
$0.25 < U_i < 0.5$	0	0	1	0	1
$0.5 < U_i < 0.75$	0	1	1	1	0
$0.75 < U_i$	1	1	1	1	1

并联比较式 A/D 转换器的优点有转换速度快,转换时间可达 10 ns,且转换时间为固定值,不随输入电压的改变而变化。但是其电路复杂,需要的元器件多,n 位分辨率需要 $2n-1$ 个比较器。例如要得到 8 比特的分辨力,则需要 255 个比较器。此类 A/D 转换器在数字示波器、瞬态信号测试、视频图像采集等领域获得广泛应用。

6.5 数字多用表

数字多用表 DMM（Digital MultiMeter）是具有测量直流电压、直流电流、交流电压、交流电流及电阻等多种功能的数字测量仪器。其结构框图如图 6.17 所示。

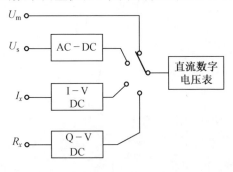

图 6. 17 数字多用表方框图

1. 交流 - 直流转换器

交流电压的幅度可用平均值、有效值、峰值三个量来表示,相应的,AC - DC 转换器也有平均值转换器、有效值转换器和峰值转换器三种。在 DMM 中,AC - DC 的变换主要按照有效值的数学定义用集成电路实现。图 6.18 为基于均方根法的 AC – DC 转换器。被测信号 u_i 送入到 X、Y 输入端,从 XY/Z 端输出的电压经平均值电路(有源低通滤波器)再送回 Z 输入端,故直流输出电压为

$$U_o = \frac{\overline{u_i^2}}{U_o} \tag{6.22}$$

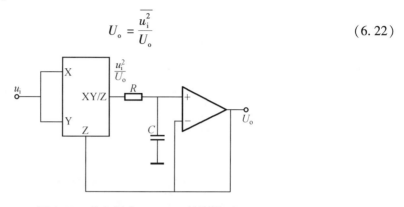

图 6.18　均方根法 AC – DC 转换器

2. 电流电压转换器

将电流转换成电压的一种最简单的方法是让被测电流 I_x 流过标准电阻 R_s,则标准电阻两端的电压为 $U_x = I_x R_s$,测量出这个电压便能得到被测电流的大小。基本电流 – 电压转换电路如图 6.19 所示。

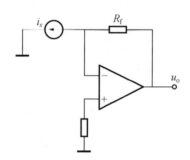

图 6.19　基本电流 – 电压转换电路

3. 电阻电压转换器

在被测的未知电阻 R_x 中流过已知的恒定电流 I_s 时,在 R_x 上产生的电压降为 $U = R_x I_s$,故通过恒定电流可实现 $R – V$ 转换。此方法也称为恒流法。典型电路如图 6.20 所示。

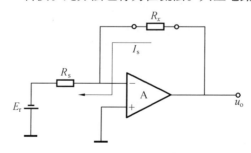

图 6.20　恒流法电阻电压转换器

6.6   数字电压表的误差与干扰

1. 数字电压测量误差公式

当前数字电压表厂家在技术指标中大多是给出最大允许的绝对误差 ΔU，其表示方式为

$$\Delta U = \pm (a\% U_x + b\% U_m) \tag{6.23}$$

式中 U_x——被测电压的指示值（读数）；

$\quad\quad U_m$——电压表的量程值；

$\quad\quad a$——误差的相对项系数；

$\quad\quad b$——误差的固定项系数。

式(6.22) 右边第一项与读数 U_x 成正比，称为读数误差；第二项为不随读数变化而改变的固定误差项，称为满度误差。读数误差包括转换系数（刻度系数）、非线性等产生的误差。满度误差包括量化、偏移等产生的误差。由于满度误差不随读数变化而变化，因此也可用"n 个字"来表示，即

$$\Delta U = \pm (a\% U_x + n \text{字}) \tag{6.24}$$

有的厂家给出

$$\Delta U = \pm (a\,\text{ppm}\,U_x + b\,\text{ppm}\,U_m)$$

式中，ppm 是英文百万分之一的缩写，即 10^{-6}。

任一读数下的相对误差为

$$\gamma = \frac{\Delta U}{U_x} = \pm (a\% + b\% \frac{U_m}{U_x}) \tag{6.25}$$

由此式可见，$|\gamma|$ 随读数 U_x 增大而减小，故在测量电压时，要正确选择量程，以提高测量精度。

2. 电压测量的干扰及其抑制技术

影响电压测量精度的干扰因素包括热噪声、电磁干扰等随机性干扰和串模、共模干扰等确定性干扰。最常见的串模干扰是市电 50 ～ 工频干扰，可以通过在输入端增加滤波器的方法进行抑制。而共模干扰则可通过采用双重屏蔽和浮置的方法加大干扰回路阻抗，对共模干扰进行抑制。

思考题与习题

6.1   简述电压测量的意义和特点。

6.2   已知正弦电压为 $e(t) = 100\cos \omega t$，那么该电压的峰值、有效值和平均值各为多少？

6.3   在有直流电平的情况下，被测信号的交流部分应如何测量？

6.4   如果将 12 V 直流电压加入全波整流式交流仪表，那么仪表读数是多少？

6.5   说明调制式直流放大器的工作过程及其抑制直流漂移的原理。

6.6   为什么测量与交流信号在电阻中所产生的热成正比的直流电压的仪表具有非线性的分度？

6.7 已知一个 10 μA 电流表头的内阻为 100 Ω,设计用该表头和分流电阻构成一个三量程电流表:0 ~ 1 mA、0 ~ 10 mA、1 ~ 100 mA。

6.8 为了测量图 6.21 中的电流 I_1 和电压 U_2,应如何连接电流表和电压表?

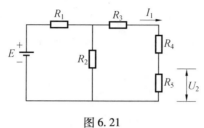

图 6.21

6.9 计算图 6.22 所示电路中各元件消耗的功率和电源消耗的功率。

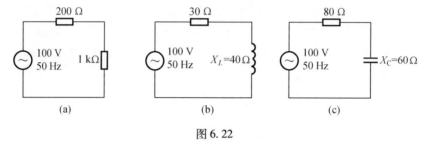

图 6.22

第7章

阻抗测量

7.1 概 述

阻抗测量一般是指电阻、电容、电感基本参数以及表征电感器性能的品质因数、表征电容器损耗的损耗因数等参数的测量。其中,电阻表示电路中能量的损耗,电感与电容则分别表示电场能量和磁场能量的存储。测量阻抗的方法有很多,本章主要在阻抗的基本定义和电路等效模型的分析基础之上着重讲述电桥法和谐振法的基本测量原理及相关技术。

7.1.1 阻抗的定义及其表示方法

阻抗是表征电子元器件和电路系统的一个最基本的参数。阻抗表示电流流过器件时器件对电流的流动产生抵抗作用。当电流为直流时,抵抗作用称为电阻;当电流为交流时,则称为阻抗。因此阻抗可以由被测器件的两端电压与流经电流之比来表示。对于一个无源的单口网络如图 7.1 所示。阻抗定义为

$$Z = \frac{\dot{U}}{\dot{I}} \tag{7.1}$$

式中　$\dot{U}$——端口电压相量;

$\dot{I}$——端口电流相量。

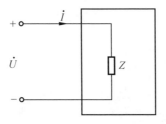

图 7.1　阻抗定义示意图

在集中参数系统中,电阻元件 R 是表明能量损耗的参数,而电感元件 L 和电容元件 C 是表明系统储存能量及其变化的参数。严格说这些参数在电路中都是分布存在的,一般情况为了简便,常常把它们看作不变的常量。但是必须强调在阻抗测量中,测量环境的变化、电流电压的强弱及其工作频率的变化等都将直接影响测量的结果。例如,不同的温度和湿度将使阻抗表现为不同的值,过大的信号可能使阻抗元件表现为非线性,特别是在不同的工

作频率下,阻抗表现出来的性质也会截然相反。因此,在阻抗测量中,必须按实际工作条件进行。实际中,阻抗元件并不是以纯电阻、纯电容或纯电感的形式出现,而是这些阻抗成分的组成。

一般情况下,阻抗是一个元器件或电路中电压、电流关系的比值,在复数平面中用一个复数矢量来表示,如图 7.2 所示。在直角坐标系和极坐标系中表示为

$$Z = \frac{\dot{U}}{\dot{I}} = R + jX = |Z|e^{j\varphi} = |Z|(\cos\varphi + j\sin\varphi) \tag{7.2}$$

式中　　R—— 复数阻抗的实部,称为电阻分量,$R = |Z|\cos\varphi$;

　　　　X—— 复数阻抗的虚部,称为电抗分量,$X = |Z|\sin\varphi$;

　　　　$|Z|$—— 复数阻抗的模,$|Z| = \sqrt{R^2 + X^2}$;

　　　　φ—— 复数阻抗的相角,$\varphi = \arctan\dfrac{X}{R}$。

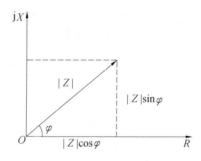

图 7.2　阻抗的矢量图

导纳 Y 定义为阻抗 Z 的倒数,即

$$Y = \frac{1}{Z} = \frac{1}{R + jX} =$$

$$\frac{R - jX}{(R + jX)(R - jX)} = \frac{R - jX}{R^2 + X^2} =$$

$$\frac{R}{R^2 + X^2} + j\frac{-X}{R^2 + X^2} \tag{7.3}$$

令 $G = \dfrac{R}{R^2 + X^2}$,$B = \dfrac{-X}{R^2 + X^2}$,则导纳可以表示成

$$Y = G + jB = |Y|e^{j\varphi} \tag{7.4}$$

式中　　G—— 导纳 Y 的电导分量;

　　　　B—— 导纳 Y 的电纳分量;

　　　　$|Y|$—— 导纳模;

　　　　φ—— 导纳角。

7.1.2　电阻器、电感器和电容器的电路模型

实际上,理想单纯的电感器、电容器、电阻器是不存在的。所有的元器件都并非是理想

器件,一般会包含各种寄生参量,比如引线电阻 R_s 与电感 L_0、导线损耗 R_0、分布电容 C_0 等。即便通常人们认为很纯的空气电容器也具有引线电阻、引线电感及污染等引起的损耗。以电容器 C 为例,如图7.3所示,寄生参数包括引线电阻 R_s 与电感 L_0、导线损耗 R_0,这些寄生参数在有些使用条件下是可以忽略的,比如空气电容器的电容值小于数百皮法,而且工作频率低于数千赫兹,则可以将寄生参数忽略不计;但是有些条件是绝对不可以忽略的,例如,当电容 C 较大时,引线电阻 R_s 是主要的发热部件,该值过大,在高频率、大电流下使用时会产爆裂。为了评定某个器件,若其特性可以用接近工作条件下的理想元件的组合来近似,则十分方便,这个组合就是等效模型。因此我们需要掌握在考虑寄生参量存在情况下的元器件的等效模型与等效阻抗。下面将分别推理各种寄生参数影响下的电阻器、电容器及电感器的等效阻抗。

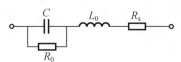

图7.3 电容的等效电路

1. 电阻器

当考虑引线电感和分布电容时,电阻器的等效模型如图7.4所示,除了理想电阻 R 外,还有串联的引线电感 L_0 及并联的分布电容 C_0,根据图中电路所示,其等效阻抗计算为

$$Z = (R + jwL_0) \parallel \frac{1}{jwC_0} =$$

$$\frac{(R + jwL_0)\frac{1}{jwC_0}}{R + jwL_0 + \frac{1}{jwC_0}} =$$

$$\frac{R + jwL_0}{jwC_0R - w^2L_0C_0 + 1} =$$

$$\frac{R + jwL_0}{(1 - w^2L_0C_0) + jwC_0R} =$$

$$\frac{(R + jwL_0)(1 - w^2L_0C_0 - jwC_0R)}{(1 - w^2L_0C_0)^2 + (wC_0R)^2} =$$

$$\frac{R}{(1 - w^2L_0C_0)^2 + (wC_0R)^2} + j\frac{wL_0(1 - \frac{C_0}{L_0}R^2 - w^2L_0C_0)}{(1 - w^2L_0C_0)^2 + (wC_0R)^2} =$$

$$\frac{R}{(1 - w^2L_0C_0)^2 + (wC_0R)^2} + j\frac{wL_0[1 - \frac{C_0}{L_0}(R^2 - w^2L_0^2)]}{(1 - w^2L_0C_0)^2 + (wC_0R)^2} =$$

$$R_e + jwL_e \tag{7.5}$$

式中　R_e——等效阻抗的等效电阻;

　　　L_e——等效阻抗的等效电感;

　　　wL_e——等效电抗。

也就是说,当考虑寄生参数时,电阻器并不是理想电阻,而是含有容性或感性阻抗。

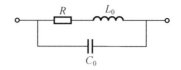

图 7.4   电阻的等效电路

2. 电感器

分析电感器的等效阻抗时,一般会考虑导线损耗 R_0 和分布电容 C_0,主要分为以下几种情况。通常,导线损耗 R_0 和分布电容 C_0 较小,如果将电感接于直流电源并且达到稳态,这时可以将电感视为电阻;如果将电感接于频率不高的交流电源时,可以视为理想电感 L 和导线损耗 R_0 的串联;当交流电源的频率很高时,可以视为电感 L 和分布电容 C_0 的并联,分布电容 C_0 的作用显著。若同时考虑导线损耗 R_0 和分布电容 C_0 的影响,则其等效模型如图 7.5 所示,阻抗为

$$
\begin{aligned}
Z &= (R_0 + jwL) \mathbin{/\!/} \frac{1}{jwC_0} = \\
&\frac{(R_0 + jwL)\frac{1}{jwC_0}}{R_0 + jwL + \frac{1}{jwC_0}} = \\
&\frac{(R_0 + jwL)}{(1 - w^2LC_0) + jwC_0R_0} = \\
&\frac{R_0}{(1 - w^2LC_0)^2 + (wC_0R_0)^2} + j\frac{wL\left[1 - \frac{C_0}{L}R_0{}^2 - w^2LC_0)\right]}{(1 - w^2LC_0)^2 + (wC_0R_0)^2} \approx \\
&\frac{R_0}{(1 - w^2LC_0)^2 + (wC_0R_0)^2} + jw\frac{L\left[1 - w^2LC_0)\right]}{(1 - w^2LC_0)^2 + (wC_0R_0)^2} = \\
&R_e + jwL_e
\end{aligned}
\tag{7.6}
$$

式中 R_e——等效阻抗的等效电阻;

L_e——等效阻抗的等效电感;

wL_e——等效电抗。

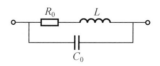

图 7.5   电感的等效电路

因为导线损耗 R_0 很小很小,因此等效电感 L_e 表达式分母中的 $(wC_0R_0)^2$ 项可以忽略不计,这时等效电感为 $L_e = \dfrac{L}{1 - wLC_0}$,从中可以看出电感器的等效电感不仅与工作频率有关,而且与分布电容 C_0 有关。频率越高,分布电容 C_0 越大,等效电感 L_e 与 L 之间的差异就越大。在实际测量中,某一频率下测得的电感器的值实际上是它的等效电感,而不是器件的理

想真值。

如果令 $w_0 = \dfrac{1}{\sqrt{LC_0}}$ 为固有谐振角频率，并设 $R_0 \ll wL \ll \dfrac{1}{wC_0}$，则等效阻抗可以简化为

$$Z = R_e + jwL_e \approx$$

$$\dfrac{R_0}{\left[1 - \left(\dfrac{w}{w_0} \right)^2 \right]^2} + jw \dfrac{L}{1 - \left(\dfrac{w}{w_0} \right)^2} \tag{7.7}$$

由式 (7.7) 可以看出，当 $f = f_0 = \dfrac{1}{2\pi \sqrt{LC_0}}$ 时，电感器为纯电阻；当角频率 $w < w_0$ 时，即

$f < f_0 = \dfrac{1}{2\pi \sqrt{LC_0}}$ 时，电感器呈现电感性；当角频率 $w > w_0$ 时，即 $f > f_0 = \dfrac{1}{2\pi \sqrt{LC_0}}$ 时，电感器呈现电容性。从以上分析可以看出，在不同的工作频率下，阻抗的实部和虚部变化都很大，同一元器件体现出来阻抗的性质会由频率的变化得到截然相反的测量结果。

3. 电容器

如果仅考虑电容器存在泄露和介质损耗 R_0，这时电容器的等效电路模型为图 7.6 所示，等效阻抗为

$$Z = R_0 \parallel jwC =$$

$$\dfrac{\dfrac{R_0}{jwC}}{R_0 + \dfrac{1}{jwC}} = \dfrac{R_0}{jwCR_0 + 1} =$$

$$\dfrac{R_0}{1 + (wCR_0)^2} - j \dfrac{wCR_0^2}{1 + (wCR_0)^2} \tag{7.8}$$

上式是在频率较低时得到的电容器的等效阻抗，当损耗较小时，几乎可以忽略其对电容器的影响。

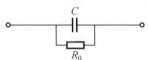

图 7.6　仅存在介质损耗时的等效电路

当频率较高时，对电容器来说，就必须考虑由于引线、接头及集肤效应引起的引线损耗 R_s 及引线电感 L_0，此时电容器的等效电路模型如图 7.3 所示，等效阻抗为

$$Z = R_s + jwL_0 + \left(\dfrac{1}{jwC} \parallel R_0 \right) =$$

$$R_s + jwL_0 + \dfrac{R_0}{1 + (wCR_0)^2} - j \dfrac{wCR_0^2}{1 + (wCR_0)^2} =$$

$$R_s + \dfrac{R_0}{1 + (wCR_0)^2} + j \left(wL_0 - \dfrac{wCR_0^2}{1 + (wCR_0)^2} \right) \tag{7.9}$$

由式 (7.9) 可以看出，频率越高，引线电感 L_0 越大，这时电容器所测得的电容值与理想真值之间的差距越大。

从以上的分析中可知,元器件的参数是随工作频率不同而改变的,有时也随电压、电流、环境温度、电磁干扰等而改变;特别是频率较高时,各种分布参数的影响会更严重些。因此在测量时,要尽可能的接近元器件工作的实际情况,这样测量值才能不会有较大的误差。

4. 品质因数 Q 与损耗因数 D

品质因数,简称 Q 因数,是电学和磁学的量。品质因数表征一个储能器件(如电感线圈、电容等)、谐振电路所储能量同每周损耗能量之比的一种质量指标。元件的 Q 值越大,用该元件组成的电路或网络的选择性越佳。

通常用品质因数 Q 来衡量电感、电容及谐振电路的质量,其能量定义为

$$Q = 2\pi \text{ 磁能或电能最大值} / \text{一周内消耗的能量} \tag{7.10}$$

品质因数的能量定义清楚地表达品质因数的物理本质,对各种电路具有普遍意义。

品质因数的功率定义为

$$Q = \text{谐振时的无功功率} / \text{谐振时的有功功率} \tag{7.11}$$

品质因数的功率定义较好地表达了品质因数的物理意义,用此公式来计算品质因数 Q 值比较方便。

对于电感器而言,只考虑导线的损耗,这时实际电感可以看作由电感 L 和导线损耗 R_0 串联组成。其品质因数为

$$Q = \frac{2\pi fL}{R_0} = \frac{wL}{R_0} \tag{7.12}$$

品质因数 Q 的值越高,就说明电感器的感抗远远大于损耗电阻,就越接近于理想电感,其性能就越好。通常,实用电感线圈的品质因数可以达到 $50 \sim 200$。

对于电容器来说,也可以用品质因数 Q 来衡量电容器的容抗性,同时还可以用损耗角 δ 和损耗因数 D 来表示电容器功率损耗的程度。以电容器等效电路模型为例,若只考虑泄露、介质损耗,即电容 C 与 R_0 并联,则品质因数为

$$Q = \frac{2\pi fC}{G_0} = wCR_0 \tag{7.13}$$

$$D = \frac{1}{Q} = \frac{1}{wCR_0} = \tan \delta \tag{7.14}$$

5. 阻抗测量的基本方法

测量阻抗最常见的方法有伏安法、电桥法和谐振法。在这些方法中电桥法应用最广泛,该方法具有较高的精度,而且电桥使用简单方便;谐振法是根据谐振回路的谐振特性来确定被测量的值,主要用于高频元件的测量;伏安法是利用电压表和电流表分别测出元器件上的两端电压和流过的电流,再根据公式计算出元件参数。通常在直流状态下测量电阻采用伏安法,这种方法一般用于频率较低、测量精度较低的场合,测量时一般都把电阻器、电容器及电感器看成理想元器件。

伏安法是一种间接测量方法,理论依据是欧姆定律 $R = \dfrac{U}{I}$,其测量原理如图7.7所示,通常根据仪表的不同性能采取以下两种连接方式:电流表外接法与内接法。

当电流表的内阻较大,其分压不可以忽略时,采用电流表外接法测量阻抗,电路如图7.7(a)所示。其中 R_V, R_A 为电压表、电流表的内阻,设实际测量得到的阻抗为 Z',阻抗的真

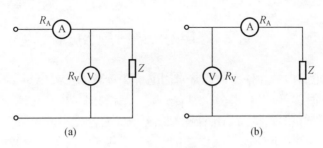

图 7.7　伏安法测量电阻

实值为 Z, 电路中电流表测得电流为 I, 电压表测得电压为 U。

$$Z' = \frac{U}{I}, I = \frac{U}{R_V} + \frac{U}{Z}$$

$$Z' = \frac{U}{I} = \frac{1}{\dfrac{1}{R_V} + \dfrac{1}{Z}} = \frac{R_V Z}{Z + R_V} \tag{7.15}$$

从式(7.15)中可以看出, 当 $R_V \ll Z$ 时, 则 $Z' \ll Z$, 这时误差很大, 测量值与真实值截然相反; 当 $R_V < Z$ 时, 例如 $R_V = 1$, $Z = 2$, 则 $Z' = \dfrac{2}{3}$, 此时测量值 Z' 与真实值 Z 之间相差也较大; 当 $R_V = Z$ 时, $Z' = \dfrac{1}{2}Z$; 当 $R_V > Z$ 时, 例如 $R_V = 2$, $Z = 1$, 则 $Z' = \dfrac{2}{3}$, 此时测量值 Z' 与真实值 Z 之间误差较小。这说明电压表与电流表的内阻大小会间接影响测量误差的大小。

如果实际被测元件是电感器, 电感参数为 L, 测量所得值为 L', 可以由测量所得电压与电流计算所得, 即 $L' = \dfrac{U}{2\pi f I}$, 则有

$$Z' = \frac{U}{I} = jwL' = R_V \parallel jwL =$$

$$\frac{jwLR_V}{R_V + jwL} = \frac{jwLR_V^2 - j^2 w^2 L^2 R_V}{R_V^2 + w^2 L^2} =$$

$$jw \frac{LR_V^2 - jwL^2 R_V}{R_V{}^2 + w^2 L^2}$$

故

$$L' = \frac{LR_V{}^2 - jwL^2 R_V}{R_V^2 + w^2 L^2}$$

其中 L 与 L' 相差较大。从以上的分析得出, 伏安法的外接法连接方式一般适合用来测量阻抗较小的元件, 但是也存在较大的误差。

当电流表的内阻很小, 其分压可以忽略时, 采用电流表内接法测量阻抗, 电路如图 7.7(b)所示, 实际测量值 Z' 为

$$Z' = \frac{U}{I} = U\frac{Z + R_A}{U} = Z + R_A \tag{7.16}$$

从式(7.16)中可以看出测量值大于实际值, 只有当电流表的内阻很小, 并且被测电阻较大时, 测量的误差才会较小, 因此一般用在测量的阻抗值较大的情况。

7.2 电桥法测量阻抗

工作在低频电路中的元件参数通常采用电桥法进行测量。电桥法又称为指零法,实际上是一种比较测量法。以电桥平衡原理为基础,主要利用电桥或桥式线路将未知被测阻抗与已知的标准量进行比较,从而确定被测量的方法。它是应用最广泛的一种方法,主要是因为能在很大程度上消除或削弱系统误差的影响,使其测量的参数有较高的精度,可以达到 10^{-4};并且工作频率很宽,线路计算分析简单。

7.2.1 电桥平衡条件

为了分析方便,便于大家更好的理解电桥的平衡条件,首先从最简单的直流单电桥开始,然后再分析交流电桥的平衡条件。

直流电桥也称惠斯登电桥,其原理电路如图 7.8 所示,主要包括由 R_1、R_2、R_3 和 R_4 组成的四个桥臂,一个激励源即直流电源 E 和一个零电位指示器 G。其中,a、b、c、d 是四个顶点,构成一个四边形;a 和 c 两点之间接电源 E,四边形 b 和 d 两点之间对角线接零电位指示器,这条对角线称为"桥"。当指示器两端的电压 $U_{bd} = 0$,流过指示器的电流 $I_G = 0$,这时电桥平衡。

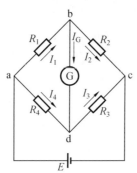

图 7.8 直流电桥原理图

由图可知,此时

$$I_1 R_1 = I_4 R_4, I_2 R_2 = I_3 R_3$$

而且

$$I_1 = I_2, I_3 = I_4$$

因此可得

$$R_2 R_4 = R_1 R_3 \tag{7.17}$$

式(7.17)即为直流电桥平衡条件,它说明电桥的相对臂电阻乘积相等。如果 R_1 为被测电阻 R_x,则

$$R_x = \frac{R_2}{R_3} R_4 = K R_4 \tag{7.18}$$

式中,$K = \dfrac{R_2}{R_3}$。通常,在电桥的设计中,R_2 与 R_3 保持一定的比例关系,故称 R_2 与 R_3 为比例

臂,习惯上,将比值 K 置为 10^n,n 为整数。测量时,首先选定 R_2 与 R_3 比值,然后再调节 R_4 使电桥平衡,因此称 R_4 为调节臂或比较臂。直流电桥一般用于中值电阻($10 \sim 10^6 \, \Omega$)的精密测量。

交流电桥是一种以交流电为电源,可以测量电阻、电容和电感元件的电桥。交流电桥的结构和直流电桥基本相同,但是交流电桥的四个臂可以是阻抗元件,例如电感或电容,表示为 Z_1、Z_2、Z_3 和 Z_4;另外,电桥的激励源是交流电源,一般是正弦交流电源,如图 7.9 所示。

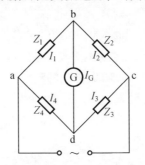

图 7.9　交流电桥原理图

交流电桥的平衡原理与直流电桥类似,当零电位指示器指零时,指示器两端电压相量 $\dot{U}_{bd} = 0$ 时,并且流过指示器的电流相量 $\dot{I}_G = 0$ 时,电桥达到平衡,即

$$Z_1 \dot{I}_1 = Z_4 \dot{I}_4 , Z_2 \dot{I}_2 = Z_3 \dot{I}_3$$

而且

$$\dot{I}_1 = \dot{I}_2 , \dot{I}_3 = \dot{I}_4$$

因此可得

$$Z_1 Z_3 = Z_2 Z_4 \tag{7.19}$$

因为阻抗为复数阻抗,故可以将式(7.19)写成指数形式,得

$$|Z_1| e^{j\varphi_1} \cdot |Z_3| e^{j\varphi_3} = |Z_2| e^{j\varphi_2} \cdot |Z_4| e^{j\varphi_4}$$

$$(|Z_1| \cdot |Z_3|)^{j(\varphi_1 + \varphi_3)} = (|Z_2| \cdot |Z_4|)^{j(\varphi_2 + \varphi_4)}$$

根据复数相等的定义,上式必须同时满足两个条件:

$$|Z_1| \cdot |Z_3| = |Z_2| \cdot |Z_4| \tag{7.20}$$

$$\varphi_1 + \varphi_3 = \varphi_2 + \varphi_4 \tag{7.21}$$

上两式表明交流电桥平衡必须同时满足相对臂的阻抗模乘积相等和相对臂的阻抗角之和相等两个条件。

可见,为了交流电桥平衡,至少需要调节两个或两个以上元件的参量。同时,电桥四个臂的元件的性质也要适当选择才能满足平衡条件,不能随意选择各种性质(如感性、容性、电阻)的阻抗来配置电桥。

通常,在实用电桥中,为了调节的方便,常有两个桥臂的阻抗由纯电阻构成。如果相邻两臂为纯电阻,即图 7.9 中的 Z_1 和 Z_4,$\varphi_1 = \varphi_4 = 0$,则另外两臂的阻抗性质必须相同,同为容性或感性;如果相对两臂为纯电阻,即图 7.9 中的 Z_1 和 Z_3,为了满足 $\varphi_1 + \varphi_3 = 0$,则另外两臂的阻抗性质必须相反,一个为容性阻抗,另一个为感性阻抗,这样才能保证 $\varphi_2 + \varphi_4 = 0$。所以,一般交流电桥采用一个可变电阻和一个可变电抗调节平衡,在极少数电桥中,也可以用两个可变电抗来调节平衡。这也是判断电桥设计是否正确的一个重要依据。

因此,如何较快的调节电桥使其达到平衡,就是下一节要讨论的内容。

7.2.2　交流电桥的收敛性

交流电桥平衡的条件比直流电桥要复杂,不仅要求阻抗的模平衡,而且阻抗角也必须平衡。这就是说,电桥平衡需要反复调节这两个元件参数才能同时满足阻抗模和阻抗角平衡。调节时,它们常会互相影响,要求反复调节,交替调节,才能逐次趋于平衡。通常将电桥趋于平衡的快慢程度为交流电桥的收敛性;最后趋于平衡的调节称为收敛性调节;经过反复调节,电桥反而原理平衡,这称为发散性调节。收敛性越好,电桥趋向平衡越快;收敛性差,则电桥不易平衡或者说平衡需要的时间很长。一般收敛性差的电桥平衡比较困难,因此不常用。

其实,在交流电桥调节平衡的过程中,存在两个问题:首先,预先选择的两个参量经过反复调节能否使电桥达到平衡? 其次,我们应该如何减少反复调节次数,使电桥很快达到平衡? 这就需要讨论电桥收敛性的好坏。

现在,我们以图7.10为例说明此问题,其中 Z_4 作为被测的电感元件。

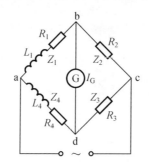

图 7.10　交流电桥测量未知电感

电桥平衡条件如式(7.19),为了研究方便,设 $A = Z_2 Z_4, B = Z_1 Z_3$,并令

$$H = Z_2 Z_4 - Z_1 Z_3 \qquad (7.22)$$

当电桥平衡时,$Z_1 Z_3 = Z_2 Z_4, N = Z_2 Z_4 - Z_1 Z_3 = 0$;当 $H \neq 0$,电桥未平衡,但 H 随着调节过程改变,电桥越接近平衡时,H 越小,指示器的度数就越小。因此,H 的大小反映了电桥偏离平衡的大小程度。

在图7.10中,$Z_2 = R_2, Z_3 = R_3$,有

$$H = A - B = R_2(R_4 + jwL_4) - R_3(R_1 + jwL_1) \qquad (7.23)$$

平衡时有 $R_4 = \dfrac{R_1 R_3}{R_2}, L_4 = \dfrac{R_3 L_1}{R_2}, R_1$ 与 L_1 出现在两个不同的等式中,因此,可以选择 R_1 与 L_1 为两个调节元件。且从式(7.23)中可得

$$\begin{cases} A = R_2(R_4 + jwL_4) \\ B = R_3(R_1 + jwL_1) \end{cases} \qquad (7.24)$$

由于 A 与 B 均为复数,故将电桥还未平衡时的复平面的3个复数矢量图画出,如图7.11所示。在此图中,电桥平衡意味着矢量 H 为零,即两个矢量重合,才能完成平衡调节。

现在,如果选择 R_1 与 L_1 为两个调节元件,调节过程如图7.12所示。调节 R_1 与 L_1 时,从式(7.24)中可以看出,矢量 **A** 大小方向都保持不变。当调节 L_1 时,只能改变矢量 **B** 虚部的

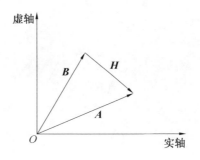

图 7.11　矢量图

大小,而其实部保持不变,所以 L_1 对矢量 B 的调节轨迹是一条平行于虚轴的直线 l_1;当移动到 B' 时,矢量 B 到 A 的距离最短,矢量 H 为最小,指示器的读数为调节 L_1 时的最小值。然后调节 R_1,这时矢量 B' 实部的大小改变,而虚部的大小不变,所以 R_1 对矢量 B' 的调节轨迹是一条平行于实轴的直线 l_2;随着 R_1 大小的调节,矢量 B' 沿着直线 l_2 移动到 A 时,矢量 B 与 A 重合,电桥达到平衡。

　　这样,调节 R_1 与 L_1 两个元件时,两个元件调节的轨迹是相互垂直的,其轨迹夹角为 $\alpha = 90°$,这是最好的收敛调节情况,只需要两步就可以完成平衡调节。第一步,调节 L_1 使指示器电流为最小,这时图 7.12 中的矢量 B 移动变为矢量 B';第二部,调节 R_1 使指示器电流为零,矢量 B' 移动变为矢量 A,矢量 B、A 重合,完成平衡调节。

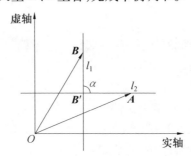

图 7.12　收敛较快的平衡调节过程

　　一般情况,平衡调节没有这么顺利,调节元件的轨迹夹角 $\alpha \neq 90°$,如图 7.13 所示的调节过程,这时就需要多次反复调节,电桥才可平衡。实际上,图 7.13 所示的调节过程正是选择 R_1 和 R_2 作为调节元件的调节过程。

　　显然,由式(7.24)可以看出,调节 R_2 只能改变矢量 A 的模的大小,其辐角不变,所以矢量 A 在直线 OQ 上移动;调节 R_1 只能改变矢量 B 的实部大小,其虚部不变,所以矢量 B 在平行于实轴的直线 BQ 上移动。第一步,调节 R_2 改变矢量 A 的长短,使指示器流过的电流尽可能最小,使矢量 H 最小,这时,矢量 A 应增长至 a 点,矢量 H 垂直于直线 OQ。第二部调节 R_1 改变 B 的实部,使指示器电流尽可能小,这时矢量 B 移至 BQ 线上的 b 点,ab 的矢量垂直于 BQ 线,此时矢量 N 最小。第三部,再调节 R_2 改变矢量 A 的长短,使 A 移至 c 点。以此类推,如此反复交替的调节 R_2 与 R_1,最后使矢量 B 与 A 重合于 Q 点,完成平衡调节。从以上分析可以看出,选择 R_1 和 R_2 作为调节元件,调节次数多,电桥的收敛性较差。因此,选择合适的调节元件是非常重要的。

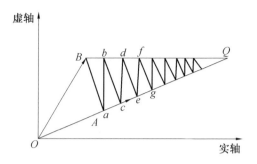

图 7.13　收敛性较慢的平衡调节过程

7.2.3　电桥电路

电桥可以分为直流电桥和交流电桥,直流电桥用来测量电阻,交流电桥可以用来测量电容、电感。因为交流电桥的四个臂有多重配置方法,所以交流电桥的电桥电路可能有几十种不同的形式。一般要求电桥的灵敏度高,准确度好,特别要求标准元件的准确度要好。但是,标准电感在制造方面比较困难,其精度远不如电阻和电容的精度高,所以桥臂尽量不采用标准电感;再者,要尽量使平衡条件不受电源频率的影响;收敛性差的电桥一般不采用。这样,常用的交流电桥电路的形式并不多。

在本节中,主要介绍几种常见的交流电桥电路及其测量原理。

1. 串并联电容比较电桥

电桥法测量电容主要用来测量电容器的电容量及损耗角。实际被测电容都并非理想元件,它存在介质损耗。具有损耗的电容可以用两种形式的等效电路表示,一种是理想电容和一个电阻串联的等效电路,另一种是理想电容与一个电阻并联的等效电路。因此,电桥法测量电容电路可以采用串联电容方式或并联电容方式。串联电容电路适合测量损耗小的电容。因为用并联方式,被测电容的并联等效电阻会很大,在电桥电路中与其比较的标准电阻没有这么大的;而且,电桥比例臂的比例系数 K 很大,电桥的灵敏度会降低。串联电容比较电桥电路如图 7.14 所示。

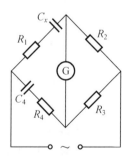

图 7.14　串联电容比较电桥

图中, C_x 与 R_x 是被测电容器与串联等效电路电阻,因此有

$$\begin{cases} Z_1 = R_x + \dfrac{1}{jwC_x} \\ Z_2 = R_2 \\ Z_3 = R_3 \\ Z_4 = R_4 + \dfrac{1}{jwC_4} \end{cases}$$

由平衡条件得

$$R_3\left(R_x + \frac{1}{jwC_x}\right) = R_2\left(R_4 + \frac{1}{jwC_4}\right) \tag{7.25}$$

再由复数相等原理可得

$$R_x = \frac{R_2}{R_3}R_4 \tag{7.26}$$

$$C_x = \frac{R_3}{R_2}C_4 \tag{7.27}$$

根据串联等效电路被测电容器损耗因数的计算可得

$$D = \tan\delta_x = wC_xR_x = wC_4R_4 \tag{7.28}$$

这样,当选择合适的调节元件(例如 R_4 和 C_4)时,便可单独调节而互不影响,电桥可达平衡;但因通常标准电容都是固定大小,因此不能连续变化,这时需要反复调节 $\dfrac{R_3}{R_2}$ 和 R_4,才可达到平衡,即可读出被测量 C_x 与 R_x 的读数。

【例 7.1】　已知交流电桥电路如图 7.14 所示,当电桥平衡时,$C_4 = 0.329\ \mu F$,$R_2 = 100\ \Omega$,$R_3 = 300\ \Omega$,$R_4 = 5.3\ \Omega$,$f = 1\ 000\ Hz$,求出被测电容 C_x 与电阻 R_x、损耗因数及损耗角。

解　如果将交流电桥的交流电源接入频率为 1 000 Hz 的正弦信号,则

$$w = 2\pi f = 2 \times 3.141\ 5 \times 1\ 000 = 6\ 283\ rad/s$$

根据式(7.26)~(7.28)可得

$$R_x = \frac{R_2}{R_3}R_4 = \frac{100 \times 5.3}{300} = 1.76\ \Omega$$

$$C_x = \frac{R_3}{R_2}C_4 = \frac{300 \times 0.392}{100} = 1.176\ \mu F$$

$$D = \tan\delta_x = wC_xR_x = wC_4R_4 = 6\ 283 \times 5.3 \times 0.392 \times 10^{-6} = 0.0131$$

如果被测电容的损耗较大,应采用并联电容比较电桥,这是因为根据损耗计算公式(7.28)可知,在 C_4 一定的情况下,如果损耗较大,这时需要电路中存在很大的 R_4,而实际应用中往往不使用阻值过大的电阻,且阻值过大会影响电桥电路的灵敏度。因此,一般设计电路时,为了易于实现其性能,测量损耗大的电容时会采用并联电容的电桥电路,电路如图 7.15 所示。

其中 C_x 与 R_x 是被测电容器与并联等效电阻,根据电桥平衡条件容易得到

$$R_2\left(\frac{1}{\dfrac{1}{R_4} + jwC_4}\right) = R_3\left(\frac{1}{\dfrac{1}{R_x} + jwC_x}\right)$$

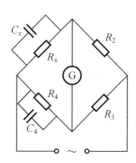

图 7.15　并联电容比较电桥

整理得

$$R_x = \frac{R_2}{R_3}R_4 , \quad C_x = \frac{R_3}{R_2}C_4 \tag{7.29}$$

并联电路的损耗因数为

$$D = \tan \delta_x = \frac{1}{wC_xR_x} = \frac{1}{wC_4R_4} \tag{7.30}$$

2. 高压电桥

高压电桥也称为西林电桥,是测量高压下电容或绝缘材料介质损耗的一种交流电桥。电路如图 7.16 所示,C_x 与 R_x 是被测电容器与电阻,C_n 为高压电容。

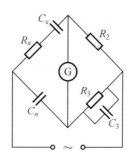

图 7.16　高压电桥

当电桥平衡时,指示器流过电流为零,则 RC 并联支路两端电压与 R_2 两端电压相等,故得

$$\frac{\dfrac{R_3}{1 + \mathrm{j}wC_3R_3}}{\dfrac{1}{\mathrm{j}wC_n} + \dfrac{R_3}{1 + \mathrm{j}wC_3R_3}} = \frac{R_2}{\dfrac{1}{\mathrm{j}wC_x} + R_x + R_2}$$

将上式整理得

$$R_x = \frac{C_3}{C_n}R_2 , \quad C_x = \frac{R_3}{R_2}C_n \tag{7.31}$$

损耗因数为

$$D = \tan \delta_x = wC_3R_3 \tag{7.32}$$

【例 7.2】　已知高压电桥电路如图 7.16 所示,当电桥平衡时,$C_n = 0.5 \ \mu\mathrm{F}, C_3 = 0.5 \ \mu\mathrm{F}, R_2 = 1\ 000 \ \Omega, R_3 = 2\ 000 \ \Omega, w = 102 \ \mathrm{rad/s}$,求出被测电容 C_x 与电阻 R_x、损耗因数及损耗角。

解 根据高压电桥中推导公式得

$$R_x = \frac{C_3}{C_n}R_2 = \frac{0.5\ \mu F}{0.5\ \mu F} \times 1\ 000\ \Omega = 1\ 000\ \Omega$$

$$C_x = \frac{R_3}{R_2}C_n = \frac{2\ 000\ \Omega}{1\ 000\ \Omega} \times 0.5\ \mu F = 1\ \mu F$$

$$D = \tan \delta_x = wC_3R_3 = 102\ \text{rad/s} \times 0.5\ \mu F \times 2\ 000\ \Omega = 0.102$$

【例 7.3】 已知某交流电桥电路如图 7.17 所示,信号源的频率 $f = 1\ \text{kHz}$,当电桥平衡时,$C_1 = 0.5\ \mu F$,$C_2 = 0.047\ \mu F$,$C_3 = 0.47\ \mu F$,$R_2 = 2\ k\Omega$,$R_3 = 1\ k\Omega$,求阻抗 Z_4 的元件及大小。

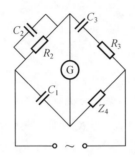

图 7.17 交流电桥电路

解 根据图中电路可知,$Z_1 = \dfrac{1}{jwC_1}$,$Z_2 = \dfrac{1}{\dfrac{1}{R_2} + jwC_2}$,$Z_3 = R_3 + \dfrac{1}{jwC_3}$,$w = 2\pi f = $

$6\ 280\ \text{rad/s}$,又由电桥平衡条件 $Z_1Z_3 = Z_2Z_4$ 得

$$Z_4 = \frac{Z_1Z_3}{Z_2}$$

将 Z_1、Z_2、Z_3 带入上式中得

$$Z_4 = \frac{1}{jwC_1}\left(\frac{1}{R_2} + jwC_2\right)\left(R_3 + \frac{1}{jwC_3}\right) =$$

$$\left(\frac{C_2R_3}{C_1} - \frac{1}{w^2C_1C_3R_2}\right) + \frac{1}{j}\left(\frac{R_3}{wC_1R_2} + \frac{C_2}{wC_1C_3}\right) =$$

$$40.2 + \frac{1}{j}190.8 =$$

$$R_4 + \frac{1}{jwC_4}$$

很明显,$R_4 = 40.2\ \Omega$,由于阻抗中的虚部为负,显示为容性,因此电抗为电容器,大小为

$C_4 = \dfrac{1}{109.8 \times 6\ 280} = 0.83\ \mu F$。

上面的三种交流电桥都是用来测量电容器的,现在介绍两种常用来测量电感的电桥。一般测量电感电桥的电路多采用标准电容作为与被测电感相比较的标准元件,这时标准电容一般被放置在与被测电感相对的桥臂中。有时也采用标准电感作为标准元件,这时电感一般放置在与被测电感相邻的桥臂中,但是不常用。这里主要介绍两种利用标准电容作为标准元件的测量电感电桥电路。

一般实际的电感器除了包含理想电感,还有其产生的损耗,用等效串联损耗电阻表示,两者之比即电感器的品质因数 Q 可以用来衡量电感器的好坏。因此,测量电感的电桥电路不仅能够测量电感值及等效串联电阻,还能得到电感器的品质因数。

3. 麦克斯韦 - 文氏电桥

麦克斯韦 - 文氏电桥主要用来测量 Q 值不高的电感,电桥电路如图 7.18 所示。

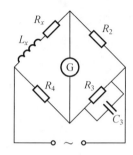

图 7.18　麦克斯韦-文氏电桥

在图中,阻抗 Z_1 是被测电感量,L_x 与 R_x 串联,$Z_1 = R_x + jwL_x$;其相对臂 Z_3 是 R_3C_3 并联

电路,$Z_3 = \dfrac{R_3 \dfrac{1}{jwC_3}}{R_3 + \dfrac{1}{jwC_3}}$。在电桥平衡时有

$$(R_x + jwL_x)\left(\frac{R_3 \dfrac{1}{jwC_3}}{R_3 + \dfrac{1}{jwC_3}}\right) = R_2R_4$$

变换得

$$R_x + jwL_x = R_2R_4\frac{R_3 + \dfrac{1}{jwC_3}}{R_3 \dfrac{1}{jwC_3}} = \frac{R_2}{R_3}R_4 + jwC_3R_2R_4$$

因此

$$R_x = \frac{R_2}{R_3}R_4 \tag{7.33}$$

$$L_x = C_3R_2R_4 \tag{7.34}$$

麦克斯韦电桥的平衡条件表明,它的平衡与电源的频率无关,但是实际上,电桥内部各元件的相互影响,电桥的电源频率对测量精度还是存在一定的影响。

上述电桥电路被测电感的品质因数为

$$Q_x = \frac{wL_x}{R_x} = wR_3C_3 \tag{7.35}$$

4. 海氏电桥

海氏电桥适合测量 Q 值较高的电感器,电桥电路原理如图 7.19 所示。

在图中,阻抗 Z_1 是被测电感量,L_x 与 R_x 串联,$Z_1 = R_x + jwL_x$;其相对臂 Z_3 是 R_3C_3 串联

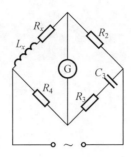

图 7.19　海氏电桥

电路，$Z_3 = R_3 + \dfrac{1}{jwC_3}$。在电桥平衡时有

$$Z_1 Z_3 = Z_2 Z_4$$

即

$$\left(R_x + jwL_x\right)\left(R_3 + \frac{1}{jwC_3}\right) = R_2 R_4$$

$$\left(R_x + jwL_x\right) = \frac{R_2 R_4}{\left(R_3 + \dfrac{1}{jwC_3}\right)} = \frac{jwC_3 R_2 R_4}{jwC_3 R_3 + 1}$$

推导计算得

$$R_x = \frac{w^2 C_3{}^2 R_2 R_3 R_4}{1 + (wC_3 R_3)^2} \tag{7.36}$$

$$L_x = \frac{R_2 R_4 C_3}{1 + (wC_3 R_3)^2} \tag{7.37}$$

被测电感器的品质因数为

$$Q_x = \frac{wL_x}{R_x} = \frac{1}{wR_3 C_3} \tag{7.38}$$

　　测量 Q 值较低的电感时，如果使用 $R_3 C_3$ 串联测量电感的海氏电桥，由式(7.38)可知，被测电感的 Q 值越小，则要求标准电容 C_3 的值越大，但一般标准电容的容量都不能满足；另外，如果被测电感的 Q 值过小，则标准电容串联的 R_3 也必须很大，但当电桥中某个桥臂阻抗数值过大时，将会影响电桥的灵敏度。所以实际测量中，当测量 Q 值较低的电感时，常用 $R_3 C_3$ 并联的麦克斯韦电桥测量电感，从 Q 值计算公式(7.35)可知，R_3 不需要很大，而且测量时灵敏度也较高。这就是麦克斯韦电桥主要测量 Q 值较低电感而海氏电桥测量 Q 值较高电感的原因。

　　另外，从式(7.36)、(7.37)可看出，海氏电桥的平衡条件与电源频率有关，电源频率的改变会影响测量的精度。

　　【例 7.4】　如图 7.20 所示的交流电桥平衡时，$R_1 = 200\ \Omega$，$C_1 = 0.125\ \mu F$，$R_2 = 500\ \Omega$，$R_4 = 2\ 600\ \Omega$，$f = 5\ 000\ Hz$，求 R_x 和 L_x 的值。

　　解　根据电桥平衡条件有

$$\left(R_x + jwL_x\right)\left(R_1 + \frac{1}{jwC_1}\right) = R_2 R_4$$

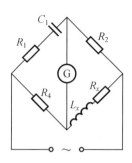

图 7.20 海氏电桥模型

得

$$L_x = \frac{R_2 R_4 C_1}{1 + (wC_1R_3)^2}, R_x = \frac{w^2 C_1{}^2 R_1 R_2 R_4}{1 + (wC_1R_1)^2}$$

将已知条件带入公式得

$$L_x = \frac{0.125 \times 10^{-6} \times 500 \times 2\,600}{1 + (2\pi \times 5\,000 \times 0.125 \times 10^{-6} \times 200)^2} = 0.100\,5 \text{ H}$$

$$R_x = \frac{500 \times 200 \times 2\,600 \times (2\pi \times 5\,000 \times 0.125 \times 10^{-6})^2}{1 + (2\pi \times 5\,000 \times 0.125 \times 10^{-6} \times 200)^2} = 2\,479.84 \text{ }\Omega$$

实际上,这里只列举了几种常用的交流电桥电路,还有欧文电桥、维恩电桥及万能电桥等。应用中,由于厂家品牌的不同,型号的不同,电桥的产品丰富多样,有很多综合不同特点的电桥由于性能好得到了广泛应用。例如,前面提到的万用电桥,它是一种多功能仪器,可以用来测量电阻、电容、电感等参数。桥体含有标准元件和转换开关,通过转换开关的选择可以构成不同的测量电路及不同的量程。

7.2.4 电桥的电源和指示器

电桥的电源和指示器直接与电桥的测量精度和灵敏度有关系。在直流电桥中,如图7.8所示的平衡条件为 $R_1R_3 = R_2R_4$,这时流过指示器的电流 $I_G = 0$。可以看出平衡直流电桥对电源的稳定性没有很高的要求,电源电压的波动对测量结果的影响很小。但是,指示器的电流理论上应为零,实际上指示器的灵敏度有一定的限制,另外当指示器的电流很小时,人眼的分辨能力有限,就认为电流 I_G 为零,电桥平衡,这样被测电阻 R_x 的测量就有了误差。为了计算由于指示器灵敏度不够带来的测量误差,引入了电桥灵敏度的概念。

首先定义惠斯登电桥指示器的灵敏度 S_z 为电流变化量 ΔI_G 所引起指针偏转格数 Δn 的比值

$$S_z = \frac{\Delta n}{\Delta I_G} \tag{7.39}$$

电桥灵敏度 S_d 为处于电桥平衡时,测量的电阻 R_x 改变一个微小量 ΔR_x 引起的指示器指针所偏转格数 Δn 的比值 $S_d = \frac{\Delta n}{\Delta R_x}$;根据电桥灵敏度很容易得到电桥的相对灵敏度,定义为电桥平衡时,测量的电阻 R_x 改变一个相对微小量 $\Delta R_x/R_x$ 引起的指示器指针所偏转格数 Δn 的比值

$$S = \frac{\Delta n}{\Delta R_x/R_x} = \frac{\Delta n}{\Delta R_{x4}/R_{x4}} \tag{7.40}$$

有时 S 也简称为电桥的灵敏度,S 越大说明电桥越灵敏,电桥的灵敏度越高,电桥的测量误差将越小。那么它和哪些因素有关呢,现在我们来分析:将式(7.39)代入式(7.40)中可得 $S = S_z R_x \dfrac{\Delta I_G}{\Delta R_x}$,因为 ΔI_G 和 ΔR_x 变化很小,故可以用其偏微分的形式代替,这样 S 变为 $S = S_z R_x \dfrac{\partial I_G}{\partial R_x}$,经过整理与电路推导计算得

$$S = \frac{S_z E}{(R_x + R_4 + R_2 + R_3) + R_G \left[2 + \left(\dfrac{R_2}{R_3} + \dfrac{R_4}{R_1} \right) \right]} \tag{7.41}$$

从以上分析可以看出,整个电桥电路的灵敏度与电桥的直流电源电压及指示器的灵敏度都相关。电桥的灵敏度与电压成正比,与指示器的灵敏度也成正比。因此,电桥的灵敏度和指示器的灵敏度越高,电桥就越好,测量的误差也就越小。有时为了提高电桥的灵敏度,可以适当提高电源电压,但是要注意电源电压过高会引起电流增加,导致温度对敏感元件的影响而造成附加误差。同时,也看到电桥的电阻阻值的大小与灵敏度成反比,适当调节阻值大小,避免由此造成的误差。

而交流电桥的信号源是交流电源,一般是频率稳定的正弦波。当信号源的波形有失真时,含有谐波分量,电桥的平衡将不易达到。因为电桥只能对基波平衡,对谐波信号不平衡,特别是当信号源中含有较高次谐波时,所以指示器只能调节到某一最小值,不能为零,会影响平衡位置的判断,因而产生测量误差。因此,一般要求交流电桥的电源具有良好的波形及稳定的频率,才能保证电路的平衡,提高测量的精度和灵敏度。

7.2.5 电桥的屏蔽和防护

实际电桥中都会采用屏蔽技术,屏蔽对消除磁或电的影响十分有效。首先,屏蔽可以防止电流泄露;其次,测量阻抗时,电桥各元件之间会产生电容耦合作用。一切实际元件的阻抗值都不可避免地会受到寄生电容的影响。寄生电容的大小往往随着桥臂的调节以及环境的改变而变化。因此,寄生电容的存在及其不稳定性严重地影响了电桥的平衡及其测量精度。从原理上讲,要消除寄生电容是不可能的,大多数防护措施是把这些电容固定下来,或者把线路中某点接地,以消除某些寄生电容的作用。

屏蔽一般可采用接地屏蔽,如图 7.21 所示。将整个电桥电路置于金属箱屏蔽罩内,这时屏蔽罩外的一切电磁干扰都将不会影响屏蔽的阻抗 Z。

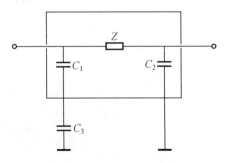

图 7.21 屏蔽电路

7.3　谐振法测量阻抗

谐振法是测量阻抗的另一种方法,它是利用调谐回路的谐振特性而建立的测量方法。谐振法测量阻抗的精度不如电桥法高,但由于测量线路简单方便,在技术方面比高频电桥实现起来相对容易些;再加上高频电路元件大多作为调谐回路元件使用,故用谐振法进行测量也比较符合实际工作的情况。因此,谐振法主要用来测量高频电路元件,例如电感、电容、品质因数等。谐振法又称为 Q 表法,因为典型的谐振法测量仪器是 Q 表。谐振法测量阻抗的工作频率范围为 10 kHz ～ 70 MHz,频率范围相当宽,并且测量很高的 Q 值。

7.3.1　谐振法测量阻抗的原理

电感和电容的组合会在某个频率上谐振,如果已知该组合中的一个值和谐振频率,便能计算出另一个的值,这便是谐振法的工作原理,主要利用谐振特性来进行测量的一种方法。谐振电路的基本形式主要有两种形式:LC 串联谐振与 LC 并联谐振,电路如图 7.22 所示,对图中电路应用向量法进行分析。

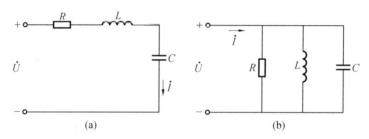

图 7.22　LC 串联与并联谐振电路

在图 7.22(a) 串联电路图中,输入阻抗为 $Z = R + \mathrm{j}(wL - \dfrac{1}{wC})$,当阻抗中的电抗部分为零,电感和电容有互相抵消的作用,这时电路发生串联谐振。谐振时,$w_0L - \dfrac{1}{w_0C} = 0$,发生谐振时的角频率 w_0 和频率 f_0 分别为 $w_0 = \dfrac{1}{\sqrt{LC}}$,$f_0 = \dfrac{1}{2\pi\sqrt{LC}}$。当外加信号源电压的角频率恰巧等于谐振回路的谐振频率,串联电路发生谐振,这时可求得电路元件参数为

$$L = \frac{1}{w_0^2 C} \tag{7.42}$$

$$C = \frac{1}{w_0^2 L} \tag{7.43}$$

即将回路首先调至谐振状态,再根据已知回路关系式和已知元件数值,求出未知元件的参量。

那么谐振法是如何应用 Q 表的呢? 对于上面分析的串联谐振电路来说,电路的电流为

$$\dot{I} = \frac{\dot{U}}{R + \mathrm{j}(w_0L - \dfrac{1}{w_0C})} \tag{7.44}$$

电流的模值为

$$I = \frac{U}{\sqrt{R^2 + \left(w_0 L - \dfrac{1}{w_0 C}\right)^2}} \tag{7.45}$$

从上式可以看出,电路发生谐振时,容抗与感抗相等互相抵消,此时电路中的阻抗最小,电流达到最大值,称为谐振电流 $I = I_0 = \dfrac{U}{R}$。因此,谐振电路谐振时,电容上的电压为

$$U_{C0} = I_0 X_C = \frac{U}{R}\frac{1}{w_0 C} \tag{7.46}$$

又因为串联电路中品质因数为

$$Q = \frac{1}{w_0 C R} = \frac{w_0 L}{R} \tag{7.47}$$

将其代入式(7.46)可得

$$U_{C0} = QU \tag{7.48}$$

该式说明电容器上的电压为高频信号电源电压的 Q 倍,如果在测量中保持信号源电压恒定,则谐振时电容电压正比于电路的 Q 值;如果信号源电压 $U = 1\text{ V}$,则谐振时电容电压的大小与 Q 值相等。因此,电容电压表可以直接按照 Q 值划分表盘刻度,电压表上的读数可以直接用 Q 值表示,这样能直接通过电压表读出回路的品质因数 Q。如果回路电容的损耗可以忽略,则测得 Q 值为电感线圈的品质因数。

对于并联电路来说,电路的导纳为 $Y = G + \mathrm{j}\left(wC - \dfrac{1}{wL}\right)$,谐振时,谐振频率与串联时表达式相同,只是 Q 值变为

$$Q = \frac{1}{w_0 L G} = \frac{R}{w_0 L} = w_0 C R \tag{7.49}$$

其余谐振的原理均同串联形式。

当电路中的信号源保持不变时,通过调节电源频率,使电容两端电压达到最大,这时电路发生谐振,电容两端的电压值即可以表示为 Q 值,这样就测得了电路的 Q 值。当已知 Q 值和电容 C 时,根据式(7.47)可以得到 R、L 等被测量的值。当然也可以通过保持频率不变,调节电容达到谐振的方法来测量未知阻抗。这种测量阻抗的方法即为谐振法。

7.3.2　Q 表的原理

Q 表是一种通用的多用途、多量程的阻抗测量仪表。它根据谐振原理制成,可以在高频几十兆赫兹甚至几百兆赫兹下工作,它能测量电感线圈的 Q 值、电感量、分布电容、电容器的电容量、分布电感、电阻、介质损耗、损耗因数及品质因数等参数。Q 表主要由一个频率可变的高频信号源、LC 测量回路和高阻抗的电子电压表组成,其基本组成如图 7.23 所示。高频信号源一般为正弦信号源,频率可变,且多频率段工作,其频率范围视 Q 表的工作频率范围而定。

Q 表的基本原理电路如图 7.24 所示。一般信号源内阻不可能为零,内阻的存在直接影响 Q 表的测量精度。因此,设信号源内阻为 $Z_s = R_s + \mathrm{j}X_s$,测量回路的阻抗为 $Z = R + \mathrm{j}(wL - $

图 7.23　Q 表基本组成

$\frac{1}{wC}$），信号源输入给测量回路的电压为 $U_i = \frac{U_s}{Z_s + Z}Z$，一般情况下，回路阻抗远远大于信号源内阻抗。因此，当电路没有谐振时，$U_i \approx U_s$。当电路谐振时，回路输入的电压是 $U_{i0} = \frac{U_s}{R_s + R}R$，这样就造成了谐振时输入电压 U_{i0} 小于没有谐振时 U_i，这样将导致测量误差。

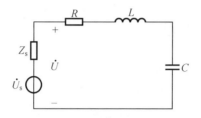

图 7.24　Q 表的原理电路图

　　为了减少信号源内阻抗对测量的影响，常采用三种耦合方式将信号源接入谐振回路：电阻耦合、电感耦合和电容耦合。图 7.25 为 Q 表的信号源与测量回路的耦合方式，下面对各种耦合的 Q 表原理进行简单介绍。

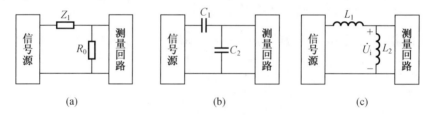

图 7.25　Q 表的耦合方式

　　在图 7.25(a) 所示的电阻耦合中，要求 R_0 是一个很小的纯电阻，大小一般为 0.02 ~ 0.2 Ω。信号源经过一个大阻抗 Z_1 串联小电阻 R_0，回路阻抗与大阻抗 Z_1 远远大于小电阻 R_0，因此 R_0 两端的电压不会受回路谐振的影响而改变，这样就使回路输入电压保持不变。这种耦合方式适用于射频段和中等 Q 值的测量。

　　图 7.25(b) 为电容耦合方式，C_2 是一个容量很大的无损耗电容，由于 C_1 和 C_2 的值不可能取得太大，所以电容耦合不适合作低频 Q 表，仅适合高频 Q 表。而且在这里的耦合电容已经成为谐振电路的一部分，因此测量回路中电容与电感的关系变得复杂，电容的读数则比较复杂，分析起来较困难。

　　在高频时，可利用一个小电感来耦合信号源和测量回路，降低耦合电路引入的损耗，提高测量的准确度。耦合电路如图 7.25(c) 所示。电感 L_1 和 L_2 构成分压器，在已知分压比的情况下，由信号源电压的大小可知电感两端的电压 U_i。L_2 的电感量很小，为 $10^{-10} ~ 10^{-3}$ H，因此，其引入测量回路中的电阻要比电阻耦合法中的小很多，这种耦合方式造成的误差也就小很多。

　　测量回路与高频信号源之间采用耦合，并选择合适的方式就可以使信号源对测量回路的影响小到忽略不计,这是 Q 表在使用时经常采用的方法。

7.3.3　元件参数的测量

1. 直接法

Q 表测量元件参数主要有两种方法:一是直接测量法;二是比较法测量法。将被测元件直接跨接在测试接线端的 Q 表测量方法称为直接测量法。如图 7.26 所示为直接测量法测量电容电路。在图中,高频信号源与测量回路之间采用电感弱耦合方式,使信号源对测量回路的影响可以忽略不计,图中将耦合方式省略。测量回路是否谐振可以用并联在回路上的电压表来指示,或者由热偶式电流表串联在回路中来指示,并保证其内阻对回路的影响要尽可能的小,在本节内容中均采用电压表来指示。将被测电容 C_x 接好,调节信号源频率,使电压表指示最大,电路发生谐振。则电容可以直接应用式(7.43) 可得

$$C_x = \frac{1}{w_0{}^2 L} \qquad (7.50)$$

用直接法测量电感线圈的电路如图 7.27 所示,该电路通过调节电源频率或谐振电容来实现谐振,从而得到被测电感 L_x 的值。将被测电感线圈 L_x 直接接到测试接线端,调节电源频率,使电路中电容两端的电压表值达到最大,此时电路发生串联谐振。因此有谐振电抗为

$$X = w_0(L + L_x) - w_0 C = 0 \qquad (7.51)$$

故

$$L_x = \frac{1}{w_0{}^2 C} - L \qquad (7.52)$$

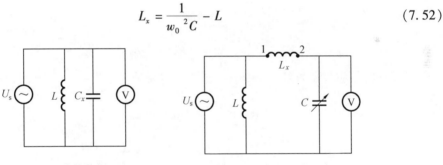

图 7.26　直接法测量电容　　　图 7.27　直接法测量电感

直接法测量电容时的误差包括:线圈和分布电容引起的误差;当频率过高时引线电感引起的误差;当回路 Q 值较低时,谐振曲线平坦,不能准确的找出谐振点产生的误差。

2. 比较法

由于直接法测量误差较多,因此一般采用比较法进行测量,这种方法可以有效地消除分布电容和引线电感对测量结果的影响,减少系统产生的误差。比较法可以分为串联比较和并联比较测量法。

串联比较法适合测量低阻抗的元件,如低值电阻、电感量较小的电感线圈和电容量很大的电容器,图 7.28 为串联比较法测量阻抗原理图。图中,L 为已知的辅助线圈,R 为其损耗电阻,Z_x 为被测阻抗。一只已定度好的可调电容,其容量变化范围大于被测的电容量。首先将 1、2 两端短接,调节可调标准电容 C 到较大电容值 C_1,调节信号频率使回路谐振。设谐

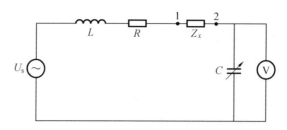

图 7.28　串联比较法测量阻抗的原理电路

振频率为 w_0，回路的品质因数为 Q_1，此时谐振电路电抗满足 $w_0 L = \dfrac{1}{w_0 C_1}$，因此有

$$L = \frac{1}{w_0{}^2 C_1} \tag{7.53}$$

$$Q_1 = \frac{w_0 L}{R} = \frac{1}{w_0 C_1 R} \tag{7.54}$$

然后去掉 1、2 之间的短路线，将被测阻抗 $Z_x = R_x + jX_x$ 接入回路，被测阻抗与可调电容串联，保持信号源频率不变，调节电容 C 使其值由 C_1 变为 C_2，并使回路重新谐振，设回路的品质因数为 Q_2，此时电抗有 $j(w_0 L + X_x) = j\dfrac{1}{w_0 C_2}$，即

$$w_0 L + X_x = \frac{1}{w_0 C_2} \tag{7.55}$$

将式（7.53）带入式（7.55）得

$$X_x = \frac{1}{w_0 C_2} - \frac{1}{w_0 C_1} = \frac{C_1 - C_2}{w_0 C_1 C_2} \tag{7.56}$$

且回路的品质因数为 $Q_2 = \dfrac{1}{(R + R_x) w_0 C_2}$，也就是 $R + R_x = \dfrac{1}{Q_2 w_0 C_2}$，把 $R = \dfrac{1}{Q_1 w_0 C_1}$ 带入得

$$R_x = \frac{1}{Q_2 w_0 C_2} - \frac{1}{Q_1 w_0 C_1} = \frac{Q_1 C_1 - Q_2 C_2}{Q_1 Q_2 w_0 C_1 C_2} \tag{7.57}$$

这样被测阻抗 Z_x 的电阻和电抗部分都解出来了。下面将被测阻抗分为三种情况分析：

如果被测元件为电感器，此时 $X_x > 0$，由式（7.56）得 $w_0 L_x = \dfrac{C_1 - C_2}{w_0 C_1 C_2}$，则

$$L_x = \frac{C_1 - C_2}{w_0{}^2 C_1 C_2} \tag{7.58}$$

元件的品质因数为

$$Q_x = \frac{w_0 L_x}{R_x} = \frac{Q_1 Q_2 (C_1 - C_2)}{Q_1 C_1 - Q_2 C_2} \tag{7.59}$$

如果被测元件为电容器，此时 $X_x < 0$，由式（7.54）得 $\dfrac{1}{w_0 C_x} = \dfrac{C_1 - C_2}{w_0{}^2 C_1 C_2}$，则

$$C_x = \frac{C_1 C_2}{C_1 - C_2} \tag{7.60}$$

元件的品质因数与式（7.59）相同。在被测电容比标准电容大很多的情况下，C_1 与 C_2

的值非常接近,测量误差增大,因此这种测量的方法也存在一定的限制。

如果被测元件为纯电阻,则阻抗的电抗 $X_x = 0$,即 $C_2 - C_1 = 0$,由式(7.57)得

$$R_x = \frac{Q_1 - Q_2}{Q_1 Q_2 w_0 C_1} \tag{7.61}$$

【例7.5】　利用图7.28所示的串联比较法测量某电感线圈,已知信号源角频率 $w_0 = 10^8$ rad/s,当电感线圈被短路时,测得谐振时的可变电容为 $C_1 = 20$ pF,回路的 Q_1 值为120;当接入电感线圈,频率保持不变,测得谐振时的可变电容 $C_2 = 15$ pF,回路的 Q_2 值为80。求该电感线圈的电感量 L_x、损耗电阻 R_x 和品质因数 Q_x。

解　根据串联比较法的推导公式(7.58)有

$$L_x = \frac{C_1 - C_2}{w_0{}^2 C_1 C_2} = \frac{20\ \text{pF} - 15\ \text{pF}}{(10^8\ \text{rad/s})^2 \times 20\ \text{pF} \times 15\ \text{pF}} = 1.67\ \mu\text{H}$$

损耗电阻为

$$R_x = \frac{Q_1 C_1 - Q_2 C_2}{Q_1 Q_2 w_0 C_1 C_2} = \frac{120 \times 20\ \text{pF} - 80 \times 15\ \text{pF}}{10^8\ \text{rad/s} \times 20\ \text{pF} \times 15\ \text{pF} \times 120 \times 80} = 4.16\ \Omega$$

电感线圈的品质因数为

$$Q_x = \frac{Q_1 Q_2 (C_1 - C_2)}{Q_1 C_1 - Q_2 C_2} = \frac{120 \times 80 \times (20\ \text{pF} - 15\ \text{pF})}{120 \times 20\ \text{pF} - 80 \times 15\ \text{pF}} = 40$$

并联比较法适合测量高阻抗的元件,如高值电阻、电感量很大的电感线圈和电容量较小的电容器,图7.29为并联比较法测量阻抗原理图。

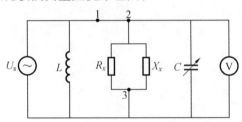

图7.29　并联比较法测量阻抗的原理电路

在图中,L 为已知的电感线圈,R 为其损耗电阻,首先不将被测阻抗 $Z_x = R_x + jX_x$ 接入电路,调节可变电容 C 至 C_1 值,调节频率使回路谐振,回路的品质因数为 Q_1,此时

$$w_0 L = \frac{1}{w_0 C_1} \tag{7.62}$$

$$Q_1 = \frac{w_0 L}{R} = \frac{1}{R w_0 C_1} \tag{7.63}$$

然后将被测阻抗采用并联形式接在可变电容的两端,保持信号频率不变,调节电容至 C_2,使回路发生谐振,回路的品质因数为 Q_2,可变电容与被测量并联以后的电抗为

$$\frac{\dfrac{1}{w_0 C_2} X_x}{\dfrac{1}{w_0 C_2} + X_x}$$

此时谐振回路的电抗满足

$$w_0 L = \frac{\frac{1}{w_0 C_2} X_x}{\frac{1}{w_0 C_2} + X_x} \tag{7.64}$$

则将式(7.62)代入式(7.64)得

$$w_0 C_1 = \frac{1}{X_x} + w_0 C_2$$

即

$$X_x = \frac{1}{w_0 (C_1 - C_2)} \tag{7.65}$$

设接入被测量后的并联谐振回路总电阻为 R_z，故第二次谐振时有 $Q_2 = \frac{R_z}{w_0 L}$，即 $R_z = Q_2 w_0 L = \frac{Q_2}{w_0 C_1}$，因此总电导为 $G_z = \frac{w_0 C_1}{Q_2}$。又因为 RL 串联的导纳为 $\frac{1}{R + jw_0 L} = \frac{R - jw_0 L}{R^2 + (w_0 L)^2}$，故其电导为 $G_L = \frac{R}{R^2 + (w_0 L)^2}$，则被测阻抗的电阻为

$$\frac{1}{R_x} = G_z - G_L =$$

$$\frac{w_0 C_1}{Q_2} - \frac{R}{R^2 + (w_0 L)^2} =$$

$$\frac{w_0 C_1}{Q_2} - \frac{1}{R} \frac{1}{1 + (\frac{w_0 L}{R})^2} \approx$$

$$\frac{w_0 C_1}{Q_2} - \frac{1}{R Q_1^2} =$$

$$\frac{w_0 C_1}{Q_2} - \frac{w_0 C_1}{Q_1}$$

最终得到

$$R_x = \frac{Q_1 Q_2}{w_0 C_1 (Q_1 - Q_2)} \tag{7.66}$$

因此被测元件的品质因数为

$$Q_x = \frac{R_x}{w_0 L_x} = \frac{Q_1 Q_2 (C_1 - C_2)}{C_1 (Q_1 - Q_2)} \tag{7.67}$$

如果被测元件为电感，则根据式(7.65)得

$$L_x = \frac{1}{w_0^2 (C_1 - C_2)} \tag{7.68}$$

如果被测元件为电容，则根据式(7.65)得

$$C_x = C_1 - C_2 \tag{7.69}$$

如果被测元件为纯电阻，则计算表达式同式(7.66)。这种方法在测量时产生的误差主要取决于标准可变电容的刻度误差。

【例7.6】 利用图7.29所示的并联比较法测量某电容器，已知信号源角频率 $w_0 = 10^6$ rad/s，当不接电容时，测得谐振时的可变电容为 $C_1 = 150$ pF，回路的 Q_1 值为120；当接入

电感线圈,频率保持不变,测得谐振时的可变电容 $C_2 = 100$ pF,回路的 Q_2 值为 100。求该电容器的电容量 C_x、损耗电阻 R_x 和品质因数 Q_x。

解　根据并联比较法的推导公式有电容器的电容量为

$$C_x = C_1 - C_2 = 150 \text{ pF} - 100 \text{ pF} = 50 \text{ pF}$$

损耗电阻为

$$R_x = \frac{Q_1 Q_2}{w_0 C_1 (Q_1 - Q_2)} = \frac{120 \times 100}{10^6 \text{ rad/s} \times 150 \text{ pF} \times (120 - 100)} = 4 \text{ M}\Omega$$

品质因数为

$$Q_x = \frac{Q_1 Q_2 (C_1 - C_2)}{C_1 (Q_1 - Q_2)} = \frac{120 \times 100 \times (150 \text{ pF} - 100 \text{ pF})}{150 \text{ pF} \times (120 - 100)} = 200$$

利用谐振法测量阻抗时,主要注意电路耦合元件引起的误差,以及 Q 表产生的误差。如果回路中元件的损耗影响较大,可以根据测量的实际情况对测量的 Q 值进行修正,以减少误差。

7.3.4　数字式 Q 表的原理

利用衰减振荡法来测量 Q 值是构成数字式 Q 表众多方法中的一种,其原理框图如图 7.30 所示。

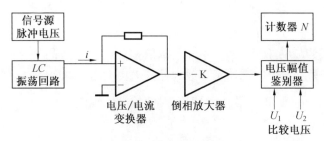

图 7.30　衰减振荡法测 Q 值原理图

图中信号源提供一单位冲激信号,激励信号与电感线圈、电容组成谐振回路,使回路产生衰减振荡电流波。然后该电流信号经过电流电压变换器,将其转换成与电流信号大小成正比的电压信号。电压信号经过放大器放大后,输入电压幅值鉴别器,将其与预先设定的两个电压值进行比较。如果放大器输出的电压在两个电压值之间,这样才能通过幅值鉴别器进入计数器计数,将 Q 值显示出来。

当图中信号源产生的冲激信号作用在 RLC 串联回路时,其电路如图 7.31 所示。

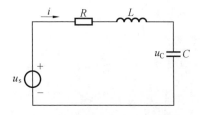

图 7.31　RLC 串联振荡电路

这是一个二阶动态电路,在零状态下,由微分方程描述该电路为

$$LC\frac{\mathrm{d}^2 u_C}{\mathrm{d}t} + RC\frac{\mathrm{d}u_C}{\mathrm{d}t} + u_C = u_s$$

起始状态为 $u_C(0_-) = 0, i_L(0_-) = 0$，对应的特征方程为

$$LC\lambda^2 + RC\lambda + 1 = 0$$

则特征根为

$$\lambda_{1,2} = -\frac{R}{2L} \pm \sqrt{\left(\frac{R}{2L}\right)^2 - \frac{1}{LC}}$$

如果 $R < 2\sqrt{\dfrac{L}{C}}$，则 $\lambda_{1,2}$ 为一对共轭复根，令 $\delta = \dfrac{R}{2L}, w^2 = \dfrac{1}{LC} - \left(\dfrac{R}{2L}\right)^2$，通解的形式为

$$u_C = A_1 \mathrm{e}^{\lambda_1 t} + A_2 \mathrm{e}^{\lambda_2 t}$$

根据起始状态有初始条件 $u_C(0_+) = 0, \dfrac{\mathrm{d}u_C}{\mathrm{d}t} = \dfrac{1}{LC}$，因此可以得到 $A_1 = -A_2 = \dfrac{\dfrac{1}{LC}}{\lambda_2 - \lambda_1}$，代入 u_C 的通解中有

$$u_C = \frac{1}{wLC}\mathrm{e}^{-\delta t}\sin(wt)$$

又因为 $i = -C\dfrac{\mathrm{d}u_C}{\mathrm{d}t}$，故有回路电流为

$$i = I_m \mathrm{e}^{-\delta t}\cos(wt) = I_m \mathrm{e}^{-\frac{w}{2Q}t}\cos(wt) \tag{7.70}$$

由电流表达式(7.70)所示，回路电流的幅值按照指数函数的规律进行衰减，I_m 为电流取得最大幅值，其波形如图7.32所示。放大器的输出电压 u 与回路电流 i 成正比，电压表达式为 $u = kri = krI_m \mathrm{e}^{-\frac{w}{2Q}t}\cos(wt)$，设 t_1、t_2 时刻对应的电压幅值分别为 U_1、U_2，电流为 I_1、I_2，则

$$\frac{U_1}{U_2} = \frac{I_1}{I_2} = \frac{\mathrm{e}^{-\frac{w}{2Q}t_1}}{\mathrm{e}^{-\frac{w}{2Q}t_2}}$$

对其取对数得

$$Q = \frac{w(t_2 - t_1)}{2\ln\dfrac{U_1}{U_2}} \tag{7.71}$$

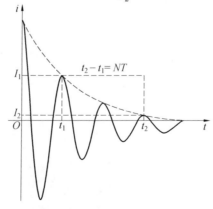

图 7.32 电流的衰减振荡波形

当从 t_1 到 t_2 时间内电流振荡 N 次，则 $t_2 - t_1 = NT = N\dfrac{2\pi}{w}$，取 $\ln\dfrac{U_1}{U_2} = \pi$ 时，即 $\dfrac{U_1}{U_2} = 23.14$，则有

$$Q = N \tag{7.72}$$

这样，只要预先把电压幅值鉴别器的两个电压比值固定为 23.14，就可以通过计数器读取电路的振荡次数求取 Q 值。这就是衰减振荡法求取 Q 值的原理。

7.4　利用变换器测量阻抗

随着电子测量技术的发展，除了电桥法和谐振法等模拟测量方法测量阻抗外，还有适合于又快速又精确的数字化测量方法。阻抗的数字化测量原理是首先将被测阻抗转换成相应的电压，然后将电压经过 A/D 转换后进行数字化测量。这种方法避免了电桥法、谐振法测量过程的繁琐、速度慢及对可调元件的高精度要求等缺点，将阻抗测量推进了一个数字化、智能化和自动化的新时代。

7.4.1　电阻 – 电压变换器法

电阻-电压变换器法来源于阻抗的定义，根据欧姆定律，阻抗可以看成是电路中电压与电流的比，因此，为了测得被测阻抗的值，经常将被测阻抗与标准电阻串联，然后通过被测阻抗与标准电阻的电压之比求出阻抗的参数。

在实际的使用中，经常采用运算放大器或鉴相器等变换器来实现阻抗和电压的转换。电阻 – 电压变换电路如图 7.33 所示，下面说明电阻 – 电压变换的原理。

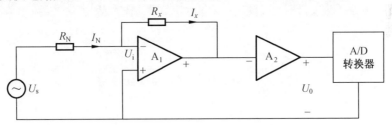

图 7.33　电阻 – 电压变换电路

图中，R_x 是被测电阻，R_N 是标准电阻，运算放大器 A_1 的放大倍数相当大，输入阻抗也相当高，是理想放大器；A_2 为倒相器；根据运算放大器 A_1 输入端的虚短路和虚断路有 $I_x = I_N$，$U_i = 0$，因此有

$$\frac{U_0}{R_x} = \frac{U_s}{R_N}$$

即

$$R_x = \frac{U_0}{U_s}R_N \tag{7.73}$$

综上所述，在利用电阻 – 电压变换电路测量电阻时，只要输入电压源 U_s 和标准电阻 R_N 一定时，未知电阻 R_x 可以通过测量输出电压 U_0 得到。只要将输出的电压 U_0 经过 A/D 转换器转换后，通过数字电压表就可以直接读出 U_0 的大小。

7.4.2 阻抗－电压变换器法

如果被测量不是纯电阻,这时电感或电容等效为阻抗,则需要对其进行电压矢量分离。例如在图 7.33 中,被测量为阻抗 Z_x,根据上节中的分析可知

$$\frac{\dot{U_s}}{R_N} = \frac{\dot{U_0}}{Z_x} = \frac{\dot{U_0}}{R_x + jX_x}$$

$$\dot{U_0} = \frac{\dot{U_s}}{R_N}R_x + j\frac{\dot{U_s}}{R_N}X_x \tag{7.74}$$

令 $\dot{U_R} = \frac{\dot{U_s}}{R_N}R_x, \dot{U_X} = j\frac{\dot{U_s}}{R_N}X_x$,因此有

$$\dot{U_0} = \dot{U_R} + \dot{U_X} \tag{7.75}$$

由上面分析可知,输出电压 U_0 中不仅包含了与信号源电压 U_s 同相的分量 U_R,也包含了与信号源电压 U_s 相正交的分量 U_X,U_R 和 U_X 分别称为电压 U_0 的实部和虚部分量。因此要求出被测阻抗的实部和虚部,就需要将输出电压 U_0 的实部虚部分离以后再分别测量。下面利用鉴相器方法解决测量阻抗的具体过程及原理。

鉴相器测量阻抗的原理如图 7.34 所示。图中,运算放大器 A_1 为阻抗－电压转换部分,根据前面的分析有

$$\dot{U_0} = \frac{\dot{U_s}}{R_N}R_x + j\frac{\dot{U_s}}{R_N}X_x$$

因为信号源电压为交流信号,设 $\dot{U_s} = U_s\sin wt$,将其代入 $\dot{U_0}$ 表达式得

$$\dot{U_0} = \frac{R_x}{R_N}U_s\sin wt + j\frac{X_x}{R_N}U_s\sin wt \tag{7.76}$$

$$\dot{U_0} = \frac{R_x}{R_N}U_s\sin wt + \frac{X_x}{R_N}U_s\sin\left(wt \pm \frac{\pi}{2}\right) \tag{7.77}$$

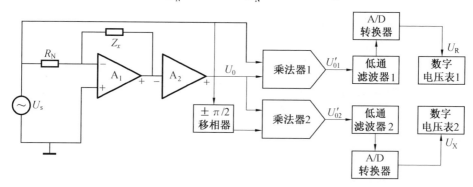

图 7.34 采用鉴相器原理的阻抗－电压变换器

将转换得到的输出矢量电压 $\dot{U_0}$ 通过鉴相器 1 和鉴相器 2,分离出输出电压的实部与虚部。鉴相器由乘法器和低通滤波器组成,输入鉴相器 1 的两个信号是输出电压 $\dot{U_0}$ 和信号源

电压 $\dot{U}_s$,这时经过乘法器 1 得到的电压为

$$\dot{U}'_{01} = \dot{U}_0 \dot{U}_s = \frac{R_x}{R_N}U_s^2 \sin^2 wt + \frac{X_x}{R_N}U_s^2\sin wt\sin(wt \pm \frac{\pi}{2}) \tag{7.78}$$

因为 $\sin^2 wt = \frac{1}{2} - \frac{1}{2}\cos 2wt, \sin wt\sin(wt \pm \frac{\pi}{2}) = \frac{1}{2}[\cos(\pm\frac{\pi}{2}) - \cos(2wt \pm \frac{\pi}{2})]$,故

$$\dot{U}'_{01} = \frac{1}{2}\frac{R_x}{R_N}U_s^2 - \frac{1}{2}\frac{R_x}{R_N}U_s^2\cos 2wt - \frac{1}{2}\frac{X_x}{R_N}U_s^2\cos(2wt \pm \frac{\pi}{2}) \tag{7.79}$$

将式(7.79)得到的电压 $\dot{U}'_{01}$ 经过低通滤波器 1 滤除后两项,只输出其直流部分,因此,鉴相器 1 输出的电压为

$$\dot{U}_{01} = \frac{1}{2}\frac{R_x}{R_N}U_s^2 \tag{7.80}$$

鉴相器 2 的输入端输入的两个信号分别为输出矢量电压 $\dot{U}_0$ 和信号源电压 $\dot{U}_s$ 同频率但相位相差 $\pm\frac{\pi}{2}$ 的信号,故经过乘法器 2 输出的电压为

$$\dot{U}'_{02} = \dot{U}_0(\pm j\dot{U}_s) = \frac{R_x}{R_N}U_s^2\sin wt\sin(wt \pm \frac{\pi}{2}) + \frac{X_x}{R_N}U_s^2\sin^2(wt \pm \frac{\pi}{2}) =$$

$$\frac{1}{2}\frac{X_x}{R_N}U_s^2 - \frac{1}{2}\frac{R_x}{R_N}U_s^2 \cdot \cos(2\omega t \pm \frac{\pi}{2}) - \frac{1}{2}\frac{X_x}{R_N}U_s^2 \cdot \cos(2wt \pm \pi) \tag{7.81}$$

将式(7.81)得到的电压 $\dot{U}'_{02}$ 经过低通滤波器 2 滤除后两项,只输出其直流部分,因此,鉴相器 2 输出的电压为

$$\dot{U}_{02} = \frac{1}{2}\frac{X_x}{R_N}U_s^2 \tag{7.82}$$

因此,鉴相器 1 输出的电压 $\dot{U}_{01}$ 正比于运算放大器输出的电压 $\dot{U}_0$ 的实部;鉴相器 2 输出的电压 $\dot{U}_{02}$ 正比于运算放大器输出的电压 $\dot{U}_0$ 的虚部;这样运算放大器的输出电压的实部 U_R 与虚部 U_X 就被分离出来。

将鉴相器 1、2 输出的电压分别送入 A/D 转换器中,再经过电压表或数字芯片测量出来,即可以得到被测阻抗的实部与虚部的大小。

如果被测阻抗为电感,当信号源电压 U_s 与标准电阻 R_N 已知,则其大小可以由式(7.82)来计算,表达式为

$$L_x = \frac{2R_N U_{02}}{wU_s^2} \tag{7.83}$$

如果被测阻抗为电容,则

$$C = \frac{U_s^2}{2wR_N U_{02}} \tag{7.84}$$

当然,阻抗的数字化测量的方法还有很多。例如,智能化 LCR 测量仪,它是一种宽量程、高准确度、智能化的数字化产品,精度可达 0.05%;应用自动平衡电桥法的 LF 阻抗测量仪,这种方法避免了费时的手动操作,实现了电桥的自动平衡,消除了相应的测量误差,并具有频率范围宽,精度高的优点。

思考题与习题

7.1 测量阻抗的主要方法有哪些,各有什么特点?

7.2 画出高频情况下电阻、电感及电容的等效电路。

7.3 图 7.35 为直流电桥,当电桥平衡时,已知 $R_2 = 1\ 000\ \Omega, R_3 = 100\ \Omega, R_4 = 470\ \Omega$, 求电阻 R_x 等于多少?

7.4 在交流电桥的四个臂配置时应依据哪些基本原则? 并请分析其理由。

7.5 图 7.36 所示的电桥为欧文电桥,主要用于高精度的测量电感。当电路平衡时, $R_2 = 1\ 000\ \Omega, R_4 = 10\ \mathrm{k}\Omega, C_3 = 0.01\ \mu\mathrm{F}, C_4 = 0.1\ \mu\mathrm{F}, f = 1\ \mathrm{kHz}$, 试推导计算 R_x 和 L_x 的值。

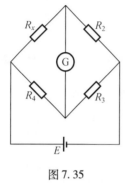 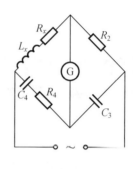

图 7.35   图 7.36

7.6 利用图 7.37 所示的交流电桥测量电容,已知 $R_2 = 3\ \mathrm{k}\Omega, C_2 = 300\ \mathrm{pF}, R_3 = 2\ \mathrm{k}\Omega, R_4 = 5\ \mathrm{k}\Omega, f = 1\ \mathrm{kHz}$, 求该电容器的 C_x、R_x 和损耗因数 D。

7.7 利用图 7.28 所示的串联比较法测量某电感线圈,已知信号源角频率 $w_0 = 10^6\ \mathrm{rad/s}$, 当电感线圈被短路时,测得谐振时的可变电容为 $C_1 = 30\ \mathrm{pF}$,回路的 Q_1 值为 120;当接入电感线圈,频率保持不变,测得谐振时的可变电容 $C_2 = 15\ \mathrm{pF}$,回路的 Q_2 值为 90。求该电感线圈的电感量 L_x、损耗电阻 R_x 和品质因数 Q_x。

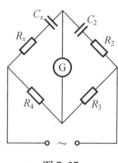

图 7.37

7.8 利用并联比较法测量某电容,已知信号源角频率 $w_0 = 10^8\ \mathrm{rad/s}$,当被测电容未接入时,测得谐振时的可变电容为 $C_1 = 100\ \mathrm{pF}$,回路的 Q_1 值为 150;当接入电容,并保持频率不变,测得谐振时的可变电容 $C_2 = 80\ \mathrm{pF}$,回路的 Q_2 值为 100。求该电容器 C_x、损耗电阻 R_x 和品质因数 Q_x。

7.9 说明并联比较法与串联比较法测量阻抗基本原理,并说明各自特点?

7.10 简述 Q 表的工作原理及其常用的耦合方式。

7.11 简述利用阻抗 – 电压变换器法测量阻抗时如何实现虚、实部的分离?

第 8 章

频域测量

信号的测量和分析通常可以从时域和频域两方面来进行。时域测量研究信号幅度与时间的关系,可用于分析通过电路后信号的放大、衰减及畸变等情况,测量周期信号的幅值、周期,脉冲信号的上升和下降时间等,是对时间特性参数进行测量。频域测量是观测信号幅度或能量与频率的关系,用于分析信号的频谱,测量电路的幅频特性、频带宽度等,是对频率特性参数进行测量。

对许多测量来说,频域测量和时域测量同等重要。例如,在通信工程中,蜂窝无线电系统的载波信号谐波成分,会干扰工作于同一谐波频率下的其他系统,需要对其进行严格测试,该谐波分量只能通过频域测量来确定。再如,对于当需要研究波形严重失真的原因时,在频谱分析仪中观察到的两个信号频谱图相同,但是由于两个信号的基波、谐波之间的相位不同,在示波器上观察这两个信号的波形可能就大不相同,这时用时域测量方法就比较科学;但对于失真很小的波形,利用示波器观测很难看出来,但频谱分析仪却能测出很小的谐波分量,此时,频域测量就显示出它的优势。可见,频域测量在电子测量中占有很重要的地位,对频域测量的原理、方法及应用进行研究具有现实意义。

8.1 频域测量概述

8.1.1 频谱分析的概念

在频域内对信号的各频率分量进行观察和测量,以获得信号的多种参数,即以电信号的频率作为横坐标来分析信号的变化情况,简称为信号的频域测量或频谱分析。广义上讲,信号的频谱是指组成信号的全部频率分量的总集。在一般的频谱测量中,通常将随频率变化的幅度谱称为频谱。频谱测量的基础是傅里叶变换(Fast Fourier Transform,FFT),它以复指数函数 $e^{j\omega t}$ 为基本信号来构造其他各种信号,其实部和虚部分别是余弦函数和正弦函数。因此,一旦知道了频谱,频率特性也就一目了然,任意一个时域信号都可以被分解为一系列不同频率、不同相位、不同幅度的正弦波的组合。在已知信号幅度谱的条件下,可以通过计算获得频域内的其他参量。对信号进行频域分析就是通过研究频谱来研究信号本身的特性,频域分析在系统分析中占据重要地位。

信号的频谱有两种基本类型:一是离散频谱即线状谱线,这种频谱的图形呈线状,各条谱线分别代表某个频率分量的幅度,每两条谱线之间的间隔相等,等于周期信号的基频或基频的整倍数;二是连续频谱,可近似认为谱线间隔无穷小,连成了一片。非周期信号和各种随机噪声的频谱都是连续的,即在所观测的全部频率范围内部有频率分量存在。实际的信号频谱往往是上述两种频谱的混合,被测的连续信号或周期信号频谱中除了基频、谐波和寄生信号所对应的谱线之外,还不可避免地会有随机噪声所产生的连续频谱基底。

8.1.2 频谱分析的基本原理

信号的频谱分析是一门广泛使用的频域测量技术,它往往能提供在时域观测中所不能得到的独特信息。它以傅里叶分析为理论基础,可对不同频段的信号进行线性或非线性分析。信号的频谱分析包括对信号本身的频率特性分析,如对幅度谱、相位谱、能量谱、功率谱等进行测量,从而获得信号在不同频率上的幅度、相位、功率等信息;还包括对线性系统非线性失真的测量,如噪声、失真度、调制度等的测量。

频域的分析和测量是通过频率特性测试仪(即扫频仪)和频谱分析仪来完成的。频率特性测试仪在频域内对元器件、电路或系统的特性进行动态测量,显示频率特性曲线。频谱分析仪是一种多用途的频域测量仪器,可使用不同方法在频域内对信号的电压、功率、频率等参数进行测量并显示,即对信号的频谱进行分析,显示信号的频谱分布图,有"频域示波器"之称。一般采用非实时分析法、傅里叶分析(实时分析)法两种实现方法。

非实时分析法有扫描式分析和外差式分析。扫描式分析是使分析滤波器的频率响应在频率轴上扫描;外差式分析是利用超外差接收机的原理,将频率可变的扫描信号与被分析信号在混频器中差频,再通过测量电路对所得的固定频率信号进行分析,由此依次获得被测信号不同频率成分的幅度信息。由于在任意瞬间只有一个频率成分能够被测量,这种方法只适用于连续信号和周期信号的频谱测量,无法得到相位信息。外差式分析是频谱仪最常采用的方法。

与非实时分析法对应的实时分析法是 FFT 分析,它是联系时域和频域的桥梁。FFT 分析仪属于数字式频谱仪,它是在一个特定时段中对时域内采集到的数字信号进行 FFT 变换,得到相应的频域信息,并从中获取相对于频率的幅度、相位信息。FFT 分析仪的特点在于可以充分利用数字技术和计算机技术,非常适合于非周期信号和持续时间很短的瞬态信号的频谱测量。这种频谱仪能够在被测信号发生的实际时间内取得所需的全部频谱信息,因而是一种实时频谱分析仪。

8.1.3 频谱分析仪的种类

频谱分析仪是分析被测信号频谱最主要的工具,它采用滤波或傅里叶变换方法,对信号中所含的各个频率分量的幅值、功率和能量进行分析,并将幅值或能量的分布情况作为频率的函数在显示器上直观地显示出来;同时还具有多种测量功能,如频率响应、频率稳定性、频谱纯度等。频谱分析仪在电子测量中的应用非常广泛。

频谱分析仪能够适应不同信号的分析要求,分析很多复杂的信号。频谱分析仪的种类很多,按照信号处理方式的不同,可分为模拟式频谱分析仪、数字式频谱分析仪和模拟数字混合式频谱分析仪;按工作频段的不同,可分为高频频谱分析仪和低频频谱分析仪;按工作原理的不同,可分为实时型频谱分析仪和非实时型频谱分析仪;按通道数量的不同,可分为单通道频谱分析仪和多通道频谱分析仪。在多种分类方式中,按信号处理方式不同进行的分类是一种最基本的分类,下面按此种分类对频谱分析仪进行介绍。

1. 模拟式频谱分析仪

模拟式频谱分析仪以模拟滤波器为基础,用滤波器来实现信号中各频率成分的分离,分离出的频率分量经检波器检波成直流后,由显示器显示出来。

模拟式频谱分析仪主要用于射频和微波频段,按工作方式的不同又可分为以下 4 种。

(1) 并行滤波式频谱分析仪

并行滤波式频谱分析仪的原理如图 8.1 所示。被测信号经过输入放大器后,同时加到并联的多个带通滤波器上,这些带宽较窄的滤波器在同一时刻分别滤出被测信号的不同频率分量,经检波器检波后,送到各指示器保持并显示。该类频谱分析仪能对信号进行实时分析,显示瞬变信号的实时频谱,测量速度快,动态范围宽;但各滤波器带宽固定,分辨力不能调节,而且需要大量的硬件。例如,一台频率为 0 ~ 1 MHz 的并行滤波式频谱分析仪,若其带通滤波器的带宽为 1 MHz,则需要 1 000 个滤波器、1 000 个检波器和 1 000 个指示器。

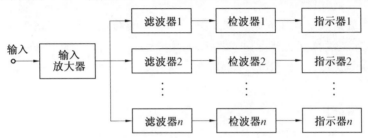

图 8.1　并行滤波式频谱分析仪的原理示意图

(2) 顺序滤波式频谱分析仪

顺序滤波式频谱分析的原理如图 8.2 所示。被测信号从输入端同时加到并联的多个带通滤波器上,由电子扫描开关控制,轮流将各个滤波器的输出接到共用的检波器上,经放大后加到显示器垂直偏转板,和扫描发生器输出的水平偏转信号共同作用,按一定顺序对各频率分量进行测量和显示。该类频谱分析仪共用检波及显示设备,对信号的测量实际上是以非实时方式进行的,主要用于周期和准周期信号的分析。若要保证测量结果与实时测量结果相同,可在各滤波器后放置一波形存储器,但需要增加大量硬件。

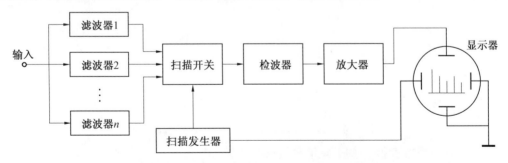

图 8.2　顺序滤波式频谱分析仪的原理示意图

(3) 扫描式频谱分析仪

扫描式频谱分析仪的原理如图 8.3 所示。该类频谱分析仪是在顺序滤波式频谱分析仪的基础上,用一个中心频率可电控调谐的带通滤波器取代带通滤波器组来进行各频率分量的测量。带通滤波器的中心频率自动地在信号的整个频谱范围内扫描,依次提取出被测信号的各频率分量,经检波和放大后加到显示器的垂直偏转板上。这类频谱分析仪结构简单,但可调带通滤波器不易满足通带较窄的要求,且调谐范围窄,频率特性也不均匀。它主要用于被测信号较强、频谱稀疏的情况。

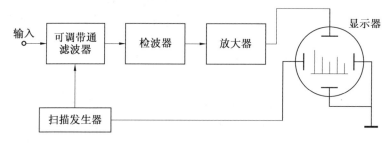

图 8.3　扫描式频谱分析仪的原理示意图

（4）外差式频谱分析仪

外差式频谱分析仪是在实际中得到广泛使用的一类频谱分析仪,该类频谱分析仪利用扫频技术,采用外差接收方法进行频率调谐,实现频谱分析。它具有频率范围宽、灵敏度高、频率分辨力可变等优点;但不能进行实时分析。在8.3节中将对外差式频谱分析仪进行详细介绍。

2.数字式频谱分析仪

数字式频谱分析仪是以数字方式对信号进行频谱分析,具有精度高、动态范围宽、性能灵活的特点,其工作频率不高,但能处理低频和超低频的实时信号。技工作方法的不同,数字式频谱分析仪可分为以下两种。

（1）数字滤波式频谱分析仪

数字滤波式频谱分析仪的原理如图8.4所示。与模拟式频谱分析仪不同,它采用一个数字滤波器替代多个模拟滤波器,具有精度高、使用方便等优点。被测信号经过低通滤波器滤波后,由采样保持电路和模数转换器实现从模拟量到数字信号的转换,并送入数字滤波器进行滤波。数字滤波器输出的数字序列经有效值检波器检波后送显示器进行显示。在该类频谱分析仪中,数字滤波器的中心频率和采样保持器及模数转换器的工作状态由控制器控制。

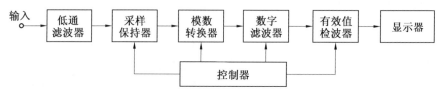

图 8.4　数字滤波式频谱分析仪的原理示意图

（2）快速傅里叶变换（FFT）频谱分析仪

快速傅里叶变换频谱分析仪利用快速傅里叶变换（FFT）技术,根据被测信号的时域波形直接计算出信号的频谱或功率谱。由于其频率上限受到模数转换器速度的限制,因此主要用于低频频谱分析。在8.4节中将对傅里叶频谱分析仪进行详细介绍。

3.模拟数字混合式频谱分析仪

外差式频谱分析仪频带覆盖广,但频率分辨力不高;数字式频谱分析仪分辨力较高,但频带范围窄,只能用于低频分析。将外差扫描技术和数字技术结合起来构成的模拟数字混合式频谱分析仪,不仅频率覆盖范围广,而且能够实现对信号的窄带实时分析。模拟数字混合式频谱分析仪主要有以下两种。

（1）时间压缩式实时分析仪

时间压缩式实时分析仪的原理如图 8.5 所示。被测信号经低通滤波器滤波后,以高于信号频率的采样率进行采样,经模数转换器变为数字信号并以较低的速度将数据记录在存储器中;然后这些数字信号再以高倍速度取出,经数模转换器转换为模拟信号进入外差式频谱分析仪并显示出频谱。这种频谱分析仪利用时间压缩技术,低速记录信号,高速重放信号,增大了滤波器的带宽,实现了对信号的实时分析,但存在信号被截断带来的频谱泄露效应。

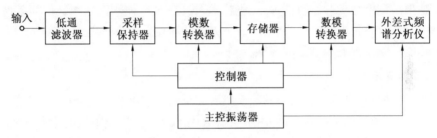

图 8.5　时间压缩式实时分析仪的原理示意图

（2）采用数字中频的外差式频谱分析仪

这种频谱分析仪在外差式频谱分析仪的中频部分采用了数字技术,即用数字带通滤波器取代了模拟中频滤波器,此外还采用了 FFT 实时分析技术,大大提高了带宽分辨力和分析速度,使频谱分析仪的性能得到很大提高。

8.2　频率特性测试仪

本节介绍频率特性的基本测量方法及扫频仪的工作原理。

8.2.1　频率特性的测量方法

在电路的设计、生产和调试中,经常需要了解,当某个电路网络的输入电压恒定时,其输出电压随频率变化的关系特性,这就是我们在测量中经常提到的网络的频率特性（通常指幅频特性）。测量网络频率特性的基本方法主要有点频测量法和扫频测量法。

1. 点频测量法

点频测量法就是通过逐点测量一系列规定频率点上的网络增益（或衰减）来确定幅频特性曲线的方法,其原理如图 8.6 所示。图中的信号发生器为正弦波信号发生器,它作为被测网络的输入信号源,提供频率和电压幅度均可调整的正弦输入信号;电压表用于测量被测网络的输入和输出电压,其中电子电压表Ⅰ作为网络输入端的电压幅度指示器,电压表Ⅱ作为网络输出端的电压幅度指示器;示波器主要用来监测它们的波形。测量方法是:在被测网络整个工作频段内,改变信号发生器输入网络的信号频率,注意在改变输入信号频率的同时,保持输入电压的幅度恒定（用电子电压表Ⅰ来监视）,在被测网络输出端用电子电压表Ⅱ

测出各频率点相应的输出电压,并做好测量数据的记录。然后在直角坐标中用横轴表示频率的变化,以纵轴表示输出电压幅度的变化,将每个频率点及对应的输出电压描点,再连成光滑曲线,即可得到被测网络的幅频特性曲线。

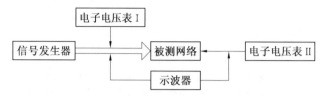

图 8.6　点频测量法测量幅频特性的原理图

点频测量法是一种静态测量法,它的优点是测量时不需要特殊仪器,测量准确度比较高,能反映出被测网络的静态特性,是工程技术人员在没有频率特性测试仪的条件下,进行现场测量研究和分析的基本方法之一。这种方法的缺点是操作繁琐、工作量大、容易漏测某些细节,不能反映出被测网络的动态特性。

2. 扫频测量法

扫频测量法是在点频测量法的基础上发展起来的。它是利用一个扫频信号发生器取代了点频测量法中的正弦信号发生器,用示波器取代了点频测量法中的电子电压表组成的电压幅度指示器,其基本工作原理如图 8.7 所示。扫描电路产生线性良好的锯齿波电压,如图 8.7(b) 中的波形①。这个锯齿波电压一方面加到扫频振荡器中对其振荡频率进行调制,使其输出信号的瞬时频率在一定的频率范围内由低到高作线性变化,但其幅度不变,称为扫频信号。另一方面,该锯齿波电压通过放大,加到示波管 X 偏转系统,配合 Y 偏转信号来显示图形。

图 8.7(a) 中扫频信号发生器中的扫频振荡器是关键环节,它产生一个幅度恒定且频率随时间线性连续变化的信号作为被测网络的输入信号,即扫频信号,如图 8.7(b) 中的波形②。这个扫频信号经过被测电路后就不再是等幅的,而是幅度按照被测网络的幅频特性做相应变化,如图 8.7(b) 中的波形 ③,该调幅波包络线的形状就是被测电路的幅频特性。再通过检波器取出该调幅波的上包络线,如图8.7(b) 中的波形 ④。最后经过 Y 通道放大,加到示波管 Y 偏转系统。

示波管的水平扫描电压,同时又用于调制扫频信号发生器形成扫频信号。因此,示波管屏幕光点的水平移动,与扫频信号频率随时间的变化规律完全一致,所以水平轴也就变换成频率轴。也就是说,在屏幕上显示的波形就是被测网络的幅频特性曲线。

扫频测量法的测量过程简单,速度快,也不会产生测漏现象,还能边测量边调试,大大提高了调试工作效率。扫频测量法反映的是被测网络的动态特性,测量结果与被测网络实际工作情况基本吻合,这一点对于某些网络的测量尤为重要,如滤波器的动态滤波特性的测量等。扫频测量法的不足之处是测量的准确度比点频测量法低。

8.2.2　频率特性测试仪的基本原理

频率特性测试仪(简称扫频仪),主要用于测量网络的幅频特性,它是根据扫频法的测量原理设计而成的。简单地说,就是将扫频信号源和示波器的 X－Y 显示功能结合在一起,用示波管直接显示被测二端网络的频率特性曲线,是描绘网络传递函数的仪器。这是一种

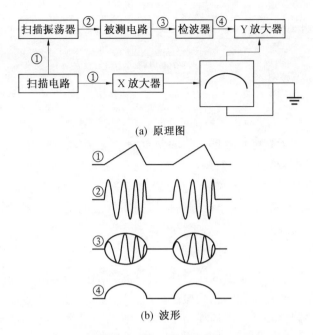

(a) 原理图

(b) 波形

图 8.7 扫频测量法测量幅频特性原理图及对应波形

快速、简便、实时、动态、多参数、直观的测量仪器,广泛地应用于电子工程等领域。例如,无线电路、有线网络等系统的测试、调整都离不开频率特性测试仪。

频率特性测试仪主要由扫频信号发生器、频标电路以及示波器等组成,其组成如图 8.8 中虚线框内所示。检波探头(扫频仪附件)是扫频仪外部的一个电路部件,用于直接探测被测网络的输出电压,它与示波器的衰减探头外形相似(体积稍大),但电路结构和作用不同,内藏晶体二极管,起包络检波作用。由此可见,扫频仪有一个输出端口和一个输入端口:输出端口输出等幅扫频信号,作为被测网络的输入测试信号;输入端口接收被测网络经检波后的输出信号。可见,在测试时频率特性测试仪与被测网络构成了闭合回路。

扫频信号发生器是组成频率特性测试仪的关键部分,它主要由扫描发生器、扫频振荡器、稳幅电路和输出衰减器构成,如 8.9 所示。它具有一般正弦信号发生器的工作特性,输出信号的幅度和频率均可调节,此外它还具有扫频工作特性,其扫频范围(即频偏宽度)也可以调节。测量时要求扫频信号的寄生调幅尽可能小。

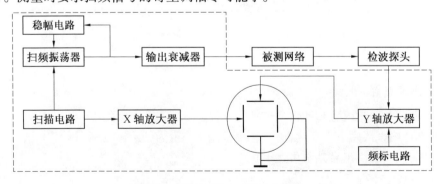

图 8.8 频率特性测试仪组成框图

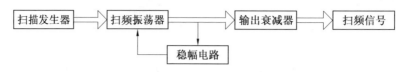

图 8.9　扫频信号发生器的组成框图

1. 扫描发生器

扫描发生器用于产生扫频振荡器所需的调制信号及示波管所需的扫描信号。扫描电路的输出信号有时不是锯齿被信号,而是正弦波或三角波信号。这些信号一般是由 50 Hz 市电通过降压之后获得,或由其他正弦信号经过限幅、整形、放大及积分之后得到。这样设计可以简化电路结构,降低成本。由于调制信号与扫描信号的波形相同,因此,这样设计并不会使所显示幅频特性曲线失真。

2. 扫频振荡器

扫频振荡器是扫频信号发生器的核心部分,它的作用是产生等幅的扫频信号。通常采用变容二极管扫频振荡器和磁调制扫频振荡器两种电路形式。变容二极管扫频振荡器的电路简单,频偏宽,对调制信号几乎不消耗功率,它一般用于晶体管化的扫频仪中。磁调制扫频就是用调制电流所产生的磁场去控制振荡回路电感量,从而产生频率随调制电流变化的扫频信号。磁调制扫频的特点是能在寄生调幅较小的条件下获得较大的扫频宽度。所以这种扫频方法获得广泛应用,国产扫频仪 BT – 3、BT – 5、BT – 8 等都采用磁调制扫频振荡器。

3. 稳幅电路

稳幅电路的作用是减少寄生调幅,其基本原理如图 8.10 所示。扫频振荡器在产生扫频信号的过程中,都会不同程度地改变振荡回路的 Q 值,从而使振荡幅度随调制信号的变化而变化,即产生了寄生调幅。抑制寄生调幅的方法很多,最常用的方法是:从扫频振荡器的输出信号中取出寄生调幅分量并加以放大,再反馈到扫频振荡器去控制振荡管的工作点或工作电压,使扫频信号的振幅恒定。

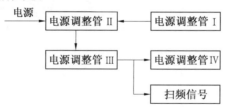

图 8.10　稳幅电路原理图

4. 输出衰减器

输出衰减器用于改变扫频信号的输出幅度。在扫频仪中,衰减器通常有两组:一组为粗衰减,一般是按每挡 10 dB 或 20 dB 步进衰减;一组为细衰减,按每挡 1 dB 或 2 dB 步进衰减。多数扫频仪的输出衰减量可达 100 dB。

5. 频率标志电路

频率标志电路简称频标电路,其作用是产生具有频率标志的图形,叠加在幅频特性曲线上,以便能在屏幕上直接读出曲线上某点相对应的频率值。频标的产生方法通常是差频法,其原理框图如图 8.11 所示。

图 8.11　差频法产生频标的原理框图

晶体振荡器产生的信号经谐波发生器产生出一系列的谐波分量,这些基波和谐波分量与扫频信号一起进入频标混频器进行混频。当扫频信号的频率正好等于基波或某次谐波的频率时,混频器产生零差频;当两者的频率相近时,混频器输出差频,差频值随扫频信号的瞬时频偏的变化而变化。差频信号经低通滤波及放大后形成菱形图形。测量者利用频标可对图形的频率进行定量分析。

8.2.3　频率特性测试仪的主要技术指标

扫频仪的主要技术指标有:有效扫描宽度、扫频线性、幅度不平坦性等。

1. 有效扫描宽度和中心频率

有效扫描宽度也称扫描频偏,是指在扫描线性和幅度不平坦性符合要求的前提下,一次扫描能达到的最大频率范围,即

$$\Delta f = f_{max} - f_{min}$$

式中,f_{max} 和 f_{min} 为一次扫频时能达到的最高和最低瞬时频率。扫频信号也就是线性调频信号,因而也把 $\Delta f/2$ 称为频偏。

不同的测量任务对扫描宽度的要求不同,如需要分辨精细的频率特性时,希望扫描宽度小一些;测量宽带网络时,则希望扫频宽度大一些,有效扫频宽度可通过对扫描电压大小来调节。

中心频率定义为

$$f_0 = \frac{f_{max} + f_{min}}{2}$$

而把 $\Delta f/f_0$ 称为相对扫描宽度,即

$$\frac{\Delta f}{f_0} = 2 \times \frac{f_{max} - f_{min}}{f_{max} + f_{min}}$$

通常把 Δf 远小于信号瞬时频率值的扫描信号称为窄带扫频,把 Δf 可以和信号瞬时频率相比拟的扫描信号称为宽带扫频。

2. 扫频线性

扫频线性是指扫频信号瞬时频率的变化和调制电压瞬时值的变化之间的吻合程度,吻合程度越高,扫频线性越好。检查扫频线性好坏通常将频偏(频率范围)调到最大(15 MHz),测出最低、最高频率与中心频率 f_0 的距离 A、B,则扫频线性误差为

$$r = \frac{A - B}{A + B} \times 100\%$$

一般要求 r 不大于 10%。

3. 幅度不平坦性

在幅频特性测量中,必须保证扫频信号的幅度保持不变。扫频信号的幅度不平坦性常用它的寄生调幅来表示,定义为

$$m = \frac{A - B}{A + B} \times 100\%$$

式中,A 和 B 表示扫频信号的最大和最小幅度。

除此之外,扫频仪的主要指标还有扫频时间、输出阻抗、输出电平等。

8.3 外差式频谱仪

外差式频谱仪采用扫频技术进行频率调谐,通过改变本地振荡器的频率来捕获欲接收信号的不同频率分量。这种扫频外差式方案是实施频谱分析的传统途径,虽然现在这类频谱仪在较低频段已经逐渐为 FFT 分析仪取代,但在高频段,扫频外差式仍占据优势地位。

8.3.1 外差式频谱仪的基本原理

外差式频谱仪的原理框图如图 8.12 所示,主要包括输入通道、混频电路、中频处理电路、检波和视频滤波等部分。

频率为 f_x 的输入信号与频率为 f_L 的本振信号在混频器中进行差额,只有当差频信号的频率落入中频滤波器的带宽内时,即当 $f_L - f_x \approx f_I$(f_I 为中频滤波器的中心频率)时中频放大器才有输出,且其大小正比于输入信号分量 f_x 的幅度。因此只需连续调节本振信号 f_L,输入信号的各频率分量就将依次落入中频放大器的带宽内。中频滤波器输出信号经检波、放大后,输入到显示器的垂直通道;由于示波管的水平扫描电压同时也是扫频本振的调制电压,故水平轴已变成频率轴,这样屏幕上将显示出输入信号的频谱图。为了获得较高的灵敏度和频率分辨力,混频电路一般采用多次变频的方法;固定中频可以使中频滤波器的带宽做得很窄,因而获得很高的频率分辨力,改变中频率波器带宽,就可以相应改变频率分辨力。

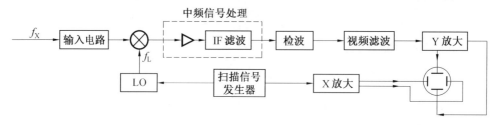

图 8.12 外差式频谱仪原理图

由于进行扫描分析,信号中的各频率分量不是同时被测量的,因而不能提供相位频谱,不能作实时分析,只适用于周期信号或平稳噪声的分析。外差式频谱仪具有频率范围宽、灵敏度高、频率分辨力可变等优点,并且还具有除频谱之外的多种功能,是频谱仪中数量最多的一种,几十 Hz 到几百 GHz 范围内都有产品,高频频谱仪几乎全部为外差式。

1. 输入通道

频谱仪的输入通道的作用是控制加到仪器后续部分上的信号电平,并对输入的信号取

差额以获得固定中频。输入通道也被称为前端,主要由输入衰减、低噪声放大、低通滤波及混频等几部分组成,功能上等同于一台宽频段、窄带宽的外差式自动选频接收机,所以也称为接收部分。

由于模拟混频器是非线性器件,为了得到较佳混频效果,必须保证混频器的输入电平满足一定幅度要求,因此需要相应的衰减和放大电路对输入电平进行调整。适当的输入衰减一方面可以避免因为信号电平过高而引起的失真;另一方面可起到阻抗匹配的功能,尽可能降低源负载与混频器之间的失配误差。频谱仪通常具有自动选择输入衰减的自动量程功能,可以将输入衰减挡位做得很细,并具有相等的步进。

外差式接收机使用混频器将输入信号频率变换到固定的中频上,如下式所示:

$$|mf_L \pm nf_X| \approx f_I$$

式中,f_L 为本振频率;f_X 为被转换的输入信号频率;f_I 为中频信号频率;m、n 表示谐波的次数,可取值 $1,2,\cdots$。如果仅考虑输入信号和本振的基频,即取 $m = n = 1$ 时,上式简化为:

$$|f_L \pm f_X| \approx f_I \tag{8.1}$$

用一个在宽频率范围内连续调谐的扫描本振,即可实现确定的中频频率。

2. 中频信号处理

中频信号处理部分进行的是被检波之前的预处理,主要完成对固定中频信号的放大／衰减、分辨力滤波等处理。通常具有自动增益放大、多级程控衰减的功能。中频滤波器的带宽也可程控选择,以提供不同的频率分辨力。

各级混频电路的输出信号中,只有幅度和频率满足一定范围的中频信号才会被送到中频处理电路。中频信号的幅度调节由中频放大电路完成,末级混频的增益必须能够以小步进精密调节,这样才能保持后续处理电路中的固定最大信号电平,而不受输入衰减和混频器电平的影响。由于前端可能有的高衰减量,中频增益必须做得很高,为包络检波器或 ADC 尽可能提供满量程输入。

中频放大电路之后的中频滤波器用于减小噪声带宽,同时实现对各频率分量的分辨。频谱仪的分辨力带宽由之后一个中频滤波器的带宽决定,如果使用了多个中频滤波器,它们的组合响应决定了分辨力带宽。通常,总有其中某个中频滤波器的通带远比其他滤波器窄,则该滤波器单独决定分辨力带宽。只要简单地改变滤波器,就可以实现多种分辨力带宽。相比之下,宽带滤波器建立时间短,可提供较快的扫描测量;窄带滤波器需要较长时间达到稳定,但可提供更高的频率分辨力和更好的信噪比。数字滤波器通常具有比模拟滤波器好的选择性,并且没有任何漂移,因此能够实现极稳定的窄分辨力带宽。

3. 检波器

中频滤波器的输出接到检波器上,由检波器产生与中频交流信号的电平成正比的直流电平。检波器可能有几种不同的类型,如包络检波器、有效值检波器、平均值检波器等,常用的是包络检波器。

最简单的包络检波器由一个二极管和一个并联 RC 电路串接而成。中频输出通常是正弦波,只要恰当选择检波器的 R、C 值,就可以获得合适的时间常数以保证检波器跟随中频信号的包络变化。检波常数过大会使检波器跟不上包络变化的速度;另外,频率扫描速度的快慢也会对检波输出产生影响,扫速太快也会使检波器来不及响应。

4. 视频滤波器

频谱仪显示的是信号电平加噪声。为了减小噪声对所显示的信号幅度的影响，常常对显示结果进行平滑或平均，这就是视频滤波器的作用。视频滤波器连接在检波器之后，实质是一个低通滤波器，决定了驱动显示器垂直方向的视频电路带宽。当视频滤波器的截止频率不大于分辨力带宽时，视频系统跟不上中频信号包络的快速变化，因而使显示信号的起伏被"平滑"掉了。

视频滤波的效果在测量噪声时表现得最为明显，特别当采用较宽的分辨力带宽时。减小视频带宽，噪声的峰 – 峰值变化将被削弱，其被削弱的程度或平滑程度与视频带宽（VBW）和分辨力带宽（RBW）之比有关：$VBW/RBW < 0.01$ 时，平滑效果非常明显。

5. 参数之间的相互关系

频谱仪的各项参数设置不是独立的。为了避免引入测量误差，在正常工作模式下这些参数相互之间以某种方式"联动"设置，也就是说，只要改变其中任何一项设置，其余各项参数都会随之自动调节以适应变化。当然，用户有时也会希望只改变某一项，因此就需要了解参数之间的相互关系。

（1）扫描时间、扫描宽度、频率分辨力和视频带宽

由于滤波器的使用，仪器所允许的最快扫描时间（或扫描速度）受限于中频滤波器和视频滤波器的响应时间。在未达到所需的最短扫描时间之前，滤波器尚未达到稳态，会引起信号的幅度损耗和显示失真（即频率上有偏移），为了避免扫速过快或扫描时间过短引起的测量误差，分辨力带宽、视频带宽、扫描时间及扫描宽度应当联动设置。

在视频带宽大于分辨力带宽的情况下，扫速不会受视频滤波器的影响。此时，中频滤波器的响应时间仅与分辨力带宽的平方成反比。一般上述指标之间的制约关系为

$$ST = K \frac{Span}{RBW^2}(RBW < VBW) \tag{8.2}$$

式中　　ST—— 扫描时间；

　　　　$Span$—— 频率扫描宽度，或称扫描跨度；

　　　　RBW、VBW—— 分辨力带宽和视频带宽；

　　　　K—— 比例因子，取值与滤波器的类型及其响应误差有关，对4级或5级级联的模拟滤波器，K 取 2.5；对高斯数字滤波器，K 可取 1 甚至小于 1 的值。

当视频带宽小于分辨力带宽时，所需的最小扫描时间受限于视频滤波器的响应时间。与前一种情况类似，视频带宽越宽，视频滤波器的响应或建立时间越短，扫描时间相应也越短。视频带宽与扫描时间之间呈线性反比，视频带宽减小为原来的 $1/n$，扫描时间增加 n 倍。

上述参数也可以部分联动。例如，当手动设置分辨力带宽、视频带宽时，扫描时间能够同时自动改变。分辨力带宽应随扫描宽度的改变而自动切换，这两者之间的联动比值可以由用户自行设置；在现代频谱仪中，视频带宽与分辨力带宽也可以联动设置，它们的比值取决于不同的测量应用场合，因而也是由用户设置的。当然，对不同被测信号还可以使用以下经验设置：

正弦信号　$RBW/VBW = 0.3 \sim 1$

脉冲信号　$RBW/VBW = 0.1$

噪声信号　$RBW/VBW = 10$

默认的视频带宽设置原则是：在保证不增加扫描时间的前提下，尽最大可能实现滤波平均，按照式（8.2），当 $K = 2.5$ 时，视频带宽必须至少等于分辨力带宽，即有 $RBW/VBW \leqslant 1$；如果使用的是数字滤波器，可以取 $K = 1$，因而扫描时间得以提高。此时为确保视频滤波器的稳定，视频带宽应该至少三倍于分辨力带宽，即 $RBW/VBW \leqslant 0.3$。

（2）输入衰减、中频增益和参考电平

频谱分析仪的幅度测量范围上限是由允许输入的最大电平决定，下限取决于仪器的固有噪声或本底噪声。因为放大器、检波器及 A/D 转换器的动态范围都很小，通常不可能在同一次测量中同时达到这两个限制，只能在不同的设置下得到。用户会在不同的应用场合下根据需要选择最大显示电平（即参考电平），为此，输入衰减、中频增益是两个可以自动调节的决定性因素。

由于过大的输入信号可能导致第一混频受损，因此对高电平输入必须进行衰减，衰减量取决于第一混频及其后续处理部分的动态范围。第一混频器的输入电平必须位于 1 dB 增益压缩点之下。如果混频器电平过高，失真产生的频率分量将会干扰正常显示，从而降低无交调范围；如果衰减量过大导致混频器电平过低，又会降低信号的信噪比，从而使噪底抬高，减小动态范围。因此，必须在信噪比与失真之间折中考虑输入衰减及后续的中频增益的选择。

在实际应用中，即使是对非常低的参考电平，通常也会将输入衰减设置为最小值（如 10 dB）而不是零，这样做的目的是为了获得较好的阻抗匹配，从而可以得到较高的绝对幅度测量精度。

8.3.2　外差式频谱仪的主要性能指标

外差式频谱分析仪是在实际中得到广泛使用的一类频谱分析仪，其性能指标如下。

1. 频率特性

（1）输入频率范围

输入频率范围指频谱仪能够进行正常工作的最大频率区间。具体言之，全景频谱仪是指扫描最宽时的频率范围，而扫中频频谱仪则给出它的扫中频宽度（即一次扫描分析所能观察到的频率范围），同时还给出中心频率的可调范围，由此来作为它的工作频率范围。外差式频谱仪的输入频率范围由扫描本振的频率范围决定。此外，还可通过外接混频器变频来实现频率转移，以达到扩展分析频率的目的。外接混频部分一般作为选件提供。现代频谱仪的频率范围通常可以从低频段直至射频段，甚至微波段，如 1 kHz ~ 4 GHz。

（2）频率扫描宽度

频率扫描宽度也称为扫描宽度、频率量程、频谱跨度等。扫描宽度表示的是频谱仪在一次测量过程中（也即一次频率扫描）所显示的频率范围，可以小于或等于输入频率范围。通常是根据测试需要自动调节或人为设置的。

（3）频率分辨力

频谱仪的频率分辨力表征了能够将最靠近的两个相邻频谱分量（两条相邻谱线）分辨出来的能力。取决于中频滤波器的带宽，它所能达到的最窄带宽反映了仪器的最高分辨力。在扫频分析过程中，滤波器呈现为动态带宽。一般仪器都给出滤波器这一核心分析部件的详细特性，如分辨力带宽、选择性等。决定分辨力的还有各级本振的信号频率的稳定度和混频器的性能。

（4）频率精度

频率精度即频谱仪频率轴读数的精度，与参考频率（本振频率）稳定度、扫描宽度、分辨力带宽等多项因素有关。通常可以按照下式计算：

$$\Delta f = \pm \left\{ f_z \times \gamma_{ref} + Span \times A\% + \frac{Span}{N-1} + RBW \times B\% + C \right\}$$

式中，等号左边为绝对频率精度，以 Hz 为单位；ref 代表参考频率（本振频率）的相对精度，是百分比数值；f_z 为显示频率值或频率读数；$Span$ 是频率扫描宽度；N 表示完成一次扫描所需的频率点数；RBW 为分辨带宽；$A\%$ 代表扫描宽度精度；$B\%$ 代表分辨力带宽精度；C 则是频率常数。不同的频谱仪有不同的 A、B、C 值。

参考频率精度的计算式为

$$\gamma_{ref} = 老化率 \times t + Settability + 温度稳定度$$

式中，t 为距最近一次校准的时间，单位为年；老化率通常的数量级 $< \pm 10^{-7}/$ 年；温度稳定度即因温度变化而引起的频率漂移，通常数量级 $< \pm 10^{-8}$，$Settability$ 是初始精度，表示参考频率偏离真值的程度，即作为参考频率的晶体振荡器精度，通常数量级 $< \pm 10^{-8}$。

许多具有标记功能的频谱仪内含频率计数器，使用它进行频率测量能够消除由扫描宽度和分辨力带宽等带来的误差，这时的频率精度仅取决于频率计数器的分辨力，因而比从频率轴读数的精度要高。

2. 扫描时间

频谱仪的扫描时间是指进行一次全扫描宽度的扫描并完成测量所需的时间，也称为分析时间。通常希望扫描时间越短越好，但为了保证测量精度，扫描时间必须适当。与扫描时间相关的因素主要有扫描宽度、分辨力带宽、视频带宽。

3. 相位噪声／频谱纯度

相位噪声简称相噪，是频率短期稳定度的指标之一。它反映了频率在极短期内的变化程度。表现为载波的边带，所以也称为边带噪声。相噪由本振信号频率或相位的不稳定引起，本振越稳定，相噪就越低；同时它还与分辨力带宽有关，RBW 缩小为原来的 1/10，相噪电平值减小 10 dB。通过有效设置频谱仪的参数，相噪可以达到最小化，但无法消除。相噪也是影响频谱仪分辨不等幅信号的因素之一。

4. 幅度测量精度

信号的幅度测量总是包含一定的不确定度。通常仪器在出厂之前要经过校准，各种来源的误差已被分别记录下来并用于对测量数据进行修正，因此显示出来的电平幅度精度已有所提高。

频谱仪性能同时受到温漂、老化等影响，因而大多数频谱仪还需要进行实时校准，即对仪器内部的校准信号进行标准设置,然后测量其幅度值以得到修正值。

频谱仪的幅度测量精度有绝对幅度精度和相对幅度精度之分,均由多方面因素决定。绝对幅度精度都是针对满刻度信号给出的指标,受输入衰减、中频增益、分辨力带宽、刻度逼真度、频响以及校准信号本身的精度等几种指标的综合影响。相对幅度精度与相对幅度测量的方式有关,在与标准设置相同的理想情况下,相对幅度仅有频响和校准信号精度两项误差来源,测量精度可以达到非常高。

5. 动态范围

动态范围即同时可测的最大与最小信号的幅度之比。通常是指从不加衰减时的最佳输入信号电平起,一直到最小可用的信号电平为止的信号幅度变化范围。下限取决于通过中频带通滤波器的本机噪声,上限主要取决于仪器的最佳输入电平。频谱分析仪的动态范围受限于三个因素:输入混频器的失真特性、系统灵敏度、本振信号的相位噪声。

6. 灵敏度／噪声电平

灵敏度指标表达的是频谱仪在没有信号存在的情况下因噪声而产生的读数,只有高于该读数的输入信号才可能被检测出来。表示频谱仪测量最小信号的能力、一般定义为信噪比为 1 时的输入信号功率,所以,它取决于内部热噪声的大小。室温下,热噪声功率为

$$P_{\mathrm{H}} = kT_0 B$$

式中　　B——系统带宽;

　　　　k——波尔兹曼常数;

　　　　T_0——绝对温度。

由此可见,采用较窄的中频滤波器可以获得更高的灵敏度。

7. 本振直通／直流响应

本振直通指因频谱仪的本振馈通而产生的直流响应。理想混频器只在中频产生和频与差频,而实际的混频器还会出现本振信号及射频信号。当本振频率与中频中心频率相同或非常接近时,这个对应于零频(直流)输入的本振信号将通过中频滤波器出现,这就是本振馈通。

对这种零频响应的电平,通常用相对于满刻度响应的分贝数作为度量。如果频谱分析仪的低端频率距离零频较远(如 100 kHz),该指标可以略去。典型指标如:低于满刻度输入电平 33 dB。

8. 本底噪声

本底噪声即来自频谱分析仪内部的热噪声,也称噪底,是系统的固有噪声。本底噪声会导致输入信号的信噪比下降,它是频谱仪灵敏度的量度。本底噪声在频谱图中表现为接近显示器底部的噪声基线,常以 dBm 为单位。

9. 1 dB 压缩点和最大输入电平

1 dB 压缩点是指在动态范围内,因输入电平过高而引起的信号增益下降 1 dB 的点。1 dB 压缩点通常出现在输入衰减 0 dB 的情况下,由第一混频决定。输入衰减增大,1 dB 压缩点的位置也将与衰减同步增高。为了避免非线性失真带来的不期望的频率成分,所显示的最大输入电平(参考电平)必须位于 1 dB 压缩点之下。通常,参考电平与输入衰减是联动

设置的,在 0 dB 输入衰减的情况下将得到最大参考电平,此时无法直接测量 1 dB 压缩点。

1 dB 压缩点提供了有关频谱仪过载能力的信息;与之不同的是,最大输入电平反映的是频谱仪可正常工作的最大限度。只有保证不逾越最大输入电平指标,频谱仪才不致受损,最大输入电平的值一般由处理通道中第一个关键器件决定,因而也同输入衰减直接相关:衰减量为 0 dB 时,信号直接进入第一混频器中,因此第一混频是最大输入电平的决定性因素;衰减量大于 0 dB 时,插入信号的电平被减小,因此最大输入电平的值反映了衰减器的负载能力,其后续部分的作用就可以忽略不计。

8.4　傅里叶分析仪

由于进行扫描分析,信号中的各频率分量不是同时被测量的,因而不能提供相位频谱,不能作实时分析,只适用于周期信号或平稳噪声的分析。快速傅里叶变换(FFT)频谱分析仪利用快速傅里叶变换技术,根据被测信号的时域波形直接计算出信号的频谱或功率谱,能够进行实时分析,由于其频率上限受到模数转换器速度的限制,主要用于低频频谱的分析。采用 FFT 作谱分析的仪器,一般都具有众多的功能,远远超出谱分析的范围。

8.4.1　FFT 分析仪原理

FFT 分析仪的基本原理示意图如图 8.13 所示。输入信号经低通滤波器去除信号中高于 1/2 采样率的频率,消除潜在的混叠成分后,由采样电路和模数转换器将时域波形变换成数字信息。在对信号进行采样时,按照采样定理,采样率应保证大于信号最高频率的两倍。存储器存储接收的数字信息并由数字信号处理器完成 FFT 运算,得到频谱,并显示在显示器上。单从概念上讲,FFT 方法先对信号进行时域数字化,然后计算频谱,非常简单明确。实际上在测量实现中,还有一些必须考虑的因素。

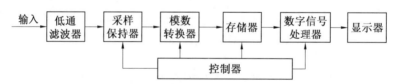

图 8.13　FFT 分析仪的基本原理示意图

8.4.2　FFT 分析仪的性能指标

采用 FFT 计算法作谱分析,与滤波法有很大不同。信号在时、幅两个方向离散化,分析是对信号的一个 N 点长度样本数据进行的。把信号看作以样本长度为周期的周期信号,因而所计算得到的频谱也是频率的周期函数,N 根谱线值也只是对该周期函数的一个周期中的抽样值,它与周期信号理论上存在的线谱意义不同,因而对谱的质量估价也用不同的指标。

1. 频率特性

① 频率范围:由采样速度(采样频率)决定,一般取 $f_s > 2.56 f_{max}$,$F = f_{max}$ 即为最高的分析频率。

② 采样速度:由 A/D 性能决定。

③ 抗混滤波器性能:其指标为带宽可变范围及带外衰减速度。带外衰减速度影响仪器在高频段谱线的混叠误差,以每倍频程衰减的 dB 数表示。

④ 频率分辨力:一般以谱线数或谱线频率间隔的形式给出。它由 FFT 块(点数 N)的大小和信号带宽确定。当 N 为 256 ~ 2 048 时,有效的功率谱线数为 100 ~ 800 根,频率间隔为 F_s/N。其绝对频率值为样本时间长度的倒数。

2. 幅度特性

① 动态范围:决定于 A/D 字长、exp 函数(sin,cos)字长和运算字长。

② 灵敏度:取决于本机噪声,主要由前置放大器噪声决定。

③ 幅值读数精度:谱线值的误差分量包括了计算误差(有限字长)、混叠误差、泄漏误差等多种原理误差以及每次单个样本分析含有的统计误差。统计误差与信号的预处理、谱估计的方法、统计平均的方式和次数等有关,往往需要仪器的使用者在更换不同的参数、经多次分析后,才能获得较好的结果,不同原理的误差应采取不同方法解决。

3. 分析速度

分析速度主要取决于 N 点 FFT 变换的运算时间、平均运行及结果处理的时间。

实时分析频率上限可由 FFT 的速度推算出来,仪器通常给出 1 024 点复数 FFT 时间。对于实数信号的功率谱计算,速度又可以快一倍。若 1 024 点 FFT 完成时间为 τ,则实时工作频率上限为 $400/\tau$,考虑到还要进行平均等其他运算,实际频率要低于此值。

8.4.3 FFT 分析仪与外差式频谱分析仪的比较

FFT 分析方法除了电路结构本身较简单之外,其测量速度也比外差式频谱仪快。如前所述,外差式频谱仪的测量速度受限于分辨力带宽,扫描时间与分辨力带宽的平方 RBW^2 成反比。在较低频段,区分紧邻的谱线需要很窄的 RBW,因此导致扫描时间可能会长到无法忍受的地步。与此相反,FFT 分析仪的速度仅仅取决于量化所需的时间和 FFT 计算所需的时间,在相等的频率分辨力下,FFT 分析仪较外差式频谱仪快得多。

另一方面,由于 FFT 分析仪需要使用高速 ADC 进行采样,可分析的频率范围受限于 ADC 器件的速度,因而在频率覆盖范围上不及外差式频谱仪。

现代频谱仪将外差式扫描频谱分析技术与 FFT 数字信号处理结合起来,通过混合型结构集成两种技术的优点。这类频谱仪的前端仍然采用传统的外差式结构,而在中频处理部分采用数字结构,中频信号由 ADC 量化,FFT 则由通用微处理器或专用数字逻辑实现。这种方案充分利用了外差式频谱仪的频率范围和 FFT 优秀的频率分辨力,使得在很高的频率上进行极窄带宽的频谱分析成为可能,整机性能大大提高。

图 8.14 为外差式频谱分析仪的数字中频部分的方框示意图,频谱仪的中频部分采用全数字技术,通过数字滤波和 FFT 的方法,使分辨力和分析速度都大为提高。数字中频由如下两部分组成:

(1) 采用数字带通滤波器取代传统的模拟中频滤波器。数字滤波器可做成很窄的分辨力带宽和很优良的波形因子。传统的模拟滤波器的波形因子为 11∶1,而数字滤波器的波形因子为 4∶1,这就从根本上改善了频谱分析的质量。

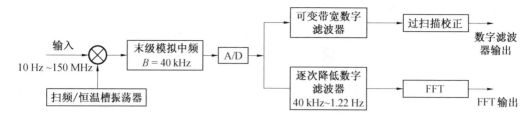

图 8.14　外差式频谱分析仪的数字中频部分方框图

采用数字滤波器使扫速提高的机理可从两个方面说明：

① 数字滤波器的响应输出对于一定类型的插入信号而言，是可预测的。周期信号（各种调制信号）的各谱线分量随着扫频分析过程的进行而脉冲性地出现，对处于末级中频的数字滤波器而言，类同于冲激激励。随着扫速的变化，滤波器呈现为动态特性，表现为带宽增加，响应幅值下降和中心频率偏移。这些因扫速带来的影响，对数字滤波器而言，也是可预测的。因而可以通过"过扫描"（oversweep）修正来实现准确的测量，而无需等它达到稳态，因而大大提高了扫描分析速度。

② 数字滤波器有优良的波形因子，在达到同等选择性的条件下，数字滤波器有比模拟滤波器宽得多的 3 dB 带宽，而扫速与带宽的平方成反比，从而可以大大提高扫速。

（2）采用 FFT 实时分析技术，大大提高了分辨力和分析速度。这时，仪器的前端外差调谐部分工作于点频状态，末级模拟中频为 40 kHz 带宽，其输出经 A/D 后，由数字滤波器按 1/2 的 N 次方逐级完成 40 kHz ～ 1.22 Hz 频带的滤波（见图 8.14）。经过数字滤波器选出的窄带信号再由 FFT 完成谱分析。采用 512 点 FFT，可达到 200 线的分辨力，窄至 0.004 5 Hz。FFT 过程可视为一组滤波器（512 点 FFT 时等效为 200 多个滤波器）同时工作，这是一种实时分析技术，速度比单个滤波器进行扫描式分析快了数百倍。为了获得与 0.004 5 Hz 分辨力相应的总体精度，仪器前端的变频本振采用恒温槽参考振荡源。

由于中频采用了数字技术，其输出亦为数字量，因而，仪器的末级部分采用了数字的功率测量来代替传统的各种方式的检波。

8.5　频谱仪在频域测试中的应用

除了完成幅度谱、功率谱等一般功能的测量外，频谱仪还能够用于对如相位噪声、邻近信道功率、非线性失真、调制度等频域参数进行测量，甚至进行时域波形的测量。其中，脉冲信号的测量较连续波的测量更为困难，而脉冲信号又是数字通信系统中一类重要信号，并且，不同的频谱仪设置可能对同一个脉冲信号的测量结果产生不同影响，需要进行专门讨论。同时，现代 CDMA 无线通信系统中，多用户共享着很宽的传输信道和接收信道。为了确保各用户正常通信，必须避免在各频段上没有相邻信道的发射干扰，因此，有必要对邻近信道的功率进行限定，使其绝对功率（单位为 dBm）或相对于传输信道的相对功率不致大到影响传输的地步。下面对脉冲信号测量的基本原理及信道和邻道功率测量进行简单的介绍。

8.5.1　脉冲信号测量

1. 测量原理

单脉冲的傅里叶变换具有采样函数的曲线形状：

$$V(f) = \tau \frac{\sin\left[2\pi f\left(\frac{\tau}{2}\right)\right]}{2\pi f\left(\frac{\tau}{2}\right)}$$

式中, τ 为脉冲宽度, 频谱的零点发生在 $1/\tau$ 的整数倍处; 频谱幅度与脉冲宽度成正比, 即脉冲越宽, 能量越大。为了确定单脉冲波形中的谐波成分, 将单个脉冲周期性复制形成脉冲串。于是可以展开为傅里叶级数：

$$x(t) = \frac{\tau}{T} + \frac{2\tau}{T}\sum_{n=1}^{\infty}\frac{\sin(n\pi\tau/T)}{n\pi\tau/T}\cos\frac{2n\pi}{T}t$$

对应的波形具有大小为 τ/T 的直流分量, 恰好是波形的平均值。脉冲信号谐波将位于该波形的基频即 $1/T$ 的整数倍处, 波形周期称为脉冲重复频率(Pulse Repeated Frequency, PRF), 有 $PRF = 1/T$。谐波的总体形状或包络与单脉冲的傅里叶变换相同, 呈现采样函数特性, 并在 $1/\tau$ 的整数倍处出现频谱包络的零点, 如图 8.15 所示。

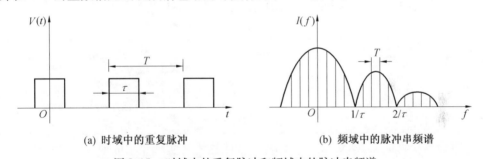

(a) 时域中的重复脉冲　　　　　　　(b) 频域中的脉冲串频谱

图 8.15　时域中的重复脉冲和频域中的脉冲串频谱

由于实时性的限制, 扫频式频谱分析仪无法完成测量单脉冲这样的瞬态事件, 能够完成测量任务的 FFT 分析仪的分析带宽必须将脉冲信号包含在内。

2. 线状谱与包络谱

当频谱分析仪的分辨力带宽比脉冲谐波的频率间隔还要窄时, 频谱仪能够区分每一条谐波的谱线, 因此将清楚地显示出脉冲波形的线状谱。窄的分辨力带宽能够改善信噪比, 使显示结果与信号的实际频谱非常接近。改变测量的频率扫描宽度, 能够适当使被测频率谱加宽或变窄, 但改变扫描时间不会影响频谱的形状。

线状谱对分辨力带宽有较高的要求, 因而需要较长的扫描时间。在用户并不过多关心单独谱线的情况下, 通过选择较宽的分辨力带宽(例如大于脉冲谐波的 PRF), 频谱仪可以显示脉冲波形的包络而不展示谱线的细节, 这类频谱称为包络谱或脉冲谱。

3. 脉冲测量的分辨力滤波器

根据经验而不是严格的数学推导, 通常对获得清晰的脉冲线状谱显示的要求为

$$RBW < 0.3PRF$$

对包络谱线显示的要求为

$$RBW > 1.7PRF$$

但即使是在显示包络谱时,分辨力带宽也不能过宽,因为过大的 RBW 会导致无法分辨包络谱线的零点。为了避免出现这种情况,分辨力带宽必须保持小于包络谱中的零点间隔,即小于 $1/\tau$。综合起来,在显示包络谱时的分辨力带宽设置条件是:大于脉冲重复频率,但远小于 $1/\tau$,即

$$1.7PRF < RBW < 0.1/\tau$$

使用频谱仪测量脉冲时,扫描时间可能与脉冲重复频率相互作用而形成离散谱线。如果扫描时间远大于脉冲串的周期,则脉冲的包络谱变成连续谱。扫描时间较短时,快速通断的脉冲串可能表现为谱线,会使观测者对脉冲信号的实际频谱产生误解。解决这个问题的方法是将扫描时间设置到远大于 $1/PRF$,并使频谱表现为连续的取样函数。例如,按照经验式 $ST \geqslant 100/PRF$ 来设置扫描时间 ST,至少会在频谱中形成 100 根谱线。

8.5.2　信道和邻道功率测量

在邻道功率(Adjacent Channel Power,ACP)测量中,重要参数有 ACP、信道带宽、信道间距等。其中信道间距是指用户信道与邻近信道的中心频率之差;另外,被测信道的邻道也很重要。在不同的邻道数目条件下,被测信道情况见表 8.1。

表 8.1　邻道数目对邻道功率测量的影响

邻道数目	信道功率测量
0	仅用户通道
1	用户信道、左 / 右邻道
2	用户信道、左 / 右邻道、第一备用信号
3	用户信号、左 / 右邻道、第一备用信道、第二备用信道

使用频谱仪测量 ACP 时,在滤波器选择性能够满足实际要求的前提下,动态范围受三个方面因素的影响:固有热噪声、相位噪声和交调失真(主要是三阶交调)。热噪声和交调的影响取决于加到第一混频输入端的电平。由于热噪声的效应与混频器输入电平的高低成反比,而较高的输入电平会导致交调失真加重,因此,必须在三者之间权衡选择以获得最佳动态范围。

频谱仪通常使用带宽功率积分法在领域内进行邻道功率的测量。测量之前,必须先将分辨力带宽设置得非常小(可以把 RBW 设置为信道带宽的 1% ~ 3%),以确保能够准确测量信道带宽。

然后对邻近信道进行频率扫描,从起始频率一直扫到截止频率,将所有测得的像素点显示电平在选定的信道带宽内按线性刻度进行积分,最终得到相对于用户信道的邻道功率,以 dBc 为单位。具体步骤如下:

(1)采用线性坐标刻度测量信道内所有点的电平,应用下式进行计算:

$$P_i = 10^{A_i/10}$$

式中　　P_i——线性坐标上第 i 个像素点处的功率测量值,单位为 W;

　　　　A_i——第 i 个像素的处的电平测量值,单位为 dBm。

(2)将信道内所有点上的功率累加,并除以点数。

（3）用所选信道的带宽除以中频滤波器（分辨力滤波器）的等效噪声带宽，再将商乘到前述步骤所得结果中。

最终得到的绝对信道功率计算式为

$$L_{CN} = 10\lg\left(\frac{B_{CN}}{B_{N,IF}} \cdot \frac{1}{N} \cdot \sum_{i-1}^{N} 10^{P_i/10}\right)$$

式中　　L_{CN}—— 信道功率电平，dBm；

　　　　B_{CN}—— 信道带宽，Hz；

　　　　$B_{N,IF}$—— 中频滤波器的等效噪声带宽，Hz；

　　　　N—— 测量的总点数；

　　　　P_i—— 第 i 个像素点处的功率测量值，W。

上述方法需要很窄的分辨力带宽，相应会付出较长的扫描时间作为代价，如果有好几个邻道需要测量，而且每次测量涉及很多扫描点时，过长的测量时间会令人无法容忍。为了解决这个问题，可以使用频谱仪在时域内进行 ACP 测量。

思考题与习题

8.1　如何理解"实时"频谱分析的含义？传统的扫描式频谱仪为什么不能进行实时频谱分析？FFT 分析仪为什么能够进行实时分析？

8.2　简述频率特性测试仪的基本工作原理。

8.3　简述外差式频谱分析仪的工作原理。

8.4　外差式频谱分析仪的主要技术指标有哪些？

8.5　什么是频谱分析仪的频率分辨力？在外差式频谱仪和 FFT 分析仪中，频率分辨力分别和哪些因素有关？

8.6　外差式频谱分析仪常利用多级混频器与多级本振单元实现频率搬移以提高其分辨能力，为了实现宽带扫频以观测全景频谱，哪一级本振应作为扫频振荡器？

第 9 章

数据域测量

随着计算机和微电子技术的迅速发展,微处理器及大规模、超大规模集成电路得到广泛应用。相应的,如何正确有效地监测、分析和检修数字电路及微机系统,就成为一个重要的问题。由于在数字系统中,传输的主要是由高、低电平构成的二进制数据流,而不是信号波形,因此,为了有效地监视和分析数字系统,有效地解决数字系统的检测和故障诊断问题,数据域测量这一新的电子测量领域就应运而生。

9.1 数据域测量的基本概念

数据域测量是对以离散时间或事件序列为自变量的数据流进行的测量。在数据流中,自变量可以是离散的等时间序列,也可以是事件的序列。其取值和时间都是离散的,因而其分析测试方法与时域及频域都不相同。图 9.1 为数据域分析与时域分析、频域分析的比较。

图 9.1(a) 所示为一个非正弦信号在示波器上显示的波形;图 9.1(b) 所示为在频谱仪上得到的图 9.1(a) 所示信号的频谱;图 9.1(c) 所示为在逻辑分析仪上得到的一个十进制计数器输出数据流(4 位二进制码) 的定时和状态显示。和时域测量以及频域测量不同,在数据域测量中,通常关心的不是每条信号线上电压的确切数值及测量的准确度,而是信号在自变量对应点处的电平状态是高还是低,以及各信号相互配合在整体上所表达的意义。因此,通常数据域测量是研究用数据流、数据格式、设备结构和状态空间概念表征的数字系统的特征。

9.1.1 数字域测量的特点

数据域测量面向的对象是数字逻辑电路,这类电路的特点是以二进制数字的方式来表示信息。由于晶体管“导通”和“截止”可以分别输出高电平或低电平,因此分别规定它们表示不同的“1” 和“0” 数字,由多位 0、1 数字的不同组合表示具有一定意义的信息。在每一特定时刻,多位 0、1 数字的组合称为一个数据字,数据字随时间的变化按一定的时序关系形成了数字系统的数据流。这说明,数字系统是以数据或字作为时间或时序的函数,而不是把电压作为时间或频率的函数。运行正常的数字系统或设备其数据流是正确的;若系统的数据流发生错误,则说明该系统发生了故障。为此,检测输入与输出对应的数据流关系,就可分析系统功能是否正确,判断有无故障及故障范围。这就是数据域测试问题,它包括数字系统或设备的故障检测、故障定位、故障诊断以及数据流的检测和显示。数字系统输入、输

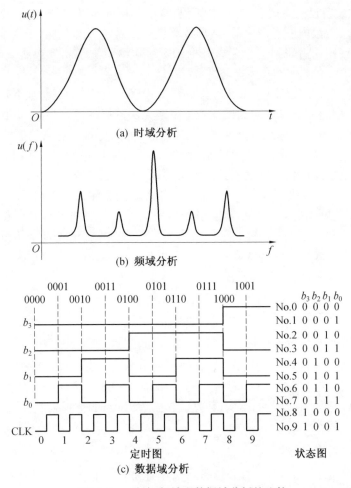

图 9.1 时域、频域和数据域分析的比较

出数据流如图 9.2 所示。这是一个简单的 4 位并行数据流输入转变为 1 路串行数据流输出的情况。

由图 9.2 也可看出,数据域测量研究的是数据处理过程中数据流的关系,仅当发现数据流不对时,才需要了解产生这个数据字的电压情况,而数字电路输入、输出引脚之多,内部控制电路之复杂,发生错误区域附近的信号节点数目之大,都使采用传统的示波器分析变得很复杂且难以胜任。传统的以频域或时域概念为基础的测试方法和仪器已难以分析今天复杂的数字系统,故数据域测量工程需要一类新的测量仪器,专门来检测、处理和分析数据流,这类仪器统称为数据域测量仪器。

图 9.2 输入、输出数据

数据域测试设备目前主要有:逻辑分析仪、特征分析和激励仪器、微机及数字系统故障诊断仪、在线仿真器、数据图形产生器、微型计算机开发系统、印制电路板测试系统等。目前数字系统的测试费用约占研制生产总费用的30% ~ 40%。随着数字系统复杂性的增加,这一比例还在提高。

随着数字电路越来越复杂化,如果在电路设计中不考虑测试问题,那么就会使测试费用急剧增长,甚至采用当前最先进的测试系统也可能无法进行测试。为此,近几年迅速发展了"数字电路的可测性设计和内在自测性设计技术"。前者使数字电路的测试变得可能和容易,后者使电路具有自测试能力,从而较彻底地解决了数字电路的测试问题。

数据域测试技术的最新发展之一是无接触测试,即在测试器与被测板之间没有接触,省去了各种测试夹具及连接器。目前已被采用的有自动视觉测试(AVT)和热图像处理等技术。AVT 技术利用摄像机采集被测试板的图像信息,通过计算机处理来发现故障。热图像技术利用红外线扫描,获取并分析被测板的热图像信息,找出异常的冷点和热点以确定故障。不少系统还引入人工智能和专家系统,不仅可进行故障诊断,还可根据专家经验和规则提出一些改进意见和建议。

9.1.2　数字信号的特点

1. 信息的传递方式具有多样性

数字系统的结构和格式差别很大,数据的传递方式也较多。例如,在同一个数字系统中,数据和消息的传递方式有串行和并行、同步和异步之分,有时串行、并行间还要进行转换。因此,在测试中要注意设备的结构、数据的格式、测试点的选择以及彼此间的逻辑关系,以便捕获有意义的数据。

2. 数据信号是有序的数据流

由于数据流严格地按照一定时序进行设计,因此测试各信号间的时序和逻辑关系是数据域测试的主要任务之一。

3. 数据信号具有非周期性

在执行一个程序时,许多信号只出现一次,有些信号虽然重复发生,但却是非周期性的,如子程序的调用。这一特点决定了数据域测试仪器必须具有存储功能以及捕获所需要信号的功能。

4. 数字信号是多通道传输的

数字信号经常在总线中传输。一个字符、一个数据、一条指令或地址,由多位(bit) 组成。因此,数据域测试仪器应具有多个输入通道。目前,有的测试仪器具有 540 个输入通道。

5. 数据信号持续时间短

数据信号为脉冲信号,在时间和数值上是不连续的,它们的变化总是发生在一系列离散的瞬间。因此,数据域测试仪器不仅应能存储和显示变化后的测量数据,还应具有负延迟功能,能存储和显示变化前的测量数据。

6. 数字信号的变化范围很大

例如,高速运行的主机和低速运行的外部设备,因此,数据域测试仪器应能采集不同速度的数据。

9.2　数据域测量技术

9.2.1　简单逻辑电路的简易测试

对于一般的逻辑电路,如分立元件、中小规模集成电路及数字系统的部件,可以利用示波器、逻辑笔、逻辑比较器和逻辑脉冲发生器等简单而廉价的数据域测量仪器进行测试。

常见的简易逻辑电平测试设备有逻辑笔和逻辑夹,它们主要用来判断信号的稳定电平、单个脉冲或低速脉冲序列。其中,逻辑笔用于测试单路信号,逻辑夹用于测试多路信号。

1. 逻辑笔

逻辑笔主要用于判断某一端点的逻辑状态,其原理框图如图 9.3 所示。被测信号由探针接入,经过输入保护电路后同时加到高、低电平比较器,比较结果分别加到高、低脉冲展宽电路进行展宽,以保证测量单个窄脉冲时也能点亮指示灯足够长时间,这样,即便是频率高达 50 MHz、宽度最小至 10 ns 的窄脉冲也能被检测到。展宽电路的另一个作用是通过高、低电平展宽电路的互控,使电平测试电路在一段时间内指示某一确定的电平,从而只有一种颜色的指示灯亮。保护电路则用来防止输入信号电平过高时损坏检测电路。

逻辑笔通常设计成兼容两种逻辑电平的形式,即 TTL 逻辑电平和 CMOS 逻辑电平,这两种逻辑的"高"、"低"电平门限是不一样的,测试时需通过开关在 TTL/CMOS 间进行选择。

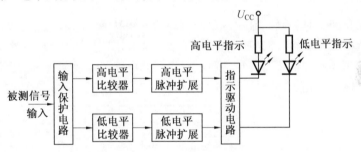

图 9.3　逻辑比的原理框图

不同的逻辑笔提供不同的逻辑状态指示。通常逻辑笔只有两只指示灯,"H"灯指示逻辑"1"(高电平),"L"灯指示逻辑"0"(低电平)。一些逻辑笔还有"脉冲"指示灯,用于指示检测到的输入电平跳变或脉冲。逻辑笔具有记忆功能,如测试点为高电平时,"H"灯亮,此时即使将逻辑笔移开测试点,该灯仍继续亮,以便记录被测状态,这对检测偶然出现的数字脉冲是非常有用的,当不需记录此状态时,可扳动逻辑笔的 MEM/PULSE 开关至 PULSE 位。在 PULSE 状态下,逻辑笔还可用于对正、负脉冲的测试。逻辑笔对输入电平的响应见表 9.1。

表9.1　逻辑笔对输入电平的响应

序号	被测点逻辑状态	逻辑笔的响应
1	稳定的逻辑"1"	"H"灯稳定的亮
2	稳定的逻辑"0"	"L"灯稳定的亮
3	逻辑"1"和逻辑"0"间的中间态	"H"、"L"灯均不亮
4	单次正脉冲	"L"→"H"→"L"，"PULSE"灯闪
5	单次负脉冲	"H"→"L"→"H"，"PULSE"灯闪
6	低频序列脉冲	"H"、"L"、"PULSE"灯闪
7	高频序列脉冲	"H"、"L"灯亮，"PULSE"灯闪

通过用逻辑笔对被测点的测量,可以得出以下四种之一的逻辑状态:

① 逻辑"高":输入电平高于高逻辑电平阈值,说明这是有效的高逻辑信号。

② 逻辑"低":输入电平低于低逻辑电平阈值,说明这是有效的低逻辑信号。

③ 高阻抗状态:输入电平既不是逻辑低,也不是逻辑高。一般来说,这表示数字门是在高阻抗状态或者逻辑探头没有连接到门的输出端(开路),此时"H"、"L"两个指示灯都不亮。

④ 脉冲:输入电平从有效的低逻辑电平变到有效的高逻辑电平(或者相反)。通常当脉冲出现时,"L"和"H"两个指示灯会闪亮,而通过逻辑笔内部的脉冲展宽电路,即使是很窄的脉冲,也能使"PULSE"指示灯亮足够长的时间,以便观察。

2. 逻辑夹

逻辑笔在同一时刻只能显示一个被测点的逻辑状态,而逻辑夹则可以同时显示多个被测点的逻辑状态。逻辑夹的电路结构如图9.4所示,图中只画出了16路输入信号中的1路,各路结构均相同。每个端点信号均通过一个门判电路,门判电路的输出通过一个非门驱动一个发光二极管,当输入信号为高电平时,发光二极管发亮;否则,发光二极管暗。

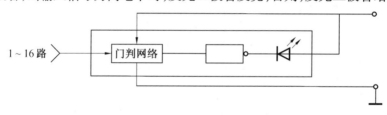

图9.4　逻辑夹的一路电路结构

逻辑笔和逻辑夹最大的优点是价格低廉,使用方便。同示波器、数字电压表相比,它不但能简便迅速地判断出输入电平的高或低,更能检测电平的跳变及脉冲信号的存在,即使是纳秒级的单个脉冲。这对于数字电压表及模拟示波器来说是难以实现的,即使是数字存储示波器,也必须调整触发和扫描控制在适当的位置。因此,逻辑笔和逻辑夹仍是检测数字逻辑电平的最常用工具。

9.2.2　随机测试和穷举测试

大型电路的测试生成往往需要复杂的计算和昂贵的硬件设备,因而必须寻求其他测试方法,为了适应超大规模集成电路(VLSI)测试的新发展,特别是为适应VLSI内测时的需要,出现了随机测试和穷举测试这两种测试方法。

1. 随机测试技术

随机测试是一种非确定性的故障诊断技术,它是以随机的输入矢量作为激励、把实测的响应输出信号与由逻辑仿真的方法计算得到的正常电路输出相比较,以确定被测电路是否有故障。由于要产生一个完全随机的测试矢量序列十分困难,且随机测试中的实时逻辑仿真也存在诸多不便,所以,通常实用的方法是以已知序列的伪随机信号(矢量)作激励,此时正常电路的输出预先是知道的,因此在测试中不必进行实时的逻辑仿真。这种借助伪随机序列进行随机测试的方法称为伪随机测试。

随机或伪随机测试的关键问题是,确定为达到给定的故障覆盖所要求的测试长度,或反之,对所给定的测试长度估计出能得到的故障覆盖。如果一个故障的完备测试集中包含有多个测试矢量,则称为易测故障。如果一个故障的完备测试集中仅包含很少几个测试矢量,则称该故障为难测故障。显然,侦查易测故障的随机矢量的序列可较短,而侦查难测故障的随机矢量的序列一般较长。因此为保证整个电路的故障覆盖率,随机序列的长度主要取决于难测故障。

随机或伪随机测试的优点是不需要预先生成相应故障的测试矢量,这是很有意义的,但它毕竟是一种非确定性测试,一般难以保证 100% 的故障覆盖率。此外,由于测试序列通常都较长,因此测试的时间开销也较大。

2. 穷举测试技术

一个组合电路全部输入值的集合,构成了该电路的一个完备测试集。对 n 输入的被测电路,用 2^n 个不同的测试矢量去测试该电路的方法就是穷举测试法。

穷举测试法的突出优点是它对非冗余的组合电路中的故障提供 10% 的覆盖率,而且测试生成极其简单,只要用一个测试矢量发生器,给出所有可能的 2^n 个测试矢量就可以了。它的缺点在于当 n 较大时,2^n 呈指数递增,因而必然使测试时间过长。以一个 64 位加法器为例,它要完成两个 64 位数相加,就需要 128 个输入和 1 个进位输入,在穷举测试中需要输入 2^{129} 个测试矢量,这么多的测试矢量即使用 1 GHz 的测试时钟速率进行测试,所需的测试时间达 $2.15^n \times 10^{22}$ 年,这显然是不行的。故穷举测试法一般用于主输入数不超过 20 的逻辑电路。为使穷举测试法对大型复杂电路仍具有实用价值,许多学者进行了有益的研究,其中伪穷举测试(Pseudoexhaustive Testing)实用性较强。伪穷举测试的基本思想是设法将电路分成若干子电路,再对每一个子电路进行穷举测试,使所需的测试矢量数 N 大幅度减少,即 N 远远小于 2^n(n 为电路主输入数),如何对电路进行分块以尽可能减少测试矢量数目是伪穷举测试的基本问题之一。

9.2.3　数据域测量技术

根据以上对数据域测量技术的讨论,我们看到,简单逻辑电路功能简单,可以用较简易的方法来测试。对于大规模集成电路、复杂的印制电路板、微型计算机系统等较为复杂的数字逻辑系统的测试,涉及对故障类型的讨论、测试数据流的产生、故障测试方法及故障的定位等问题。

1. 故障类型

数字电路的故障类型一般可分为物理故障和逻辑故障。内部连线断开或短接,电路元件不良等都可以造成物理故障。数字电路内部控制逻辑不正确,称为逻辑故障。比如,微处理器不能正确地控制存储器读、写或程序流程不正确,这是最典型的逻辑故障。另外,不随时间改变的故障称为固定性故障或永久故障,时隐时现的故障称为间发故障或间歇故障。目前,数字电路的故障诊断研究对象多限于固定性的逻辑故障。

为了弄清故障对电路的影响,必须建立故障模型。由于数字电路的许多故障固定在高电平或固定在低电平,因此,表示故障的最普遍而有效的模型是固定逻辑故障模型。电路中某条线上电平固定为0的故障称为"恒0"故障,某条线上电平固定为1的故障称为"恒1"故障。对于正逻辑的规定而言,"恒0"故障就意味着这条线上总是低电平,"恒1"故障就意味着这条线上总是高电平。

为了表示某点或某线上的"恒0"或"恒1"故障,采用一种标准的符号——p/d,其中,p是引线标号,d 是"0"或"1",代表"恒0"故障或"恒1"故障。例如,"$x^2/1$"表示 x^2 线上是"恒1"故障,引起"恒1"故障的原因大致是引线与电源短路、输入引线断开等;"$x^3/0$"表示 x^3 线上产生了"恒0"故障,造成"恒0"故障的原因可能是该线与地短路或逻辑元件内管子击穿等。

2. 故障测试和故障定位

当一个数字逻辑电路实现的逻辑功能和无故障电路所实现的逻辑功能不同时,表示这个电路就是有故障的电路。依据这个道理,就可实现对逻辑电路的故障测试和检测。假如知道了电路中各种可能的故障和其输出模式之间的关系,就有可能识别出故障,并把它们划分到尽可能小的元件集中,实现对逻辑电路的故障定位测试。

故障测试大体可分为两种:一种是部件测试,即对单元电路的测试;另一种是整机测试,即对整个逻辑系统的测试。

测试的基本方法分为两种。一种是"静态测试",它是指不加输入信号或加固定电位时的测试,以判断电路各点电位是否正确,这种方法主要用于检测物理故障,根据有问题的电位点,可将故障定位于某个器件。另一种是数字电路的"动态测试",在输入端接入各种可能的组合数据流,测试输出数据流的情况,以判断输出逻辑功能是否正确,这种方法主要用于检测复杂数字逻辑系统的逻辑故障。另外,物理故障也可以引起逻辑功能的不正确。为此,"动态测试"既可以检测系统的逻辑故障,也可以检测系统的物理故障,并且缩小了范围,将检测出的故障定位于一定的范围内,实现了故障定位。

3. 测试产生问题

测试产生问题指的是如何得到能够检测电路全部"恒0"、"恒1"故障的测试信号流,这个数据流称为"最小完全故障检测测试集"。一般可由通路敏化法、D算法、九值算法、布尔差分法等确定出数字电路的"完全故障测试集",然后将故障类型合并而得到"最小完全故障测试集"。穷举测试法和随机测试法中,没有考虑复杂的测试产生问题,使测试产生问题简化,但同时带来的问题是测试时间加长。随机测试法中,测试矢量长度的确定本质上也是一个测试产生的问题。

4. 可测试性技术

一个大规模集成电路设计得再好,如果在设计时没有考虑测试问题,那么这个电路由于无法检查、验证其正确性,因此不能投入实际使用。为此,在设计数字逻辑电路时,一定要同时考虑系统的测试问题,比如多留一些与外电路连接的开关或引线脚,有意识地将数字电路划分成若干个子电路等,使得数字电路的测试变得可能和容易。

数字电路的可测性有多种定义,其中之一是:若对一数字电路产生和施加一组输入信号,并在预定的测试时间和测试费用范围内达到预定的故障检测和故障定位的要求,则说明该电路是可测的。

数字电路的可测性包括两种特性:可控性和可观察性。可控性是指通过外部输入端信号设置电路内部的逻辑结点为逻辑“1”和逻辑“0”的控制能力。可观察性是指通过输出端信号观察电路内部逻辑结点的响应的能力。关于可测试性设计,目前较为流行的方法是扫描设计技术和自测试技术。

9.3　逻辑分析仪

逻辑分析仪又称逻辑示波器,是数据域测量中最典型、最重要的工具,它集仿真功能、软件分析、模拟测量、时序和状态分析以及图形发生功能于一体。在数字电路,尤其是在微型计算机系统的研制、开发、调试、维修及生产过程中,得到了极其广泛的使用,逻辑分析仪本身也得到了极其迅速的发展。

逻辑分析仪,是以单通道或多通道实时获取与触发事件相关的逻辑信号,并显示触发事件前后所获取的信号,供软件及硬件分析的一种仪器。目前,逻辑分析仪都具备下面两种方式显示所捕获的信号。

第一种是将捕获的信号,以二进制(或十六制、ASCII 码等)的状态显示在 CRT 上,供操作人员观察分析。具备此种功能的称为逻辑状态分析仪,侧重于软件分析。

第二种是将捕获的信号以时间波形的形式显示在 CRT 上,操作人员可以观察和分析这些时间波形的相互关系。具备此种功能的称为逻辑定时分析仪,主要用于硬件分析。

早期的逻辑分析仅只具备上述两种功能之一。现在的逻辑分析仪则已将这两种功能集于一身,成为更强有力的软硬件分析工具。

9.3.1　逻辑分析仪的组成

逻辑分析仪型号繁多,尽管在通道数、取样频率、内存容量、显示方式及触发方式等方面有较大区别,但其基本组成结构大体相同。逻辑分析仪的基本组成如图 9.5 所示。由该图可看出,逻辑分析仪由数据捕获和数据显示两部分组成。

1. 数据捕获部分

该部分包括数据采集、数据存储、触发产生、时钟选择等部分。其作用是快速捕获并存储要观察的数据。被测数字系统的多路并行数据经数据采集探头进入逻辑分析仪。其中数据输入部分将各通道采集到的信号转换成相应的数据流;触发产生部分根据设定的触发条件在数据流中搜索特定的数据字,当搜索到特定的触发字时,就产生触发信号去控制数据存储器;数据存储器部分根据触发信号开始存储有效数据或停止存储数据,以便将数据流进行分块。

2. 数据显示部分

该部分包括显示发生器、CRT 显示器等部分。其作用是将存储在数据存储器里的数据进行处理并以多种显示方式(如定时图、状态图、助记符、ASCII 码等) 显示出来,以便对捕获的数据进行观察和分析。

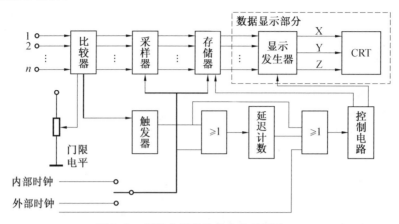

图 9.5　逻辑分析仪的基本组成框图

具体运行过程可简述为:被测信号经过多通道逻辑测试探极形成并行数据,送至比较器,输入信号在比较器中与外部设定的门限电平进行比较,大于门限电平值的信号在相应的线上输出高电平,反之输出低电平,对输入波形进行整形。经比较整形后的信号送至采样器,在时钟脉冲的控制下进行采样。被采样的信号按顺序记忆在半导体存储器中,假设存储器容量为 1 kB,则可认为能够记录所有输入通道在 1 024 次采样中所得到的信息。采样信息以"先进先出"的原则组织在存储器中,假设存储器已存满数据,但尚未得到显示命令,则存储器将自动地舍弃旧数据,装入新数据。得到显示命令后,将按照先后顺序逐一读出信息,在显示器中形成 X、Y、Z 三个轴向的模拟信号,由 CRT 屏幕按设定的显示方式进行被测量的显示。

9.3.2　逻辑分析仪的主要技术指标

1. 输入通道数

通道数的多少是逻辑分析仪的重要指标之一。例如,最常用的 8 位单片机,通常都具有 8 位数据线、16 位地址线,以及若干根控制线,如果要同时观察其数据总线及地址总线上的数据和地址信息,就必须用 24 个输入通道。目前,一般的逻辑分析仪的输入通道数为 34 ~ 68 个。

输入通道除了用作数据输入外,还有时钟输入通道及限定输入通道。由于逻辑分析仪不能观察信号的真实波形,因而不少分析仪中还装有模拟输入通道,可以与定时和状态部分进行交互触发,这对于分析数字与模拟混合电路是很方便的。

输入阻抗、输入电容是输入通道的另一指标,其大小将直接影响被测电路的电性能,对被测电路的上升时间和临界电平有很大影响。所以输入探针与被测电路连接时,探针负载对电路产生的影响必须最小。常用的高阻探针其指标为 1 MΩ/8 pF、10 MΩ/15 pF,低阻探针为 40 kΩ/14 pF,并且多为具有高阻抗的有源探针。

2. 时钟频率

对于定时分析来说,时钟频率的高低是一个非常重要的指标。取样速率的高低对数据采集的结果有十分重要的影响,同一输入信号在不同的取样速率下可能有不同的输出结果,如图9.6所示。

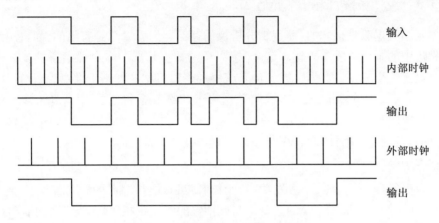

图9.6　不同取样速率下的不同输出

为了能得到更高的时间分辨力,通常用高于被测系统时钟频率几倍的速率进行取样;否则,在较低的取样频率下就难以检出窄的干扰脉冲。如果使用100 MHz的取样脉冲,则取样脉冲的周期为10 ns,如果被测信号中存在比这更窄的脉冲,则检出的概率很小。

为此,目前许多逻辑分析仪的时钟频率都很高。如安捷伦(Agilent)公司的16800系列,其最大时钟频率可达4 GHz,做状态分析时状态速率可达1.5 Gb/s。

3. 存储容量

为存储、显示所采集的输入数据,逻辑分析仪都具有高速随机存储器RAM,其总的内存容量可以表示为 $N \times M$,其中 N 为通道数, M 为每个通道的容量。

由于在分析数据信息时,只对感兴趣的数据进行分析,因而没有必要无限制地增加容量。目前逻辑分析仪由于通道数很多,因而其总存储容量也设计得较大,通常为256 kB到几MB,也有的达到64 MB。

即便如此,在进行高速定时分析时,由于取样时钟很高,因而存储的数据也很有限。通常,在内存容量一定时,可以通过减少显示的数据通道数,增大单通道的存储容量的方法来提高一次可记录的字数,从而扩展逻辑分析仪的功能,这样对不用的通道所占据的存储容量也可以充分利用起来。

4. 触发功能

触发功能是评价逻辑分析仪水平的重要指标,只有具有灵活、方便、准确的触发功能,才能在很长的数据流中,对人们感兴趣的那部分信息进行准确的定位、捕获和分析。当今的逻辑分析仪大都具有前述的组合触发、终端触发、始端触发、延迟触发、毛刺触发、手动触发、外部触发、限定触发、序列触发、计数触发等多种触发方式。

5. 显示方式

随着微处理器成为现代逻辑分析仪的核心,使得显示方式多种多样。如今,逻辑分析仪大都具有各种进制的显示、ASCII码显示、各种光标显示、助记符的显示、菜单显示、反汇编显示、状态比较表显示、矢量图显示、时序波形显示,以及以上多种方式的组合显示等。诸多的显示方式与手段为系统的运行情况提供了很好的分析手段,给使用者带来了很大方便。

9.3.3 逻辑分析仪的触发方式

通常被测数据流是很长的,而逻辑分析仪的存储器的容量总是有限的,而且用户有时仅对长数据流中的某个片段感兴趣。这个"感兴趣的数据片段"称为观察窗口。在逻辑分析仪中通过设定一个或一组数据字或事件来获得观察窗口。这种用于设定观察窗口的数据字称为触发字。当逻辑分析仪识别出被测数据流中的触发字后,就开始跟踪(即采集并存储在观察窗口内的数据)。识别出触发字而引起跟踪的动作称为触发。由于被测数据流往往是很复杂的、多种多样的,因而在逻辑分析中有多种触发方式。

1. 组合触发

逻辑分析仪具有"字识别"触发功能,操作者可以通过仪器面板上的"触发字选择"开关预置特定的触发字,被测系统的数据字与此预置的触发字相比较,当二者符合时产生一次触发。

设置触发字时,每一个通道可取三种触发条件:0、1、X。"1"表示某通道为高电平时才产生触发;"0"表示某通道为低电平时产生触发;"X"表示通道状态"任意",也即通道状态不影响触发条件。

各通道状态设置好后,当被测系统各通道数据同时满足上述条件时,才能产生触发信号。图9.7给出的是四通道组合触发的例子,Ch.0("1")和Ch.3("1")表示通道0与通道3组合触发条件为高电平,Ch.1("0")表示通道1组合条件为低电平,Ch.2("X")表示通道2组合条件"任意",它不影响触发条件,即在Ch.0、Ch.1、Ch.3相与条件下产生触发信号,那么,触发数据字为1001或1101。在数据字中,Ch.0位于数据字最右边一位,Ch.3位于数据字最左边一位。

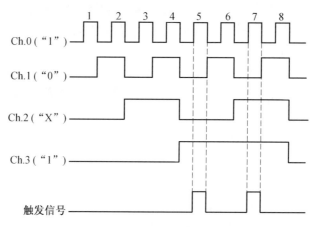

图9.7　四通道组合触发实例

组合触发方式也称为内部触发方式,几乎所有的逻辑分析仪都采用这种触发脉冲产生方式,因此也称为基本触发方式。如上所述,采集数据流中出现1001或1101时,产生触发脉冲,停止数据采集,存储器中存入的数据是产生触发字之前各通道的状态变化情况,对触发字而言是已经"过去了"的数据。显示时,触发字显示于所有数据字之后,故也称为基本的终端触发方式。

如果触发字选择的是某一出错的数据字,那么逻辑分析仪就可捕获并显示被测系统出现这一出错数据字之前一段时间各通道状态的变化情况,即被测系统在故障发生前的工作状况。显然,这对于数字系统的故障诊断提供了相当方便的手段。

2. 延迟触发

延迟触发是在数据流中搜索到触发字时,并不立即跟踪,而是延迟一定数量的数据后才开始或停止存储数据,它可以改变触发字与数据窗口的相对位置。这种延迟是通过数字延迟电路来实现的。延迟的对象主要有两种,一种是时钟延迟,一种是事件延迟。时钟延迟是在触发后,经过一定的采样时钟才开始或终止存储有效数据;事件延迟通常是对触发字进行延迟,即检出一定数目的触发字后再触发。采用延迟触发方式可以逐段地观测数据流,对于发现和排除故障具有重要的意义。

3. 序列触发

序列触发是为了检测复杂分支程序而设计的一种重要的触发方式。它由多个触发字按照预先确定的顺序排列,只有当被测试的程序按触发字的先后顺序出现时,才能产生一次触发。它有连续序列触发、间断序列触发和条件序列触发几种方式。

4. 计数触发

采用计数的方法,当计数值达到预置值时才产生触发。在较复杂的有嵌套循环的软件系统中,常采用计数触发对循环进行跟踪。

5. 限定触发

限定触发是对设置的触发字加限定条件的触发方式。有时选定的触发字在数据流中出现较为频繁,为了有选择地捕捉、存储和显示特定的数据流,可以附加一些约束条件。这样,只要在数据流中未出现这些条件,即使触发字频繁出现,也不能进行有效地触发。

6. 毛刺触发

毛刺触发是利用滤波器从信号中取出一定宽度的干扰脉冲作为触发信号去触发定时分析仪,实现跟踪。采用毛刺触发方式,逻辑分析仪能存储和显示毛刺出现前后的数据流,有利于观察外界干扰所引起的数字电路误动作的现象,并能确定其产生的原因。

9.3.4　逻辑分析仪的显示方式

逻辑分析仪把捕获的信号以数字形式存入存储器之后,就转入显示周期阶段。逻辑分析仪具有多种显示方式,基本的显示方式主要有以下几种。

1. 定时图显示

定时图显示好像多通道示波器显示多个波形一样,将存入存储器的数据流按逻辑电平及其时间关系显示在屏幕上,并以逻辑电平把每个通道已存入的数据显示在显示器上。高电平表示1,低电平表示0,它是在定时器内时钟取样点上的逻辑电平,因此,定时图显示的波形是伪波形。这种方式可以将存储器的全部数据按通道顺序显示出来,也可以改变通道顺序显示,便于进行比较和分析。定时图显示如图9.1(c)所示。

定时图显示多用于硬件的时序分析,以及检查被测波形中各种不正常的毛刺脉冲等。例如,分析集成电路各输入/输出端的逻辑关系,计算机外部设备的中断请求与CPU的应答信号的定时关系。

2. 状态表显示

状态表显示是采用各种数制以表格形式显示状态信息。这种方式是用字符等形式组成各种的表格来显示存入的数据。显示时可使用二进制、八进制、十进制、十六进制等数制。图 9.1(c) 给出了二进制状态表显示的例子。用状态表显示时,可同时使用多种形式。例如,监测一个接口总线时,可用二进制显示控制信号,分别用八进制、十进制和十六进制来显示数据、计数值和地址。这样,有利于数据的解释与分析。

3. 映射图显示

映射图显示是把逻辑分析仪存储器的全部内容以点图形式一次显示出来。这种显示方式将每个存储器字分为高位和低位两部分,分别经由 X、Y 方向 D/A 变换器变换为模拟量,送入 CRT 的 X 与 Y 通道,则每个存储器字点亮屏幕上的一个点。图 9.8 为十进制 1 位的 BCD 计数器映射图,该数据字的 4 位二进制代码分别用 b_3、b_2、b_1、b_0 表示,$b_3 b_2$ 位经过 D/A 变换器送入 Y 方向,$b_1 b_0$ 经过 D/A 变换后送入 X 方向,CRT 上显示的第一行四个点的代码分别为 0000 ~ 0011,第二行四个点的代码分别为 0100 ~ 0111,第三行为 1000 和 1001,由 1001 状态返回 0000 状态。

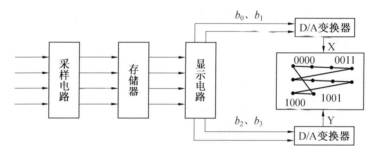

图 9.8　映射图显示

若计数器有故障,则点图形将发生变化,即使是无经验的操作员,也能对照正确的映射图,发现 CRT 显示的图形是否正确。若图形与正确的映射图不同,则表示被测系统出现故障,这种方法比逐行检查状态表要方便得多。

4. 直方图显示

常见的直方图有时间直方图和标号直方图两种。时间直方图显示各程序执行时间的分布情况,用以确定各程序模块及整个程序的最小、最大和平均执行时间,据此就可找出花费CPU 时间过长及效率低、质量不高的程序模块。这是一种很有价值的测量和分析方法,其主要优点是能进行实时测试分析。

5. 分解模块显示

高层次的逻辑分析仪可设置多个显示模式。如将一个屏幕分成两个窗口显示,上窗口显示该处理器在同一时刻的定时图,下窗口显示经反汇编后的微处理器的汇编语言源程序。由于上、下两个窗口的图形在时间上是相关的,因而对电路的定时和程序的执行可同时进行观察,软、硬件可同时调试。

逻辑分所仪的这种多方式显示功能,在复杂的数字系统中能较快地对错误数据进行定位。例如,对于一个有故障的系统,首先用映射图对系统全貌进行观察,根据图形变化,确定问题的大致范围;然后用矢量图显示对问题进行深入检查,根据图形的不连续特点缩小故障范围;再用状态表找出错误的字或位。

9.3.5　逻辑分析仪的应用

作为数据域测量中最典型、最重要的工具,逻辑分析仪的用途是多方面的,它适合于所有数字设备和系统的调试和故障诊断。逻辑分析仪检测被测系统的过程就是用逻辑分析仪的探头检测被测系统的数据流,通过对特定数据流的观察分析,进行软硬件的故障诊断的过程。

1. ROM 特性的测试

将数字集成电路芯片接入逻辑分析仪中,选择适当的显示方式,将得到具有一定规律的图像。如果显示不正常,可以通过显示过程中不正确的图形,找出逻辑错误的位置。图 9.9 为 ROM 工作频率测试的例子。用数据发生器(或者能产生 ROM 地址的地址计数器)产生被测试 ROM 的地址,用逻辑状态分析仪监视 ROM 的输出数据,用数字频率计测量数据发生器的时钟频率。首先使数据发生器低速工作,其输出地址供 ROM 使用,逻辑状态分析仪把采集到的 ROM 输出数据作为正确数据,通过键盘将其存入参考存储器内;然后逐渐提高数据发生器的时钟频率,使用逻辑分析仪的比较功能对每次获取的新数据与先前存入的正确数据进行比较,当发现两者的内容不一致时,频率计所测的最终频率就是 ROM 的最高工作频率。

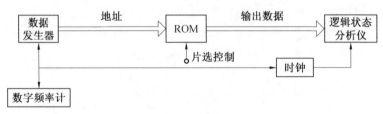

图 9.9　ROM 工作频率的测试

2. 测试时序关系及干扰信号

利用逻辑定时分析仪,可以检测数字系统中各种信号间的时序关系、信号的延迟时间以及各种干扰脉冲等。例如,测定计算机通道电路之间的延迟时间时,可将通道电路的输入信号接至逻辑分析仪的一组输入端,而将通道电路的输出信号接至逻辑分析仪的另一组输入端,然后调整逻辑分析仪的取样时钟,便可在屏幕上显示出输出与输入波形间的延迟时间。

数字电路也经常因受到干扰的影响或器件本身的时延而产生"毛刺",对于这种偶发的窄脉冲信号,用示波器难以捕捉到,而用逻辑定时分析仪却可以使用"毛刺"触发工作方式,迅速而准确地捕捉并显示出来,以进行分析。图 9.10 给出了一个译码器的波形图,D_0、D_1、D_2 是译码器的三个输入端的波形,D_3、D_4、D_5、D_6 是四个输出端的波形,每个输出波形上都有毛刺脉冲。

由图可见,所有的毛刺都出现在输入信号的跳变沿上(见图中虚线圈)。由于译码器中采用的触发器性能及级数的不同造成不同的内部传输时延,在翻转过程中产生毛刺。跳变的输入信号多,产生毛刺的可能性就大。解决的主要方法是采用高速集成触发器芯片,减小

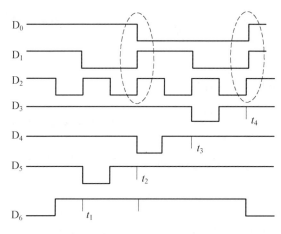

图 9.10　寻找毛刺产生的原因

器件本身的时延。

利用逻辑状态分析仪的触发输出来触发示波器也可以观测、分析毛刺脉冲。例如,有一个计数周期为 64 的门数器,应该在 63 时复位,结果总在 52 就复位了。为了查找原因,将逻辑状态分析仪的触发方式置起始显示方式,触发字置 51,用触发输出来触发示波器,则可发现在复位线上的状态 53 处有一个毛刺,导致计数器提前复位。

3. 测试 A/D 转换器的功能

在控制系统中,通常将来自传感器的模拟信号通过 A/D 转换成数字量,再送入计算机进行处理。这里可能有几个测试问题,即 A/D 转换是否正确,其输出数据输入计算机后是否有误,存入 RAM 的存储顺序是否正确等。按照图 9.11(a) 所示的线路连接,利用逻辑分析仪的映射图显示功能,可以迅速地得出这类问题的答案。

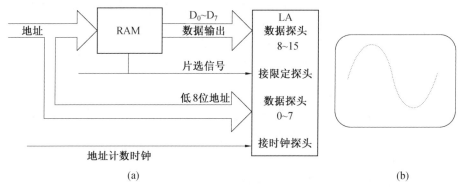

(a)　　　　　　　　　　　　　　　　　　　　(b)

图 9.11　A/D 转换器功能的测试

映射图显示是将逻辑分析仪的 16 位输入数据低 8 位经 D/A 转换后驱动 X 轴偏转,而用其高 8 位经 D/A 转换后驱动 Y 轴偏转。这里,低 8 位是 RAM 的地址,它表示存入 RAM 的数据顺序。因此,CRT 的 X 轴显示表示与时间有关的数据顺序,而高 8 位是 RAM 的输出数据,Y 轴表示了 RAM 的数据值。这样,CRT 上将显示一条以时间为自变量,以 RAM 数据值(相当于 A/D 转换前的模拟信号幅度值)为因变量的曲线,该曲线应与 A/D 转换前的模拟信号相一致。图 9.11(b) 所示是一个正弦信号经 A/D 转换后,在逻辑分析仪的 CRT 上显示的映射图形。对于诸如 A/D 功能的检查,也可以使用逻辑分析仪的其他显示方式。

4. 软件故障的测试

逻辑分析仪也可用于软件的跟踪调试,发现软件故障,而且通过对软件各模块的监测与效率分析还有助于软件的改进。在软件测试中必须正确地跟踪指令流,逻辑分析仪一般采用状态分析方式来跟踪软件运行。图 9.12 是对 8051 单片机系统取指周期的定时图。逻辑分析仪的探头连接到 8051 的地址线、数据线以及控制线上。

以 ALE 下降沿作为地址采集时钟,$\overline{PSEN}$ 的上升沿作为数据采集时钟,设置触发条件为复位结束或某数据字,即可将 8051 总线上传输的指令数据正确捕获。将捕获的指令数据按其指令系统反汇编即可进行软件跟踪分析。

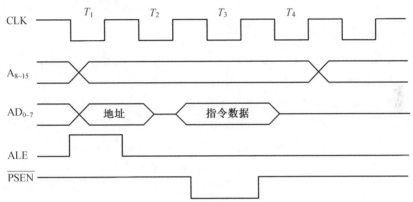

图 9.12　8051 取指周期的定时图

5. 用逻辑分析仪组建数字自动测试系统

由带 GPIB 总线(通用接口总线)控制功能的微型计算机、逻辑分析仪和数字信号发生器以及相应的软件可以组成数字系统的自动测试系统。数字信号发生器根据测试矢量或数据故障模型产生测试数据加到被测电路中,并由逻辑分析仪测量、分析其响应,可以完成中小规模数字集成电路芯片的功能测试,某些大规模集成电路逻辑功能的测试,程序自动跟踪、在线仿真以及数字系统的自动分析等功能。

图 9.13 所示为用于数字系统的自动测试系统。它由一台具有 GPIB 总线控制功能的计算机、一台逻辑图形发生器(LG)和一台逻辑分析仪(LA)以及相应的测试软件组成。应用不同的测试程序,该系统可以完成中小规模数字集成电路芯片的功能测试,某些大规模数字集成电路逻辑功能的测试、程序自动跟踪、在线仿真以及数字系统自动分析等。逻辑图形发生器(LG)是可编程的多位(bit)图形发生器,可在程序的控制下通过专门的硬件进行算术或逻辑运算,产生测试系统所需的激励信号。应用这样一种系统需要了解被测系统的软、硬件特性,并据此编制相应的测试程序。

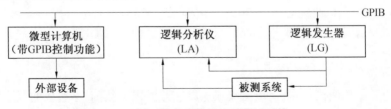

图 9.13　用于数字系统的自动测试系统

9.4　边界扫描测试技术

利用边界扫描测试(BST)技术不仅能够测试集成电路芯片输入／输出管脚的状态,而且能够测试芯片内部工作情况,以及直至引线级的断路和短路故障。边界扫描测试技术对芯片管脚的测试可以提供100%的故障覆盖率,而且能实现高精度的故障定位。同时,这种技术大大减小了产品的测试时间,缩短了产品的设计和开发周期。边界扫描技术克服了传统针床测试技术的缺点,而且测试费用也相对较低。这在可靠性要求高、排除故障要求时间短的场合非常实用。

9.4.1　边界扫描测试技术概述

随着表面贴装技术的使用,印刷电路板(PCB)的密度越来越高,已不容易采用传统的侦查测试技术。而增加电路测试点、对复杂电路增加附加的测试电路来进行单独测试等方法只是对传统方法的改进,对提高电路可测性十分有限,而且通用性较差。

边界扫描技术是一种应用于数字集成电路器件的标准化可测试性结构设计方法。边界是指测试电路被设置在集成电路器件功能逻辑电路的四周,位于靠近器件输入、输出引脚的边界处。扫描是指连接器件各输入、输出引脚的测试电路实际上是一个串行移位寄存器,这种串行移位寄存器称为扫描路径。沿着这条路径可输入由"1"和"0"组成的各种编码,对电路进行"扫描"式检测,由输出结果判断其是否正确。

边界扫描技术有两大优点:一是方便芯片的故障定位,能迅速准确地测试两个芯片管脚的连接是否可靠,提高了测试检验效率;二是具有JTAG接口的芯片,内置一些预先定义好的功能模式,通过边界扫描通道使芯片处于某个特定的功能模式,以提高系统控制的灵活性,方便系统设计。

9.4.2　边界扫描测试的硬件结构

BST的核心思想是在芯片管脚和芯片内部逻辑之间,即紧挨元件的每个输入、输出引脚处增加一位寄存器组,在PCB的测试模式下,寄存器单元在相应的指令作用下,控制输出引脚的状态,读入输入引脚的状态,从而允许用户对PCB上的互联进行测试。BST电路主要包括指令寄存器(IR)、器件识别寄存器(ID)、旁路寄存器(BR)、边界扫描寄存器(BSR)和测试访问端口(TAP)控制器。BST电路一般采用四线测试总线接口,基本结构如图9.14所示。如果测试信号中有复位信号(TRST),则采用无线测试总线接口。五个总线分别为:测试数据输入总线(TDI),测试数据输入至移位寄存器(SR);测试数据输出总线(TDO),测试数据从SR移出;测试时钟总线(TCK);测试模式选择总线(TMS),控制各个测试过程,如选择寄存器、加载数据、形成测试、移出结果等;复位信号总线(TRST),低电平有效。

9.4.3　边界扫描测试的方式

利用边界扫描测试技术,可以对集成电路芯片的内部故障、电路板的互连以及相互间的影响有比较全面的了解,并通过加载相应指令到指令寄存器来选择工作方式。不同的测试,在不同的工作方式下进行。

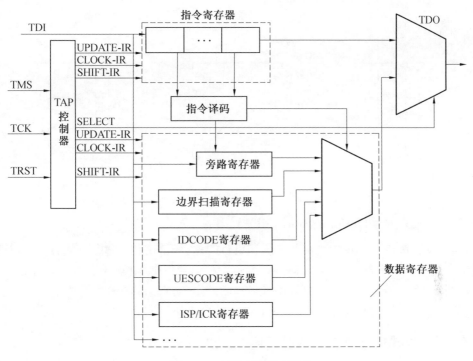

图 9.14 BST 电路基本结构

1. 外测试(EXTEST)

外测试测试 IC 与电路板上其他器件的连接关系。此时边界扫描寄存器把 IC 的内部逻辑与被测板上其他元件隔离开来。在 EXTEST 指令下,给每个 I/O 端赋一个已知的值用于测试电路板上各集成电路芯片间连线以及板级互联的故障,包括断路故障和短路故障。图 9.15 中的三块芯片受相同的 TCK 和 TMS 总线控制,各芯片 TDO 的输出端连接到下一器件 TDI 的输入端,构成一条移位寄存器链。测试向量从 IC1 的 TDI 输入,通过边界扫描路径加到每个芯片的输出引脚寄存器,而输入引脚寄存器则接收响应向量。图中 IC2 的 B 脚接收 IC1 的 A 脚寄存器的信号,正常情况下,B 脚的值应该是 1。但如果 AB 和 CD 线间出现了短路,则 B 脚寄存器接收到的值变成了 0。IC3 的 F 引脚寄存器接收 IC1 的 E 脚寄存器信号,正常情况下,F 脚的值应该是 1,但如果引线 EF 间出现了断路,则从 F 脚得到的值不是 1,而是 0。

在电路板的测试中出现最频繁的是断路和短路故障,传统的逐点检查的方法既麻烦又费时,而通过边界扫描测试技术的外部测试方式,把从 TDO 端输出的边界扫描寄存器的串行信号与正确的信号相比较,就可以方便有效地诊断出电路板引线及芯片引脚间的断路和短路故障。这是边界扫描测试技术一个非常显著的优点。

2. 内测试(IN TEST)

内测试测试 IC 本身的逻辑功能,即测试电路板上集成电路芯片的内部故障。测试向量通过 TDI 输入,并通过边界扫描通道将测试向量加到每个芯片的输入引脚寄存器中,从输出端 TDO 可以串行读出存于输出引脚寄存器中各芯片的响应结果。最后根据输入向量和输出响应,就可以对电路板上各芯片的内部工作状态作出测试分析。

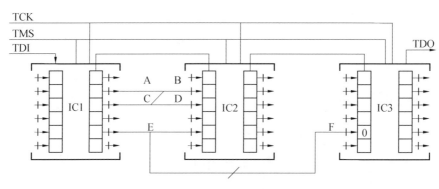

图 9.15　外部测试方式

3. 取样／预置测试(SAMPLE/PRELUDE)

取样／预置测试方式常用于对一个正在进行的系统进行实时监控。在捕捉阶段从输入端取样,在更新阶段预置 BSC,对外测试做准备。移出器件标识(ID CODE),选择旁路寄存器,使数据在 ASIC 间快速移位。此外还有多种测试指令,它们的存在和不断扩充,使边界扫描技术的应用得以拓展和延伸,以进行更有效的集成电路测试。

9.4.5　边界扫描测试技术的应用

对于需要进行 IC 元件测试的设计人员来说,只要根据 TAP 控制器的状态设计特定的控制逻辑,就可以进行 IC 元件的边界扫描测试或利用 JTAG 接口使 IC 元件处于某个特定的功能模式。

边界扫描测试技术是一种新的测试技术。虽然它能够测试集成电路芯片的输入／输出管脚的状态,也能测试芯片内部工作情况及引线级的断路和短路故障,但是边界扫描测试技术还处于不断发展之中。它的应用是建立在具有边界扫描电路设计的集成电路芯片基础上的。对于电路板上安装的不带边界扫描电路器件的测试,边界扫描是无能为力的,而且今后也不可能在所有的数字集成电路芯片设计上边界扫描电路,因此它也不可能完全代替其他的测试方法。这种方法的突出优点是具有测试性,可以只通过运行计算机程序就能检查出电路或连线的故障,在可靠性要求高、排除故障要求时间短的场合非常适用,特别是在武器装备的系统内置测试和维护测试中具有很好的应用前景。

思考题与习题

9.1　什么是数据域测量? 数据域测量有什么特点? 有哪些测量方法?

9.2　逻辑笔的结构如何? 有什么用途?

9.3　逻辑状态分析仪与逻辑定时分析仪的主要差别是什么?

9.4　简述逻辑分析仪的主要技术指标。

9.5　逻辑分析仪有哪些触发方式?

9.6　逻辑分析仪有哪些显示方式? 其各自的特点及作用是什么?

9.7　简述逻辑分析仪的工作原理。

9.8　逻辑分析仪主要应用于哪些方面? 试举例说明。

第 10 章

现代电子测量技术

10.1　自动测量技术概述

自动测试系统的发展大致可分为三个阶段：

第一代的自动测试系统多为不采用标准总线接口构成的专用测试系统，它通常是针对某项具体任务而设计的，如自动数据采集系统等。系统组建者自行设计仪器与仪器、仪器与计算机之间的接口，由这种专用总线接口组成的测试系统不具有灵活组建的通用性。

第二代的自动测试系统采用了标准化的通用可程控测量仪器接口总线（如 IEEE 488）及可程序控制的仪器和测控计算机（控制器），从而使得自动测试系统的设计、使用和组建都较容易。

第三代自动测试系统如图 10.1 所示。系统中的硬件大多是通用的，由计算机、取样器、激励器和测试仪器组成。

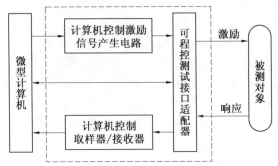

图 10.1　第三代自动测试系统组成示意图

自动测试系统中的自动测试设备（ATE）或可程控设备，是通过标准接口总线（如 IEEE 488、VXI 等）与测控计算机连接起来的。

尽管自动测试系统的集成中有许多共性的问题，但基于不同测试总线和接口的测试系统的集成又存在一定的差异，通常的测试系统集成时，需要考虑以下基本步骤：需求分析和功能定义、测试模块和主控制器选择、主机箱选择、被测系统接口夹具、软件平台选择、测试软件设计和文档编制。

另外，在测试系统集成中还应重视系统的可测性设计、可靠性分析及对测试环境的适应性，应易于安装、更换和维修。在整个自动测试系统中，当一台计算机同时管理多台仪器时，测试系统集成中还应慎重分析每个模块仪器的数据流量及总线占用时间，以保证各种数据的完整性。

10.2 智能仪器

随着大规模、超大规模集成电路,以及计算机技术的飞速发展,传统电子测量仪器在原理、功能、精度及自动化水平等方面都发生了巨大的变化,逐渐形成了新一代测试仪器——智能仪器。本章重点介绍智能仪器的特点、基本组成,内、外总线,GP-IB 通用接口总线,智能仪器设计等内容。

10.2.1 智能仪器的特点

电子测量仪器的特点是指采用电子技术测量电量或非电量的测量仪器。而智能仪器是指计算机技术应用于电子测量仪器当中,也就是仪器内部含有微处理器系统。智能仪器的特点是,在程序的支持下具有自动判断、数据运算、处理及控制的测量功能。

智能仪器具有以下一些突出的特点:

(1)功能较多,应用广泛。多功能的特点主要是通过间接测量来实现的,配置各种传感器或转换器可以进一步扩展测量功能。

(2)面板控制采用数量有限的单触点功能键和数字键输入各种数据及控制信息,按键亦可多次复用(一键多用),甚至通过一定的键序(键语)进行编程,从而使得仪器的使用非常广泛,灵活而多样化。

(3)面板显示可以采用各种数码显示器件,如液晶数码显示器、发光二极管显示器、荧光和辉光数码显示器。

(4)常带有 GPIB 通用接口,有完善的远程输入和输出能力。有些仪器也配置 BCD 码并行接口或 RS-232C 串行接口,均可纳入自动测试系统中工作。

(5)除了能通过接口电路接入自动测试系统中以外,仪器本身具备一定的自动化能力,如自动量程转换、自动调零、自动校准、自动检查及自动诊断、自动调整测试点等。

(6)利用微处理器执行适当或精密的测量算法,常可克服或弥补硬件电路的缺陷和弱点,从而获得较高的性价比。

智能仪器完全可以理解为以微处理器为基础而设计制造的具有上述特点的新型仪器,如智能型的稳压器、电桥、数字电压表、数字频率计、逻辑分析仪、频谱分析仪、网络分析仪等。

10.2.2 智能仪器的基本组成

1. 智能仪器的基本工作原理

从智能仪器发展的状况来看,其基本结构可有两种类型,即微机内藏式及微机扩展式。

(1)微机内藏式

它是将单片或多片的微机芯片与仪器有机地结合在一起形成的测量仪器。微机在其中起控制和数据处理等作用,其主要特点是向高性能、专用途或多功能、小型化、便携或手持式干电池供电、密封、适应恶劣环境等方向发展。

图 10.2 为其结构框图。由图可见,CPU 为仪器的核心,它通过总线及接口电路与输入通道、输出通道、仪器面板、仪器内存相连。EPROM 及 RAM 组成的仪器内存保存仪器所用

的监控程序、应用程序及数据区。中断申请可使仪器能灵活反应外部事件,仪器的输入信号要经过输入通道(预处理部分)才能进入微机。输入通道包括输入放大器、抗干扰滤波器、多路转换器、采样/保持器、A/D 转换器、三态缓冲器等部分,它往往是决定仪器测量准确度的关键部件。在仪器的输出部分,如果要求模拟输出,则需通过输出通道,它包括 D/A 转换器,多路分配器、采样/保持器、低通滤波器等部分。仪器的数字输出可与 CRT 屏幕显示器相接,也可与磁盘、磁卡、X – Y 绘图仪或微型打印机(uLP)相接以获得硬拷贝。外部通信接口用于沟通本仪器与外部系统。

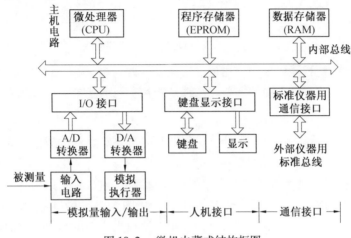

图 10.2　微机内藏式结构框图

(2) 微机扩展式

它是以个人计算机(PC)为核心的应用扩展型测量仪器。由于 PC 的应用已十分普遍,其价格不断下降,因此从 20 世纪 80 年代起就开始给 PC 配上不同的模拟通道,让它能够符合测量仪器的要求,并给它取名为个人计算机仪器(PCI)。PCI 的优点为使用灵活,应用范围广泛,可以使仪器方便地利用 PC 已有的各种功能,如可以用 CRT 显示测量结果及绘图,十分方便地利用 PC 已有的磁盘、打印机及绘图仪等获得硬拷贝。更重要的是 PC 的数据处理功能强,内存容量远大于内藏式微机,因此 PCI 可以用于复杂的、高性能的信息处理。此外,还可以利用 PC 本身已有的各种软件。PCI 实际上已是计算机工作站的一部分,也是 CAT 的一种形式。

图 10.3 所示为个人计算机仪器的原理框图。与 PCI 相配的模拟通道有两种类型。一种是插板式,即将所配用的模拟量输入通道以印刷板的插板形式直接插入 PC 机箱内的空槽中,此法最方便。但空槽有限,很难扩展更多的功能,因而发展了插件机箱,此方法是将各种功能插件集中在一个专用的机箱中,机箱备有专用的电源,必要时也可以有自己的微机控制器,这种结构适用于多通道、高速数据采集或一些特殊要求的仪器。随着硬件的完善,标准化插件不断增多,如果能够实现硬件的模块化组合,则组成 PCI 硬件工作量有可能减少,从计算机的角度看,不同的测量仪器,其区别将只在于应用软件的不同。

在研究计算机仪器的结构时,就要遇到总线问题。总线是微计算机中各种信息流进行交换或传输时的通道。在总线中通道都是分类安排的,如果分类都一致,而且在总线的机械结构的安排上也能相互协调,这将对微机仪器之间的信息交换,以及部件的互换性及兼容性

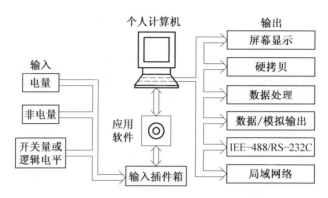

图 10.3 个人计算机仪器的原理框图

带来更大的灵活性,使智能仪器的应用更加广泛。因此,在总线方面各种企业标准或国际标准正在不断发展,以适应多方面的需要。总线从应用上可分为外总线及内总线两大类。

2.外总线

外总线又称通信总线,它用于微计算机仪器与外部系统之间的通信联系,目前所通用的标准有 RS – 232 系列、GP – IB、CAMAC 等。

RS – 232 串行接口是微机系统中常用的外部总线标准接口,它以串行方式传送信息,是用于数据通信设备(DCE)和数据终端设备(DTE)之间的串行接口总线。例如,CRT、打印机与微机之间的连接,多半是通过 RS – 232C 标准接口来实现的,它是一种数据的 ASCII 码串行通信标准。接口标准包括机械特性、功能特性和电气特性等内容。

RS – 232C 串行接口总线适用条件:设备之间的通信距离不大于 15 m;传送速率最大为 20 kB/s;负逻辑电平,"1": – 5 ~ – 15 V;"0": + 5 ~ + 15 V。

由于 TTL 电平的"1"和"0"分别为 2.7 V 和 0.8 V,因此采用 RS – 232C 总线进行串行通信时需外接电平转换电路。在发送端用驱动器经 TTL 电平转换成 RS – 232C 电平,在接收端将 RS – 232C 电平再转换成 TTL 电平。电平转换器 MAX232 内部有电荷泵电压变换器,可将 + 5 V 电源变换成 RS – 232C 所需的 + 10 V 和 – 10 V 电压,以实现电压的转换,即符合 RS – 232C 的技术规范,又可实现 + 5 V 单电源供电,所以 MAX232 电平转换器电路给短距离串行通信带来极大方便。该电路引脚及内部逻辑如图 10.4 所示,工作时外接 4 个 0.1 μF 电容。有关 RS – 232C 信号电缆及引脚功能见表 10.1。

表 10.1 RS – 232C 信号电缆及引脚功能

DB – 25 脚电缆	DB – 9 脚电缆	信号属性	信号方向
8	1	接收信号检测(载波检测 DCD)	DTE ← DCE
3	2	接收数据(RXD)(串行输入)	DTE ← DCE
2	3	发送数据(TXD)(串行输出)	DTE → DCE
20	4	数据终端准备就绪(DTR)	DTE → DCE
7	5	信号地(SGND)	信号的基准点
6	6	数据装置准备号(DSR)	DTE ← DCE
4	7	请求发送(RTS)	DTE → DCE
5	8	允许发送(CTS)	DTE ← DCE
22	9	振铃指示(RI)	DTE ← DCE

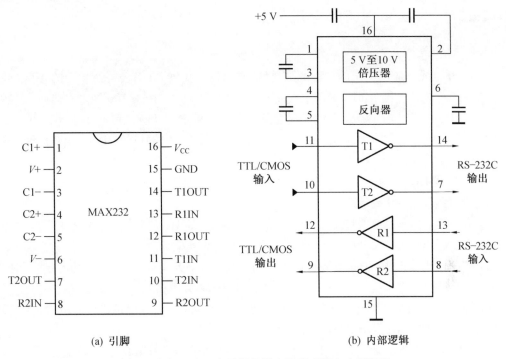

(a) 引脚   (b) 内部逻辑

图 10.4   MAX232 电平转换器电路的引脚和内部逻辑

3. 内总线

内总线又称板级总线或系统总线,它是微机系统内部各印刷板插件之间的通信通道。从功能上可分为数据总线、地址总线及控制总线三种,如图 10.5 所示。随着微计算机技术的日益发展,其应用日益广泛,总线的设置及标准逐渐完善起来。采用总线标准设计、生产的计算机模块(包括主机、EPROM、RAM、A/D、D/A 等)兼容性很强。在机械尺寸、插头座的计数、各引脚的排列及定义、总线工作的电气特性及时序等方面都按照统一的总标准设计和生产出来的计算机模块,经过不同的组合即可构成不同用途的计算机系统(微机仪器系统也包括在内),从而大大促进了计算机的研制、开发、生产、应用、维修等工作。目前常用的有影响的标准总线有:S–100 总线、STD 总线、Multi 总线、Future 总线等。

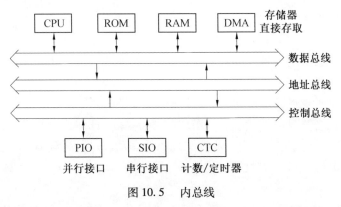

图 10.5   内总线

10.2.3 S-100 和 STD 总线

1. S-100 总线

S-100 总线是应用最早的一种标准总线,它来源于美国 MITS 公司所生产的 Altair 微型机中所用的总线。美国 IEEE(美国电气及电子工程师协会)对 S-100 经多次修改,于 1979 年颁布了 IEEE-P696(s-100)危机标准总线的推荐标准。此标准可适用于各种 8 位及 16 位微机,可以支持高达 16 MB 的存储器及 64 kB 的输入/输出端口,其中 S-100 总线的 100 条线可分为下列 9 组:

① 数据线 16 条。即 DI0~DI7 和 DO0~DO7。

② 地址线。即 A0~A23。

③ 状态线 8 条。这 8 条状态线都是 s 开头的,即 sMEMR、sINP、sMI、sOUT、sWO、sINTA、sHLTA 和 sXTRQ。这 8 条状态线用于说明总线周期的类型。

④ 控制输出线 5 条。这 5 条控制输出线用小写的 p 字开头,用于总线周期的定时和数据选通。这 5 条控制输出线是:pSYNC、pSTVAL、pDBIN、pWR 和 pHLDA。

⑤ 控制输入线 6 条。这 6 条控制输入线是从设备向主设备发出请求信号的控制线,即:RDY、XRDY、INT、NMI、HOLD、SIXTN。

⑥ DMA 控制线 8 条。这 8 条 DMA 控制线与保持请求信号 HOLD、保持响应信号 pHLDA 配合使用,可用于管理多个暂时性主设备提出的控制总线的要求,可实现总线控制权的转移。这 8 条 DMA 控制线是:DMA0、DMA1、DMA2、DMA3、ADSB、DODSB、SDSB 和 CDSB。其中 DMA0~DMA3 这 4 条线用于表示 16 个暂时性主设备的优先权位编码。

⑦ 矢量中断线 8 条。这 8 条矢量中断线与中断请求线 INT 配合,用来管理 8 级中断请求优先权。这 8 条线是 VI0~VI7,其中 VI0 具有最高的优先权。

⑧ 电源线和地线共 9 条。

⑨ 其他用途的信号线 16 条。

2. STD 总线

STD 总线(Standard Bus)是美国 PRO-LOG 公司于 1978 年宣布的一种工业标准微机总线。

(1)STD 总线特点

与其他总线相比,STD 总线有以下特点:

① STD 总线模板上的元器件都要经过严格的检验与测试,因此,PRO-LOG 公司的 STD 总线产品平均无障碍间隔(MTBF)可达数十年。

为了适应工业控制的恶劣环境,对该产品的印制板布线、电源的抗干扰性能、旁路和端点技术、功能划分、各种良好的接地和屏蔽、科学的质量保证体系等都做了大量的研究工作,采取了许多措施。此外,为了适应工业控制现场的震动、灰尘、高温、有害气体和各种电磁干扰,采用了固化操作系统、固化的系统软件和应用软件,从而使 STD 产品具有在恶劣环境下生存的能力。

② 兼容式的总线结构。STD 总线采取了兼容开放式结构,该总线支持 Intel 公司的80/85 系列、Motorola 公司的 68 系列、Zilog 公司的 Z80 系列和美国国家半导体公司的 NSC800

系列。STD 总线可灵活的扩充、升级,而原有的结构、器件仍可被利用,这有效地避免了因系统升级换代或更换 CPU 种类而需要更换总线结构所造成的重复投资,大大提高了系统周期的延续性。

③ 小板结构、开放式的灵活组态。STD 总线采取了小板结构,它的所有模板的标准尺寸是 165.5 mm × 114.3 mm。由于这种小板结构有较好的机械强度,故具有抗震动、抗冲击、抗断裂、抗应变力、抗老化、抗干扰等优点。小板结构上的元器件较少,因而产生的热量也少,一般的低流量风扇或空气对流即可使其冷却,故适合工业现场的环境。此外,由于元器件少,也便于诊断和排除故障,从而提高了系统的可靠性和可维修性。

STD 总线采取了开放式的系统结构,系统的组成没有固定的模式或标准机型,而是提供了大量功能模板(近千种),用户可根据自己的需要购买各种功能模板和软件,任意拼装成自己所需的系统。

STD 模板的设计非常标准,信号流向基本上都是由总线驱动的:到功能模块,到 I/O 驱动输出,这种结构设计使各种信号流和数据流尽可能平行并具有最短路径,可大大提高处理响应速度,减少分布变量的干扰。另外,由于总线端与 I/O 放在木板的两端,防止了总线信号与 I/O 信号的相互干扰。

④ 产品配套、功能齐全。STD 总线产品在国际上有近千种,各种工业控制所需的功能模板几乎应有尽有,这为用户应用 STD 总线产品设计工业控制系统提供了极大方便。

⑤STD 软件的开发环境。STD – DOS 是由 STD 总线的硬件和 MS – DOS 固化操作系统组成的开发系统。该系统可以与 IBM – PC/XT/AT 及其兼容机的各种机型组成 STD 总线产品应用软件的开发环境。用户可以在 PC 上利用其丰富的软、硬件资源,开发目标系统的应用软件。

综上所述,STD 作为工业标准的微机总线时,具有其独到之处,适合在工业控制领域推广使用。

(2)STD 总线规范

STD 总线定义了八位微处理器的总线标准,可以容纳各种通用八位微处理器。随着十六位微处理器的出现,可以对 STD 总线进行改进,使之升格为八位 / 十六位兼容总线。

STD 总线规范对模板的尺寸、总线连接器和引脚分配、信号定义和电气标准等都做了规定,还规定了读 / 写时序和持续时间等参数。下面仅给出 STD 总线引脚的信号分配,其他规范读者可参阅 STD 的有关资料。

STD 总线共有 56 根线(引脚),可分为五个功能组:

① 逻辑电源线:引脚 1 ~ 6;

② 数据总线:引脚 7 ~ 14;

③ 地址总线:引脚 15 ~ 30;

④ 控制总线:引脚 52;

⑤ 辅助电源线:引脚 53 ~ 56。

10.2.4　智能仪器设计

智能仪器设计包括硬件设计和软件设计。由于实现的功能和要求不同,设计方案也会有所不同,因而在设计方法和手段上没有固定的统一模式,但其设计过程的步骤几乎是相同的。

1. 方案设计

智能仪器设计的第一步是方案设计,它包括以下几个方面:

(1) 选择总体方案。总体方案是指针对提出的任务、要求和条件,从全局出发采用具有一定功能的若干单元电路构成一个完善的整机,去实现各项功能。应尽可能设计出多种方案,通过分析和比较、优化出一种最佳方案,作出硬件和软件框图。对总体方案进行反复的修改和补充,最后使整体方案逐步完善。

(2) 根据总体方案设计出各单元电路。各单元电路必须满足性能和技术指标要求,再根据单元电路选择微处理器、单片机和各种元器件,尤其是要重点考虑大规模、超大规模集成电路的选择。

(3) 硬件和软件功能划分要明确。智能仪器的硬件和软件要进行统一的规划。因为一种功能既可以由硬件实现,又可以由软件实现,最后应根据性价比进行综合确定。一般情况下,用硬件实现速度比较快,可以节省 CPU 的时间,但硬件接线复杂、成本较高。用软件实现较为经济,却要更多地占用 CPU 的时间。所以在 CPU 时间不紧张的情况下应尽量采用软件实现。

(4) 性能指标要能满足整机功能的要求,避免更多的功能闲置不用,使性价比较高。

(5) 整机结构要布局合理,层次分明。

(6) 货源要充足,多元化,供应要稳定可靠,有利于批量和大量生产。

2. 硬件设计

硬件设计是指根据整体设计方案规定的要求设计出硬件系统原理图,具体确定电路系统中所使用的元器件,经过必要的实验后完成工艺结构设计、电路板制作和样机的组装、测试。

主要硬件设计包括以下几个方面:

(1) 微处理器、单片机电路设计,主要包括时钟电路、复位电路、供电电路等。

(2) 扩展电路设计,主要包括程序存储器、数据存储器、I/O 接口电路和其他功能器件扩展电路等。

(3) 输入/输出通道设计,主要包括传感器电路、各种放大电路、多路开关、A/D 转换器、D/A 转换器、开关参量接口电路、驱动及执行机构等。处理好输入/输出信号的个数、种类变化范围和相互关系,以及这些信号所进行的是何种转换关系,如何与微处理器、单片机接口等。

(4) 控制面板设计,主要包括人机对话功能,如开关、按键、键盘、显示器、语音电路及报警电路等。

(5) 了解和掌握智能仪器的应用环境条件,如温度、湿度、震动、供电电压现场干扰与工作现场等,以及采用何种措施防止干扰和进行保护等。

3. 软件设计

在智能仪器设计中软件设计占有重要的位置。重点是确定软件所要完成的任务,根据任务确定软件结构。智能仪器应用程序采用顺序编写法,即按照程序执行的流程进行顺序编写。一个系统程序一般由主程序和若干中断服务程序组成,要根据系统中各个操作的性质规定主程序完成哪些操作。智能仪器应用系统的软件包括数据采集和处理程序、控制算法实现程序、人机联系程序和数据管理程序等。软件设计尽量采用标准化、模块化、子程序化。

在做具体程序设计时,常采用模块化结构,即将功能完整、长度较长的程序分解成若干相对独立、长度较小的模块,或称为子程序,然后分别进行编写、调试。主程序和中断服务程序一旦需要,则进行调用。

在划分子程序模块时,应注意以下几点:

(1) 模块不易太长,以便检查和修改方便。

(2) 每个模块在逻辑上相对独立,模块之间的界限要清楚。各模块之间不应该发生寄存器、状态标志等单元内容的冲突。因而,将各模块进行连接时,应特别注意各部分之间的衔接。

(3) 尽量选用现成的模块程序,以减少软件工作量。图 10.6 示出了单片机软件的设计流程。

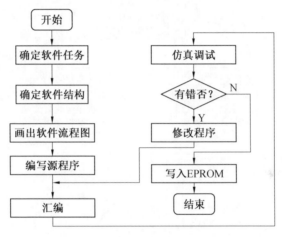

图 10.6　单片机软件的设计流程

4. 系统调试

智能仪器应用系统的软、硬件制作完成后,必须反复进行调试、修改,直至完全正常工作为止。调试工作通常可分三个步骤进行:

(1) 硬件调试

首先,用逻辑笔、万用表等工具对硬件电路进行脱机检查,看连线是否与逻辑图一致,有无短路、虚焊等现象。器件的型号、规格、极性是否有误,插接方向是否正确。检查完毕可用万用表测量一下电路板正负电源之间的电阻,排除电源短路的可能性。

通电检查时,可以模拟各个输入信号分别送到电路的各相关部分,观察 I/O 口的动作情况,查看电路板上有无元件过热情况,有无冒烟、异味等现象发生,各相关设备的动作是否符合设计要求。

(2) 软件调试

软件调试必须在开发系统的支持下进行,先分别调试通过各个模块程序,然后调试中断服务程序,最后调试主程序,将各部分进行联调。调试的范围可以由小到大逐步增加,必要的中间信号可以先做设定。通常交叉使用单步运行、断点运行、连续运行等多种方式,每次执行完毕后,检查 CPU 执行现场、RAM 的有关内容、I/O 口的状态等。发现一个问题,解决一个问题,直到全部通过。

（3）软硬件联调

在软硬件分别调试成功的基础上,进行软硬件联机仿真,当仿真成功后,将应用程序写入 EPROM 中,插回到应用系统电路板的相应位置,即可脱机运行。

智能仪器设计开发流程图如图 10.7 所示。

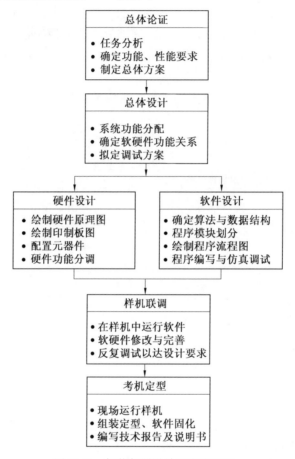

图 10.7　智能仪器设计开发流程图

总之,硬件设计与软件设计两者互为依托,又具有一定的互换性,在设计过程中要全面考虑。事实证明,如果加大软件成本的比重,减少硬件成本的比重,虽然成本会下降,但也增加了软件的复杂程度。如果加大电路系统中硬件的比重,可以提高工作速度,减少软件的工作量,又会使电路变得复杂,成本增加。因此,必须在硬件和软件之间反复权衡、合理布局,以达到既容易实现又经济实用。

10.3　接口总线

自动测试系统要起到使主控计算机和测试仪器设备能起到互联互通的作用,以保证各种命令和测试数据相互间准确无误的传递。在 20 世纪 70 年代后相继出现过供自动测试系统使用的标准接口总线,有着各自的特色和不同的应用场合。本节在全面介绍与自动有关的计算机系统接口总线 测量仪器标准总线等基础上,着重介绍 GPIB、VXI 接口总线 IEEE488 接口总线。

10.3.1　GPIB 接口总线

1975 年美国电子电气工程师学会(IEEE) 在美国 HP 公司 HPIB 仪表接口总线的基础仪器上,正式颁布了 IEEE – 488 – 1975 仪器通用接口总线标准,1978 年又加以补充和注释,成为 IEEE – 488 – 1978 标准。1980 年 IEC 又通过 IEC – 625 – IB 总线标准,称为 IEC 总线。以上两种总线只是机械接头不同,而实质是一样的,因此又被称为通用仪器接口总线。

1. GPIB 的设计目标

GPIB 标准的目的是通过标准总线把各器件连接组成一个系统。其具体设计目标如下:

(1) 在有限距离内,利用通用标准接口总线,可以把按本总线接口标准制造出来的任何仪器连接成测试系统。

(2) 通过本总线接口标准实现系统内各仪器之间可靠通信。

(3) 可以使被连接的各仪器之间直接通信,而不一定要通过中央控制器。

(4) 数据速度可容许在较宽的范围内变化,自动适应系统中不同仪器的数据速率。

(5) 系统使用方便,性价比高。

2. 系统的组成

GPIB 的应用方式如图 10.8 所示,这是 GPIB 总线连接 4 个独立设备的例子。每个设备都应具备下列 3 个功能中的一个或多个。

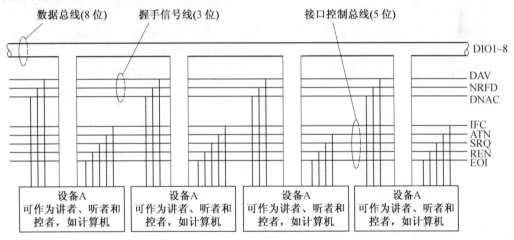

图 10.8　GPIB 的应用方式

(1) 听者(收听器):当总线寻址寻到它时,能够接收总线上的数据。同一时刻可以有多个有效的听者。

(2) 讲者(发话器):当总线寻址寻到它时,能把数据发送到总线上。同一时刻只能有一个有效的听者。

(3) 控者(控制器):能寻址其他设备,使其成为听者或讲者,能发送接口命令,使其他设备做特定动作。同一时刻只能有一个有效的控者。

连接在总线上的微处理器等设备可以作为讲者,也可以作为听者,或者作为控者,也可以具有两种以上的功能,具体由设备而定。GPIB 标准规定系统工作时,同一时刻只能有一个控者和讲者处于工作状态,其余只能为听者或处于空闲状态。

3. 信号线分类与定义

(1) 数据输入 / 输出线

数据输入 / 输出线简称 DIO 线,一共 8 条。它被用来传送系统内的数据和总线命令。DIO 线上传递信息的方式为位并行、字节串行、双向异步。

(2) 控制线

命令 / 数据信号线 ATN 由控者专用,用以指明 DIO 线上数据的类型是命令还是数据。系统其他部件必须随时监视此线,以便及时做出相应反应。ATN = 0,表示 DIO 线上的信息为命令,其他设备只能接受该命令并解释。当 ATN = 1 时,表示 DIO 线上的信息为数据,是由受命为讲者的设备发出的,受命为听者的设备必须听,其他设备可以不理睬。

接口清除信号线 IFC 是控者用来发送接口清除信息的控制线。当 IFC = 0 时,整个接口恢复到原始状态。服务请求信号线 SRQ 供系统中各设备向控者提出服务请求。当 SRQ = 1时,表示系统中至少有一台设备工作不正常,并已经向控者提出服务请求,遥控允许信号 REN。被控者的控制既允许通过系统接口遥控,也允许用局部控制设备的手控装置开关、按键来控制。当 REN = 0 时,表示设备处于遥控状态,一切操作均受控者控制,各设备面板上的开关、按键失去作用(电源开关除外)。结束与识别线 EIO 可被讲者用来指示多字节数据传送的结束,又可被控者用来识别哪个设备提出了服务要求。EIO 必须和 ATN 线联合使用。当 EIO = 0、ATN = 0 时,表示执行后一种功能。

(3) 握手线

握手线又称为字节传送控制线,是指在数据传送过程中,确保每个字节的信息都能准确可靠地传送。握手线一共三条。系统内部每传送一个字节信息都与上述三根线有关,并且是通过三线状态确定的,因而传送信息的过程也被称为三线握手的联络过程。图 10.9 所示三线握手程序流程图。

4. GPIB 的基本特性

根据上述涉及目标设计出来的 GPIB 具有如下基本特性:

(1) 系统各器件通过总线方式连接。

(2) 总线由 24 芯无源电缆组成,其中 16 条为信号线,其余为屏蔽线和地线。16 条信号线中有 8 条数据总线、3 条挂钩总线和 5 条管理总线。

(3) 总线上最多可挂 15 台仪器,如果希望扩大容量,可在控制器上增加 GPIB 接口,每增加一个接口,就可以多连 14 台仪器。

(4) 最大传输电缆总长度不超过 20 m,过长的传输距离会使信噪比下降,而不能保证可靠的通信。若采用总线扩展器,传输距离可达 500 m 左右。

(5) 总线以位并行字串行,并采用三线挂钩技术,传递多线消息,实现双向、异步通信,最大传输速度为 1 MB/s。

(6) 系统内的讲地址和听地址各有 31 个,如果采用扩展的副地址,则讲地址和听地址均可扩大至 961 个。

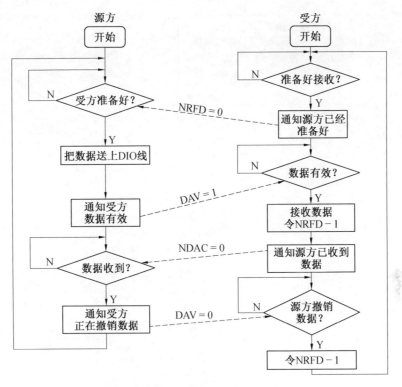

图 10.9　三线握手程序流程图

（7）总线上正电压负逻辑，逻辑 1 为低电平，不高于 + 0.8 V；逻辑 0 为高电平，不低于 + 0.2 V。系统共设有 10 种接口功能，称为接口功能集。

（8）由于系统中允许存在多个控者，但在任何时刻只准许一个控者起作用并称此控者为责任控者。责任控者可以将控制权转让给系统中的另一个控者。

5. GPIB 在线自动测试系统

图 10.10 所示为 GPIB 与计算机连接构成在线测试系统。对于带 GPIB 接口的仪器，要把它同计算机连接起来，构成一个自动测试系统，需要采用专用 GPIB 接口卡插在 PC 上，之后就可以编程构建自己的系统。开发 GPIB 虚拟仪器的硬件插卡，则需要设计专门的插件扩展箱和计算机连接起来。对于使用 NI 公司的 Lab View 用户，编程工作会大大减少，因为 NI 公司免费提供大量 GPIB 仪器的源码级驱动程序，节省了用户在编程上的时间。

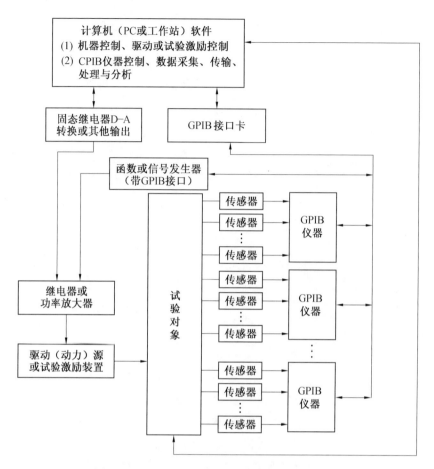

图 10.10　GPIB 与计算机连接构成在线测试系统

10.3.2　VXI 接口总线

1. 简介

VXI 总线是"用于仪器的 VME 总线扩展"的简称,它是继 GPIB 第二代自动测试系统之后,于 1987 年推出的一种开放的新一代自动测试系统工业总线标准。VXI 具有互操作性好、数据传输速率高、可靠性强、体积小、重量轻、可移动性好等优点,其应用范围越来越广。

VXI 总线规范的目标是一种基于 VME 总线的开放、兼容、和模块化仪器标准,其特点如下:

(1) VXI 总线是完全的开放式总线,这使仪器组合灵活和容易。

(2) 采用统一的公共接口,降低系统集成时间的软件开发成本。

(3) 模块化、坚固的设计提高了可靠性。

(4) 系统吞吐量大,测试时间缩短或性能提高。

(5) 标准化 VXI 即插即用软件简化了系统设定、编程及集成,能容易地扩展测试系统的功能。

(6) 使 VXI 标准比机架堆叠式系统具有更小的体积。

2. VXI 总线的系统结构

（1）结构配置

VXI 总线仪器系统是一种模块插板式结构的电子仪器系统。从物理结构来看，一个 VXI 总线系统由一个能为嵌入式模块提供安装环境与背板连接的主机箱组成。VXI 总线仪器的主机架可以插放多个仪器模块插板。主机架的后板为高质量的十多层的印制电路板，其上印制着 VXI 总线。

VXI 总线主机箱必须符合四种仪器模块尺寸的要求：A 尺寸主机箱，只准插入 A 尺寸模块；B 尺寸主机箱，最大允许插入 B 尺寸模块；依此类推。但 VXI 总线允许 A 尺寸模块插入 B 尺寸主机箱，A、B 尺寸模块插入 C 尺寸主机箱，以及 A、B 和 C 尺寸模块插入 D 尺寸主机箱，在插入较小的模块时，主机箱能自动识别并使其正常工作。应用最为广泛的 C 尺寸主机箱结构示意图如图 10.11 所示。

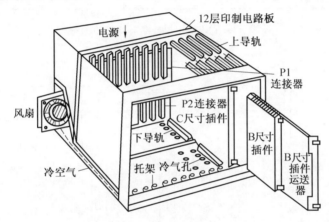

图 10.11　C 尺寸主机箱结构示意图

VXI 模块尺寸与总线分布图如图 10.12 所示。主机后板上安装着连接器的插座，模块插板上安装着连接器的插头。连接器有 P1、P2 和 P3 三种，这些连接器继承了 VME 的机械特性，采用了 96 引脚三列的欧式卡结构，每个引脚都有严格的定义。其中 P1 是各个模块都必需的，P2、P3 是可选择的。

（2）电气结构

VXI 总线使用与 VME 总线相同的地址和数据转换信号，但又在此基础上增加了专为定时和同步设计的仪器总线，如图 10.13 所示。VXI 仪器总线由以下四种总线组成。

① 模式识别总线源于 VXI 总线的 0 槽模块，接至其他号槽，主要用作检测槽中模块的存在与否。

② 触发总线用于模块之间的通信与定时，以及触发、"握手"、时钟或逻辑状态的传送。

③ 模拟加法总线是相加总线，可使各模块输出叠加，合成复杂的波形信号。

④ 相邻的模块之间可通过局部总线通信，而不必使用 VME 数据转换总线，这样数据转换总线就可用于其他用途。

3. VXI 系统器件通信方式

在 VXI 系统中不同的器件支持不同的通信方式，器件的分类方法与通信相关的主要有

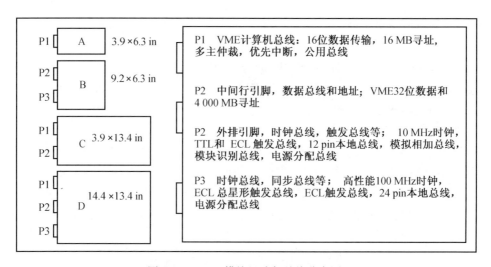

图 10.12 VXI 模块尺寸与总线分布图

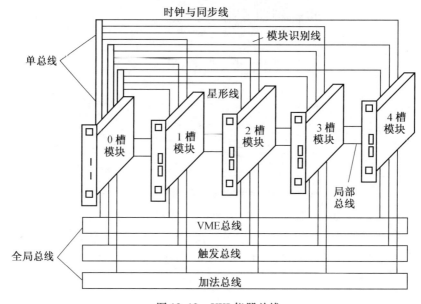

图 10.13 VXI 仪器总线

以下两种：其一，依据器件本身的性质、特点和它支持的通信规程可分为基于寄存器的器件（简称寄存器基器件）、存储器器件、基于消息的器件（简称消息基器件）和扩展器件四种；其二，根据器件在通信中的分层关系，又可分为命令者和受令者两种。

一个 VXI 仪器系统最多可有 256 个器件，通常一个器件就是插入主机的一个仪器插件，但也允许在一个仪器插件上有多个器件或一个器件包含多个仪器插件。每个 VXI 器件都有一组组态寄存器，系统通过访问这些组态寄存器可以识别器件的种类、型号、生产厂、地址空间以及存储器需求等。每个器件都有唯一的逻辑地址。

VXI 器件可以是复杂的智能仪器插件或微型计算机系统，也可以是单纯的存储器或开关矩阵。根据自身性质、特点和它支持的通信规程，VXI 器件可分为寄存器基器件、存储器器件、消息基器件和扩展器件四类。

寄存器基器件即基于寄存器的器件,它没有通信寄存器,器件的通信是通过对它的寄存器读、写来实现的,它在命令者、受命者的分层结构中担当受令者。寄存器基器件电路简单、易于实现。

存储器器件与寄存器基器件很相似,它没有通信寄存器,只能靠寄存器的读、写来进行通信。存储器器件本身就是 ROM、RAM 及磁盘存储器等,这样它不仅要有组态存储器,还必须有特征存储器来区分存储器的类型及存取时间等。

以消息为基础的消息基寄存器,它具有通信寄存器件来支持复杂的通信规程而进行高水平的通信。它可以担任分层结构中的命令者,也可以担任受命者,或者同时兼任上层的受命者和下层的命令者。

扩展器件是一些有特定目的的器件,用于为 VXI 未来的发展定义新的器件门类。

4. VXI 总线仪器系统软件基础

VXI 总线仪器系统软件基础包括 VXI 系统通信规程、软件标准及软件开发的辅助工具等。

通信是 VXI 总线标准的重要部分,对于不同类型的设备,规定了相应的通信协议和通信方式,同时还规定了系统的配置实体,称为资源管理程序。VXI 系统的通信分为若干层,第一层是寄存器读、写层,其通信是通过寄存器的读写来实现的,通信速度快,硬件费用少,是寄存器基器件和存储器器件支持的最底层通信,也是对用户支持最少的通信。第二层是信号／中断层,它允许 VXI 器件向它的命令者回馈信息,也是一种寄存器基器件和存储器器件支持的底层通信。第三层是字串行规程层,这是命令者和受命令者之间的字串行通信,属于消费基器件的通信规程层。

为了使 VXI 总线更加易于使用,保证众多厂家的软件产品在系统级上长期兼容,并使 VXI 总线系统成为一个真正开放的系统结构,NI、Tektronix 等 5 大厂商在 1993 年 9 月联合成立了 VXI Plug@ Play 联盟(即 VXI 即插即用联盟,简称 VPP 联盟),随即发布了 VXI 总线即插即用规范(简称 VPP 规范)。VPP 规范主要解决 VXI 总线系统级的标准问题,是 VXI 总线标准的补充和发展。它制定了标准的系统软件结构框架,对操作系统、编程语言、I/O 程序库、仪器驱动程序和高级软件工具等做了原则性的规定,从而使 VXI 总线具有真正的开放性、兼容性和互换性。

经过多年的发展,VXI 总线依靠有效的标准化,采用模块的方式实现了系列化、通用化及 VXI 总线仪器的互换性和互操作性,其开放的体系完全符合信息仪器的要求。

目前,VXI 总线仪器和系统已经成为仪器系统发展的主流,并已在检测、数据采集、测量等诸多方面得到了广泛应用。随着各种 VXI 技术的飞速发展,VXI 总线系统的成本将不断降低,其应用范围也将越来越广。VXI 总线代表了一种新的模块化仪器系统时代。

10.3.3　PXI 接口总线

PXI 是 PCI 在仪器领域的扩展(PCI Extensions for Instrumentation),于 1997 年由美国国家仪器(NI)公司推出的测控仪器总线标准。制定 PXI 规范的目的是为了将台式 PC 与 PCI 总线面向仪器领域相结合,形成一种性价比高的虚拟仪器测试平台。PXI 规范体系结构如图 10.14 所示。

图 10.14　PXI 规范体系结构

1. PXI 机械规范

PXI 机械规范定义了一个包括电源系统、冷却系统和安插模块槽位的一个标准机箱。PXI 在机械结构方面与 Compact PCI 的要求基本相同。所定义的机械规范,使 PXI 系统更适于在工业环境下使用,而且也更易于系统集成。PXI 的重要特性之一是维护了与标准 Compact PCI 产品的互操作性。

2. PXI 规范的电气性能

PXI 总线规范具有 PCI 的性能及特点,包括 32 位和 64 位数据传输能力以及分别高达 132 MB/s 或 264 MB/s 的数据传输速度。PXI 还增加了专门的系统参考时钟、触发总线、星形触发线和模块间的局部总线,一次来满足高准确度的定时、同步与数据通信要求,所有这些总线位于 VXI 总线背板,如图 10.15 所示。

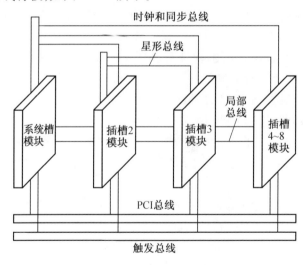

图 10.15　PXI 的电气结构

3. 软件性能

PXI 定义了保证多厂商产品互操作性的仪器级(即硬件)接口标准,在电气要求的基础上还增加了相应的软件要求,以进一步简化系统集成。这些软件要求就形成了 PXI 的系统级(即软件)接口标准。PXI 的软件要求包括支持 Microsoft Windows NT/95(WIN32)这样的标准操作系统框架,要求所有仪器模块带有配置信息和支持标准的工业开发环境(如 NI 的 Lab VIEW、Lab Windows/CVI 和 Microsoft 的 VC/C++、VB 和 Borland 的 C++ 等),而且符合 VISA 规范的设备驱动程序(WIN32 Device Drivers)。

基于 Compact PCI 工业总线规范发展起来的 PXI 系统通过更多的仪器模块扩展槽以及高级触发、定时和边带通信能力更好地满足仪器用户的需要。为更适于工业应用,PXI 总线方式为 PCI 总线内核技术增加了成熟的技术规范和要求,以便用于相邻模块的高速通信局总线。台式 PC 的性价比和 PCI 总线面向仪器领域的扩展优势结合起来,将形成未来的虚拟仪器平台。

10.3.4　LXI 总线网络化仪器

2004 年 9 月在美国加州,Agilent 公司和 VXI 科技公司共同合作提出一种新型仪器接口规范,全称为 LAN – Based Extensions for Instrumentation(局域网的仪器扩展),简称 LXI。它基于工业标准以太网(Ethrrnet)技术,扩展了仪器需要的语言、命令、协议等内容,构成了一种适用于自动测试系统的新一代模块化仪器平台标准。

1. LXI 的特点

(1) 开放式工业标准。LAN 是开放式工业标准,由于其开发成本低廉,使得各厂商很容易将现有的仪器产品移植到该 LAN – Based 仪器平台上来。

(2) 向后兼容性。因为 LAN – Based 模块在体积上比可扩展式(VXI、PXI)仪器更小。同时,升级现有的 ATS(Automatic Test Systems)不需要重新配置,并允许扩展为大型卡式仪器(VXI、PXI)系统。

(3) 成本低廉。在满足用户要求的同时,结合最新科技,能使 LAN – Based 模块的成本低于相应的台式仪器和 VXI 或 PXI 仪器。

(4) 互操作性。作为合成的仪器(Synathetic Instruments)模块,可以高效且灵活的组合成面向目标服务的各种测试单元,从而彻底降低 ATS 的体积,提高系统的机动性和灵活性。

(5) 新技术及时方便的引入。由于这些模块具备完备的 I/O 定义文档,所以,模块和系统的升级仅需核实新技术是否涵盖其替代产品的全部功能。

2. LXI 标准的三个等级

在 LXI 联盟为实现仪器功能而制订的诸多规范中,最为核心和关键的内容是多器件的同步触发和软件编程规范。这两个方面几乎决定了 LXI 仪器所能满足的不同测试范围和层次要求。要具备三个功能:第一,需要被测数据点之间的紧密相位关系,即确定性的硬件触发机制;第二,需要连续总线上的精确触发实现同步;第三,对触发和时间控制要求不高,但必须保证合格的网络通信。鉴于此,LXI 联盟根据同步与触发方式不同将 LXI 一起分为以下三个功能等级(类):

(1) 等级 C,既有通过 LAN 的编程控制能力,能够与其他厂家的仪器协同工作。

(2) 等级 B,拥有等级 C 的所有能力,并支持 IEEE – 1588 精确时间协议同步。

(3) 等级 A,拥有等级 B 的所有能力,同时具备触发总线硬件触发机制。

3. LXI 网络的技术优势

LXI 标准集成了工业以太网的优点,又较好地解决了以太网实时性的问题,与传统的卡式仪器(VXI、PXI)相比,LXI 模块化仪器具备以下优势:

(1) 以太网、标准 PC 和软件应用广泛,技术成熟。采用 LXI 网可以节省技术人员的培训费用、维护费用以及初期投资等成本。

（2）基于 TCP/IP 的 LXI 网络是一种标准的开放式网络，不同厂商的设备很容易互联。这种特性非常适合解决控制系统中不同厂商设备的兼容和互操作的问题。

（3）能便捷的访问远程系统，共享、访问多数据库。

（4）易于与互联网连接，能够在任何城市、地方利用电话线通过互联网对企业进行监督。

（5）能实现办公自动化网络与工业控制网络的有机结合。

（6）IEEE – 1588 网络同步标准的实施，可以在实验室环境下得到纳秒级的时钟同步误差。与以太网相比，较好地改善了实时性的缺陷。

（7）标准的网络接口已经极为普遍。

4. LXI 总线网络化仪器系统设计方案

LXI 仪器采用标准的以太网接口与计算机相连接，可以自动识别网线的极性；每个 LXI 仪器的 IP 地址可以手动设置，也可以在系统中自动分配，这就使得用 LXI 测试设备组建测试系统的时间大大减少，而且降低了难度。

对于计算机和通信网络，选择技术是因为以太网广泛地应用在计算机中，技术设施（如网卡、集线器、电缆、光纤等）非常普及且价格便宜，供应商多。以太网的 TCP/IP 广泛应用于互联网，其错误检测、故障定位、长距离互联、高通信数据率、树状拓扑结构等特点与计算机的并行和串行总线相比有明显的优势。

基于 LXI 的网络化自动测试系统框图如图 10.16 所示。图中 LXI 测试总线给自动测试系统带来的影响首先表现在测试控制的接口上，通过 LAN 适配器和集线器以及 TCP/IP，经 LXI 总线可实现网络化自动测试。测试控制器一般为工控机，所需的接口适配器是基于 PCI 扩展总线的。

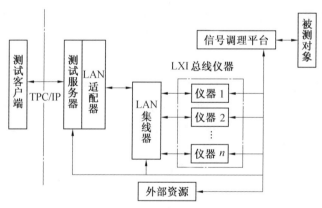

图 10.16　自动测试系统框图

5. 网络化仪器系统

由于基于互联网的测控系统能够实现传统仪器仪表的基本功能，同时又具备传统仪器仪表所没有的一些新特点，所有从系统的观点考虑并根据网络化仪器的定义，基于互联网的测控系统无疑也属于网络化仪器。网络化仪器的概念是对传统的测量仪器概念的突破，是虚拟仪器对网络技术相结合的产物。基于互联网的测控系统这一类网络化仪器利用嵌入式系统作为现场平台,实现对需测数据的采集、传输和控制,并以互联网作为数据信息的传输载体,且可在远端PC上观测、分析和存储测控数据与信息。可以预见,这种服务具有获取测量信息的智能化、网络化,具有开放性和交互性的网络化测控系统,正在成为新一代网络化仪器及其系统的发展趋势。

网络化仪器还要考虑操作系统的服务层和应用层,根据需要,提供 HTTP、FTP、TFTP、SMTP 等服务。其中,HTTP 用以实现 Web 仪器服务;FTP 和 TFTP 用于实现向用户传送数据,从而形成用户数据库资源;而 SMTP 则用来发送各种确认和警告信息。由此,就可很容易地组成不同使用权限的系统。低级用户无需自己再安装任何应用软件,直接利用 Internet Explorer 等浏览器浏览数据,就可实现对测量数据的观测。高级用户可经由网络修改配置来控制仪器在不同状态下的运行。经网络传来的数据可转交给专门的数据处理软件进行分析,已实现最优化的决策和控制,并且还可以利用一些专用软件分析传来的数据。图 10.17 所示为一种基于虚拟仪器的网络化自动测试系统平台。

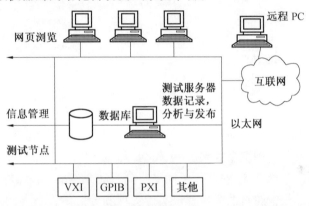

图 10.17　一种基于虚拟仪器的网络化自动测试系统平台

网络仪器的应用软件应向分布式软件和智能软件的方向发展,它是支持分布式处理的软件系统,即把逻辑上或物理上具有特定功能的软件和硬件分散开来进行处理,其目的是提高计算机资源的共享性,提高处理速度和可靠性,或者作为分布式数据处理系统把输入、输出和一部分处理、存储和控制功能分布到各处理点进行,在生产数据的地方就近加工,减少数据的通信量。

网络仪器是虚拟仪器的进一步发展和高级形式。虚拟仪器更适用于常规通用的测试仪器,强调的是它的测试功能。网络仪器在保证测试功能的前提下,更注重网上资源共享和远程操作,网络仪器是网络化的虚拟仪器。网络仪器的构建需要借助自动化的控制技术、计算机网络技术和现代信息技术得以实现。测量作为促进人类一切进步的基本支撑要素之一,将随着科学技术的飞速发展与前进,不断被赋予新的内涵。

10.3.5　IEEE 488 接口总线

1. IEEE 488 的基本特性

由 IEEE 488 接口总线组成的自动测试系统主要由设备、接口和总线三部分组成,其组成结构如图 10.18 所示。

在典型的 IEEE 488 系统中,有一个控制计算机负责管理各仪器设备的工作并响应其他

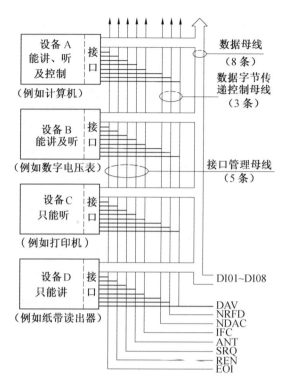

图 10.18　由 IEEE 488 接口总线组成的自动测试系统

仪器设备提出的请求和处理测量结果,这个作为控制器的主设备称为控者(Controller)。在一个系统中允许有多个设备充当控者,但同一时刻只能允许一个设备在控制总线,该控者称为责任控者。测试过程中能对系统控制权实行管理和分配的设备称为系统控者,它在任何时候都可以主动收回对总线的控制权。一个系统中,系统控者只能由一台设备担任,但责任控者则可由多台设备轮流担任,控制权在设备之间的转移称为控者转移。

在一次数据传输过程中,发送数据的设备称为讲者(Talker),接收数据的设备称为听者(Listener)。多数设备既可作讲者又可作听者,但不可同时既为讲者又为听者。少数只能讲或只能听的设备分别称为只讲(Only Talker)或只听(Only Listener)设备。为了确保通信,在同一时刻,总线上只能有一个讲者,而可以有多个听者(听众)。

IEEE 488 总线上的所有设备都应有自己的识别号予以区分设备,称为地址(Device Address)。IEEE 488 采用 5 个 bit 编地址,因此共有 32 个地址码。通常,责任控者使用一个字节中低 5 位对设备寻址,5 位全 1 作为"不听"或"不讲",故实际只能发送 31 个地址,这 31 个地址称为主地址。如果再加一个副地址,由于主副地址的有效数目皆为 31,所以使用副地址的寻址,最大地址容量可扩大至 $31 \times 31 = 961$ 个。

IEEE 488 是一种比特(bit)并行、字节(byte)串行的接口系统,采用异步通信方式,最高数据传输速率为 1 MB/s。任何一个 IEEE 488 设备从功能上都可划分为设备功能和接口功能两大部分。设备功能为设备本身的功能,可因设备不同差异很大,不可能标准化。接口功能则是为设备互连和通信而设计的功能,它是一个在电气、机械和功能上都被标准化的部分。IEEE 488 定义了 10 种接口功能,称为接口功能集,见表 10.2。对系统中的某个设备,不一定需要配置全部的 10 种功能,可根据具体情况选配若干功能。控者、讲者或扩大讲者、听者或扩大听者、源方挂钩、受方挂钩是五种基本接口功能。

表 10.2　IEEE 488 接口功能集

序　号	接口功能	符　号
1	源方挂钩	SH
2	受方挂钩	AH
3	讲者或扩大讲者	T 或 ET
4	听者或扩大听者	L 或 EL
5	服务请求	SR
6	远地／本地	RL
7	并行查询	PP
8	器件清除	DC
9	器件触发	DT
10	控者	C

IEEE 488 总线上表征消息的逻辑电平与 TTL 电平相容,并采用负逻辑关系。高于 2 V 为逻辑 0,低于 0.8 V 为逻辑 1。

2. IEEE 488 总线信号

(1) 数据线

数据总线由 DIO1 ～ DIO8 八根信号线组成,并行传送 8 位数据。

(2) 管理线

ATN:注意信号线。被负责控者使用。当 ATN = 1 时表示数据总线上传送的是接口消息;当 ATN = 0 时数据总线上传送的是设备消息。

IFC:接口清除信号线。系统控者通过这条信号线发出接口清除消息 IFC,使系统内所有设备的接口功能都被置于确定的初始状态。

REN:远程使能信号线。系统控者通过这根线发远控或本控命令,REN = 1 表示设备处于远控(接受程序控制)状态;反之,设备处于本控(前面板按键控制)状态。

SRQ:服务请示信号线。此线为系统内一切配备有服务请求功能的设备所共用。SRQ 线为 1(低电平)时,表示有设备向控者提出了服务请求(即中断请求)。

EOI:结束或识别信号线。该线被讲者或负责控者控制。当 ATN = 0 时,EOI = 1 表示讲者所发一连串数据在此结束,即 END 消息。当 ATN = 1 时,EOI = 1 表示控者要对请求服务的设备进行并行查询,即发 IDY 消息。

(3) 挂钩(Handshake) 线

在 IEEE 488 系统中,各设备的工作速度千差万别。为保证数据准确可靠地传送,专门设置了三条挂钩(联络)线,实现总线上数据的异步传输,此线由源方控制。这三条挂钩信号线是:

DAV:数据有效信号线。当 DAV = 1(低电平),表示数据有效。

NRFD:未准备好接收数据。当 NRFD = 1,表示未准备好接收数据。只有各接收设备均准备好接收数据,NRFD 才会为零。

NDAC:未接收到或未接收完数据,此线由受方控制。在源方发出 DAV 消息宣布数据有效之后,受方利用 NDAC 线传送 DAC(数据已收到)消息,向源方表明是否已经从 DIO 线上收下了源方传送的消息。当 NDAC = 1,表示受方尚未从 DIO 线上收下数据,源方必须保持 DIO 线上的消息拜特。当 NDAC = 0,表示受方已经从 DIO 线上收下了消息拜特,源方可以 从 DIO 线上撤销当前传递的消息拜特,准备下一次传送。

三线挂钩过程可简述为:在一次挂钩开始,源方首先宣布数据无效(DAV = 0),并等待 受方发出是否准备好接收数据的消息。若受方包括不止一个器件,其中只有部分器件准备 好了,NRFD 线为低电平,即告诉源方未准备好接收数据。只有受方所有设备都准备好了, NRFD 线才为高电平。这时源方才发出数据有效的 DAV 信号。源方讲者功能向受方听者 功能传送一个数据拜特。因各听设备接收数据的速度不同,只要受方有一个设备未接收数 据,NDAC 线就处于低电平,直至全部听设备都收到这个数据,NDAC 才变为高电平,允许再 传送下一个新数据。

10.4 现代电子测量技术中的通信技术

数据通信是传输数据的一种通信方式,它常用来在计算机与计算机,计算机与终端,终 端与终端间进行通信。在自动测试系统中,仪器与通用计算机之间,仪器与仪器之间,均采 用数据通信技术。

10.4.1 串行通信和并行通信

1. 串行通信

信息的各位数据被逐位按顺序传送的通信方式称为串行通信。它的特点是数据按位顺 序进行传送,只需少量传输线即可完成,成本低。串行通信可分为异步通信和同步通信两种 方式。根据信息的传送方向,串行通信可以进一步分为单工、半双工和全双工三种。传统的 测试仪器一般带有串行通信口。常见的串行标准是 RS232/244/485。

2. 并行通信

并行通信是在两个设备之间同时传输多个数据位,它主要用于近距离通信,计算机内的 总线结构就是并行通信的例子。这种方法的优点是传输速度快,处理简单。而仪器与计算 机之间常用的并行通信标准有 EPP、SPP 等。目前 EPP 又有两个标准:EPP1.7 和 EPP1.9。 EPP 接口与传统并行口 Centronics 完全兼容,但与 Centronics 利用软件实现握手不同,EPP 接口协议通过硬件自动握手,能达到 500 kB/s 到 2 MB/s 的通信速率。

10.4.2 有线通信和网络化测试技术

当前以 Internet 为代表的计算机网络的迅速发展,突破了传统通信方式的时空限制和 地域障碍,可在更大的范围内通信,Internet 在远程数据采集与控制,高档测试仪器设备的远 程实时调用,远程设备故障诊断等场合得到了越来越广泛的应用。利用现有 Internet 资源 而不需要建立专门的拓扑网络,为测控网络的建立和应用铺平了道路。

网络化测试技术可以从任何地点、在任何时间都能够获取到测试信息(或数据),实现 网络化测试功能的所有硬、软件条件的有机集合称为"网络化仪器"。目前已有网络化传感 器、网络化示波器和网络化逻辑分析仪等。

把 TCP/IP 协议嵌入现场智能仪器或传感器中,使信号的传输通过 TCP/IP 进行,这样,测试系统在数据采集、信息传输、系统集成等方面都以网络为依托,将测控网和 Internet 互联,便于实现测控网和信息网的融合。在这样构成的测控网中,网络化仪器设备成为网络中的独立节点,信息可通过网络从一个节点传输到另一个节点,使实时、动态的在线测控成为现实。

10.4.3　无线通信技术

有线的分布式网络测试系统,当设备多时连线十分复杂,而且适用于系统相对固定;若系统移动至他处时,需要重新连线;若添加新测试仪器,需要增加连接线,使用不方便。如果采用无线通信网的测试系统,设备通信以无线方式进行;设备之间不需连线就可以工作,组建系统十分方便。

无线局域网技术标准主要有 IEEE802.11、HomeRF 和蓝牙三种。

当前,已有不少关于无线通信技术应用在测试领域的报道。可以预言,无线通信技术和测试系统、测试仪器的结合将更加紧密,并有望成为测试领域发展的一个重要方向。

10.5　虚拟仪器技术

1. 虚拟仪器的基本概念及特点

随着计算机技术的推动,传统仪器开始向计算机化的方向发展。将现代计算机技术、仪器技术和其他先进技术紧密结合,20 世纪 90 年代以来,产生了一类崭新的测试仪器———虚拟仪器(Virtual Instrument,VI)。

虚拟仪器以计算机为核心,充分利用计算机系统的软件和硬件资源,使计算机在仪器中不但能像在传统程控化仪器中那样完成过程控制、数据运算和处理工作,而且可以用图形软件去代替传统仪器的部分硬件功能,产生出激励信号或实现所需要的各种测试功能。从这个意义上说,虚拟仪器的一个显著特点就是仪器功能的软件化,也就是说,软件就是仪器。

虚拟仪器的外部特征和传统仪器相比有较大的不同。比如,在传统仪器中,面板及相应的控件和指示器等,往往是由一些物理的实体构成;而在虚拟仪器中,它们皆可以通过计算机内部的图形资源及其他软件资源建立起来的"虚拟面板"所代替,一般将这种面板称为"软面板"。从内部特征看,原智能仪器中较为复杂的微处理器及其固件,大多可共享计算机内部的软、硬件资源,并借助其高效的数据分析和处理能力,实现测试仪器所需的全部测试功能。虚拟仪器的特点可以概括为以下几个方面:

(1)丰富和增强了传统仪器的功能。

(2)突出"软件就是仪器"的新概念。

(3)具有模块化及开放性、互换性强的特点。

(4)可自定义仪器功能。

2. 虚拟仪器的组成

虚拟仪器的组成方式不同于传统仪器,传统仪器一般被设计成能独立的单机结构形式。虚拟仪器则采用将仪器功能划分为一些通用模块的方法,通过在标准计算机平台上将具有一种或多种功能的若干个通用模块组建起来,就能构造几乎任意功能的仪器,其硬软件资源可重组、共享和通用,这是虚拟仪器组成的重要特征。

虚拟仪器的一般结构如图 10.19 所示。由图可知,虚拟仪器系统既可以信号检测,也可以完成信号发生,同时兼有信号分析处理、人机对话等功能。图中的显示器由计算机"软面板"构成,可显示被测信号的电压、波形或频谱,也可显示所产生信号的频率或电平等参数。

虚拟仪器测试功能硬件平台可由插在 PC 机内的一张数据采集卡(DAQ)构成,也可由多张卡或多台仪器系统组成。当测试任务大、功能多时,虚拟仪器硬件平台往往是一个测试系统。按所采用的接口总线的不同,有 RS232/RS422 串行接口,ISA、PCI 等并行总线接口,USB 串行接口,VXI、PXI 并行仪用总线和 IEEE1394 串行接口等虚拟仪器系统。

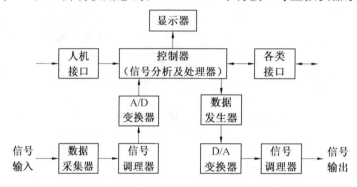

图 10.19　虚拟仪器的一般结构

3. 虚拟仪器的软件系统

在 VXI 虚拟仪器中,采用了"VISA"结构,即"虚拟仪器软件体系"的简称。VISA 是 VXI 即插即用联盟制订的新一代的 I/O 程序规范,它是连接 I/O 程序和应用程序之间的软件层,其任务正是统一 VXI 虚拟仪器模块的软、硬件标准,进而达到统一 I/O 软件的目的。图 10.20 给出了 VISA 的结构框图。

VISA 的基本模块如图 10.21 所示。VISA 软件模块称为资源集合。VISA 定义了三个资源级:I/O 级资源、设备级资源和用户定义资源,这三级资源反映了高级资源使用或继承低级资源的能力。每个资源级是指一台设备的特有能力,设备资源的独立性是 VISA 内部定义和资源创建的基础;资源管理器是一个附着于 VISA 资源模块的资源,用户可以通过打开到达资源管理器的连接装置,访问资源管理函数。

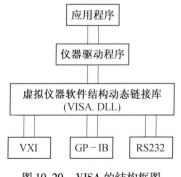

图 10.20　VISA 的结构框图

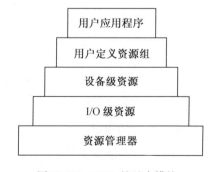

图 10.21　VISA 的基本模块

除了 VISA 外,IVI(可互换虚拟仪器) 基金会也定义了可互换仪器驱动程序的模型和规范,旨在测试程序独立于仪器硬件,进一步实现软件的一致性,使不同厂商、不同结构形式(GPIB、VXI、PXI 等) 的同类仪器可以互换使用,这有利于虚拟仪器通用化。

10.6 现代电子测量技术中的硬件平台

自动测试系统的硬件平台如图 10.22 所示,主要包括测控计算机,测试仪器资源(如 VXI 仪器模块、GPIB 总线仪器或其他仪器或模块),标准阵列接口,专用、系列适配器和被测设备或单元。上述各部分共同完成自动测试系统的信号调理与采集功能,数据分析与处理功能,参数设置与结果表达。下面分别介绍各组成部分。

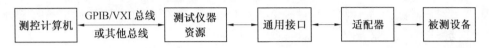

图 10.22 自动测试系统的硬件平台基本组成

1. 测控计算机

测控计算机是整个硬件平台的控制中心。测控计算机提供诸如 VXI 和 GPIB 总线接口通信,计算机资源管理,测试程序(TPS) 的调度管理,测试结果记录、存储、打印输出。测控计算机部分还包括检测、故障诊断、数据库、管理软件等。

2. 测试仪器资源

各种标准总线接口的可程控仪器,包括对被测设备产生激励的仪器、测量被测设备响应的仪器、控制被测设备状态的仪器等。

3. 通用接口

通用接口往往是一个标准化的检测接口阵列。自动测试系统与被测设备之间,采用集中互连模式。采用集中互连模式的核心是被测设备和通用仪器之间的信号按统一方式连接。

4. 适配器

每一类被测试的电子设备,根据其功能、技术要求的不同,测试中所需要的仪器也有所不同,它们都有相应的适配器与通用接口的接口阵列相连接,把测试中所需要的激励信号与控制信号通过开关矩阵加至被测试的电子组件,并通过矩阵反馈被测件的相应信号,送至相应的仪器进行测量。

10.7 现代电子测量技术中的软件平台

10.7.1 测试软件的发展

测试软件是自动测试系统的灵魂,其根本目的在将系统从手动操作中解脱出来,自动、快速、准确地完成要求更高、规模更大、功能更复杂的测试任务。

20 世纪 50 年代,测量仪器的数字化为测量系统的自动测试奠定了基础。

20 世纪 60 年代,人们将计算机技术引入测量技术,测试系统的采集、控制、分析、计算、显示与存储等全部功能,均可由计算机来自动完成。

20 世纪 80 年代,微处理器和微型计算机应用到测试系统中,计算机与仪器的结合更加紧密,出现了智能仪器、个人仪器的概念。随着图形化操作系统 Windows 的出现,使得在计算机屏幕上模拟真实仪器的面板成为可能,虚拟仪器技术迅猛发展。软件技术在测试系统中起着越来越重要的作用,测试系统已经成为以通用硬件为基础、以测试软件为核心的集成系统。

10.7.2　测试软件的标准化

1. 仪器的程序控制

所谓"程控"就是接受计算机程序控制,它是构建自动测试系统的基础之一,可程控的电子测试设备称为程控仪器。

2. 可编程仪器标准命令 SCPI

可编程仪器标准命令 SCPI 是为解决可程控仪器编程标准化,1990 年仪器制造商国际协会在 IEEE 488.2 标准的基础上进行扩充,而制定出的一个重要的程控仪器软件标准。SCPI 全面定义了标准化的仪器程控消息、响应消息以及状态报告结构和数据格式。其基本原则是使测试软件编程是面向测试功能而不是面向仪器,相同的命令控制相同的测试功能,而不是相同的仪器。

图 10.23 所示为 SCPI 程控仪器模型,模型中的模块对应着 SCPI 命令分层结构中的术语,其目的不在于指导测试开发人员进行具体的设计,而是以清晰的信号流程来形成 SCPI 命令集。

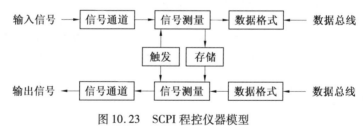

图 10.23　SCPI 程控仪器模型

3. 仪器驱动器

仪器驱动器也称仪器驱动程序,是处理对某一特定仪器进行控制和通信细节的一种软件集合,是测试应用程序实现仪器控制的桥梁。

（1）VPP 仪器驱动器

20 世纪 90 年代,随着 VXI 总线标准的建立和 VXI 仪器的发展,程控仪器驱动软件与编程环境的标准化成为人们关注的问题。由世界上著名的仪器厂商联合成立了 VXI 即插即用系统联盟,提出了 VXI 即插即用标准(VXI Plug&Play,VPP),VPP 进一步实现了仪器驱动器的标准化,提高了仪器的互操作性、可移植性、可扩展性,并向多功能方面发展。

VPP 是由软件 I/O 层和仪器驱动器组成,其中软件 I/O 层是仪器驱动器和应用程序的软件连接层。随着仪器种类的增加和测试系统的日益复杂,人们对测试系统的 I/O 接口无关性的要求越来越高。虚拟仪器软件体系(Virtual Instruments Software Architecture, VISA) 的提出从根本上解决了这个问题。VPP 仪器驱动器的模型如图 10.25 所示。

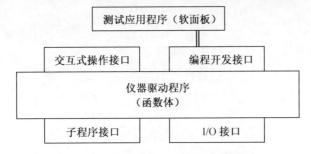

图 10.24　通用仪器驱动器的外部模型

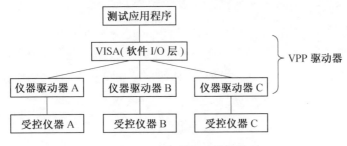

图 10.25　VPP 仪器驱动器的模型

(2) IVI 仪器驱动器

1998 年提出了一种新的基于状态管理的仪器驱动器体系结构,即可互换虚拟仪器驱动器(Interchangable Virtual Instruments,IVI) 模型和规范,并很快得到业界的认可,成为新的标准。IVI 标准制定了一个统一的规范,使测试软件系统具有更大的硬件独立性,更短的开发周期,更低的维护和支持费用以及更高的运行效率。目前,制定了五类仪器的 IVI 标准:示波器/数字化仪(IVIScope)、数字万用表(IVIDmm)、任意波形发生器/函数发生器(IVIFGen)、开关/多路复用器/矩阵(IVISwitch)、电源(IVIPower)。

IVI 仪器驱动器的模型如图 10.26 所示。IVI 仪器驱动器内部结构包括源代码和状态管理库两部分,核心是仪器属性和状态缓存。和 VISA 相比,IVI 扩展了 VPP 仪器驱动器的标准,并具备状态缓存、仿真、多线程等特性。

10.7.3　测试软件开发环境

1. 基于文本模式的测试软件开发环境

早期的测试软件采用的是面向过程的编程语言来开发,如 BASIC、C 等。

2. 基于 Windows 图形模式的测试软件开发环境

(1) 可视化编程软件

在图形模式的操作系统 Windows 出现以后,在计算机屏幕上模拟真实仪器成为可能。常用的有 Visual C + +、Visual Basic 等可视化编程软件。有代表性的用于测试软件开发的可视化编程软件是 LabWindows/CVI,它是基于标准 C 语言的软件设计平台,与 Visual C + +不同的是,LabWindows/CVI 是可视化的 C 语言。

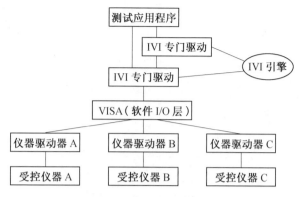

图 10.26　IVI 仪器驱动器模型

（2）图形化编程软件

可视化编程软件虽然在图形用户界面（Graphical User Interface ,GUI）的创建上给用户带来了诸多方便，但是，它们的源程序还是文本代码，对语法、规则等要求比较严格，且程序编写、调试的工作量也较大。为此，出现了为仪器工程师们设计的纯图形化的编程软件，其中具有代表性的是 LabVIEW 和 VEE。

思考题与习题

10.1　什么是自动测试系统，什么是测试系统集成？

10.2　自动测试系统发展至今经历了几个阶段，各个阶段有什么特点？

10.3　简述测试系统集成的一般步骤。

10.4　测试系统中为什么要采用标准总线？

10.5　IEEE 488 总线的特性有哪些？

10.6　简述 IEEE 488 总线信号的名称和作用。

10.7　数据通信技术在自动测试系统中有什么应用？

10.8　串行通信与并行通信的常用标准有哪些？

10.9　简述测试系统硬件平台的一般组成和各部分的作用。

10.10　简述 SCPI 程控仪器模型。

10.11　阐述智能仪器的基本组成和工作原理。

10.12　智能仪器设计分哪两部分？其设计方案分几个步骤进行？具体内容又是什么？

10.13　简述测试系统中常用的接口总线。

10.14　简述 GPIB 信号的名称和作用。

10.15　VXI 总线有什么特点，简述 VXI 总线仪器系统软件。

10.16　VXI 总线与 PXI 总线相比，在性能上有什么区别？

10.17　与其他 I/O 接口软件相比，VISA 有什么特点？

10.18　什么是图形化软件编程平台 Lab VIEW，它有什么特点？

10.19　简述虚拟仪器的软件开发工具。

10.20　什么是自动测试系统的硬件平台？

10.21　简述自动测试系统软件设计的要求和软件开发环境。

第 11 章

无损检测技术

11.1　无损检测概述

1. 无损检测技术的定义

无损检测(Non – Destructive Testing,简称NDT)是一门新兴的综合性应用技术,是在不损伤被检测对象使用性能的条件下,利用材料内部由于结构异常或缺陷存在所引起的对声、热、光、电、磁等反应的变化,探测各种工程材料、零部件、结构件等内部和表面缺陷,并对缺陷的类型、性质、数量、形状、位置、尺寸、分布及其变化做出判断和评价。

2. 无损检测的目的

无损检测的目的是定量掌握缺陷与强度的关系,评价构件的允许负荷、剩余寿命,检测设备(构件) 在制造、使用过程中产生的缺陷情况,以便改变制造工艺、提高产品质量、及时发现故障,保证设备安全可靠地运行。具体地说,无损检测的目的主要有以下三个方面:

(1) 质量管理

对加工的原材料或零部件提供实时质量控制,例如材料或零件的缺陷及分布等;同时,将无损检测过程中获得的与质量相关的信息反馈到设计、工艺等部门,为改进产品的设计与制造工艺提供依据。另外,可以根据验收标准,利用无损检测技术把产品质量控制在允许的范围内,以利于提高材料的利用率。

(2) 设备的在役检测

用无损检测技术对运行中的设备或停机检修的设备进行检测,可以及时发现设备存在的安全隐患,保证设备安全运行。

(3) 质量监控

零部件在进行组装或设备投入使用前进行检验,判断产品是否合格。

3. 无损检测的内容

随着现代工业和科学技术的发展,无损检测技术从单纯的质量检验发展成为一门多用途的综合技术。无损检测的主要内容包括以下三个方面:

(1) 无损探伤

发现材料或工件中的缺陷,确定缺陷的位置、数量、大小、形状及性质,以便对设备的安全运行、产品的质量做出评价,同时为产品设计、制定(修订) 工艺提供依据。

（2）测试

包括测定材料的机械物理性能,例如裂纹扩展速率、机械强度、硬度、导电率等;检查产品的性质和状态,例如热处理状态、应力应变特性、硬化层深度;产品的几何度量,例如产品的几何尺寸、涂层、镀层、板厚等的测量。

（3）监控

对正在运行中的重要部件进行动态检测,把部件缺陷的变化连续地提供给检测者。

4. 无损检测技术的特点

（1）不会对构件造成任何损伤

无损检测是在不破坏构件的条件下,利用材料的物理性质因为有缺陷而发生变化的现象,来判断构件内部和表面是否存在缺陷,而不会对材料、工件和设备造成任何损伤。

（2）为找缺陷提供了一种有效方法

任何结构、部件或设备在加工或使用过程中,由于其内外部各种因素的影响,不可避免地会产生缺陷。操作人员不仅要知道是否有缺陷,还要查找缺陷的位置、大小及其危害程度,并要对缺陷的发展进行预测和预报。无损检测为此提供了一种有效的方法。

（3）能够对产品质量实现监控

产品在加工或成型过程中,如何保证产品质量及其可靠性是提高效率的关键。无损检测能够在铸造、锻造、冲压、焊接、切削加工等每道工序中,检查该工件是否符合要求,可避免徒劳无益的加工,从而降低生产成本,提高产品质量和可靠性,实现对产品质量的监控。

（4）能够防止因产品失效引起的灾难性后果

机械零部件、装置或系统,在制造或服役过程中丧失其规定功能而不能工作,或不能继续完成其预定功能称为失效。失效是一种不可接受的故障。用无损检测技术提前或及时检测出失效部位和原因,并采取有效的措施,就可以避免灾难性事故的发生。

（5）具有广泛的应用范围

无损检测技术适用于各种设备、压力容器、机械零件等缺陷的检测,例如金属材料、非金属材料、铸件、锻件、焊接件、板材、棒材、管材以及多种产品内部与表面缺陷的检测。因此无损检测技术受到工业界的普遍重视。

5. 无损检测方法的选择

在工程技术中得到广泛应用的检测方法有:射线、超声、涡流、磁粉、渗透五种常规检测方法。此外,激光全息照相干涉、声发射、微波、红外等无损检测技术已得到日益广泛的应用。

众所周知,无损检测的应用范围很广,被检测的对象千差万别,其无损检测的方法又是多种多样的,必须掌握各种无损检测方法的优缺点,明确各种不同方法的适用范围和它们之间的相互关系,才能在综合分析与评价的基础上,面对具体的无损检测工程或被检对象,选择恰当的无损检测方法,确定正确的无损检测方案。

液体渗透检测只能检查材料或构件表面开口状的缺陷,对于近表面和内部的缺陷,渗透法是无法检测的。它的优点是操作简单、成本低廉,适用于有色金属、黑色金属和非金属等各种材料和形状复杂的各种零部件,但是,对多孔性材料不适用。

磁粉检测用来检测铁磁件材料表面和近表面的缺陷。检测所用设备简单、操作方便、观察缺陷直观快速,有较高的检测灵敏度,尤其对裂纹特别敏感。

电位检测法适合用来检测裂纹的深度和裂纹平面的倾角,也可用于测厚和检测复合板结合层的质量,对于精密的电子束焊接和激光焊接,也可用电位法检测焊缝熔深。

射线检测法适用于检测材料或构件的内部缺陷。对体积型缺陷比较灵敏,对平面状的二维缺陷不敏感,只有当射线入射方向与裂纹平面相一致时,才有可能检出裂纹缺陷。所以,射线检测法一般适用于焊缝和铸件检查,因为焊缝和铸件中通常存在的气体、夹渣、密集气孔、冷隔和未焊透、未熔合等缺陷往往是体积型的。

超声波检测具有灵敏度高、指向性好、穿透能力强、检测速度快等优点。它既可检测材料或构件的表面缺陷,又可以检测内部缺陷,尤其对裂纹、叠层和分层等平面状缺陷,具有很强的检出能力。超声波检测适用于钢铁、有色金属和非金属,也适用于铸件、锻件、轧制的各种型材和焊缝等。但是,超声波检测只适用于检查几何形状比较简单的工件,对于管材、棒材、平板、钢轨和压力容器焊缝等几何形状较简单的材料或构件,可以实现高速自动化检测,通常采用水浸法或喷水探头。除了探伤以外,超声波法还可用来测量厚度、硬度、淬硬层深度,检测材料的弹性模量和晶粒度,测量零件或构件中的应力,以及进行液位和流量的测量等。

涡流法只适用于导体,而且只能检测表面和近表面缺陷。除了探伤以外,涡流法还可以检测材料的电导率、磁导率、晶粒度、热处理状况、材料的硬度和几何尺寸,以及测量金属材料上的非金属涂层和铁磁性材料上的非铁磁性材料涂层的厚度。涡流探伤时,探头可不与工件相接触,也不需要耦合介质,因此可以实现自动化检测。对于管材、棒材、板材等各种型材,可以采用不同类型的探头进行检测或在役进行检测。采用多频多参数涡流检测法,还可以同时给出多种测量信息和数据。

声发射技术被称为动态无损检测技术,它需要在外力或内力的作用下进行检测,而且声发射信号来自缺陷本身或结构异常区域,因此,它可以判断缺陷的严重程度,除极少数材料外,一般的金属和非金属材料在一定条件下都有声发射现象,所以声发射检测可以普遍应用。但是,由于解释声发射信号比较困难,从而使声发射的应用受到了一定限制。目前比较成功的应用是对压力容器的安全评价。此外,声发射还可用于研究疲劳、蠕变、脆断、应力腐蚀和断裂力学测试,监测焊接过程和大型结构与设备,研究纤维增强复合材料和陶瓷材料的性能等。

红外无损检测主要通过热成像装置,可对钢包、锅炉、电子线路、电缆和输变电装置等进行检测。红外线热图法还可检测蜂窝夹芯胶接结构;红外遥测技术可通过卫星或飞机监测电站、电网和变电站的运行是否正常。

微波检测用于材料性能的评价和天线屏蔽器以外的材料中不连续性的鉴定,它是通过对介电材料中水气浓度的检验来实现的。

总之,正确地选择无损检测的方法,除掌握各种方法的特点以外,还需要与材料或构件的加工生产工艺、使用条件和状况、检测技术文件和相应标准的要求等相结合,才能正确地确定无损检测方案,从而达到有效检测的目的。

11.2 超声波检测

11.2.1 超声波的原理

超声波检测(Ultrasonic Testing)技术是应用最广泛、使用频率最高且发展较快的一种无损检测技术。超声波检测是利用材料本身或内部缺陷对超声波传播的影响来检测判断结构内部或表面缺陷的大小、形状及分布情况,并对材料或结构的性能进行评价的一种无损检测技术。它广泛应用于工业及医疗领域。

超声波的实质是以波动的形式在介质中传播的机械振动,超声波检测是利用超声波在介质中的传播特性,例如超声波在介质中遇到缺陷时会产生反射、折射等特点对工件或材料中的缺陷进行检测。超声波检测的工作原理如图11.1所示。

图 11.1　超声波检测的工作原理示意图

11.2.2 超声波的基础

声波的频率范围很宽,从$10^{-4} \sim 10^{12}$ Hz,有16个数量级。人的耳朵能够听到的声音的频率为20 ~ 20 000 Hz。当声波的频率超过人耳听觉范围的频率极限时,人耳就觉察不出这种声波的存在,称这种高频的声波为超声波,其频率为:$f > 2 \times 10^4$ Hz。

超声波根据波阵面的形状可分为平面声波、球面声波与柱面声波。按振动的持续时间,超声波可分为连续波与脉冲波。根据介质质点的振动方向与波动传播方向之间的关系来区分超声波的波型,可分为纵波、横波、表面波与兰姆波(板波)。

1. 纵波

传播方向与介质中质点的振动方向相同的波称为纵波。它能在固体、液体和气体中传播。

2. 横波

传播方向与介质中质点的振动方向垂直的波称为横波。它只能在固体中传播。

3. 表面波

质点的振动介于纵波和横波之间,振幅随深度增加而迅速衰减,且沿着固体表面传播的波称为表面波。表面波质点振动的轨迹是椭圆形,椭圆的长轴与波的传播方向垂直,短轴与波的传播方向平行,因此,可将介质质点的椭圆振动分解为纵波与横波两部分。和横波一样,表面波只能在固体介质中传播。

4. 兰姆波

兰姆波只能在有一定厚度的薄板内产生,质点可以在薄板的两个表面和中部振动,声场遍布整个板的厚度,沿着板的两个表面及中部传播,所以也称为板波。

按兰姆波的传播方式又可将其分为对称型兰姆波和非对称型兰姆波两种。薄板两面有纵波和横波成分组合的波传播,质点的振动轨迹为椭圆。若薄板两面质点的振动相位相反,且薄板中部质点仅以纵波形式振动和传播,则称为对称型兰姆波。若薄板两面质点的振动相位相同,质点振动轨迹为椭圆,且薄板中部的质点仅以横波形式振动和传播,则称为非对称型兰姆波。

11.2.3　超声波检测的设备

1. 超声波检测仪

超声波检测仪是超声检测的主要设备,其作用是产生电振荡并加于探头上,激励探头发射超声波,同时将探头送回的电信号放大,用一定方式显示出来,从而得到被检工件内部有无缺陷及缺陷位置和大小等信息。

超声波检测仪按照超声波的连续性可分为以下三类。

（1）连续波检测仪

这类仪器指示的是声的穿透能量,通过探头向工件发射连续且频率不变的超声波,根据透过工件的超声波的能量变化判断工件中有无缺陷及缺陷的大小。这种仪器灵敏度低,不能确定缺陷位置,目前已经很少使用。

（2）调频波检测仪

这类仪器通过探头向工件发射连续且频率周期性变化的超声波,根据发射波与反射波的差频变化情况判断工件中有无缺陷。由于只适合于检测与探测面平行的缺陷,目前也很少用。

（3）脉冲波检测仪

这种仪器发射持续时间很短的电脉冲,激励探头发射脉冲超声波,并接收工件中反射回来的脉冲信号。通过检测信号的返回时间与幅度判断工件中是否存在缺陷及缺陷的大小。这是目前应用最为广泛的一类超声波检测仪。

按显示缺陷的方式,将超声波检测仪分为 A 型、B 型、C 型。

①A 型显示检测仪。A 型显示是一种波形显示,检测仪示波屏的横坐标代表声波的传播时间,纵坐标代表反射波的幅度。由反射波的位置可以确定缺陷的位置,而由反射波的高度则可估计缺陷的性质和大小。

②B 型显示检测仪。B 型显示是一种图像显示,检测仪示波屏的横坐标是靠机械扫描来代表探头的扫查轨迹,纵坐标是靠电子扫描来代表声波的传播时间（或距离）,因而可直观地显示出被探工件任一纵截面上缺陷的分布及缺陷的深度。

③C 型显示检测仪。C 型显示也是一种图像显示,检测仪示波屏的横坐标和纵坐标都是靠机械扫描来代表探头在工件表面的位置。探头接收信号幅度以光点辉度表示,因而当探头在工件表面移动时,示波屏上便显示出工件内部缺陷的平面图像（顶视图）,但不能显示缺陷的深度。

三种显示方式的图解说明如图 11.2 所示。

根据通道数的多少不同,可将超声波检测仪分为单通道型和多通道型两大类,其中前者应用最为广泛,后者则主要应用于自动化检测。

按信号输出的方式可以分为模拟式和数字式两大类,其中模拟式输出的是未经采样的

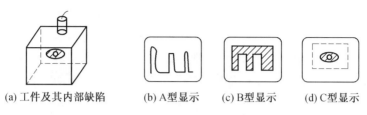

(a) 工件及其内部缺陷　　(b) A型显示　(c) B型显示　(d) C型显示

图 11.2　超声波检测仪缺陷显示示意图

模拟射频信号,而数字式输出的是经过 A/D 采样后的数字射频信号。数字式仪器小巧轻便,操作简单,但有信号损失;模拟式仪器体积较大,不便于携带,但能获得原始射频信号。随着微电子和计算机软硬件技术的发展,数字式超声波检测仪会获得越来越广泛的应用,占据主导地位。

2. 超声波探头

超声波探头也称超声换能器,是超声波检测中实现声能与电能相互转换的重要器件。在超声波检测中用的超声换能器主要有:压电换能器、磁致伸缩换能器、电磁声换能器、激光超声换能器,其中使用最普遍的是压电换能器。

超声波探头(压电换能器)主要由压电晶片、保护膜、阻尼块、外壳和接插电极等组成,斜探头还有一个使压电晶片与入射面成一定角度的斜楔,其中压电晶体是探头中的关键元件。压电式超声波探头就是利用压电晶体的压电效应与逆压电效应,实现电振动与机械振动(超声波)相互转换。

3. 试块

在超声波检测中为了保证检测结果正确、可重复性及可比性好,必须采用具有已知固定特性的试样(试块)对检测系统进行校准。此外,对于缺陷的评定,检测中常用与已知量比较的方法来进行,即与试块作比较测量。因此,试块的作用是:① 确定检测灵敏度,超声波检测的灵敏度太高时杂波多,导致判伤困难,太低又会引起漏检,用试块上某一人工反射体来调整检测灵敏度;② 测试仪器和探头的性能;③ 调整扫描速度,用试块调整仪器示波屏上水平刻度与实际声程之间的比例关系,即扫描速度,以便对缺陷进行定位;④ 评判缺陷大小,利用试块绘出距离 – 波幅当量曲线对缺陷进行定量分析。

4. 耦合剂

在超声波检测中,耦合剂的作用主要是排除探头与工件表面之间的空气,使超声波能有效地传入工件,以便检测。当然,耦合剂也有利于减少探头与工件表面的摩擦,延长探头的使用寿命。

11.2.4　超声波检测的方法

可以从多个角度对超声波检测的方法进行分类。按检测原理不同,可分为脉冲反射法、穿透法和共振法等;按超声波的波形不同,可分为纵波法、横波法、表面法和板波法等;按探头的数目,可分为单探头法、双探头法和多探头法等;按探头与试件的耦合方式的不同,可分为直接接触法和液浸法两大类。下面简单讨论按检测原理的分类情况。

1. 脉冲反射法

脉冲反射法是目前应用最广泛的一种超声波检测方法。其基本原理是：将具有一定持续时间和一定频率间隔的超声脉冲发射到被测工件，当超声波在工件内部遇到缺陷时就会产生反射，根据反射信号的大小及在显示器上的位置可以判断出缺陷的大小及深度。脉冲反射法包括缺陷回波法、底波高度法、多次底波法。

（1）缺陷回波法

缺陷回波法是脉冲反射法的基本方法，是根据超声波检测仪显示屏上显示的缺陷回波判断缺陷的方法。图 11.3 是缺陷回波法原理示意图。当被检工件内部无缺陷时，显示屏上只有发射脉冲（始波）及底面回波；当被检工件内部有小缺陷时，显示屏上有发射脉冲（始波）、缺陷回波及底面回波；当被检工件内部有大缺陷时，显示屏上有发射脉冲（始波）、缺陷回波，没有底面回波。

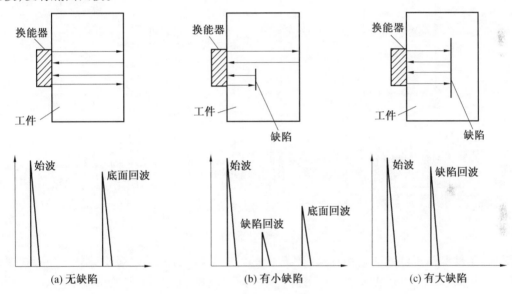

图 11.3　缺陷回波法示意图

（2）底波高度法

根据底面回波高度的变化判断工件内部有无缺陷的方法，称为底波高度法。对于厚度、材质不变的工件，如果工件内部无缺陷，其底面回波的高度基本不变，工件内部有缺陷时，底面回波的高度会减小甚至消失，如图 11.4 所示。

（3）多次底波法

多次底波法是以多次底面脉冲反射信号为依据进行检测的方法，如果工件内部无缺陷，在显示屏上出现高度逐次递减的多次底波，如果工件内部存在缺陷，由于缺陷的反射、散射而增加了声能的损耗，底面回波次数减少，同时也打破了各次底面回波高度逐次衰减的规律，并显示缺陷回波，如图 11.5 所示。

2. 穿透法

将两个探头分别置于工件的两侧。一个探头发射的超声波透过工件被另一侧的探头接收，根据接收到的能量大小判断有无缺陷。穿透法有连续波和脉冲波两种不同的方式。穿

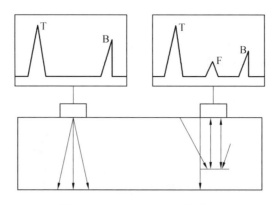

图 11.4 底波高度法示意图

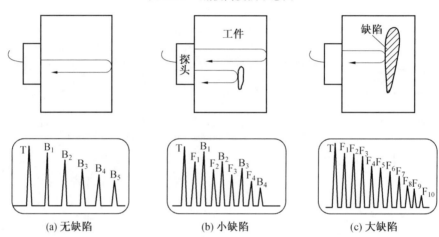

(a) 无缺陷   (b) 小缺陷   (c) 大缺陷

图 11.5 多次底波法示意图

透法适于检测薄工件的缺陷和衰减系数较大的匀质材料工件;设备简单,操作容易,检测速度快;对形状简单、批量较大的工件容易实现连续自动检测。但不能给出缺陷的深度,检测灵敏度较低,对发射、接收探头的相对位置要求较高。

3. 共振法

一定波长的声波,在物体的相对表面上反射,所发生的同相位叠加的物理现象称为共振。应用共振现象来检验工件的方法称为共振法,常用于测工件的厚度。

11.2.5 超声波检测的应用

超声波检测的应用是多方面的,既可用于铸件、锻件、板材、管材、棒材以及焊缝等的检测,又可用于液位、涂层厚度、硬度以及材料的弹性模量、晶粒度、残余应力等的检测。下面简述超声波检测的两个典型应用实例。

1. 钢壳和模具的超声检测

大型结构部件钢壳和各种不同尺寸的模具均为锻件。锻件主要进行超声波探伤。锻件探伤采用脉冲反射法,除奥氏体钢外,一般晶粒较细,探测频率多为 2 ~ 5 MHz,质量要求高的可用 10 MHz。通常采用接触法探伤,用机油作耦合剂,也可采用水浸法。在锻件中缺陷的方向一般与锻压方向垂直,因此,应以锻压面做主要探测面,锻件中的缺陷主要有折叠、夹层、中心疏松、缩孔和锻造裂纹等。

钢壳和模具探伤以直探头纵波检测为主,用横波斜探头作辅助探测。但对筒状模具的圆体面和球面壳体,应以斜探头为主,为了获得良好的声耦合,斜探头楔块磨制成与工件相同曲率。

钢壳的腰部带有异型法兰环,当用直探头探测时,在正常情况下不出现底波,若有裂纹等缺陷存在,便会有缺陷波出现。其探伤情况如图 11.6 所示。

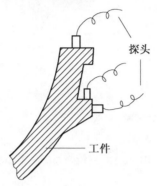

图 11.6　异型法兰探伤

2. 小型压力容器壳体超声检测

小型压力容器壳体是由低碳不锈钢锻造成型的,经机械加工后成半球壳体。对此类锻件进行超声波探伤,通常以斜探头横波探伤为主,辅以表面波探头检测表面缺陷。对于壁厚 3 mm 以下的薄壁壳体可只用表面波法检测。探伤前必须将斜探头楔块磨制成与工件相同曲率的球面,以利于声耦合,但磨制后的超声波束不能带有杂波。通常使用易于磨制的塑料外壳环氧树脂小型 K 值斜探头,K 值可选 1.5 ～ 2,频率为 2.5 ～ 5 MHz。探伤时采用接触法,用机油耦合。图 11.7 为小型球壳的探伤操作情况。探头一方面沿经线上下移动,一方面沿纬线绕周长水平移动一周,使声束扫描线覆盖整个球壳。在扫描过程中通常没有底面回波,但遇到裂纹时会出现缺陷波。可以制作带有人工缺陷与工件相同的模拟件调试灵敏度。

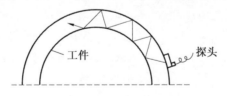

图 11.7　小型球壳的探伤

如果采用水浸法和聚焦探头检测,可避免探头的磨制加工。但要采用专用的球面回转装置,使工件和探头在相对运动中完成声束对整个球壳的扫描。

11.3　射线检测

11.3.1　射线检测的原理

射线在穿过物质的过程中将发生衰减而使其强度降低,衰减的程度取决于被检材料的种类、射线种类以及所穿透的距离。当把强度均匀的射线照射到物体(如平板)上一个侧面时,由于各种部位对入射射线的衰减不同,透射射线的强度分布将不均匀。采用照相、荧光屏观察等手段,通过在物体的另一侧检测射线在穿过物体后的强度分布,就可检测出物体表面或内部缺陷,包括缺陷的种类、大小和分布情况。射线检测的基本原理如图 11.8 所示。

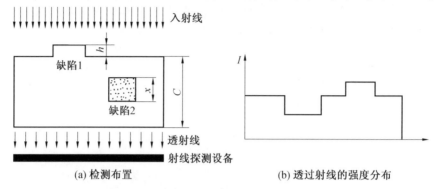

(a) 检测布置　　　　　　　　　(b) 透过射线的强度分布

图 11.8　射线检测的基本原理

11.3.2　射线检测的方法

1. 照相法

目前,射线检测的照相法有胶片照相法和 CCD 直接成像等多种,它们之间的主要差别源于检测射线的介质不同,因此在检测速度和检测灵敏度等方面也有所差异,这里只讨论胶片照相法。

将感光材料(胶片)置于被检测试件后面,用来接收透过试件后的射线,如图 11.9 所示。因为胶片乳剂的摄影作用与感觉到的射线强度有直接关系,经过暗室处理后,就会得到被检物的结构影像。根据底片上影像的形状和黑度的不均匀情况来评定材料中有无缺陷及缺陷的性质、形状、大小和位置。

2. 电离检测法

X 射线穿过气体时,撞击气体分子,使其中某些原子失去电子变成离子,同时产生电离电流。如果让穿过工件的射线再通过电离室,那么在电离室内便产生电离电流,不同的射线强度穿过电离室后产生的电离电流也不同。电离检测法就是利用测定电离电流的方法来测定 X 射线强度,根据射线强度的不同可以判断工件内部质量的变化。检测时,可用探头(即电离室)接收射线,并转换为电信号,经放大后输出。电离检测工作的基本原理如图 11.10 所示。

3. 荧光屏直接观察法

荧光屏直接观察法,是将透过被检测物体后不同强度的射线,投射在涂有荧光物质的荧光屏上,激发出不同强度的荧光,成为可见影像,从荧光屏上直接辨认缺陷。它所看到的缺陷影像与照相在底片上所得到的影像黑度相反。

荧光屏直接观察法的相对灵敏度大约为 7%;但它具有成本低、效率高、可连续检测等优点,适用于形状简单、要求不很严格的产品探伤。近年来,对此装置近一步采用了电子聚焦荧光辉度倍增管配合小焦点的 X 光机,使荧光屏上的亮度、清晰度有所增加,灵敏度达 2% ~ 3%。

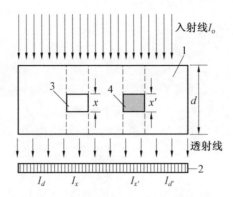

图 11.9　射线照相检测原理示意图

1— 被透照试件；2— 射线感光胶片；3— 气孔；4— 夹渣

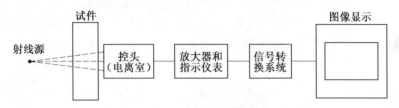

图 11.10　电离检测法检测原理

在荧光屏观察时，为了减少直射 X 射线对人体的影响，在荧光屏后用一定厚度的铅玻璃吸收 X 射线，并将图像再经过 45° 的二次反射后进行观察，如图 11.11 所示。从荧光屏上观察到的缺陷，如需要备查时，可用照相或录像法，将其摄录下来。

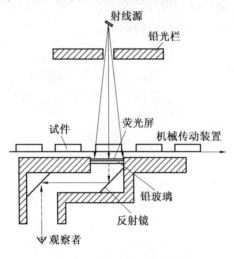

图 11.11　荧光观察法示意图

4.电视观察法

电视观察法是荧光屏直接观察法的发展，就是将荧光屏上的可见影像通过光电倍增管增强图像，再通过电视设备显示。这种方法自动化程度高，可观察静态或动态情况，但检测灵敏度比胶片照相法低，对形状复杂的零件检查较困难。

11.3.3 射线检测的设备

1. X 射线探伤机

X 射线探伤机是指以 X 射线管为射线源的探伤设备。按轻便程度，X 射线探伤机可分为携带式和移动式两种。携带式仪器，主要用于现场检测，其功率要求不一定很大，但要求轻便可靠。移动式仪器多用于室内，要求设备可靠、多功能和高效率。按射线能量，X 射线探伤机可分为软 X 射线和硬 X 射线探伤两种。软 X 射线的工作电压通常在 150 kV 以下，通过铍窗口获得一定波长的软射线。适用于对人体组织、轻金属、非金属、动植物体以及其他低原子序数的物质的 X 射线透视检测，对于薄的重金属，同样具有很好的效果。此外，还有脉冲 X 射线机，其能量从几百电子伏特到几十兆电子伏特，管电流峰值可达几千安培，单次射线发射时间为几十毫秒到几十微秒。它可连续发射几个脉冲，可用来摄取运动体的动态瞬时照片。X 射线探伤机通常是由 X 射线管、高压发生器、控制系统和冷却系统等几部分组成，主要的是 X 射线管、高压发生器和控制系统，它们决定了 X 射线的质和量。

2. γ 射线探伤机

γ 射线机用放射性同位素作为射线源辐射 γ 射线，它和 X 射线机的一个重要不同是：γ 射线源在不断地辐射 γ 射线，而 X 射线机仅是在开机并加上高压后才产生 X 射线。

γ 射线探伤机可分为三种类型：手提式、移动式和固定式。手提式 γ 射线机的体积小、重量轻，便于携带，使用方便，但从辐射防护的角度看，它的缺点是不能装备能量高的 γ 射线源。移动式和固定式 γ 射线机的体积较大，质量也较大，需借助适当的装置才能移动，但由于容许采用更多材料进行辐射防护设计，因此可以装备能量高和活度较大的 γ 射线源。γ 射线探伤机主要由 γ 射线源、线源容器、辐射器、机器支架和操纵系统几部分组成。

3. 透度计

透度计或称像质计、像质指示计，是用来评定透照灵敏度、含有人工缺陷的一种标准试块。由透度计测得的灵敏度称为透度计灵敏度，常用来表示底片的影像质量，透度计也常用来确定射线检验的透照参数。射线检测用透度计，各国不尽相同，如金属丝式、槽式、阶梯板孔式、板式、双金属丝等，我国采用金属丝和槽式两种。

4. 增感屏

选择增感屏时，要考虑产品质量要求、射线能量、胶片特性以及检测效率（速度）等方面的因素。检测灵敏度要求高时，优先选用金属增感屏或不用增感屏，检测速度要求快且对影像质量要求不高时，可考虑选用荧光增感屏或金属荧光增感屏。

照相时，通常是在胶片的一面或两面紧贴增感屏，以缩短曝光时间。

5. 胶片

胶片是射线照相法检测的重要组成部分，其质量的高低对射线起决定性影响。一张结构良好的射线胶片共由七层物质组成，如图11.12所示。片基的两面对称地涂有衬底薄层、乳剂层、保护层。

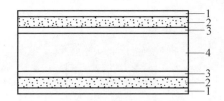

图 11.12　射线胶片结构

1— 保护层;2— 乳剂层;3— 衬底薄层;4— 片基

11.3.4　射线检测的应用

1.高强度大型铸铝合金部件 X 射线检测

铸件检测主要是检查在金属铸造过程中产生的各类缺陷,如气孔、夹渣、夹砂、缩孔、疏松、冷隔和裂纹等。高强度大型铝合金铸件是用 ZL204 高强度铸造铝合金制成的。该合金虽有较高的机械强度,但在铸造生产过程中,由于铸造工艺控制不当等原因,很容易在铸件内部产生气孔、夹渣、疏松和裂纹等缺陷。为了保证产品质量,必须对铸件进行百分之百的 X 射线检测。

铸件中不允许有裂纹、冷隔和缩孔存在。对于气孔和夹渣的尺寸与密集性,按技术条件要求评定。高强度铸铝合金中常出现弥散的点状疏松,为了对疏松进行评级,专门研制了 ZL204 合金铸件 X 射线透视疏松评级标准。

对工件进行透照时,通常使用微粒胶片,不使用增感屏。电压、管电流、焦距和曝光时间应严格按曝光曲线控制。透照灵敏度由金属丝像质计指示。底片的暗室处理可以采用手工洗片,也可使用自动恒温洗片机洗片。

2.普通焊缝的 X 射线检测

(1)平板对接焊缝

这是工业生产中最为普遍的一种焊缝。透照时将暗盒放在工件的背面;射线束中心对准焊缝中心线;像质计、标记号码放在靠近射线源一侧的焊缝表面上,以便确定底片的灵敏度。为防止散射线的干扰,在焊缝表面的两侧可用铅板屏蔽。

为了检查 V 形和 X 形坡口焊缝边缘附近及焊层间较小的未焊透和未熔合缺陷,除了射束对准焊缝中心线透照外,还应再做两次射束方向沿坡口方向左右两侧进行的透照。用此种方法也容易发现沿断面方向延伸的裂缝等缺陷。图 11.13 是不同坡口形式对接焊缝的透照情况。

(2)角焊缝的透照

常见的角焊缝形式有对接角焊缝、对接插入式角焊缝、薄板卷边焊缝、丁字形角焊缝和管道座角焊缝等。

对于铸件中的角形工件,射束投射方向多为其角度的平分线。

对于角焊缝检测,例如丁字形角焊缝,射束中心和立板之间的夹角为10°～15°,如图 11.14 所示。但是,在薄板角焊缝情况下,射束的入射角并不十分重要。为了提高角焊缝检测的灵敏度和底片清晰度,必须注意散射的遮蔽,还应合理选择焦距、胶片、增感屏和射线硬度。

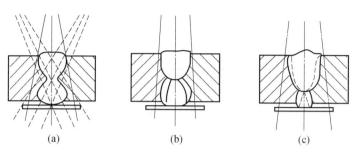

图 11.13　不同坡口对接焊缝的透照

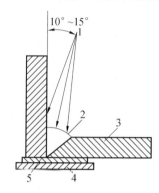

图 11.14　角焊缝透照

1— 焦点;2— 焊缝;3— 工件;4— 铅板;5— 暗盒

11.4　涡流检测

11.4.1　涡流检测的原理

涡流检测(Eddy Current Testing)是建立在电磁感应原理基础之上的一种无损检测方法,适用于导电材料。当导体置于变化的磁场中或相对于磁场运动时,在导体中就有感应电流存在,即产生涡流。由于导体自身各种因素(如电导率、磁导率、形状、尺寸和缺陷等)的变化,会导致感应电流的变化,利用这种现象而判知导体性质及状态的检测方法称为涡流检测方法,主要应用于金属材料和少数非金属材料(如石墨、碳纤维复合材料等)的无损检测。

涡流检测是涡流效应的一项重要应用。在涡流检测中,试样总是放在线圈中或者接近线圈,如图 11.15 所示。当载有交变电流的检测线圈靠近导电试件时,由于线圈中存在一个交变磁场 H_a,由磁感应定律可知,试件内会感生出涡状流动的电流,即涡流,涡流产生一个次级磁场 H_s,它与磁场 H_a 相互作用,导致原磁场发生变化,使线圈内的磁通改变,从而使线圈的阻抗发生变化。工件内部的所有变化(如尺寸、电导率、磁导率、组织结构等)都会改变涡流的密度和分布,从而改变线圈的阻抗。

由于线圈交变电流(又称一次电流)激励的磁场是交变的,因此涡流也是交变的。同样,这个交变的涡流会在周围空间形成交变磁场并在线圈中感应电动势,这样,线圈中的磁场就是一次电流和涡流共同感应的合成磁场。假定一次电流的振幅不变,线圈和金属工件

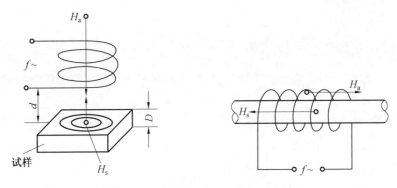

图 11.15　涡流检测基本原理示意图

之间的距离也保持不变,那么涡流和涡流磁场的强度和分布就由金属工件的材质决定。也就是说,合成磁场中包含了金属件的电导率、磁导率、裂纹缺陷等信息。因此,可以通过检测线圈中涡流磁场的变化信息来获取被测工件的性能和缺陷信息。

11.4.2　涡流检测的设备

不同的涡流检测仪是根据不同的检测目的和应用对象,采用不同的方法抑制干扰因素,拾取有用信息的电子仪器。根据用途的不同、检测线圈的不同以及提取影响检测线圈阻抗的各种因素的方法不同等,研制出了各种不同类型的涡流检测仪器,但工作原理和基本结构是相同的。涡流检测仪的基本原理是:信号发生器产生交变电流供给检测线圈,线圈产生交变磁场并在工件中感生涡流,涡流受到工件性能的影响并反过来使线圈阻抗发生变化,然后通过信号检出电路检出线圈阻抗的变化,检测过程包括产生激励、信号拾取、信号放大、信号处理、消除干扰和显示检测结果等。

涡流检测系统首先要激励检测线圈,同时用被检工件来调制检测线圈的输出信号,而且要在放大以前对检测线圈的信号进行处理;然后将信号放大,对信号作检波和解调以及分析等。涡流检测系统还应具备信号的显示和记录功能,一般由振荡器、探头(检测线圈及其装配件)、信号输出电路、放大器、处理器、显示器、记录仪和电源等几部分组成,其原理方框图如图11.16 所示。

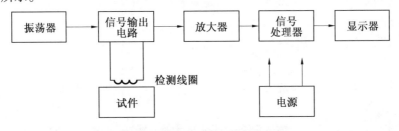

图 11.16　涡流检测仪器框图

振荡器的作用是给电桥电路提供电源,当作为电桥桥臂的检测线圈移动到有缺陷的部位时,电桥输出信号,信号经放大后输入检波器进行相位分析,再经滤波和幅度分析后,送到显示和记录装置。

根据振荡器的输出频率可分为高频与低频。高频振荡频率为 2 ~ 6 MHz,适合于检测表面裂纹;低频振荡频率为 50 ~ 100 Hz,穿透深度较大,适合于检测表面下缺陷和多层结构中第二层材质中的缺陷。

11.4.3 涡流检测的方法

在涡流检测中,检测线圈的合理选择、频率的正确选择、获取的复杂信号的分析处理以及对比试样的制作都直接关系到检测方法的效能。

1. 检测线圈的分类与使用方法

在金属材料的涡流检测中,为了满足不同工件形状和大小的检测要求,设计了多种形式的检测探头或涡流传感器,即检测线圈。

按检测时线圈和试样的相互位置关系分类,可分为外穿过式线圈、内通过式线圈和放置式线圈,如图 11.17 所示。

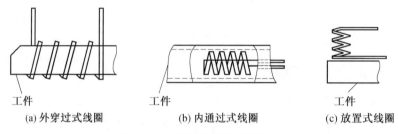

(a) 外穿过式线圈　　　　(b) 内通过式线圈　　　　(c) 放置式线圈

图 11.17　检测线圈的分类(1)

按线圈的绕制方式分类,可以分为绝对式和差动式,如图 11.18 所示。只有一个测量线圈的工作方式称为绝对式。使用两个线圈进行反接的方式称为差动式。差动式按工件的位置放置形式不同又分为标准比较式和自比较式两种。

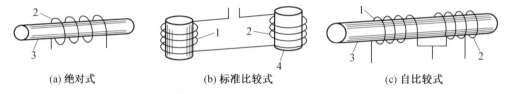

(a) 绝对式　　　　　　(b) 标准比较式　　　　　(c) 自比较式

图 11.18　检测线圈的分类(2)

1— 参考线圈;2— 检测线圈;3— 管材;4— 棒材

涡流检测线圈可以接成各种电桥形式。通用的涡流检测仪使用频率可变的激励电源和一交流电源相连,测量因缺陷产生的微小阻抗变化,电桥式仪器一般采用带有两个线圈的探头。

绝对式探头仅有一个检测线圈和一个参考线圈。差动式探头的两个线圈同时对所要探伤的材料进行检测。

绝对式探头对影响涡流检测的各种变化(如电阻率、磁导率以及被检测材料的几何形状和缺陷等)均能做出反映,而差动式探头给出的是材料相邻部分的比较信号。当相邻线圈下面的涡流发生变化时,差动式探头仅能产生一个不平衡的缺陷信号。因此,表面检测一般都采用绝对式探头,而对管材和棒材的检测,绝对式探头和差动式探头都可采用。

2. 涡流检测的频率选择

涡流检测所用的频率为 200 Hz ~ 6 MHz 或更大。大多数非磁性材料的检查采用的频率是数千赫兹,检测磁性材料则采用较低频率。在任何具体的涡流检测中,实际所用的频率由被检工件的厚度、所希望的透入深度、要求达到的灵敏度或分辨率以及不同的检测目的等决定。

对透入深度,频率越低透入深度越大。但是降低频率的同时检测灵敏度也随之下降,检测速度也可能降低。因此,在正常情况下,检测频率要选择尽可能地高,只要在此频率下仍能保证有必须的透入深度即可。若只是需要检测工件表面裂纹,则可采用高到几兆赫兹的频率。若需检测相当深度处的缺陷,则必须牺牲灵敏度,采用非常低的频率,这时候它不可能检测出细小的缺陷。

3. 涡流检测信号分析

通常采用的信号处理方法有相位分析法、频率分析法和振幅分析法等,其中相位分析法用得最广泛,而频率分析法和振幅分析法主要是用于各种自动探伤设备。下面对相位分析法加以说明。

由检测线圈复阻抗平面图可知,裂纹效应的方向和其他因素效应的方向是不同的(即相位不同),利用这种相位上的差异,采用选择相位来抑制干扰因素影响的方法称为相位分析法,常用的有同步检波法和不平衡电桥法两种。

(1) 同步检波法

如图 11.19(a) 所示,以 OA 表示待检测的缺陷信号,OB 表示干扰信号,如果不对干扰加以抑制,那么输出的将是两个信号叠加的结果。若加进一个控制信号,让它们一同输入到同步检波器中,使信号的输出分别是 $OA\cos\theta_1$ 和 $OB\cos\theta_2$。只要适当调节控制信号 OT 的相位,使 $\theta_2 = 90°$,那么,干扰信号的输出为零,而总的信号输出($OC = OA\cos\theta_1$)仅与缺陷信号有关,消除了干扰的影响。

(2) 不平衡电桥法

如果探伤仪采用的是电桥电路,也可以利用电场的不平衡状态来抑制干扰,这种方法称为不平衡电桥法。同步检波法适用于抑制直线状干扰电压的杂波(如棒材直径变化的干扰),而不平衡电桥法适用于抑制呈圆弧状电压轨迹变化的杂波(如提离效应干扰),如图 11.19(b) 所示,以圆弧 AB 代表干扰杂波的轨迹,AC 表示缺陷信号变化的轨迹,若取杂波圆弧 AB 的中心 O 点作电桥的不平衡偏移点,那么以它们的电压差为输出信号时,很显然,输出信号只随缺陷的轨迹 AC 发生变化,从而抑制了干扰杂波 AB 的影响。

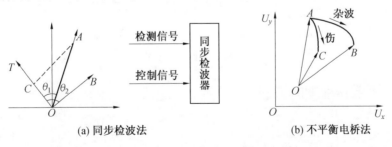

(a) 同步检波法　　　　　　　　　　　　　　(b) 不平衡电桥法

图 11.19　相位分析法

4. 涡流检测的对比试样

涡流检测与其他无损检测方法一样,对被检测对象质量的评价和检测都是通过已知样品质和量的比较而得出的。如果脱离了这类起参考作用的样品,很多无损检测方法将无从实施,这类参考物质在无损检测中通常被称作标准试样或对比试样。

11.4.4 涡流检测的应用

涡流检测的应用范围主要包括以下方面:

(1)缺陷检测。涡流检测缺陷一般用于工件表面和近表面,也有用于内部缺陷检测。在缺陷检测方面,它主要适用于丝材、管材、内外壁、棒材、板材、坯材表面,以及焊缝、零件等检测,主要应用于自动在线检测。

(2)试件电导率、磁导率、硬度、强度以及内应力情况、热处理情况等物理参量的测量。

(3)对不同的金属材料以及牌号的材料等进行自动分选。

(4)测量金属管壁厚度、薄带厚度、金属材料上非金属涂层或铁磁金属上非铁磁涂层;也可用于管棒材直径、椭圆度、金属间距离等测量上。

11.5 磁粉检测

11.5.1 磁粉检测的原理

磁粉检测(MT)是利用导磁金属在磁场中(或将其通以电流以产生磁场)被磁化,并通过显示介质来检测缺陷特性。因此,磁粉检测法只适用于检测铁磁性材料及其合金,如铁、钴、镍和它们的合金等。磁粉检测可以发现铁磁性材料表面和近表面的各种缺陷,如发纹、裂纹、气孔、夹杂、折叠等。

磁粉检测的基本原理是:当材料或工件被磁化后,若材料表面或近表面存在缺陷,会在缺陷处形成一漏磁场,如图 11.20 所示。该漏磁场将吸引、聚集检测过程中施加的磁粉,而形成缺陷显示。由于集肤效应,磁粉检测深度只有 1 ~ 2 mm,直流磁化时的磁粉检测深度为 3 ~ 4 mm。

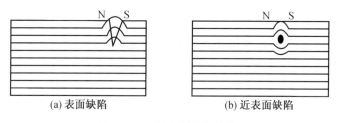

(a) 表面缺陷	(b) 近表面缺陷

图 11.20 缺陷漏磁场的产生

11.5.2 磁粉检测的方法

1. 磁化方法

当缺陷方向与磁力线方向垂直时,缺陷显示最清晰。其夹角小于45° 时,灵敏度明显降低,方向平行时缺陷有可能不显示,因此要尽可能选择有利于发现缺陷的方向磁化。对于形状复杂的工件,往往需要综合采用各种磁化方法。

(1)通电法。将工件夹在探伤机夹头之间,电流从工件上通过,形成周向磁场,可发现与电流方向平行的缺陷。适合检测中小工件。

（2）支杆法。用支杆触头或夹钳接触工件表面，通电磁化。适用于焊缝或大型部件的局部检测。

（3）穿棒法（芯棒法或中心导体法）。将导体穿入空心工件，电流从导体上流过形成周向磁场，可发现与电流方向平行的缺陷。适合检测管材、壳体、螺帽等空心工件的内、外表面。工件的孔不直时，可用软电缆代替棒状导体。工件较大时，可用偏置穿棒法。

（4）线圈法。工件放于通电线圈内，或用通电软电缆绕在工件上形成纵向磁场，有利于发现与线圈轴垂直的缺陷。

（5）磁轭法（极间法）。将工件夹在电磁铁的两极之间磁化，或用永久磁铁对工件局部磁化。适合大型工件的局部检测，或不可拆卸的工件检测。

（6）感应电流法。将环形件当成变压器次级线圈，利用磁感应原理，在工件上产生感应电流，再由感应电流产生环形磁场，可发现环形工件上圆周方向的缺陷。适用于检测薄壁环形件、盘件、轴承、座圈等。

（7）复合磁化。将周向磁化和纵向磁化组合在一起，一次可发现不同方向的缺陷。

（8）直电缆法。电流通过与受检工件表面平行放置的电缆来磁化工件，可发现与电缆平行的缺陷。

2. 磁化电流

（1）直流电或经全波整流的脉冲直流电，可以达到较大的检测深度，但退磁困难。

（2）交流电，发现表面缺陷的灵敏度高，电源易得，退磁容易，但检测深度较浅，用于剩磁法时，需控制断电相位，以防漏检。

（3）半波整流电，将交流电经半波整流后作为磁化电源，综合了直流和交流的优点，避免了各自的缺点，但对磁化设备要求较高，设备价格较高。

3. 磁粉检测方法

（1）连续法磁粉检测

在对工件用外加磁场进行磁化的同时，向工件表面施加磁粉或磁悬液进行磁粉检测的方法称为连续法磁粉检测。连续法适用于所有的铁磁性材料的磁粉检测，对于形状复杂以及表面覆盖层较厚的工件也可以应用连续法进行磁粉检测。这种方法的优点是能以较低的磁化电流达到较高的灵敏度，特别适用于矫顽力低，剩磁小的材料（如低碳钢）；缺点是操作不便，检测效率低。

连续法操作程序如图 11.21 所示。

图 11.21　连续法操作程序

（2）剩磁法磁粉检测

先对被检工件进行磁化，等撤除外加磁场后再利用被检工件上的剩磁进行磁粉检测的方法称为剩磁法磁粉检测。优点是操作简单，检测效率高。缺点是需要较大的磁化电流，只适用于矫顽力在795.8 A/m以上，剩余磁感应强度在0.8 T以上的材料。剩磁法检测一般不使用干粉。

剩磁法操作程序如图 11.22 所示。

预处理 ——→ 磁化 ——→ 施加磁悬液 ——→ 检查 ——→ 退磁及后处理

图 11.22　剩磁法操作程序

11.5.3　磁粉检测的设备

1. 磁粉探伤机

磁粉探伤机是磁粉检测的关键设备,其主要功能是对被检件进行磁化。有的磁粉探伤机还有磁粉喷洒、磁痕观察等辅助功能。

从磁化方法或磁化电流的类型、质量或移动性大小、通用性大小以及自动化程度的高低等多个角度对磁粉探伤机进行分类。

根据通用性大小,磁粉探伤机可分为通用型和专用型两大类。根据自动化程度的高低,磁粉探伤机可分为普通磁粉探伤机、自动磁粉探伤机和半自动磁粉探伤机等类型。根据磁化电流的类型,磁粉探伤机可分为直流磁粉探伤机、全波整流磁粉探伤机、半波整流磁粉探伤机和交流磁粉探伤机等类型。直流磁化有更大的渗透深度,通常用于厚大工件的表面和近表面缺陷的检测;交流磁粉探伤机的渗透深度较浅,磁感应强度集中在表面,对表面缺陷有更高的检测灵敏度,常用于检测尺寸较小的薄壁件或厚大工件的表面缺陷。

根据质量或移动性大小,磁粉探伤机可分为固定式、移动式和携带式三种。固定式磁粉探伤机的质量较大、体积较大,多安装在固定场所。携带式磁粉探伤机质量较小、体积较小,一般可以由单人携带至现场甚至高空使用。移动式磁粉探伤机的质量和体积界于前两者之间,借助搬运小车或自带滚轮,可以在地面上一定的范围内移动。固定式磁粉探伤机磁化电流一般为 1 000 ~ 9 000 A,最高为 20 000 A;移动式磁粉探伤机磁化电流一般为 500 ~ 7 000 A;便携式磁粉探伤机磁化电流一般为 500 ~ 2 000 A。

2. 磁粉和磁悬液

(1)磁粉

磁粉有荧光磁粉和非荧光磁粉。荧光磁粉在紫外线辐射下能发出黄绿色荧光,适用于背景深暗的工件,并较其他磁粉有更高的灵敏度。非荧光磁粉有黑色磁粉、红色磁粉等。黑色磁粉成分为 Fe_3O_4,适用于背景为浅色或光亮工件。红色磁粉成分为 Fe_2O_3,适用于背景较暗的工件。由于磁粉质量关系到检测效果,所以磁粉的磁性、形状、尺寸、密度等均需符合有关规定。

(2)磁悬液

磁粉可用油或水作分散介质,按一定比例配制成磁悬液,用于湿法检测。

3. 试块及试片

磁粉检测利用试块和试片检查探伤设备、磁场、磁悬液的综合使用性能,操作方法是否恰当以及灵敏度是否满足要求。试片还可用于考察被检工件表面各处的磁场分布规律,并可用于大致确定理想的磁化电流值。常用的有标准环形试块、A 型试块、磁场指示器等。

11.5.4　磁粉检测的应用

磁粉检测由于操作简便、直观、结果可靠、速度快、价格低廉等优点,广泛应用于航空航天、机械、冶金、石油等行业,是保证产品质量必不可少的无损检测手段之一。表 11.1 列出了磁粉检测的应用范围。

表 11.1　磁粉检测的应用范围

应用范围	检测对象	可发现缺陷
成品检测	精加工后任何形状和尺寸的工件经热处理和吹砂后,不再进行机加工的工件装备组合件的局部检测	淬裂、磨裂、锻裂、发纹、非金属夹杂物和白点
半成品检测	吹砂后的锻钢件、铸钢件、棒件和管件	表面或近表面的裂纹、压折叠与锻折叠、冷隔、疏松和非金属夹杂物
工序间检测	半成品在每道机加工和热处理工序后的检测	淬裂、磨裂、折叠和非金属夹杂物
焊接件检测	焊接组合件、型材焊缝、压力容器等大型结构件焊缝	焊缝及热影响区裂纹
维修检测	使用过的零部件	疲劳裂纹及其他材料缺陷

11.6　液体渗透检测

11.6.1　渗透检测的原理

渗透检测技术是最早使用的无损检测方法之一,在工业生产中占十分重要的地位。除了表面多孔性材料外,这种方法能够对任何产品及材料进行表面检测,其特点是原理简单,设备简单,方法灵活,显示缺陷直观,适应性强,且不受工件几何形状、尺寸大小的影响,一次检测就可探查任何方向的缺陷,因此应用十分广泛。但是渗透检测对埋藏于表层以下的缺陷是无能为力的,它只能检测开口暴露于表面的缺陷,另外还有操作工序繁杂等缺点。

液体渗透检测利用毛细现象将液体渗入狭窄的缺陷部分,再将渗入的液体吸回表面,采用简单的原理进行检测。渗透检测剂是将渗透液、显像剂、除去清洗液三种药剂组合使用。通常按照前期处理 → 渗透 → 除去 → 显像 → 观察 → 后期处理的顺序进行。

渗透检测的工作原理是:零件表面被施涂含有荧光染料或着色染料的渗透液后,在毛细作用下,经过一定时间的渗透,渗透液可以渗进表面开口缺陷中;经去除零件表面多余的渗透液和干燥后,再在零件表面施涂吸附介质 —— 显像剂;同样,在毛细作用下,显像剂将吸附缺陷中的渗透液,使渗透液回渗到显像剂中,并且在覆盖膜中扩大;在一定的光源下(黑光和白光),缺陷处的渗透液痕迹被显示,从而探测出缺陷的形貌及分布状态。

液体渗透检测法的基本原理是:依据物理学中液体对固体的润湿能力和毛细现象为基础的(包括渗透和上升现象),如图 11.23 所示。将零件表面的开口缺陷看作毛细管或毛细缝隙,首先将被检工件浸涂具有高度渗透能力的渗透液,由于液体的润湿作用和毛细现象,渗透液便渗入工件表面缺陷中。此时在不进行显像的情况下可直接观察,如果使用显像剂进行显像,灵敏度会大大提高。

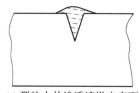
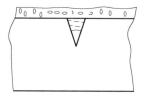

(a) 裂纹中的渗透液溢出表面　　　(b) 粉末显像剂的作用原理

图 11.23　液体渗透检测基本原理

　　显像过程也是利用渗透的作用原理,显像剂是一种细微粉末,显像剂微粉之间可形成很多半径很小的毛细管,这些粉末又能被渗透液所润湿,所以当把工件缺陷以外的多余渗透液清洗干净,给工件表面再涂一层吸附力很强的白色显像剂。根据上述的毛细现象,渗入裂缝中的渗透液就很容易被吸出来,形成一个放大的缺陷显示,在白色涂层上便显示出缺陷的形状和位置的鲜明图案,从而达到无损检测的目的。

11.6.2　渗透检测的方法

　　液体渗透检测方法很多,可按不同的标难对其进行分类。按缺陷的显示方法不同,可分为着色法和荧光法。

1. 着色检测法

　　着色检测法因其渗透液为着色渗透液而得名,着色渗透液的主要成分是红色染科、溶剂和渗透剂,此外还有降低液体表面张力以增加润湿作用的活性剂、减少液体挥发的抑制剂、便于水洗的乳化剂以及助溶剂和增光剂等。这种方法要求渗透液具有较强的渗透力,渗透速度快、色深而醒目、洗涤性好、化学稳定性好、对受检材料无腐蚀性、无毒或低毒等特性。

　　着色渗透检测法使用方便,适用范围广,尤其适用于远离电源与水源的场合。着色渗透检测法的缺点是检测灵敏度低于荧光渗透检测法,常用于奥氏体不锈钢焊缝(对接焊缝和表面堆焊层)的表面质量检验。

2. 荧光渗透检测法

　　荧光渗透检测法是将含有荧光物质的渗透液涂敷在被检测件表面,通过毛细作用渗入表面缺陷中,然后清洗掉表面的渗透液,将缺陷中的渗透液保留下来,进行显像。典型的显像方法是将均匀的白色粉末撒在被检工件表面,将渗透液从缺陷处吸出并扩展到表面。这时,在暗处用紫外线灯照射表面,缺陷处发出明亮的荧光。

　　荧光渗透检测法的检测灵敏度高,缺陷容易分辨,常用于重要工业部门的零件表面质量检测。它的缺点是在观察时要求工作场所光线暗淡;在紫外线照射下观察,检测人员的眼睛容易疲劳;紫外线对人体皮肤长期照射有一定的危害;其适应性不如着色渗透检测法。

3. 其他渗透检测法

　　渗透检测法除了常用的荧光法和着色法外,还有闭路检测法、静电喷涂法、冷光法、真空渗透法和超声振荡法等,这些方法基本原理相同,而又各具特点。

　　闭路检测法是在使用乳化剂之前先用清水冲洗,再用较稀的亲水乳化液乳化,把没有经过乳化的渗透液洗掉,这一步流出的水用重力法分离回收,并把其他污水经过氯化亚铁净化处理后排放,构成闭路系统,使环境污染得以减少。

静电喷除法主要是借助高压电场的作用,使喷枪中喷出的渗透液雾珠雾化很细,并使之带电,通过静电引力而使渗透液沉积在带相反电荷的受检工件表面。这种方法能够节省渗透液,并使喷涂质量稳定可靠,易于实现自动化操作。

冷光法也称化学发光法。这种方法选用冷光材料作为渗透液,而显像剂则选用相应的激发材料,当二者互相接触后可产生持续几小时的荧光。这种方法可用于缺乏电源和不能使用电源的地方,例如飞机内部或燃油箱附近等。

真空渗透法则是对受检工件施加渗透液后,立即放到真空箱中抽成真空,使缺陷中气体的反压强大于渗透液的附加压强,气体便会冒泡排出,从而增大渗透深度,待一定时间后取出并清除多余渗透液,涂敷显像,使检测灵敏度得到提高。如果普通操作能发现宽 10 μm 的裂纹的渗透液,采用真空法可发现宽 5 μm 的裂纹。如果要求灵敏度不高可在普通光线下检验;要求高灵敏度时可在紫外线灯下检验,例如检验高温镍基合金等。

11.6.3　渗透检测材料与设备

1. 渗透检测材料

典型的渗透检测材料包括渗透剂、清洗剂(去除液)和显像剂。

渗透剂是在渗透检测中,用来渗入缺陷中并被随后施加的显像剂所吸附,从而显示缺陷的溶液。渗透剂是渗透检测中最为关键的材料,直接影响渗透检测的灵敏度。渗透剂分为荧光渗透剂和着色渗透剂两类,每一类又可分为水洗型、后乳化型和溶剂去除型,此外,还有一些特殊用途的渗透液。

在渗透检测中,检测前对被检试件表面进行预清洗,去除多余的渗透剂,以及检测完成之后的最终清洗,都要用到清洗剂或去除剂。在渗透检测中,可采用的清洗剂有水基清洗剂、溶剂清洗剂、碱性清洗剂等类型,以及酸洗用的硫酸或盐酸。水基清洗剂清洗性能好、去污力强,不仅能清除金属表面的油污,也能清洗手汗、无机盐类等污垢,还不易燃、无毒,使用安全,以及良好的防腐能力,节约能源,减少环境污染,适用于机械化自动清洗,广泛应用于各工业领域。渗透检测中,用于预清洗的主要是这类清洗剂。

显像剂也是渗透检测中的关键材料,对检测灵敏度和检测效率都有很大的影响,其主要作用有:

(1) 通过毛细作用将缺陷中的渗透液吸附到工件表面上,形成缺陷显示。

(2) 将形成的缺陷显示在被检件表面上横向扩展,放大至足以用肉眼观察到。

(3) 提供与缺陷显示有较大反差的背景,达到提高检测灵敏度的目的。

2. 渗透检测设备

除上述渗透剂、清洗剂、显像剂等材料外,渗透检测还要用试块、黑光灯、照度计等设备。

试块又称灵敏度试块,是用来衡量检测灵敏度的、带有人工缺陷或自然缺陷的试件。在渗透检测中,主要作用如下:

(1) 用来评价特定渗透检测材料和检测工艺所能达到的灵敏度,以及渗透液的灵敏度等级。

(2) 用以确定渗透检测的工艺参数,如渗透时间和温度、乳化时间和温度、干燥时间和温度等。

（3）在给定的检测条件下，通过对采用不同的检测材料和工艺的对比试验，以比较不同渗透检测系统的性能相对高低。

黑灯管用于荧光渗透检测，用来照射被检试件。它发出 365 nm 左右的黑光束，能使试件上的缺陷显示激发出荧光，以被人眼观察。

照度计用来检测检测场所的照明是否达到规定的照度，包括自然光和荧光照度。

渗透检测装置分便携式和固定式两大类，便携式装置主要由渗透液喷罐、清洗剂喷罐、显像剂喷罐、灯、毛刷、金属刷等组成，用于大型试件的现场检测；固定式装置一般为流水线式，多用于在实验室对大批量生产的中、小型零部件的检测与质量控制。

其他辅助设施主要有温度测试设备、试件传送或搬运设施、废水处理设备、标志设施等。其中，理想的废水处理设施应是专门为渗透检测设计建造的，能连续处理渗透检测产生的废水，处理质量应达到国家规定的有关废水排放标准，处理能力能满足渗透检测生产的排放量。

11.6.4 渗透检测的应用

在工业无损检测中应用的液体渗透检测分为两大类：荧光渗透检测和着色渗透检测。随着化学工业的发展，这两种渗透检测技术已日臻完善，基本上具有同等的检测效果，被广泛地应用于机械、航空、宇航、造船、仪表、压力容器和化工工业的各个领域。表 11.2 列出了着色以及荧光渗透检测剂的应用范围及用途。

表 11.2　着色以及荧光渗透检测剂的应用范围及用途

方法	应用范围	主要用途
着色渗透检测法	钢铁金属	设备保全、钢铁、SUS 的板坯检测；管道、铸钢品、铝的表面检测；钛、失蜡铸造品的表面检测
	运输机械	汽车引擎的检测，曲柄、凸轮轴、连杆轴承等重要零部件的检测；船舶发动机、飞机用喷气式发动机、机体的检测及保养；车厢、轨道的保养
	电力、石油、化学成套设备	核能、火力、水力发电机的锅炉、涡轮机、配管类的检测；石油化学设备的压力容器、热交换器、配管类的检测
	机械部件	轴承、阀门、联轴器的检测；建设机械、农用机械、产业用引擎、油压机器的检测
	电气电子	重型电机器、焊接部的检测；基板、陶瓷封装、陶瓷传感器等的检测
	运输	铁路、地铁、公共汽车的车轮、轨道、平板推车的保养
	土木建筑	建筑物的焊接部、配管的检测；混凝土的检测
荧光渗透检测法	钢铁金属	压延卷材检测，锆合金管的检测；铝、钛管道和铸造品的检测；失蜡铸造品的检测
	运输机械	汽车引擎的泄漏检查，汽车铝部件的检测；汽车车体的漏水检查，飞机用铝、钛部件的检测，涡轮叶片的检测；铁道车辆、轨道的维护
	电力、石油、化学成套设备	发电机涡轮叶片的检测；冷凝器的泄漏检查；泵、管道、联轴器类的检测
	机械部件	轴承、泵、管道、联轴器类的检测；油压机械的检测
	电气电子	基板、陶瓷封装、陶瓷传感器等的检测；绝缘体帽的检测

11.7　其他无损检测新技术

1. 声发射检测技术

声发射检测是一种评价材料或构件损伤的动态无损检测技术。前面介绍的常规无损检测法只能检测、显示静态的宏观缺陷,这种静态检测评定方法更多的是评价产品制造工艺和质量控制的水平,而对于产品的安全性和可靠性没有直接关系。与之相比,声发射检测具有:检测的信号来自被测对象本身,可以对被测对象实现动态、实时检测等特点。

声发射是指固体的微观结构不均匀或内部缺陷导致局部应力集中,在外力的作用下,促使塑性变形加大或发生裂纹产生与扩展所释放弹性波(应变能)的现象。

声发射检测技术是通过对声发射信号的测量、处理、分析来评价材料或构件内部缺陷的发生、发展规律,评定声发射源的特性,确定声发射源的位置。声发射检测原理如图 11.24 所示。

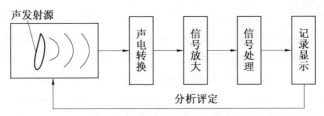

图 11.24　声发射检测原理框图

2. 工业 CT 检测技术

工业 CT 是一种重要的无损检测技术,它能在对检测物体无损伤条件下,以二维断层图像或三维立体图像的形式,清晰、准确、直观地展示被检测物体内部的结构、组成、材质及缺损状况,被誉为当今最佳无损检测技术。工业 CT 技术涉及核物理学、微电子学、光电子技术、仪器仪表、精密机械与控制、计算机图像处理与模式识别等多学科领域,是一个技术密集型的高科技产品。

CT 技术是基于射线与物质的相互作用原理,通过投影重建方法获取被检测物体的数字图像,全面解决了传统 X 射线照相装置影像重叠、密度分辨率低等缺点。CT 技术最引人瞩目的应用是在医学临床诊断领域,这种 CT 被称为医用 CT。

工业 CT 广泛应用于汽车、材料、航天航空、军工、国防等领域,为航天、运载火箭、飞船、航空发动机、大型武器、地质结构的检测和分析以及机械产品质量的检测提供了新的手段。

3. 红外无损检测技术

红外无损检测,就是利用红外热像设备(红外热电视、红外热像仪等) 测取目标物体(被检对象) 的表面红外辐射能,将其转换为电信号,并最终以彩色图或灰度图的方式显示目标物体表面的温度场,根据该温度场的均匀与否,来反推被检对象表面或内部是否存在缺陷(热特性异常的区域) 的一种无损检测新技术。

和其他无损检测方法相比,红外无损检测具有如下优点:检测结果形象直观且便于保存;大面积快速,检测效率高;适用范围广;检测灵敏度较高;操作安全。

红外无损检测的局限性有：检测费用很高；对表面缺陷敏感、对内部缺陷的检测有困难；对低发射率材料和导热快的材料的检测有一定的困难。

目前，红外无损检测已在材料与构件中的缺陷检测、电子元件及设备的质量评定、电力和石化等设备运行状态的监测诊断、房屋建筑的热效率和安全性检测、桥梁和海洋钻井平台等工程结构的状态检测与评价、火灾监测、农作物优种以及医学诊断等诸多方面获得越来越广泛的应用，是一种非常有发展前景的无损检测新技术。

4. 激光全息检测技术

全息术或称全息照相的思想是英国科学家丹尼斯·伽柏在1948年首先提出来的。由于他的发明和对全息技术发展的巨大作用，他于1971年被授予诺贝尔物理学奖。激光全息无损检验是全息干涉分析的一种应用，它可以用来监视一个复杂的物体在两个不同时刻里所发生的变形，不管物体表面是光洁或粗糙，都可以观测到光学公差水平几分之一微米以下，由于它是利用全息技术再现原理，因此是无接触地进行三维立体观测。和经典的干涉仪相比，全息干涉检测具有加工精度低、装调较为方便的特点。它不仅可以用来测量微小的变形和应变，也可以检测材料的表面缺陷和观测空气动力学现象及冲击波现象。

近几十年来，由于计算机图像处理技术，激光技术，全息无损检测的理论、技术都有了很大的发展，使激光全息检测技术向着三维、高精度和自动化方向发展，并发展出了数字全息干涉检测技术和激光电子散斑干涉检测技术，使其在更广泛的工业领域应用有了长足进展，解决了许多用其他无损检测方法无法解决的问题，成为一种独特的无损检测方法。

激光全息无损检测应用包括航天工程、汽车制造、国防工业和食品安全等众多领域。国内外文献的报道有蜂窝夹层结构脱胶缺陷的检测、复合材料层压板分层缺陷的检测、印刷电路板内焊接头的虚焊检测、压力容器焊缝的完整性检测、火箭推进剂药柱中的裂纹和分层、壳体和衬套间的分层缺陷检测、飞机轮胎中的胎面脱粘缺陷检测、反应堆核燃料元件中的分层缺陷检测等。

5. 微波检测技术

微波检测是根据微波反射、透射、衍射、干涉、腔体微扰等物理特性的改变，以及被检测材料的电磁特性 —— 介电常数和损耗角正切的相对变化，通过测量微波基本参数的变化，实现对缺陷的无损检测。

微波检测技术具有以下特点：微波检测设备简单、操作方便；微波很容易穿过空气介质；非接触测量、非电量检测、不要耦合剂、不破坏产品或材料本身、无污染；检测速度快，可实现自动检测；能穿透声衰减很大的非金属材料，因此对声学传输特性不良的复合材料检测十分有用。与射线检测相比，微波对人体无辐射性危害。

微波检测的灵敏度受工作频率限制，它在穿透金属导体时衰减很大，并且入射波在金属导体表面的反射量很大，只有少量的穿透波，所以微波不能用来检测金属导体或导电性能较好的复合材料内部的缺陷，如碳纤维增强塑料等。微波有近距离盲区，在距离小于所使用的微波波长时，就测不出缺陷，一般微波不适用于测量小于 1 mm 的缺陷。微波检测还需要参考标准，并要求操作人员有比较熟练的技能。

思考题与习题

11.1　什么是无损检测？无损检测技术的特点有哪些？

11.2　什么是超声波检测？常用的超声波检测方法有哪些？

11.3　简述射线检测的基本原理。

11.4　简述连续法磁粉检测的操作程序。

11.5　什么是渗透检测法？简述其检测步骤。

11.6　请列举几种无损检测的新技术。

第 12 章

传感器的基本原理

12.1 传感器概述

1. 传感器的地位与作用

现代信息技术的基础包括信息采集(传感器技术)、信息传输(通信技术)与信息处理(计算机技术)。传感器技术是构成现代信息技术的三大支柱之一,人们在利用信息的过程中,首先要解决的问题是获取准确可靠的信息,而传感器是获取自然和生产领域中信息的主要途径与手段。

传感器相当于人体的感觉器官,它能将各种非电量(如机械量、化学量、生物量及光学量等)转换成电量,从而实现非电量的电测技术。在自动控制系统中,检测是实现自动控制的首要环节,没有对被控对象的精确检测,就不可能实现精确控制。如数控机床中的位移测量装置主要利用高精度位移传感器进行位移测量,从而实现对零部件的精密加工。在信息技术不断发展的今天,传感器将会在信息的采集和处理过程中发挥巨大作用,传感器技术已受到各国的高度重视,并已发展成为一种专门的技术学科。

2. 传感器的定义和组成

传感器是一种以一定精确度把被测量(主要是非电量)转换为与之有确定关系、便于应用的某种物理量(主要是电量)的测量装置。这一定义可以理解为以下几方面:

(1) 传感器是测量装置,能完成检测任务。

(2) 传感器的输入是某一被测量,如物理量、化学量、生物量等。

(3) 传感器的输出是某种物理量,这种量要便于传输、转换、处理、显示等,这种量可以是气、光、电量,但主要是电量。

(4) 输出与输入之间有对应关系,且有一定的精确度。

传感器一般由敏感元件、转换元件、测量电路组成,组成框图如图 12.1 所示。

被测量 → 敏感元件 → 转换元件 → 测量电路 → 电量

图 12.1 传感器组成图

敏感元件:直接感受被测量,并输出与被测量有确定关系的某一物理量的元件。

转换元件:敏感元件的输出就是它的输入,将感受到的非电量直接转换为电量的元件。

测量电路:将转换元件输出的电量变换成便于显示、记录、控制和处理的有用电信号的电路。

实际上,有些传感器很简单,有些较为复杂,大多数是开环系统,也有些是反馈的闭环系统。最简单的传感器由一个敏感元件组成,它感受被测量时直接输出电量,如热电偶传感器。有些传感器由敏感元件和转换元件组成,没有测量电路,如压电式加速度传感器。有些传感器,转换元件不止一个,需经过若干次转换。

传感器技术是一门知识密集型技术,传感器的原理各种各样,它与许多学科有关,因此种类繁多,分类方法也很多。目前,广泛采用的分类方法见表 12.1。

表 12.1　传感器的分类

分类方法	传感器种类	说　明
按输入量	位移传感器、速度传感器、温度传感器、压力传感器等	传感器以被测物理量命名
按工作原理	应变式传感器、电容式传感器、电感式传感器、压电式传感器、热点式传感器	传感器以工作原理命名
按物理现象	结构型传感器	传感器依赖其结构参数变化实现信息转换
	特性型传感器	
按能量关系	能量转换型传感器	直接将被测量的能量转换为输出量的能量
	能量控制型传感器	由外部供给传感器能量,而由被测量来控制输出量的能量
按输出信号	模拟式	输出为模拟量
	数字式	输出为数字量

3. 传感器的发展趋势

传感器技术所涉及的知识非常广泛,涵盖各个学科领域。但是它们的共性是利用物质的物理、化学和生物等特性,将非电量转换成电量。所以,采用新技术、新工艺、新材料以及探索新理论和高质量的转换效能,是总的发展途径。当前,传感技术的主要发展动向表现在以下几个方面。

(1) 传感器集成化及功能化

集成化是实现传感器小型化、智能化和多功能化的重要保证,现已能将敏感元件、温控补偿电路、信号放大器、电压调制电路和基准电压等单元电路集成在同一芯片上。

(2) 传感器微型化

微电机系统(MEMS)是一种轮廓尺寸在毫米量级,组成元件尺寸在微米量级的可运动的微型机电装置,MEMS 技术借助于集成电路的制造技术来制造机械装置,可制造出微型齿轮、微型电机、阀门、各种光学镜片及各种悬臂梁,而它们的尺寸为 $30 \sim 100~\mu m$。

(3) 新型功能材料开发

传感器技术的发展是与新材料的研究开发密切结合在一起的,可以说,各种新型传感器孕育在新材料中,例如半导体材料和新工艺的发展,促进了半导体传感器的迅速发展,研制和生产出一批新型半导体传感器;压电半导体材料促进了压电集成传感器的发展;高分子压电膜的出现,使机器人的触觉系统更加接近人的皮肤功能。可以预测,不久的将来,高分子材料、金属氧化物、超导体与半导体的结合材料、功能性薄膜等新型材料,将会导致一批新型传感器的出现。

（4）发展仿生物传感器

狗的嗅觉非常灵敏,海豚良好的声呐系统可以发现水雷,如能发展以上生物所具有的感觉传感器,将有良好的应用前景。

（5）多传感器信息融合

多传感器信息融合是指对来自多个传感器的数据进行多级别、多方面、多层次的处理,从而产生具有新的意义的信息,而这种新信息是任何一种单一传感器所无法具备的。

4.传感器的选用原则

由于传感器技术的研究和发展非常迅速,各种各样的传感器应运而生,这对选用传感器带来了很大的灵活性。选择传感器时应从如下几个方面考虑:

（1）与测量条件有关的因素。测量的目的,被测试量的选择,测量范围,输入信号的幅值、频带宽度,精度要求,测量所需要的时间。

（2）与传感器有关的技术指标。精度,稳定度,响应特性,模拟量与数字量,输出幅值,对被测物体产生的负载效应,校正周期。

（3）与使用环境条件有关的因素。安装现场的条件及情况,环境条件,信号传输距离,所需现场提供的功率容量。

（4）与购买和维修有关的因素。价格,零配件的储备,服务与维修制度,交货日期。

以上是选择传感器时主要考虑的因素,为了提高测量精度,应注意平常使用时的显示值应在满量程的 50% 左右来选择测量范围或刻度范围。选择传感器的响应速度,目的是适应输入信号的频带宽度,从而得到高信噪、高精度的传感器。此外,还要合理选择使用现场条件,注意安装方法,了解传感器的安装尺寸和质量等,还要注意从传感器的工作原理出发,联系被测对象中可能会产生的负载效应问题,从而选择最合适的传感器。

12.2　温度传感器的原理

温度是表示物体冷热程度的物理量,微观上表示物体分子热运动的剧烈程度。温度只能通过物体随着温度变化的某些特性进行间接测量,于是有了各种形式的温度传感器,并且每种传感器有其特定的测温对象和测量范围。

根据温度传感器的测量方式,分为接触式温度传感器和非接触式温度传感器两种。接触式测量方式基于被测物体与测温元件之间的热传导,当二者温度相同时,读取温度值。非接触式测量方式基于被测物体的热辐射随着温度变化的原理,把吸收的辐射能变换为输出信号,特别适用于高温测量。两种测温方式的比较见表 12.2。

表 12.2　接触式与非接触式测温方式比较

指　标	接触式	非接触式
基本原理	被测物体与测温元件之间的热平衡	被测物体的热辐射
对被测物温度场分布的影响	有	无
时间滞后	较大	小
动态特性	较差	好
测量范围	适宜 1 000 ℃ 以下	适宜高温测量
测量准确度	测量范围的 1% 左右	一般在 10 ℃ 左右

　　工程中常用的接触式温度传感器有双金属温度计、热电偶、电阻温度计、热敏电阻和热敏集成电路等,对它们主要特性的比较见表 12.3。

表 12.3　接触式温度传感器

传感器	测量范围 /℃	准确度 /℃	线性	价格	耐用性
双金属温度计	− 50 ~ 500	± (0.5 ~ 5)	可	低	强
热电偶	− 270 ~ 2 600	± 1	非	低	很强
电阻温度计	− 200 ~ 600	± 0.2	良	中	强
热敏电阻	− 50 ~ 200	± 0.2	非	低	中
热敏集成电路	− 40 ~ 120	± 1	优	低	低

　　从表 12.3 中可以看出,热电偶适用的温度范围下限最低并且上限最高,成本低并且坚固耐用,热电偶可用于大多数化学和物理环境,不需要外部的工作电源;电阻温度计适用于中等温度范围,准确度高,使用环境类似于热电偶,但是耐用性次于热电偶,需要外部电源;热敏电阻用于低、中等温度范围,耐用性不如电阻温度计,不宜在化学环境中应用,热敏电阻价格低,准确度高;热敏集成电路可以得到高线性度,而其他几种传感器都存在不同程度的非线性。

1. 热电偶

　　热电偶是应用极为广泛的一种温度传感器,其工作原理是基于金属材料的热电效应。由 A,B 两种不同的导体两端相互紧密地接在一起,组成一个闭合回路,如图 12.2 所示,其中 1 为测量端,2 为参比端。在两种均质导体的接点存在接点电势,该电势取决于导体 A,B 的材料和接点的温度 T(或 T_0),它可以表示为幂级数的形式:

$$E_{AB}(T) = a_1 T + a_2 T^2 + a_3 T^3 + a_4 T^4 + \cdots$$

式中,$a_1, a_2, \cdots$ 为常数,取决于导体 A 和 B。

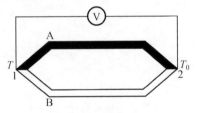

图 12.2　热电效应

　　当两接点 1,2 的温度不等($T > T_0$) 时,在回路中接入高阻抗电压表,可以忽略回路中的电流,所测电动势近似于两个接点电势之差,即

$$E_{AB}(T, T_0) = E_{AB}(T) - E_{AB}(T_0) = a_1(T - T_0) + a_2(T^2 - T_0^2) + a_3(T^3 - T_0^3) + \cdots$$

于是,所测电动势取决于两个接点的温度 T, T_0。这种由同一回路中不同的金属或合金的两端点间的温差产生电动势的现象称为热电效应。只有当热电偶的两个电极材料不同,且两个接点的温度也不同时,才能进行温度测量。当热电偶的两个不同的电极材料确定之后,热电势只与两个接点温度 T, T_0 有关,即回路的热电势是两个接点的温度函数之差。

2. 电阻温度计

　　电阻温度计是利用金属导体或半导体的感温电阻,称为热电阻,把温度的变化变换成电阻值变化的传感器。在工业上,被广泛地用于 − 200 ~ 850 ℃ 的温度测量。热电阻和热电偶相比,特点是准确度高、灵敏度高、性能稳定、线性好;但是需要辅助电源,元件结构复杂,体积较大,因此时间常数大,不适宜测量空间狭小和温度变化迅速的区域。应用较为广泛的金属热电阻有铂热电阻、铜热电阻、镍热电阻、合金热电阻等。

3. 热敏电阻

用半导体材料制成的热电阻称为热敏电阻,它们由过渡金属元素的铁族氧化物,如铬、锰、铁、钴和镍的氧化物制成。这些材料的特性是电阻值随着温度的升高按照指数规律下降,所以称为负温度系数热敏电阻。热敏电阻的典型结构形式如图 12.3 所示,外观通常为杆型、盘型或珠型,用玻璃封装。

(a) 杆型　　　　　　(b) 盘型　　　　　　(c) 珠型

图 12.3　热敏电阻的结构形式

4. 双金属温度计

双金属温度计的工作原理如图 12.4 所示,悬臂梁型金属片由上下两种热膨胀系数不同的金属材料制成。当温度变化时,因上下表面的热膨胀差,造成端部的挠度 x。

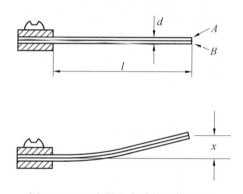

图 12.4　双金属温度计的工作原理

12.3　霍尔传感器的原理

霍尔传感器是基于霍尔效应的一种传感器。1879 年美国物理学家霍尔首先在金属材料中发现了霍尔效应,但由于金属材料的霍尔效应太弱而没有得到应用。随着半导体技术的发展,开始用半导体材料制成霍尔元件,由于它的霍尔效应显著而得到应用和发展。

霍尔传感器是基于霍尔效应将被测量(如电流、磁场、位移、压力、压差、转速等)转换成电动势输出的一种传感器。虽然它的转换率较低、温度影响大、要求转换精度较高时必须进行温度补偿,但因霍尔传感器具有结构简单、体积小、坚固、频率响应宽(从直流到微波)、动态范围(输出电动势的变化)大、非接触、使用寿命长、可靠性高、易于微型化和集成化等优点,因此在测量技术、自动化技术和信息处理等方面得到了广泛应用。

1. 霍尔元件的结构

霍尔元件的外形如图 12.5 所示，它是由霍尔片、4 根引线和壳体组成。霍尔片是一块矩形半导体单晶薄片（一般为 4 mm×2 mm×0.1 mm），在它的长度方向两端面上焊有 a、b 两根引线，称为控制电流端引线，通常用红色导线。其焊接处称为控制电流极（或称激励电流），要求焊接处接触电阻很小，并呈纯电阻，即欧姆接触（无 PN 结特性）。在薄片的另两侧端面的中间以点的形式对称地焊有 c、d 两根霍尔输出引线，通常用绿色导线。其焊接处称为霍尔电极，要求欧姆接触，且电极宽度与基片长度之比小于 0.1，否则影响输出。霍尔元件的壳体上用非导磁金属、陶瓷或环氧树脂封装。

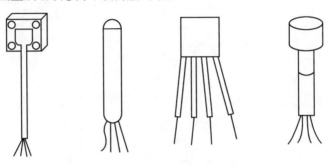

图 12.5　霍尔元件

2. 霍尔传感器的工作原理

半导体薄片置于磁场中，当它的电流方向与磁场方向不一致时，半导体薄片上平行于电流和磁场方向的两个面之间会产生电动势，这种现象称为霍尔效应，该电动势称为霍尔电势，半导体薄片称为霍尔元件。

如图 12.6 所示，在垂直于外磁场 B 的方向上放置半导体薄片，当有电流 I 流过薄片时在垂直于电流和磁场方向上将产生霍尔电势 E_H。作用在半导体薄片上的磁场强度 B 越强，霍尔电势 E_H 也就越高。

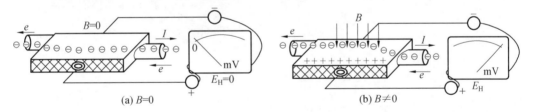

图 12.6　霍尔效应原理图

霍尔电势 E_H 可用下式表示：

$$E_H = K_H I B$$

式中　　K_H——霍尔元件的灵敏度，它表示霍尔元件在单位磁感应强度和单位激励电流作用下霍尔电势的大小。

3. 霍尔传感器的应用电路

霍尔元件具有结构简单、体积小、质量轻、频带宽、动态性能好和寿命长等许多优点，因而得到广泛应用。在电磁测量中，用它测量恒定的或交变的磁感应强度、有功功率、无功功率、相位、电能等参数；在自动检测系统中，多用于位移、压力的测量。

（1）霍尔接近开关

霍尔接近开关电路如图12.7所示。它是一个无接触磁控开关,磁铁靠近时,开关接通;磁铁离开后,开关断开。

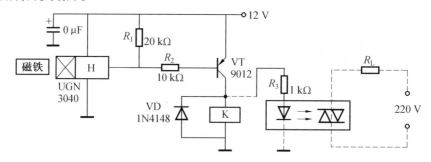

图 12.7　霍尔接近开关电路

（2）霍尔式压力传感器

霍尔元件组成的压力传感器基本包括两部分:一部分是弹件元件,如弹簧管或膜盒等,用它感受压力,并把它转换成位移量;另一部分是霍尔元件和磁路系统。图12.8所示为霍尔式压力传感器的结构示意图。其中,弹性元件是个弹簧管,当被测压力发生变化时,弹簧管端部发生位移,带动霍尔片在均匀梯度磁场中移动,作用在霍尔片的磁场发生变化,输出的霍尔电势随之改变,由此知道压力的变化。并且霍尔电势与位移(压力)呈线件关系,其位移量在 ±11.5 mm 范围内输出的霍尔电势值为 ±20 mV。

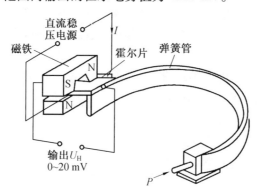

图 12.8　霍尔式压力传感器结构示意图

（3）霍尔式转速传感器

转速的输入轴与被测转轴相连,当被测转轴转动时,转盘随之转动,固定在转盘附近的霍尔传感器便可在每一个小磁场通过时产生一个相应的脉冲,检测出单位时间的脉冲数,便可知道被测转速。根据磁性转盘上小磁铁的数目就可确定传感器测量转速的分辨率。图12.9是几种不同结构的霍尔式转速传感器。

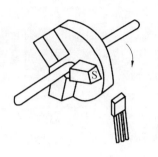

图 12.9　霍尔式转速传感器结构示意图

12.4　光电传感器的原理

光电传感器以光电效应为基础,采用光电元件作为检测元件,是一种将光信号转换为电信号的传感器。它首先把被测量的变化转换成光信号的变化,然后借助光电元件进一步将光信号转换成电信号。

光电传感器是以光电器件作为转换元件的传感器。光电检测的方法具有精度高、响应快、非接触、性能可靠等优点,而且可测参数多,传感器的结构简单,形式灵活多样,因此,光电传感器在工业自动化检测装置和控制系统中得到了广泛应用。

光电传感器一般由光源、光电通路、光电元件和测量电路等部分组成。光电传感器可用于检测直接引起光量变化的非电量,如光强、光照度、辐射测温、气体成分分析等;也可用来检测能转换成光量变化的其他非电量,如零件直径、表面粗糙度、应变、位移、振动、速度、加速度,以及物体的形状、工作状态的识别等。

光电传感器按其工作原理分为光电效应传感器、固体图像传感器、热释电红外探测器、光纤传感器等几大类。近年来,新的光电器件不断涌现,特别是固态图像传感器的诞生,为光电式传感器的进一步应用开创了新的一页。

1.光电器件

(1) 光电管

光电管是装有光阴极和阳极的真空玻璃管,其外形结构和测量电路如图 12.10 所示,它是利用外光电效应制成的光电元件。

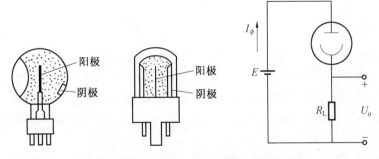

图 12.10　光电管结构示意图和测量电路

光阴极由在玻璃管内壁涂上阴极涂料构成,阳极为置于光电管中心的环形金属板或置于柱面中心线的金属柱。正常工作时,阳极电位高于阴极。在入射光频率大于"红限"频率的前提下,光电管的阴极表面受到光照射后便发射光电子,从阴极逸出的光电子被具有正电位的阳极所吸引,在光电管内形成空间电子流。如果在外电路中串入电阻,则电阻上就会产生电压降,该电压和电流随光照强度而变化,与光强成一定函数关系,从而实现光/电转换。

（2）光敏电阻

光敏电阻是一种光电效应半导体器件,应用于光存在与否的感应（数字量）以及光强度的测量（模拟量）等领域。它的电阻率随着光照强度的增强而减小,允许更多的光电流流过。这种阻性特征使它具有很好的品质,即通过调节供电电源就可以从探测器上获得信号流,且有很宽的范围。

光敏电阻是薄膜元件,它是在陶瓷底衬上覆一层光电半导体材料,常用的半导体有硫化镉和硒化银等。在半导体光敏材料两端装上电极引线,金属接触点盖在光电半导体的下部,将其封装在带有透明窗的管壳里就构成了光敏电阻。这种光电半导体材料薄膜元件有很高的电阻,所以两个接触点之间做得狭小、交叉,使其在适度的光线下产生较低的阻值。光敏电阻的灵敏度易受湿度的影响,因此要将导光电导体严密封装在玻璃壳体中。如果把光敏电阻连接到外电路中,在外加电压的作用下,用光照射就能改变电路中电流的大小,其电路连接如图12.11所示。

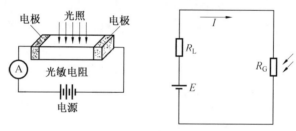

图 12.11　光敏电阻的电路连接

光敏电阻由半导体材料构成,利用内光电效应而工作。光敏电阻没有极性,纯粹是电阻器件,工作时既可以加直流电压,也可以加交流电压。光线照射光敏电阻时,若光电导体为本征半导体材料,而且光辐射能量又足够强时,光导材料价带上的电子将激发到导带上去,从而使导带的电子和价带的空穴增加,因材料中的电子 – 空穴对增加,其电导率变大,电阻值会迅速减小,电路中电流增加;光照消失时,电阻会恢复原值。根据电路中电流值的变换即可推算出光照强度的大小。

（3）光敏晶体管

光敏晶体管通常指光敏二极管和光敏三极管,它们的工作原理也是基于内光电效应。光敏二极管是一种利用PN结单向导电性的结型光电器件,与一般半导体二极管不同之处在于光敏二极管将PN结设置在透明管壳顶部的正下方,光线通过透镜制成的窗口,可以集中照射在PN结上。与光敏电阻的差别仅在于光线照射在半导体PN结上,PN结参与了光电转换过程。

光敏三极管有PNP型和NPN型两种。它有两个PN结,其结构与普通三极管相似,具有电流增益,只是它的发射极一边做得很大,以扩大光的照射面积,且其基极不接引线。它比光敏二极管具有更高的灵敏度,可以看成是一个 eb 结为光敏二极管的三极管。

PIN 光电二极管是在 P 区和 N 区之间插入一层电阻率很大的 I 层,从而减小了 PN 结的电容,提高了工作频率。PIN 光电二极管的工作电压(反向偏置电压) 高,光电转换效率高,暗电流小,其灵敏度比普通的光敏二极管高得多,响应频率可达数十兆赫,可用作各种数字与模拟光纤传输系统、各种家电遥控器的接收管(红外波段)、UHF 频带小信号开关、中波频带到 1 000 MHz 之间电流控制、可变衰减器、各种通信设备收发天线的高频功率开关切换和 RF 领域的高速开关等。特殊结构的 PIN 二极管还可用于测量紫外线或射线等。

光敏晶闸管有 3 个引出电极,即阳极 A、阴极 K 和门极 G。它的顶部有一个玻璃透镜,光敏晶闸管的阳极与负载串联后接电源正极,阴极接电源负极,门极可悬空。当有一定照度的光信号通过玻璃窗口照射到正向阻断的 PN 结上时,将产生门极电流,从而使光敏晶闸管从阻断状态变为导通状态。导通后,即使光照消失,光敏晶闸管仍维持导通。要切断已触发导通的光敏晶闸管,必须使阳极和阴极的电压反向,或使负载电流小于其维持电流。光敏晶闸管的导通电流比光敏三极管大得多,工作电压有的可达数百伏,因此输出功率大,可用于工业自动检测控制。

(4)光电池

光电池是一种自发电式的光电元件。当光照射在光电池上时,自身能产生一定方向的电动势,在不加电源的情况下,只要接通外电路,就可以直接输出电动势及光电流,这种因光照而产生电动势的现象称为光生伏特效应。

光电池的种类很多,有硅、硒、氧化亚铜、硫化镉光电池等。光电池简单、轻便,不会产生气体或热污染,易于适应环境,还可用于宇宙飞行器的各种仪表电源。其中,应用最广泛的是硅光电池,它用可见光作为光源,具有性能稳定、光谱范围宽、频率特性好、转换效率高、耐高温辐射、价格便宜等一系列优点。

2. 光电式传感器的测量电路

采用光电元件作为检测元件的传感器被称为光电式传感器。光电式传感器首先把被测量的变化转换成光信号的变化,然后通过光电转换元件变换成电信号。被测量通过对辐射源或者光学通路的影响将待测信息调制到光波上,通过改变光波的强度、相位、空间分布和频谱分布等,由光电器件将光信号转化为电信号。电信号经后续电路解调分离出被测量信息,实现测量。光电式传感器具有精度高、反应快、非直接接触、结构简单、形式多样、应用广泛等优点。

光电式传感器通常由光源、光学通路、光电元件和测量放大电路 4 部分组成,如图 12.12 所示。图中 $\boldsymbol{\Phi}_1$ 是光源发出的光信号,$\boldsymbol{\Phi}_2$ 是光电器件接收的光信号;被测量可以是 X_1 或者 X_2,X_1 表示被测量能直接引起光源本身光量变化的检测方式,X_2 表示被测量在光传播过程中调制光量的检测方式,从而影响传感器输出的电信号。光电式传感器在越来越多的领域中得到了广泛应用。

图 12.12   光电式传感器的组成

　　由光通量对光电元件的作用原理不同所制成的光学测控系统是多种多样的,按光电元件(光学测控系统)输出量性质可分为两类:模拟式光电式传感器和脉冲(开关)式光电式传感器。

　　(1)模拟式光电式传感器

　　模拟式光电式传感器是将被测量转换成连续变化的光电流,它与被测量间成单值关系。模拟式光电式传感器按测量方法可以分为辐射式、吸收(透射)式、反射式和遮光式4大类,如图12.13所示。

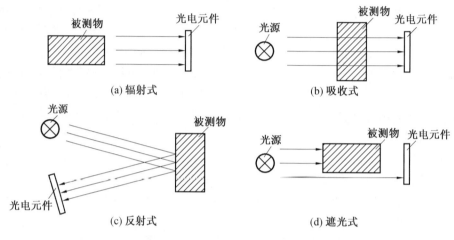

(a) 辐射式　　　　　　　　　　　(b) 吸收式

(c) 反射式　　　　　　　　　　　(d) 遮光式

图 12.13　模拟式光电式传感器

　　(2)脉冲式光电式传感器

　　脉冲(开关)式光电式传感器中,光电元件接收的光信号是断续变化的,因此光电元件处于开关工作状态,它输出的光电流通常是只有两种稳定状态的脉冲形式的信号,多用于光电计数和光电式转速测量等场合。

　　由光源、光学通路和光电器件组成的光电式传感器在用于光电检测时,还必须配备适当的测量电路。测量电路能够把光电效应造成的光电元件电性能的变化转换成所需要的电压或电流。不同的光电元件,所要求的测量电路也不相同。

12.5　其他传感器的原理

1. 湿度传感器

　　水是一种强极性的电解质。水分子极易吸附于固体表面并渗透固体内部,引起半导体的电阻值降低,因此可以利用多孔陶瓷、三氧化二铝等吸湿材料制作湿度传感器,即湿敏电阻。

　　湿敏电阻是指对环境温度具有响应或转换成相应可测性信号的元件,它由湿敏元件及转化电路组成,具有把环境湿度转变为电信号的能力。

　　湿度传感器依据使用材料可分为电解质型、陶瓷型、高分子型和单晶半导体型。

　　利用半导体陶瓷传感器材料制成的陶瓷湿度传感器,测量范围宽,可实现全湿范围内的湿度测量。常温湿度传感器的工作温度在 150 ℃ 以下,而高温湿度传感器的工作温度可达

800 ℃,响应时间较短,精度高,抗污染能力强,工艺简单,成本低廉。

2. 超声波传感器

超声波传感器是利用超声波在气体、液体和固体介质中传播的回声测距原理检测物体的位置,故超声波传感器有气介式、液介式和固介式,如图 12.14 所示。单探头形式,即探头(换能器)既发射又接收超声波;双探头形式,即发射和接收超声波各由一个探头承担。

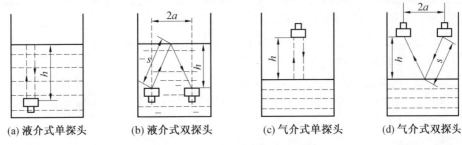

| (a) 液介式单探头 | (b) 液介式双探头 | (c) 气介式单探头 | (d) 气介式双探头 |

图 12.14　几种超声波传感器

超声波探头又称超声波换能器。超声波换能器的工作原理有压电式、磁致伸缩式、电磁式等,在检测技术中主要采用压电式。超声波探头又分为直探头、斜探头、双探头、表面波探头、聚焦探头、高温探头、空气传导探头和其他专用探头等,如图 12.15 所示。

图 12.15　超声波探头

超声波探头与被测物体接触时,探头与被测物体表面间存在一层空气薄层,空气将引起三个界面出现强烈的杂乱发射波,造成干扰,并造成很大的衰减。因此必须将接触面之间的空气排挤掉,使超声波能顺利地入射到被测介质中。在工业中,经常使用一种称为耦合剂的液体物质,使之充满在接触层中,起到传递超声波的作用。

3. 智能传感器

随着计算机技术的迅猛发展及测控系统自动化、智能化的发展,对传感器及检测技术的准确度、可靠性、稳定性以及其他功能(自检、自校、自补偿)提出了更高的要求,智能传感器应运而生,它是计算机技术与传感器技术相结合的产物。智能传感器因其在功能、精度、可靠性上较普通传感器有很大提高,已经成为传感器研究开发的热点。近年来,随着传感器技术和微电子技术的发展,智能传感器技术发展也很快。发展高智能的以硅材料为主的各种智能传感器已经成为必然。

智能传感器是一种带有微处理器,兼有信息检测、信号处理、信息记忆、逻辑思维与判断功能的传感器。其实质是用微处理器形成一个智能化的数据采集处理系统,实现人们希望的功能。最大的特点是将传感器检测信息的功能与微处理器的信息处理功能有机地融合在一起。微处理器包含两种情况:一种情况是将传感器与微处理器集成在一个芯片上构成"单片智能传感器";另一种情况是传感器配接单独的微处理器形成智能传感器。也可以是将传感器、微处理器等一起集成在同一硅片上实现集成一体化的智能传感器。智能传感器也可以说是一个微机小系统,其中作为系统"大脑"的微处理机通常是单片机。

智能传感器的结构有多种形式,但总的来说,应当包括这样几个部分:

① 微处理器部分:智能传感器的核心部分;

②A/D 部分:主要决定智能传感器精度的部分;

③ 传感器测量及信号调理部分:主要包括信号的放大、滤波、电平转换等;

④ 其他辅助部分,如键盘显示电路等。

智能传感器的基本组成如图 12.16 所示。

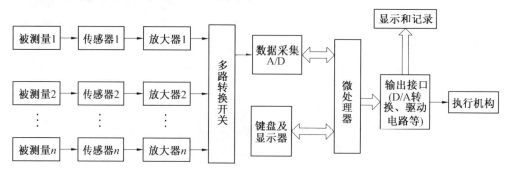

图 12.16 智能传感器的组成

思考题与习题

12.1 简述热电偶的工作原理。

12.2 简述霍尔传感器的工作原理。

12.3 什么是湿度传感器?

12.4 简述超声波传感器的结构和工作原理。

12.5 什么是智能传感器?简述智能传感器的组成。

第 13 章

课程设计

电子测量技术是利用电子技术手段对各种功能或状态的物理参数进行检测与测量。它包含了电子技术、检测、自动化等多学科的许多应用和解决问题的方法,内容多且繁杂,发展迅速。因此,仅依靠理论课程的学习是不能够深入掌握这门课程,必须加强在实践方面的锻炼与探索。通过课程设计的形式使学生能够将理论与实践紧密的结合,加强学生对电子测量基本理论的认识和理解,提高分析问题、解决问题的能力。

13.1 电容的测量

1. 设计目的

(1) 理解电容测量的各种原理方法;

(2) 学习多谐振荡器的工作原理及利用其测量电容的电路;

(3) 掌握电容数字测量的设计方案和具体电路的实现与制作;

(4) 熟悉相应的集成芯片的使用方法和工作原理。

2. 设计任务和要求

设计并制作数字显示的电容参数测试仪。测量范围为 100 ~ 10 000 pF,测量精度 ±5%。并制作 4 位数码管显示器,显示测量数值。组装、调试电容测试仪的电路图,写出总结报告。选作内容:可以完成 100 μH ~ 10 mH 电感的测量。

3. 电容参数测量基本方法

测量电容的方法主要有直接测量法、交流电桥法和谐振法。其中,直接测量法主要是根据欧姆定律,同时对电压和电流进行测量。这种方法简单,只用在一些简易的测量,如果测量精度较高的情况,必须使用较多的量程,电路设计复杂。电桥法是同时可以测量电器元件 R、C、L 的典型方法,但是电桥的平衡需要调节,根据平衡条件才能测出被测量。这种测量方法,电桥的平衡很难用电路的形式来判断,因此不易实现自动测量。Q 表是采用谐振法测量电容的,但是测量时要求工作频率连续可调,直到谐振,因此,这种方法对振荡器的要求很高,调节频率和平衡的判别很难实现智能化。

现在一般采用 RC 振荡电路实现电容和周期、电容和脉宽、电容和频率的转换,然后再通过对周期、平均电压及频率进行测量,间接得到被测电容的大小。振荡电路一般由时基电路实现,例如 LM555、CC7556 等。

（1）单稳态触发器

由 LM555 组成的单稳态触发器如图 13.1 所示。当电源接通时，引脚 2 没有触发信号，即输入 $V_i > \dfrac{V_{CC}}{3}$，引脚 3 输出低电平，LM555 内部的三极管导通，电容通过三极管放电，电容电压为零，电容 C 对地短路。此时引脚 3 输出低电平不变，电路处于稳定状态。若向引脚 2 输入触发信号，即输入 $V_i < \dfrac{V_{CC}}{3}$，引脚 3 由低电平变为高电平，三极管截止，电路进入暂稳态，电容 C 充电。当电容充电至 $V_i = \dfrac{2V_{CC}}{3}$，引脚 3 即电路的输出电压由高电平翻转为低电平，同时三极管导通，于是电容 C 放电，电路回到稳定状态。

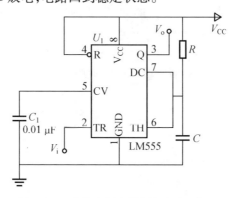

图 13.1　单稳态触发器测量电容原理

定时电容上的电压由零上升到 $\dfrac{2V_{CC}}{3}$ 的时间就是输出电压的脉宽，脉宽为 $t_1 = RC\ln 3 \approx 1.1RC$。式中，$R$ 为固定的已知的标准电阻。当电容改变大小时，输出的电压的脉宽也跟着改变，只要测得 $\dfrac{2V_{CC}}{3}$ 时的 t_1 值脉宽，就可以求得电容 C 值。

如果把单稳态触发器的输出电压取平均值，则电容量的不同，输出电压脉宽也不同，这样电压的平均值也不同，把输出电压的平均值进行测量，就可以得到电容 C 值。

如果把单稳态触发器输出的脉冲作为闸门时间和标准的频率脉冲进行与操作，得到计数脉冲，该计数脉冲送计数并锁存、译码显示就可以得到电容的 C 值。

（2）多谐振荡器

由 LM555 构成的多谐振荡器如图 13.2 所示，该定时器和外接元件 R_1、R_2、C 构成多谐振荡器，引脚 2 和引脚 6 直接相连。电路没有稳态，只存在两个暂态，电路不需要外加触发电路，利用电源通过 R_1、R_2 向 C 充电，而 C 通过 R_2 放电，使电路产生振荡。电容 C 在 R_1 与 R_2 之间充电和放电。该电路构成的多谐振荡器的振荡周期为

$$T = t_1 + t_2 = (R_1 + R_2)C\ln 2 + (R_1 + 2R_2)C\ln 2 \tag{13.1}$$

则

$$R_1 + 2R_2 = \frac{1}{(\ln 2)Cf} \tag{13.2}$$

故

$$f = \frac{1}{(\ln 2) C (R_1 + 2R_2)} \tag{13.3}$$

这样当 R_1、R_2 的值固定时,即可测量电容 C 值。当 $R_1 = R_2$ 时,则

$$f = \frac{1}{3 (\ln 2) R_1 C}$$

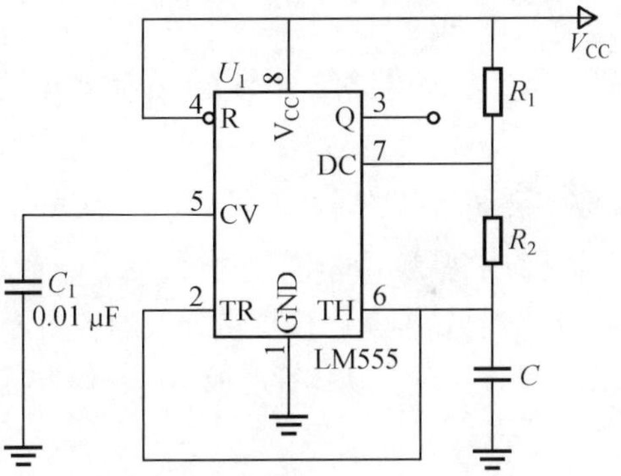

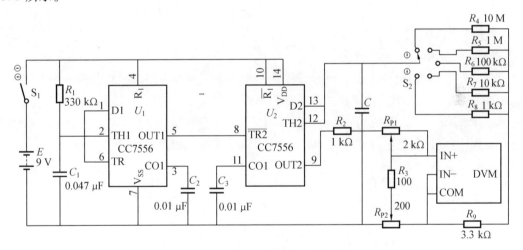

图 13.2　多谐振荡器测量电容原理

根据上面的分析,现采用双时基集成电路 7556 与数字电压表构成的电容测量电路如图 13.3 所示。

图 13.3　双时基电路测量电容原理

一块双时基集成电路 CC7556 内部含有两个 LM555,令 U_1 作为多谐振荡器,U_2 作为单稳态触发器。其中 U_1 和 R_1、C_1 构成的多谐振荡器频率为

$$f = \frac{1}{(\ln 2) R_1 C_1} = \frac{1.44}{330 \times 10^3 \times 0.047 \times 10^{-6}} \approx 90 \text{ Hz} \tag{13.4}$$

其振荡周期为 $T = 0.011$ s。由 U_2 和 C,以及 $R_4 \sim R_8$ 组成单稳态触发器,其中,C 是被测电容,$R_4 \sim R_8$ 是电容的量程选择,分别为 200 pF,2 nF,20 nF,200 nF,2 μF。脉冲由引脚 9 输出,脉冲的宽度为

$$t = (\ln 3) R_8 C = 1.1 \times 10^3 C \tag{13.5}$$

由于 U_1 的振荡周期是 $T = 0.011$ s,所以 U_2 输出的脉冲的占空比为

$$D = \frac{t}{T} = \frac{1.1 \times 10^3 C}{0.011 \text{ s}} = 1.0 \times 10^5 C \qquad (13.6)$$

也就是说,脉冲输出的占空比与电容值的大小成正比。这样把 U_1 构成的多谐振荡器产生的周期控制为固定不变的,然后再将 U_2 输出的脉冲一个周期内的平均值求出来,将其转换为直流电压,就可以直接由 DVM 测量出来。实际应用中,有很多仪器仪表都是采用双时基电路与 DVM 结合的方法测量电容的。

下面,我们采用单片机与 RC 振荡电路结合的方法,实现电容与频率的转换,进而达到测量电容值的目的。

4. 基于单片机的电容数字测量系统方案

这种方法是将电容的值通过 RC 振荡电路将其转换成频率信号,再由单片机计数后运算出电容的值,最后显示出来。实际上,这种转换是将模拟量近似的转换为数字量,而频率正是单片机较为容易处理的数字量,可以方便地实现自动化智能控制。具体方案如图13.4 所示。

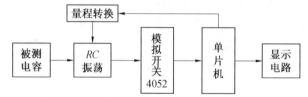

图 13.4　单片机的电容数字测量结构图

5. 硬件电路设计

(1) RC 振荡电路

在此处 RC 振荡电路可以采用图13.2 所示的多谐振荡器电路来测量电容。为了使频率保持在10 ~ 100 kHz 这一段单片机计数的高精度范围内,需要选择合适的 R_1 和 R_2 的阻值。令 $R_1 = R_2$,第一个量程选择 $R_1 = R_2 = 510$ kΩ,第二个量程选择 $R_{11} = R_{22} = 10$ kΩ。这样第一个量程中,取被测量电容 $C = 10\ 000$ pF(下限),这时频率为

$$f = \frac{1}{3(\ln 2)R_1 C} = \frac{1}{3(\ln 2) \times 510 \times 10^3 \times 10\ 000 \times 10^{-12}} \approx 94.3 \text{ Hz}$$

第二个量程中,取被测量电容 $C = 100$ pF(上限),这时频率为

$$f = \frac{1}{3(\ln 2)R_1 C} = \frac{1}{3(\ln 2) \times 10^3 \times 100 \times 10^{-12}} \approx 4.8 \text{ MHz}$$

这样的取值使电容的测量范围很宽。单片机测量频率的精度在 1% 以下,电阻也能满足 1% 左右的精度,因此,电容测量的精度可以满足测量的要求。

(2) 单片机控制电路

单片机控制部分的电路包括量程选择电路、多路开关电路和最小系统电路。单片机采用 AT89S52,多路开关用于当系统处于多个被测量时,可以实现不同测量数据的选择。量程选择电路可以通过单片机控制继电器来实现,并能做到量程的自动转换。单片机在第一个频率的记录中发现频率过小,就通过继电器转换量程,每次计算出频率后,都先判断量程是否正确,如果不正确就进行量程自动转换。

单片机控制多路开关的电路如图 13.5 所示。

单片机控制继电器的电路如图 13.6 所示。将多谐振荡电路中的量程选择电阻通过继

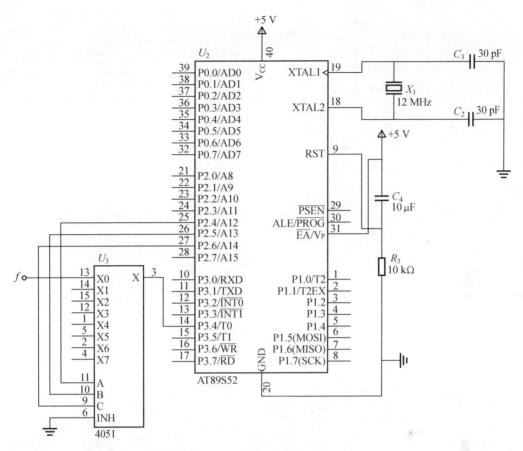

图 13.5　单片机控制多路开关电路

电器控制,图中只给出一个继电器的控制电路。实际设计中,因为量程电阻是由 R_1 和 R_2 两个组成的,图 13.6 中只是对 R_1 和 R_{11} 进行选择,因此还需要对 R_2 和 R_{22} 进行选择,必须设计另外一个继电器 JK_2 的控制电路。

（3）显示电路

显示电路采用共阳极四位数码管动态显示电路显示电容值,如图 13.7 所示。P2.0 ~ P2.3 为数码管的位选段,通过 PNP 三极管控制数码管的 4 个公共端。当需要某个数码管点亮,则将相应的位选端 P2 口输出低电平。同时,在 P0 口段选段输出需要显示的字形码,以动态的方式轮流点亮。

6. 设计报告要求

简要论述电容测量方法及具体实施方案;设计电容测量系统的完整电路图,并阐述其工作原理,并进行计算与分析;对电容测量电路进行仿真;选定被测电容,分别将 100 pF、330 pF、1 000 pF、2 220 pF、4 700 pF 等不同标称值的电容接入电路,分别用示波器观测多谐振荡器中 LM555 的 3 脚输出波形。改变被测电容数值大小,观测示波器输出波形如何变化,并进行绘制。用测量系统对已知的被测电容进行测量,将测量结果整理记录在表 13.1 中。

根据公式 $f = \dfrac{1}{3(\ln 2)R_1 C}$ 计算,得出被测电容的大小。分析误差产生的原因,写出相应的误差分析,并提出改进的办法。

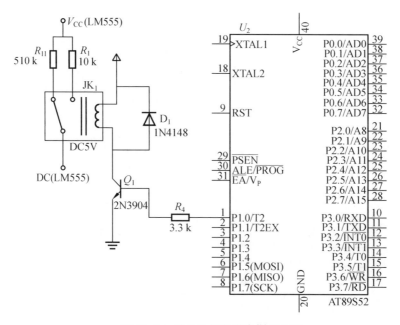

图 13.6　单片机控制继电器的电路

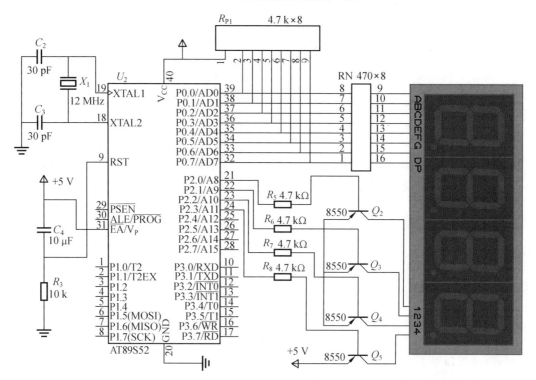

图 13.7　数码显示电路

表 13.1　电容测量数据分析表

被测电容标称值	100 pF	330 pF	1 000 pF	2 220 pF	4 700 pF
测量值					
计算值					
频率					

13.2　智能电子计数器的设计

1. 设计目的

(1) 掌握电子计数器的各种分类和测量原理;

(2) 研究数字计数器的基本结构和设计方案;

(3) 学习和掌握利用集成电路组成数字电子计数器的原理;

(4) 重点学习利用单片机实现频率测量的工作原理。

2. 设计任务和要求

设计和制作智能电子计数器,能够测量周期、时间间隔和频率。测量频率范围为 10 Hz ~ 100 MHz,测量精度不大于 0.1%。闸门时间为 0.1 s 和 1 s。测量信号为方波或正弦波,幅度为 3 ~ 5 V。显示测量数 0 值。组装、调试电容测试仪的电路图,写出总结报告。设计出智能电子计数器的整机电路并画出框图和电路图。仿真、组装与调试,做出实物。写出课程设计总结报告。

3. 电子计数器的基本分类和测量方法

电子计数器是指能够完成频率测量、周期、时间间隔、频率比、累加计数等功能的所有电子测量仪器的统称。根据功能不同可以分为通用、专用和智能电子计数器。一般把具有测频和测周期两种以上功能的电子计数器称为通用计数器。专用是指专门用于测量某一功能的电子计数器。智能电子计数器是指采用计算机技术的计数器,它的一切动作均在控制器的控制下进行。计数器的测量功能有很多,但是最主要的是测频和测周期。

一般测量频率的原理图如图 13.8 所示。图中输入电路部分可以根据具体的输入信号形式进行设计。如果输入信号为方波脉冲信号,且信号不是微弱信号,则可以直接送入闸门电路进行计数与显示;如果输入的是正弦波信号,而且信号比较微弱,这时需要对信号进行放大和整形,将其变为方波信号,这样才能送入闸门计数和显示。晶振分频和门控电路实际是为系统提供不同的时间标准,设计者可以根据系统要求的精度设定不同的时间标准,以供被测信号进行比较。

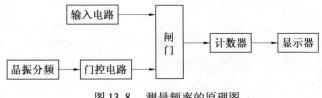

图 13.8　测量频率的原理图

一般测量周期的原理图如图 13.9 所示。图中,晶体振荡器输出信号经过分频后得到各种时标信号;同时输入信号经过放大整形后进入门控电路,如果输入的被测周期信号的周期太小,这时可以在门控信号之前插入分频器,将周期放大后再测量。

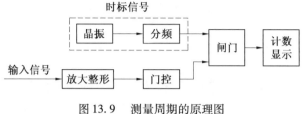

图 13.9　测量周期的原理图

4. 数字测频专用集成芯片构成电子计数器

在设计电子计数器时,有很多情况是采用单片数字专用测频集成芯片来实现测量周期、频率等功能,例如 ICM7216、5G7726、ICM7226 等。以上这类专用集成芯片属于 CMOS 大规模集成电路,仅配少量的外围元件即可以构成具有高性价比的单片 8 位 10 MHz 数字频率计或通用电子计数器,可实现频率、周期、时间间隔、频率比、累加计数、自校等功能。由专用计数芯片构成的通用电子计数器具有电路简单、体积小、重量轻、耗电小等特点。ICM7226 引脚如图 13.10 所示。

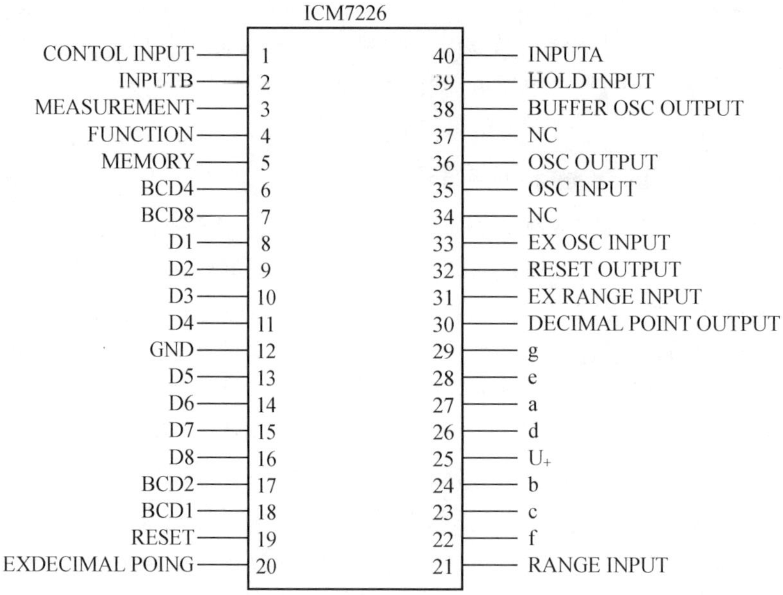

```
                      ICM7226
CONTOL INPUT ——  1          40  —— INPUTA
      INPUTB ——  2          39  —— HOLD INPUT
 MEASUREMENT ——  3          38  —— BUFFER OSC OUTPUT
    FUNCTION ——  4          37  —— NC
      MEMORY ——  5          36  —— OSC OUTPUT
        BCD4 ——  6          35  —— OSC INPUT
        BCD8 ——  7          34  —— NC
          D1 ——  8          33  —— EX OSC INPUT
          D2 ——  9          32  —— RESET OUTPUT
          D3 —— 10          31  —— EX RANGE INPUT
          D4 —— 11          30  —— DECIMAL POINT OUTPUT
         GND —— 12          29  —— g
          D5 —— 13          28  —— e
          D6 —— 14          27  —— a
          D7 —— 15          26  —— d
          D8 —— 16          25  —— U+
        BCD2 —— 17          24  —— b
        BCD1 —— 18          23  —— c
       RESET —— 19          22  —— f
EXDECIMAL POING —— 20       21  —— RANGE INPUT
```

图 13.10　ICM7226 的引脚

现以 ICM7226 为例说明其计数器的工作原理。该计数器的直接测频范围为 0 ~ 10 MHz,测周期范围为 0.5 μs ~ 10 s;有四个闸门时间可供选择,分别是 0.01 s、0.1 s、1 s、10 s;位和段的信号线可以直接驱动 LED 共阴极数码管,并有溢出指示;供电电源为 5 V 直流电源。ICM7226 构成通用计数器的典型配置如图 13.11 所示。

图中 ICM7226 的 21 引脚是量程选择部分,用 SW2 开关选择闸门时间 0.01 s、0.1 s、1 s、10 s;由 SW1 与 4 引脚连接选择相应的功能;ICM7226 控制端引脚 1 连接 R_4C_4 网络进行滤波;

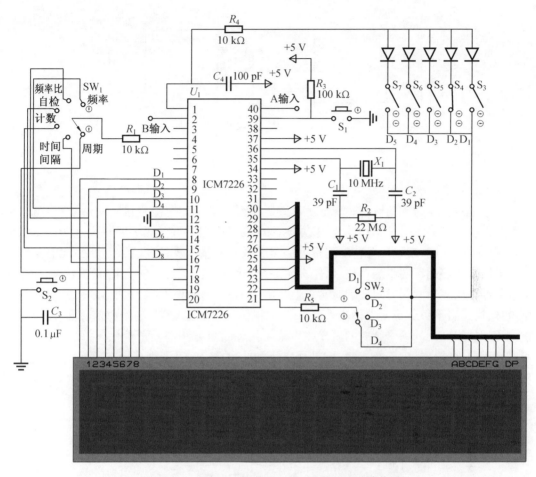

图 13.11　ICM7226 构成的 8 位 10 MHz 通用计数器

在 35 与 36 引脚接入晶振电路,并且用 22 M 的电阻实现振荡电路的直流反馈偏置;$S_3 \sim S_7$ 与几个二极管连接主要表示电路目前所处的功能状态。图 13.11 只是 ICM7226 应用的典型配置,实际电路在使用时还需要输入通道电路、频率扩展电路。输入通道电路是当被测信号由 A、B 两路输入至 ICM7226 之前,一般需要将被测信号进行放大衰减整形,变成 ICM7226 需要的脉冲信号。例如正弦信号转换为同频率的方波信号,在不改变频率的情况下将脉冲较窄的信号经过单稳态电路调节为脉冲较宽的信号,或者将微弱信号变换为大小合适的信号等。频率扩展电路是因为 ICM7226 在设计时,只能输入最大的频率为 10 MHz,如果信号的频率超出 10 MHz,这时需要对信号进行预分频,因此需要在输入信号之前加入分频电路。

分频电路可以根据实际情况采用不同的分频电路,下面给出四分频电路,如图 13.12 所示。

当然,应用专用测频集成芯片设计计数器时,也可以采用计数芯片与单片机相结合的方法构成智能电子计数器。将 ICM7226 与单片机连接,并通过模拟开关取代 SW1、SW2 机械开关,由单片机控制模拟开关的切换,实现频率等测量功能的选择和分频电路等信号输入处理电路的选择。

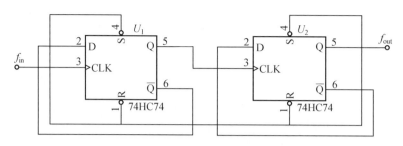

图 13.12　四分频电路

5. 单片机构成的智能电子计数器

采用单片机作为控制核心实现电子计数器频率和周期的智能测量。使用了单片机,会使整个系统具有灵活的可编程性,能够方便的对系统功能进行功能扩展与改进。为了保证测量准确度与精度,现采用等精度测量方法实现频率测量。等精度测频是新一代的测频方法。该法采用多周期同步测量技术,先产生一个与输入信号同步的闸门时间信号;然后用两个计数器在同一个闸门时间分别对输入信号的周期数和标准频率计数,得到输入信号的周期值;最后进行倒数运算而求得输入信号的频率值。因为输入信号与闸门信号同步,消除对被测信号技术产生的一个脉冲的误差。等精度频率测量方法消除了量化误差,可以在整个测试频段内保持高精度不变。通过单片机对同步门的控制,为了提高精度,将电子计数功能转换为测周期,实现等精度测量。具体结构框图如图 13.13 所示。

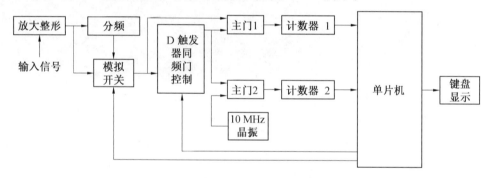

图 13.13　单片机等精度计数器框图

该等精度测量框图中主要包括通道电路、同步电路、计数器电路和键盘显示电路。

（1）通道电路

通道电路主要包括放大整形和分频电路。考虑到为了能测量不同幅值与波形的周期信号的频率,必须对被测信号进行放大与整形处理,使之成为能被计数器有效识别的脉冲信号。一般情况下,信号放大可以采用运算放大电路,波形整形可采用施密特触发器完成。但在设计过程中,由于输入的信号幅度不定,这样运算放大器的放大倍数难以确定,而且被测信号的电平需要转换为 TTL 电平后才能送入单片机。因此,放大整形电路采用运算放大器构成过零比较器来实现,这样测信号电压达到 20 mV 以上,即可将输入方波、三角波、正弦波整形成能被计数器识别的矩形脉冲信号;同时,为了保证输入信号的频率较高,使用运放的频率带宽为 15 MHz 的 LM833。具体电路如图 13.14 所示。其中,R_1 是输入耦合电阻,R_2 是稳压管的限流电阻,D_1 和 D_2 是 4.3 V 稳压管,经 LM833 整形后输出矩形波,其幅度是

±5 V。本频率测量电路的测量范围为 10 Hz ~ 100 MHz。为了实现频率测量的 10 倍扩展，在电路中对输入信号设计了 10 分频电路。当数字频率计打到 ×10 挡时，此时被测信号的实际频率是显示值乘以 10。×10 挡 电路由 LM833 构成的电压跟随器和十进制计数器 74LS160 组成。这样信号的频率测量有 ×1 挡和 ×10 挡两个挡，当信号的频率大于 10 MHz 时，需要通过十分频电路，再送入计数电路。通过开关选择电路由单片机控制选择哪种频率范围，开关电路由双四选一多路开关 4052 构成，其中 A、B 分别与单片机引脚 P2.0、P2.1 相连接，选择哪路信号由单片机来控制。

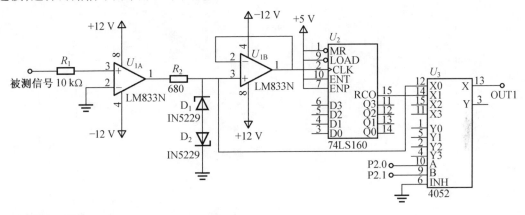

图 13.14　通道电路

（2）同步电路

同步电路由主门 1、主门 2、同步控制电路和产生标准信号的时基电路组成。主门 1 控制被测信号经过通道电路放大整形后的 OUT1 信号的通过，主门 2 控制时钟信号的通过，两个主门的启闭都由同步控制电路控制。具体电路如图 13.15 所示。标准信号由 10 MHz 的石英晶体振荡电路产生，石英晶体振荡器的特点是振荡频率准确、电路结构简单、频率易调整。图中的振荡电路是由反相器与石英晶体构成的，利用两个非门 U_{55}、U_{56} 自我反馈，然后利用石英晶体来控制频率，同时用电容 C_1 作为两个非门之间的耦合。并接的两个电阻作为负反馈元件使用，因为反馈电阻较小，可以近似认为非门的输入／输出压降相等。电容 C_2 是为了防止寄生振荡。这样电路中晶体的振荡频率是 10 MHz，电路输出的频率也为 10 MHz。

同步控制电路由 D 触发器 74LS74 实现同步控制，单片机 AT89S52 的 P2.3 作为预置闸门时间的控制信号，控制 D 触发器 74LS74 产生同步的闸门信号。而 P2.4 则是同步控制电路 D 触发器 74LS74 的复位信号线，当 P2.4 有效时，发出复位信号，D 触发器的 $\overline{Q}$ 端为低电平，这时主门 1 和主门 2 都关闭。如果此时 P2.3 的状态为"1"，D 触发器的 D 端为高电平，这时即使有被测信号输入，也不能使触发器触发翻转，有效地保证了同步门可靠的关闭。但是，如果 P2.3 由"1"跳变为"0"，触发器 D 端为"0"，这时信号输入至 CLK 端，触发器立即翻转，$\overline{Q}$ 由"0"跳变为"1"，同步门被打开，被测信号与标准时间信号分别进入计数器计数。当预定的闸门时间结束时，使 P1.0 又从低电平恢复到高电平，D 触发器再次解除闭锁。随后紧跟而来的被测信号再次触发 D 触发器使之翻转，$\overline{Q}$ 端由高电平转为低电平，使同步门关闭，计数器停止计数。

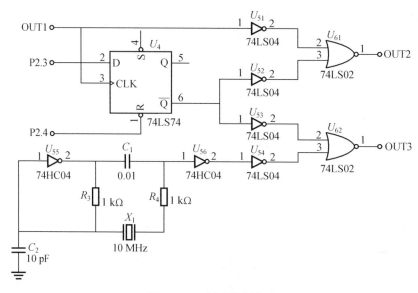

图 13.15 同步控制电路

（3）计数电路

计数电路主要由两组完全相同的计数器组成,每组计数电路都包含两片 TTL 计数器 74LS393 组成的 8 位二进制计数器,以及单片机内部定时器／计数器构成的 16 位二进制计数器。其计数器与单片机的接口电路如图 13.16 所示。

计数器 U_{71}、U_{72} 组成前 8 位计数器,与 T_0 后 16 位计数器相连接构成完整计数器,实现对被测信号的计数。同样,计数器 U_{73}、U_{74} 与 T_1 相连接构成另外一组计数器,实现对标准信号的计数。计数器计数前由 P2.5 发出计数器清零信号,计数后单片机通过读取缓冲器 74LS244 获得测量结果。其中 74LS244 的输出数据允许引脚分别由单片机的 $\overline{RD}$、P2.6、P2.7 控制。

（4）键盘显示电路

由于单片机 AT89S52 的 P0 口、P2 口与 P3 口均被使用,因此设计键盘显示电路时,可以采用数码管键盘控制管理芯片 8279 或 7279 来进行连接,或者是采用 8155 等芯片扩展 I/O 端口电路,以节约 I/O 的使用。具体电路可参考相应材料,自行设计完成。

该计数器是由单片机 AT89S52 作为系统控制核心构成的智能计数器,实现频率的等精度测量。设计采用标准时基信号为 10 MHz,实际测量中可以根据具体情况在晶体振荡电路部分加入分频电路,根据不同的被测频率调整不同的标准信号频率。闸门时间可定为 1 s 或 0.1 s,由单片机内部 T2 定时器通过软件程序实现。等精度频率计不仅可以测量频率,还可以测量周期、相位和用于计数,只要编写相应的程序就可实现相应的功能。

6. 频率测量步骤及设计报告要求

首先完成智能等精度计数器的硬件设计及软件程序。实现电路的仿真与调试,并制作出实物。检查电路无误后,对信号频率进行测量。首先将函数发生器的输出接到通道电路的输入端,波形选择为正弦波,输出频率为 100 Hz,输出幅度为 200 mV,将信号发生器产生的该信号作为被测信号接入到电路中。打开计数器电源,显示器显示应为 5 Hz 左右,记录实际显示值。将信号发生器正弦波信号输出频率调整为 10 MHz,输出幅度为 200 mV。打开计数器电源,显示器显示应为 10 MHz 左右,记录实际显示值。将信号发生器的波形选择

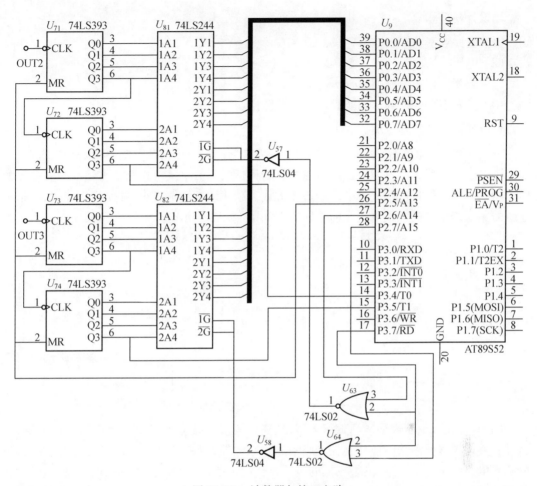

图 13.16　计数器与接口电路

为脉冲信号,重复以上测量信号频率的步骤,并记录显示频率结果,其测量结果应该与正弦波时相同。

　　设计报告中要包含智能计数器测量的原理和设计方案;画出智能计数器的完整电路图,并阐述其工作原理,并进行计算与分析;对输入信号进行放大整形的通道电路进行仿真;选择不同的被测周期信号波形及频率,应用该计数器进行频率测量,记录频率数据。若将晶体振荡电路后加入分频电路,分析产生的标准信号的频率周期大小,并对该部分电路进行仿真。分析测量的精度,分析误差产生的原因及降低误差的具体措施。

13.3　电压的数字测量

1. 设计目的

(1) 掌握电压测量的原理和设计方案;

(2) 掌握数字电压表的设计和调试。

2. 设计任务和要求

（1）设计数字电压表电路；

（2）电压测量范围为 0 ～ 500 V，分为四个量程；

（3）被测信号频率范围 20 Hz ～ 100 kHz；

（4）具有零点自动调节功能和量程自动转换功能。

3. 电压测量原理与方案

电压测量是电子测量的一个主要参数，一般按照测量电压对象分类，可以分为直流电压和交流电压测量两种。直流电压测量主要分为模拟式和数字式电压测量方法。直流电压的模拟测量方法是指将被测直流电压经过放大或衰减驱动直流电流表，并使指针偏转，以指示电压的测量结果。模拟式电压表的具体方案如图 13.17 所示。

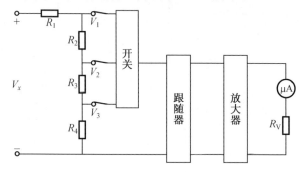

图 13.17　模拟电压表组成框图

图中，如果该电压表测量高直流电压，则在电压输入端应该采用一组电阻构成分压器，这样就具备了多量程功能。并且在电路中加入跟随器，以提高输入阻抗；加入直流放大器，以提高电路的灵敏度，可以测量较低的电压。当电压的输入端加入不同的电压时，表针偏转角也不同，在电流表的表盘上刻上电压值后，就可以测量电压。当然，采用模拟式测量方法的电压表具有电路简单、价格便宜、测量低频电压时准确度不高的特点。

数字电压表（DVM）是利用 A/D 转换器将被测直流电压（模拟量）转换为数字量，并将测量结果以数字形式显示出来的电子测量仪器，这是目前常见的测量电压的数字化方法。具体实施方案如图 13.18 所示。

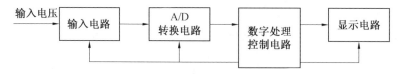

图 13.18　数字电压表组成框图

一般，输入电路部分包括分压电路、放大电路等输入电压的处理电路，而 A/D 转换器是数字电压表的核心部分，主要负责将模拟电压量转换为与之成比例的数字量。数字处理控制电路主要包含控制逻辑电路和数字存储与处理电路，这部分电路可以采用 DSP、单片机等智能芯片来完成，这样的数字电压表称为智能 DVM。智能 DVM 可以实现自动测量和数据处理功能。当测量的电压为交流电压时，依然可以采用第二种数字式测量方法，只是在输入电路部分加入 AC/DA 转换器，即将交流电压转换为直流电压之后再进行测量。

数字电压表具有精度高、速度快、输入阻抗大、数字显示、读数准确、测量自动化等特点，因此在电压测量中采用数字测量电压的方法。

4. 采用大规模 A/D 转换集成芯片 7106 构成的数字电压表

数字电压表中的核心部件 A/D 转换器有多种型号，现一般将在电压表中使用的 A/D 转换器做成专用的集成芯片，在一块芯片上集成积分器、比较器、数字逻辑电路。采用这样的芯片只需要较少的基准电压、开关、显示器等外围电路就可以构成一个简单而实用的 DVM。7106 是目前在各种数字电压表和万用表中使用较多的 CMOS 集成电路，它可以直接驱动 LCD 或 LED 显示器，使用方便。由 7106 构成的数字电压表的结构框图如图 13.19 所示。图中无论输入的是直流电压还是交流电压都先经过分压电路分压后，再送入 A/D 转换器进行模数转换。其中，交流电压需要经过 AC/DC 交流-直流转换电路将其变为直流电压后才能进行模数转换，最后由 7106 将处理好的数字量送入显示器进行显示。该电压表电路主要包括三个部分：分压电路、AC/DC 转换电路和 7106A/D 转换显示电路。各部分电路如下所示。

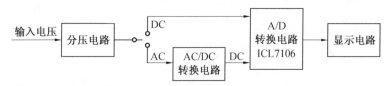

图 13.19　由 7106 构成的数字电压表组成框图

（1）直流电压分压电路

分压电路的作用是将输入各量程直流电压均变为符合 7106 输入范围的 0 ~ 200 mV，也就是将基本量程为 0 ~ 200 mV 的电压表扩展成为多量程的数字电压表。要求电压测量范围为 0 ~ 500 V，分成 500 mV、5 V、50 V、500 V 四个量程。由于电压表基本量程为 0 ~ 200 mV，实际上也可以增加一基本量程 200 mV，变为 5 个量程。电路是由分压电阻与量程选择开关 SW1 来完成的，如图 13.20 所示。

设各挡满量程输出的电压为 V_0，总电阻值为 $R_{0~4} = R_1 + R_2 + R_3 + R_4 + R_5$，满量程电压为 V_m，这时各挡满量程输出电压的计算如下：

200 mV 挡：$V_0 = \dfrac{R_{0~4}}{R_{0~4}} V_m = 200$ mV；

500 mV 挡：$V_0 = \dfrac{R_{1~4}}{R_{0~4}} V_m = 200$ mV，其中 $R_{1~4} = R_1 + R_2 + R_3 + R_4$；

5 V 挡：$V_0 = \dfrac{R_{2~4}}{R_{0~4}} V_m = 200$ mV，其中 $R_{2~4} = R_2 + R_3 + R_4$；

50 V 挡：$V_0 = \dfrac{R_{3~4}}{R_{0~4}} V_m = 200$ mV，其中 $R_{3~4} = R_3 + R_4$；

500 V 挡：$V_0 = \dfrac{R_4}{R_{0~4}} V_m = 200$ mV。

通过以上分析，可以计算出各量程所对应的电阻值。

（2）交流-直流转换电路

交流电压的幅度可以用平均值、有效值和峰值来进行表示，因此 AC/DC 交直流转换电

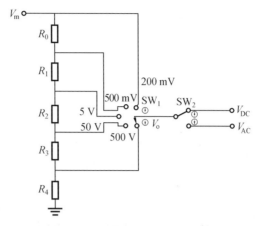

图 13.20   直流电压分压电路原理

路也分为平均值转换电路、有效值转换电路和峰值转换电路。这里可以采用平均值转换电路来实现交直流的转换,电路如图 13.21 所示。

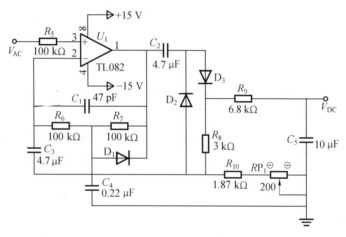

图 13.21   交流-直流转换电路原理

平均值转换电路采用运算放大器式整流电路。为了提高转换电路的输入阻抗,运算放大器连接为同相放大电路的形式。运放 TL082 与二极管 D_2、D_3 组成了平均值响应的线性整流电路,可以使输出的平均值与 AC/DC 转换器的输入电压呈线性关系。电路中的 R_6、R_7 为反馈电阻,有效改善放大器中的非线性失真。R_6 与 C_4 向 D_1 提供偏流,减小运放对小信号放大时的波形失真。C_1 是运放的频率补偿电容,R_9 和 C_5 看成低通滤波器,用于滤除输出电压中的交流波纹。

(3)A/D 转换及显示电路

A/D 转换芯片为 ICL7106,它是位单片双积分式 A/D 转换器,自动极性转换,满量程输入为 $-200 \sim 200$ MV,芯片引脚如图 13.22 所示。其引脚功能描述如下。

U_+、U_-:电源电压正、负端,一般为 $7 \sim 15$ V,在设计中可取 9 V 直流电源。

COM:模拟地端,使用时与 IN_- 和 V_{ref-} 短接。

GND:逻辑地。

(aU $\sim$ gU),(aT $\sim$ gT),(aH $\sim$ gH):分别为个位、十位、百位数码管的笔画驱动端。

19 脚 abK:千位笔画驱动端,仅连接千位数码管的 b、c 两段。

PM:为负极性显示驱动端,仅连接数码管的 g 段,当输入信号为负极性时,显示为"-"。

IN_+、IN_-:被测电压输入端,使用时在输入端连接 RC 积分电路,增强抗干扰能力。

C_{ref}、C:外接基准电容,一般为 0.1 ~ 1 μF。

AZ:外接自动调零电容,一般为 0.047 ~ 0.47 μF。

INT:外接积分电容端,电容一般取 0.1 ~ 0.22 μF。

BUF:外接积分电阻,满量程为 200 mV 时,积分电阻取 56 kΩ;满量程为 2 V 时,积分电阻取 560 kΩ。

V_{ref+}、V_{ref-}:基准电压端,一般电压大小为满量程电压的一半。

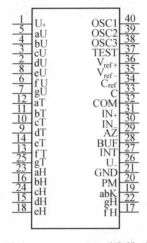

图 13.22　ICL7106 引脚排列

显示电路选择四位共阳极数码管,ICL7106 与显示电路的具体连接如图 13.23 所示。显示电路中公共阳极的限流电阻未画出,实际连接中应使用。

从以上电路中可以看出 ICL7106 构成的数字电压表虽然简单,但是属于手动转换量程。如果想要实现自动控制、智能控制,或进行复杂的数据处理则显得很困难,并且操作速度慢,而且 ICL7106 支持与智能微处理器的连接。因此在数字电压表的设计中可以采用微处理器技术,实现系统的智能控制与自动控制。

5. 采用单片机实现的数字电压表

采用单片机 AT89S52 来实现数字电压表的设计。单片机软件编程灵活,自由度大,可以实现数码显示、量程自动切换与量程超欠识别等功能,大大提高了系统的智能化程度,并且测量结果的精度很高。具体结构如图 13.24 所示。

图中,量程自动切换电路采用模拟开关和分压电路相结合,实现量程的自动切换,其中超欠量程判断电路可以根据输入 A/D 转换电压的大小与量程上下限值进行比较,判断超欠量程情况,再进行具体调整;放大电路将转换处理后的直流电流进行 10 倍放大,这样可以满足 AC/DC 电路、A/D 转换器的输入电压要求,继电器控制电路用于直流和交流电路的相互切换;AC/DC 有效值转换电路用于实现交流电压的直流转换,可以采用 AD637 有效值转换芯片实现直流变换;A/D 转换采用 12 位高精度 A/D574 实现,满足设计中的精度要求。

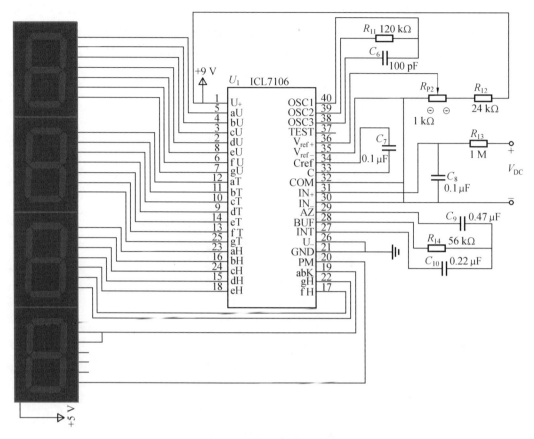

图 13.23   A/D 转换及显示电路

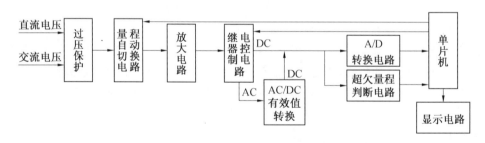

图 13.24   基于单片机的数字电压表框图

（1）量程自动切换电路

该部分电路是由分压电阻电路与模拟开关组成的，电路如图 13.25 所示。该电路是以 0.5 V 作为基本量程，共设 4 挡：0.5 V、5 V、50 V、500 V。图中，$R_1 \sim R_4$ 为分压电阻，四个电阻总阻值为 1 M，分压原理与图 13.35 所示原理相同，分压电路将四挡信号均变为 0 ～ 0.5 V。因此，模拟开关 CD4051 的 X0 引脚连接的量程是基本量程 0.5 V，由 X0 连接的量程是 5 V，由 X2 连接的量程是 50 V，由 X3 连接的量程是 500 V。量程切换分别由单片机的 P1.0、P1.1 控制，改变选择输入端 A、B、C 的状态进行译码，并控制模拟开关电路，使某一路开关接通，从而使输入／输出通道相连。例如，当 P1.0、P1.1 都为零时，选择 X0 通道，选择量程为 0.5 V。VR_1 为 750 规格的压敏电阻器作为过压保护电路。

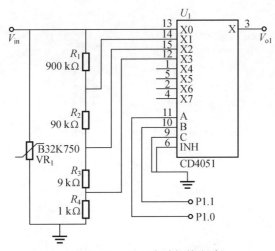

图 13.25 量程自动切换电路

（2）放大电路

为了满足 AC/DC 有效值转换电路精度和 A/D 转换电路输入电压范围的要求，需将 0 ~ 0.5 V 电压信号放大 10 倍变为 0 ~ 5 V 电压信号，电路如图 13.26 所示。电路中放大器采用 OP07 集成运算放大器，放大倍数为 $A = \dfrac{V_{o2}}{V_{o1}} = 1 + \dfrac{R_{11}}{R_{10}} = 10$。

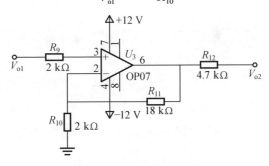

图 13.26 10 倍放大电路

（3）继电器控制电路

由于该数字电压表测量电压分为直流电压和交流电压两种。被测电压经过量程自动切换电路后，如果是直流电压信号则直接送入放大电路；如果是交流信号还需要进行 AC/DC 转换后才能送入放大电路处理。因此，采用继电器控制两种不同电压信号的处理路径，电路如图 13.27 所示。继电器通过 P1.2 控制，当 P1.2 为高电平时，三极管被触发导通驱动继电器实现吸合，继电器的常开触点闭合；电路中为了消除感生电动势，在继电器线圈两端反向并联抑制二极管。

（4）AC/DC 有效值转换电路

目前数字电压表在测量交流电压时，常采用按有效值标度的平均值 AC/DC 转换来实现。虽然能够测量正弦波的有效值，但是被测电压信号的波形失真非常敏感。因此，当测量波形有失真的交流电压时，需要真有效值测量方法，故采用有效值测量专用芯片 A/D637 来完成，电路如图 13.28 所示。当供电电压为 ±15 V 时，输入电压有效值范围为 0 ~ 7 V，信号经过 10 倍放大以后变为 0 ~ 5 V，满足 AC/DC 转换电路的要求。

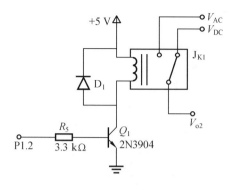

图 13.27 继电器控制电路

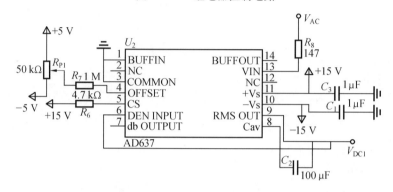

图 13.28 AC/DC 有效值转换电路

（5）A/D 转换电路

A/D 转换电路采用 12 位 AD574 转换芯片，具体电路如图 13.29 所示。电路采用 0 ~ 10 V 输入方式，其状态引脚 STATUS 与单片机的外部中断输入引脚相连，数据转化采用中断方式。单片机的读写信号经过与非门后与 AD574 的 $\overline{CE}$ 引脚连接。两个电位器主要用于零点调整和满刻度调整。R/ $\overline{C}$、A0/SC、$\overline{CS}$ 分别通过 74LS373 与单片机的 P2.0、P2.1、P2.2 相连接，并控制 AD574 工作。当 $\overline{CE}=1$，$\overline{CS}=0$，R/$\overline{C}=0$，A0/SC=0 时，启动 12 位 A/D 转换；当 $\overline{CE}=1$，$\overline{CS}=0$，12/8=0，R/$\overline{C}=1$，A0/SC=0 时，高 8 位并行输出有效，分两次输出转换结果。

（6）超欠量程判断电路

该部分电路采用运算放大器 LM324 构成比较器电路，实现超量程与欠量程判断电路，如图 13.30 所示。图 13.30（a）中，V_{DC} 输入直流电压与满量程的 9% 即 0.5 V 相比较，经过 LM324 输出送入单片机 P1.3 引脚，其中 V_{DC} 输入直流电压大于 0.5 V，则 P1.3 脚输出高电平，表示正常；若 V_{DC} 输入直流电压小于 0.5 V，则 P1.3 脚输出低电平，表示为欠量程信号，单片机经过判断，进而切换量程。图 13.30（b）中，V_{DC} 输入直流电压与 4.99 V 相比较，经过 LM324 输出送入单片机 P1.4 引脚，如果 V_{DC} 输入直流电压大于 4.99 V，则 P1.4 脚输出高电平，表示超量程信号；若 V_{DC} 输入直流电压小于 4.99 V，则 P1.4 脚输出低电平，表示正常。

（7）显示电路

显示电路在设计时需要考虑 I/O 端口数，在以上的设计中占用了较多的 I/O 资源，因此

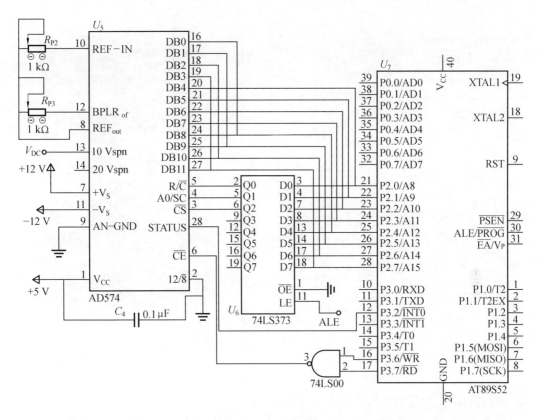

图 13.29　A/D 转换电路

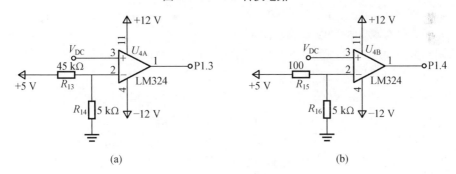

(a)　　　　　　　　　　　　　　　　(b)

图 13.30　超欠量程判断电路

可以采用以下三种方法来扩展 I/O 口。首先,可以采用并行 I/O 接口芯片 8255 进行扩展,同时还可以根据系统实际使用情况设计键盘电路;为了节约 I/O 口可采用串行连接的静态显示电路,也可以采用译码电路实现动态显示。采用第三种方案,电路如图 13.31 所示。

共阴极的四位数码显示管,通过锁存器 74LS244 与单片机的 P0.0～P0.7 相连接,传递显示字形码;通过单片机的 P1.5、P1.6 控制 38 译码器的 A、B 端,实现对数码管的位选端的选择。

6. 测试与报告

(1)7106 构成的数字电压表的测试

用函数发生器输出不同幅值的直流电压,分别为 100 mV、3 V、30 V,将其分别接入设计

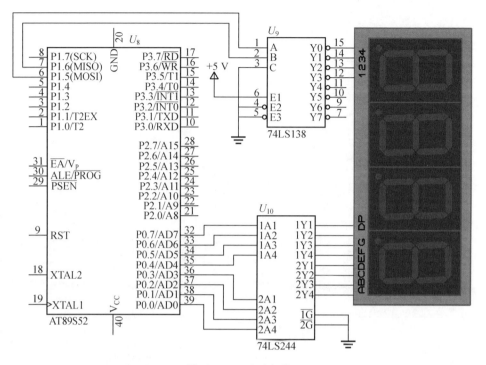

图 13.31 显示电路

电路进行测量,记录显示器的测量结果,对比分析误差。

同样,产生不同幅值的交流信号,接入设计电路进行测量,记录显示器的有效值,对比分析误差。

(2) 单片机实现的数字电压表的测试

利用函数发生器产生幅值为 5 V 的直流电压信号,测试通过量程转换电路后输出的电压信号大小,并进行计算与分析。

用函数发生器产生一路 0 ~ 5 V 的正弦信号电压作为被测交流电压信号,用数字万用表测量其有效值,再用设计的数字电压表进行测量,并求出误差。

幅值相同情况下,选择不同频率的交直流信号,重复上述步骤,测量记录结果,并进行分析与对比;频率相同情况下,选择不同幅值的交直流信号,重复上述步骤,测量记录结果,并进行分析与对比。

(3) 设计报告内容

说明所设计的数字电压表的设计方案及工作原理。分析计算各元器件数值,并画出具体电路图。制作硬件电路,实现软件编程。对设计实物进行测试,并写出测试步骤、测量结果和误差分析。

13.4　室内空气质量检测仪的设计

1. 设计目标

(1) 掌握空气质量检测仪的功能和工作特点;

（2）掌握利用单片机等智能芯片实现对室内空气质量参数的测量。

2. 设计任务和要求

从系统的安全性和可靠性进行综合考虑，设计室内空气质量检测仪。要求由相应传感器进行空气质量数据采集，通过控制装置在显示装置 LCD 上显示空气质量状态。

3. 系统设计方案

本空气质量检测仪以单片机为控制核心，它可对室内空气的质量进行检测，控制系统结构图如图 13.32 所示。利用 LHI878 红外热释传感器检测室内是否有人，如果检测到有人走动，单片机会接收到信号并让机器开始工作。利用粉尘传感器检测室内空气质量，利用气体传感器检测室内天然气的浓度，同时利用温度传感器和湿度传感器检测室内的温湿度，将检测到的信息发送给单片机处理并在显示屏上显示相关信息。

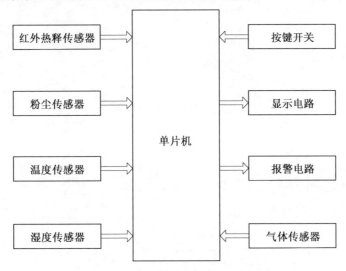

图 13.32　室内空气检测仪的结构图

4. 硬件电路设计

（1）单片机电路

系统采用 ATmega128 单片机，共有 64 个引脚，这些引脚当中端口 A ～ G 都可以作为 I/O 口，共有 53 个，工作电压为 4.5 ～ 5.5 V，其内部包含 A/D 转换，可以将模拟信号转换为数字信号。单片机电路图如图 13.33 所示。

（2）检测模块电路

① 气体传感器电路设计。本设计采用的是费加罗公司的 TGS800 气体传感器，该传感器对于天然气、汽油、烟雾等反应敏感。用 55L104G 场效应管对传感器电路进行控制，如果要让气体传感器完成信号采集的工作，就要让传感器内部电阻丝先加热，当其稳定后，再传给单片机信号进行处理。在本设计中，TGS800 传感器空气信号采集电路如图 13.34 所示，5 脚接场效应管的漏极，4、6 脚为传感器的输出端，将变化的电压信号送到单片机的 PF1 脚，进行 A/D 转换处理。通过单片机 PB6 脚来控制 55L104G 的导通和中断。导通时电阻丝进行加热，传感器工作；断开时电阻丝不进行加热，传感器处于待命状态。

② 人体活动红外辐射捕获电路设计。人体活动红外辐射捕获是对人员的移动产生的

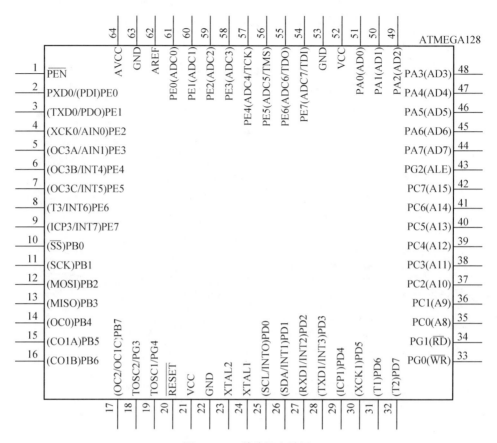

图 13.33   单片机电路图

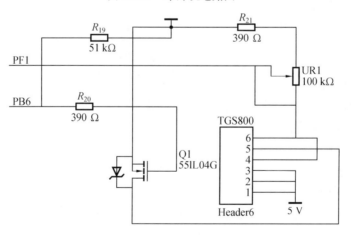

图 13.34   气体传感器采集电路

红外辐射信号进行捕获,这主要是由 LHI878 双元热释电型红外传感器和调理电路组成,热释红外传感器是热电效应原理的热电型红外传感器,这种传感器可以分为热敏电阻式、热电偶式及热释电式。热释电型红外传感器主要是由一种高热电系数的材料,如锆钛酸铅系陶瓷、钽酸锂、硫酸三甘钛等制成尺寸为 2 mm × 1 mm 的探测元件,在每个探测器内装入一个或两个探测元件,并将两个探测元件以反极性串联,以抑制由于自身温度升高而产生的干扰,由探测元件将探测并接收到的红外辐射转变成微弱的电压信号,经装在探头内的场效应管放大后向外输出。LHI878 红外传感器就是一种被动式的双元传感器,内部含一个附有源跟随连接的场效应管的双元件热电陶瓷元件,它具有高敏感度、低噪音的特性,具有极好的共同执行模式,用于各种不同的运动变化控制,它能以非接触形式检测出物体放射出来的红外线能量变化,并将其转换成电信号输出。热释电型红外传感器一般探测距离为 2 ～ 3 m,为了提高传感器的探测灵敏度以增大探测距离,一般在热释电型红外传感器的前方安装一个菲涅尔透镜,该透镜用透明塑料制成,将透镜的上、下两部分各分成若干等份,制成一种具有特殊光学系统的透镜,它和放大电路相配合,可将信号放大 70 dB 以上,就可以测出 10 ～ 20 m 范围内人的行动,人体活动红外捕获模块由 LHI878 红外传感器、菲涅尔透镜和调理整形电路组成。LHI878 信号调理电路如图 13.35 所示,LHI878 信号调理电路可分为上下两部分,下部分主要对 LHI878 的输出信号进行滤波和放大,得到带尖峰的脉冲信号,这样的信号不稳定,不利于单片机处理,所以要对信号进行整形,由图中上部分来完成,得到规则的方波脉冲信号,所获得的人体移动产生的脉冲信号通过 PD2 引脚传送给单片机进行处理。

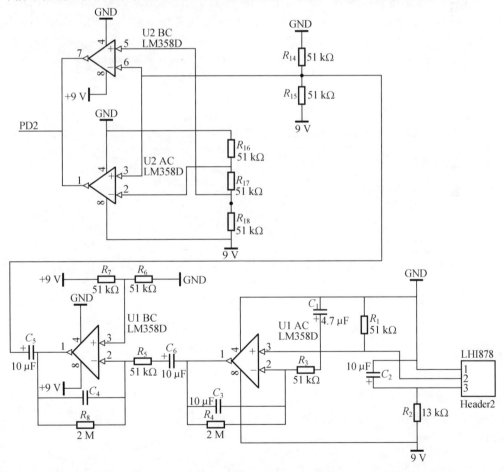

图 13.35　LHI878 信号调理电路

③ 湿度传感器设计。本系统采用的是 DHT11 湿度传感器,该传感器价格便宜,只有 4个引脚,安装十分简单。传输信号的距离也特别远,可以达到 20 m 以上。当其接收到室内

的湿度信号时,便向单片机的 PC1 脚发送数字信号,接着单片机便处理此信号并在 LCD12864 显示屏上显示出来,如图 13.36 所示。

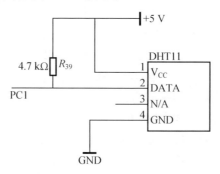

图 13.36　湿度传感器电路

④温度传感器设计。DS18B20 是一个温度传感器,如图 13.37 所示,其内部含有模数转换器,可以将模拟信号转换为数字信号,方便单片机进行信号处理。读 DS18B20 信息或写 DS18B20 信息仅需要单线接口,使用非常方便;其测温范围为 $-55 \sim +125\ ℃$,而且其精度也非常高。它的硬件电路组成十分简单,不需要任何外接电路和器件,全部的原件都集中在一个只有三个引脚的集成电路中。这种温度传感器十分便宜,性价比特别高。

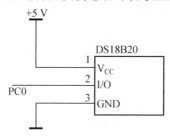

图 13.37　温度传感器电路

（3）显示模块电路

控制系统所用的液晶显示器是 LCD12864,该显示器的相关资料多,有很多应用实例可供参考。

LCD12864 显示屏一共有 20 个引脚,1 脚 GND;2 脚 V_{CC};3 脚 VO;4 脚 RS;5 脚 R/W;6 脚 E;7 ~ 14 脚 DB0 ~ DB7;15 脚 PSB;16 脚 NC;17 脚/RST;18 脚 NC;19 脚 LED$_+$;20 脚 LED$_-$。电路图如图 13.38 所示。

5. 设计报告要求

说明所设计的空气质量检测仪的设计方案和工作原理,分析计算各元件数值,并画出具体电路图;制作硬件电路,实现软件编程;对设计实物进行调试,并写出测试步骤、测量结果和误差分析。

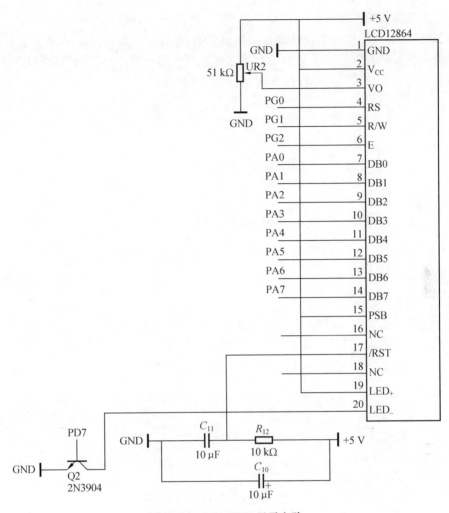

图 13.38　LCD12864 显示电路

13.5　心电监护系统设计

1. 设计目的

（1）掌握心电监护系统的工作原理和工作特点；

（2）掌握心电监护系统的设计方案和具体电路的设计。

2. 设计任务和要求

设计一套心电监护系统。对心电信号进行采集、记录及显示，要求体积小、成本低、实用性强；选择合理的设计方案，画出具体硬件原理图；对心电信号进行采集、记录及显示，写出总结报告。

3. 心电监护系统设计原理与方案

心电监护设备使得对病人心电信息的采集和处理更加方便和灵活，病人足不出户便能得到有效的医疗救助，心电监护设备的不断完善也很好地推动了家庭保健工程的发展。

系统由前端模拟电路对信号进行采集,送入数据信号处理器 TMS320LF2407A 进行处理,将处理后的心电信号存储在外部数据存储器中,通过显示器将分析结果显示出来,还可以通过通信接口将心电信号送至 PC 机,然后通过网络通信技术传送到指定的医院,由医生进行诊断。心电监护系统总体设计方案如图 13.39 所示。

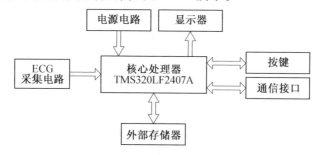

图 13.39　心电监护系统总体设计方案框图

4. 硬件电路设计

（1）ECG 采集电路设计

由于电极采集到的心电信号属于强噪声背景下的超低频（0.5 ～ 100 Hz）微弱信号（0.1 ～ 5 mV），所以需要前置放大部分将微弱的心电信号放大,并通过低通滤波、高通滤波及 50 Hz 陷波滤除干扰,才可以送往 A/D 转换器进行 A/D 转换。ECG 信号处理流程图如图 13.40 所示。

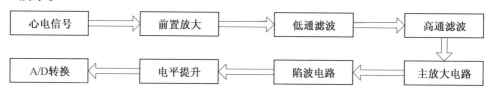

图 13.40　ECG 信号处理流程图

ECG 前置放大部分电路如图 13.41 所示,由输入跟随器、医用放大器、右腿浮地驱动组成,输入跟随器为提高输入阻抗、获取更多的心电信号,采用高精度运算放大器 OP - 07,接收来自左、右手的心电信号,经调整后送往仪用放大器,由高精度仪用放大器进行一级倒相放大后的信号送到低通滤波器,原始心电信号中的共模噪声经过一级放大后返回人体,使其相互叠加,从而可以减小人体共模干扰的绝对值,提高信噪比。

低通和高通滤波电路如图 13.42 所示,由于心电信号属于低频信号,为了去掉高频的干扰,还须通过低通滤波。低通滤波器截止频率为 110 Hz,放大器的温漂、皮肤电阻的变化、呼吸和人体运动都会造成心电信号出现"基线漂移"现象,也即输出端的心电信号会在某条水平线上缓慢地上下移动。从频谱上说,这些影响都可以归结为一个低频噪声干扰,于是使用高通滤波器滤除这部分干扰。

在主放大器部分,通过调整电位器的阻值来设置整个心电放大电路的总增益。50 Hz频率陷波电路主要用来滤除以差模信号方式进入电路的工频干扰,如图 13.43 所示。电平提升部分用来把双极性信号转化为单极性信号,以便可直接送入 A/D 转换。

（2）显示电路设计

TMS320LF2407A 和液晶模块之间要通过电平转换电路进行连接。因为供给液晶模块

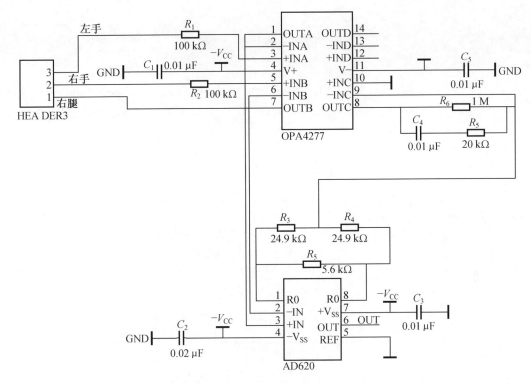

图 13.41　ECG 前置放大电路

的电源电压是 5 V，供 TMS320LF2407A 使用的是 3.3V。本系统设计中电平匹配的实现是采用 SN74LV16345A。图 13.44 所示为 TMS320LF2407A 与液晶模块的接口连接。

（3）通信电路设计

为了远距离传输，PC 机的 RS - 232 串口需要使用 EIA232 电平，DSP 的 RS - 232 采用 TTL 电平。由于这两个串口在电平标准上无法兼容，所以需要进行电平转换实现连接，采用 MAXIM 的 MAX232CPE 芯片进行电平转换。从传感器上得到的 ECG 信号，传输到 DSP 上，在 A/D 转换完成后，TMS320LF2407A 的串行通信接口与电脑 RS - 232 串行接口进行 DSP 与便携式 PC 机之间的异步通信。电脑上的测试软件通过对串口的操作，实现数据的计算机处理。MAX232 芯片的集成度高、功耗低，5 V 电压供电，具有两个接收和发送通道。由于 TMS320LF2407A 采用 3.3 V 供电，所以在 TMS320LF2407A 与 MAX232 之间加了电平匹配电路。整个接口电路可靠性高，简单。通信接口电路如图 13.45 所示。

（4）电源电路设计

TMS320LF2407A 工作电压为 3.3 V，为低电压芯片，系统输入电源电压为 5 V 直流，选用集成电源模块 TPS73HD318 进行电压转换，电源模块电路如图 13.46 所示。

5. 设计报告要求

说明所设计的心电监护系统的设计方案和工作原理，分析计算各元件数值，并画出具体电路图。完成心电监护系统的硬件设计和软件设计。制作实物，并对设计实物进行调试，写出测试步骤、测量结果和误差分析。

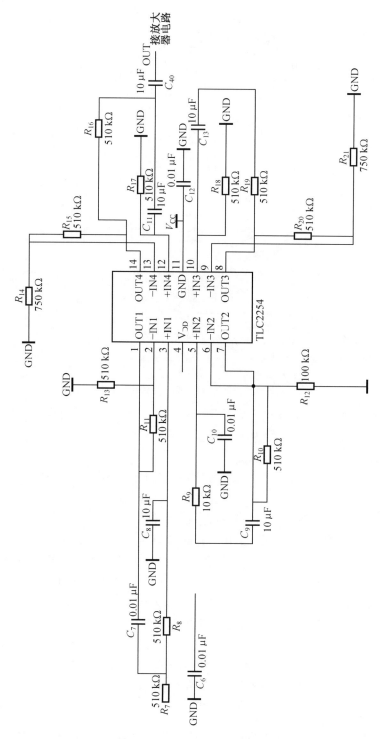

图 13.42 低通和高通滤波电路

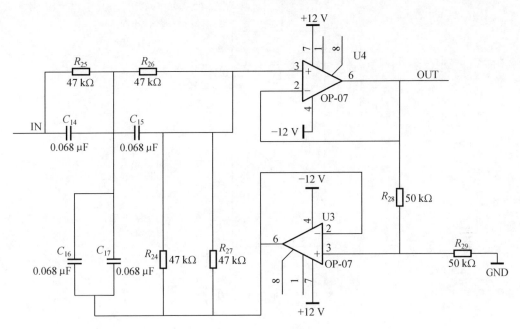

图 13.43　50 Hz 陷波电路

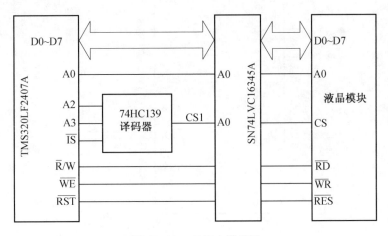

图 13.44　显示电路设计

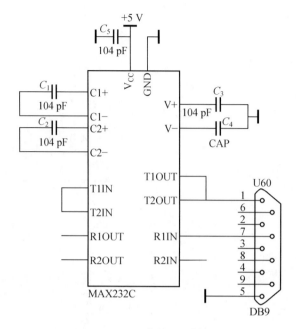

图 13.45　通信接口电路设计

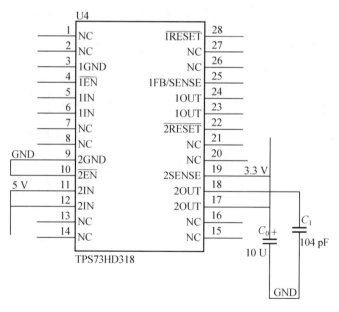

图 13.46　电源电路设计

思考题与习题

13.1　在设计心电监护系统时,除了书中所提到的设计方案,还可以采用哪些方案?

13.2　阐述电子计数器测量频率和周期的原理,并说明具体实现方案。

13.3　本章中的电容测量是通过振荡电路将电容转换为频率进行测量的;如果测量电感应采用什么方法,并注意哪些问题?

13.4　在数字电压表设计中,说明电压多量程的转换原理,并说明如何对其进行控制;并思考是否有不同的设计方法。

参考文献

[1]陈尚松,郭庆,雷加.电子测量与仪器[M].北京:电子工业出版社,2011.

[2]古天祥,王厚军,习友宝,等.电子测量原理[M].北京:机械工业出版社,2004.

[3]李希文,赵健.电子测量技术[M].西安:西安电子科技大学出版社,2008.

[4]李立功.现代电子测试技术[M].北京:国防工业出版社,2008.

[5]张永瑞.电子测量技术基础[M].西安:西安电子科技大学出版社,2011.

[6]林占江.电子测量技术[M].北京:电子工业出版社,2007.

[7]陈杰美,古天祥.电子测量仪器原理[M].北京:国防工业出版社,1981.

[8]郭成生,古天祥.电子仪器原理[M].北京:国防工业出版社,1989.

[9]杜宇人.现代电子测量技术[M].北京:机械工业出版社,2009.

[10]张永瑞,宣宗强,高建宁.电子测量技术[M].北京:高等教育出版社,2010.

[11]赵茂泰.智能仪器[M].北京:电子工业出版社,2010.

[12]林占江.电子测量试验教程[M].北京:电子工业出版社,2010.

[13]李崇维,朱英华.电子测量技术[M].成都:西南交通大学出版社,2005.

[14]古天祥.电子测量原理[M].北京:机械工业出版社,2004.

[15]杨龙麟.电子测量原理[M].北京:人民邮电出版社,2009.

[16]沙占友,王彦朋,孟志永.新型专用数字仪表原理与应用[M].北京:机械工业出版社,2006.

[17]全国大学生电子设计竞赛组委会.全国大学生电子设计竞赛获奖作品汇编[M].北京:北京理工大学出版社,2004.

[18]高吉祥,唐朝京.电子仪器仪表设计[M].北京:电子工业出版社,2007.

[19]全国大学生电子设计竞赛湖北赛区组委会.电子系统设计实践[M].武汉:华中科技大学出版社,2005.

[20]赵茂泰.电子测量仪器设计[M].武汉:华中科技大学出版社,2010.

[21]吴政江.电子测量仪器及其应用[M].武汉:武汉理工大学出版社,2006.

[22]杨吉祥.电子测量技术基础[M].南京:东南大学出版社,1999.

[23]孟凤果.电子测量技术[M].北京:机械工业出版社,2005.

[24]张永瑞,刘振起.电子测量技术基础[M].西安:西安电子科技大学出版社,2012.

[25]刘世安,田瑞利,陈海滨,等.电子测量技术[M].北京:电子工业出版社,2001.

[26]高国富.智能传感器及其应用[M].北京:化学工业出版社,2005.

[27]叶湘滨.传感器与测试技术[M].北京:国防工业出版社,2007.

[28]秦云.电子测量技术[M].西安:西安电子科技大学出版社,2008.

[29]张大彪,王薇.电子测量仪器[M].北京:清华大学出版社,2007.

[30]王昌明.传感与测试技术[M].北京:北京航空航天大学出版社,2005.

[31]高国富.智能传感器及其应用[M].北京:化学工业出版社,2005.

[32]周浩敏,钱政.智能传感技术与系统[M].北京:北京航空航天大学出版社,2008.

[33]李国华,吴淼.现代无损检测与评价[M].北京:化学工业出版社,2009.

[34]刘贵民,马丽丽.无损检测技术[M].北京:国防工业出版社,2009.

[35]张俊哲.无损检测技术及其应用[M].2版.北京:科学出版社,2010.

[36]沈玉娣.现代无损检测技术[M].西安:西安交通大学出版社,2012.

[37]胡玫,王永喜.电子测量基础[M].北京:北京邮电大学出版社,2015.

[38]李艳红,李海华.传感器原理及实际应用设计[M].北京:北京理工大学出版社,2016.

[39]王明赞,张洪亭.传感器与测试技术[M].沈阳:东北大学出版社,2014.